圖會作品集-A

建築師考試-建築計畫及建築設計題解

編著者／陳運賢

目 錄

引言

· 「K圖會」是什麼？／**P6**
· 序文／**P8**
· 本書簡介／**P13**

K圖會模擬考 ／**P14**

· 市民活動中心
· 幼兒園設計
· 生活共享聚落
· 全齡通用住宅暨長期照護中心
· 多元文化的融爐 - 東協廣場大樓暨周邊設計
· 多元生活宅
· 城市的天空 - 青年住宅設計（居住空間新型態）
· 海港城市之文化創新基地及「設計博物館」設計

建築師專技高考 ／**P132**

· 107 國民運動中心
· 106 年老街活動中心
· 105 年圖書館與社區公共空間
· 104 年友善社區小學設計
· 103 年建築師之家
· 102 年都市填充一住商複合使用建築
· 101 年歷史建築保存再利用與活動中心增建
· 100 年兒童共生圖書館
· 99 年小學加一
· 98 年建築設計作為一種善意的公共行動
· 97 年企業員工度假中心
· 96 年社區文史資料館
· 93 年旅遊中心
· 92 年城市藝術中心
· 91 年校園建築 - 圖書行政複合建築
· 90 年鎮民活動中心

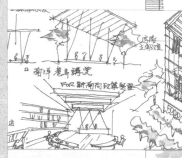

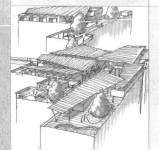

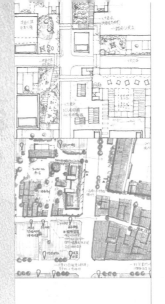

PART 3

建築師檢覆 - 設計 ／ P370

· 92 專技檢覈二（建築）- 市民會館

PART 4

高考公務二級 ／ P390

· 107 建築 - 傳統市場改造設計
· 105 建築 - 社區生活服務中心
· 103 建築 - 城市文化與創新基地
· 102 建築 - 大學創新育成中心
· 100 建築 - 台灣某處林間緩坡地上的小型
　　　　　　養生休閒中心

附錄

· 作品集建築師介紹／ **P440**
· 獨家贊助：夢不落教育事業／ **P444**

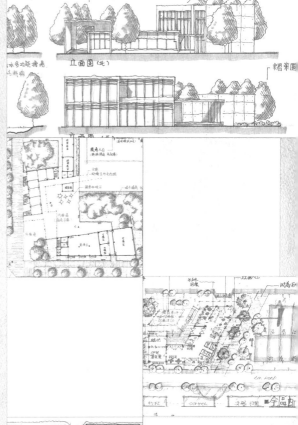

「K圖會」是什麼？

　　K圖會，源自於K書一詞，K書，代表很認真的在念書，而其他科系是K書，而我們建築系要認真盡力K圖，故名K圖會。成立於2014年，當初由十多位志同道合的朋友成的K圖小組，大家擠在一間小小的事務所內練圖，共同目標是考上建築師，雛形就是一個考建築師的讀書會。大家每週定時團體練圖及互相討論，大家每月定期探訪微旅行看建築，從好案例中探索、從生活中學習建築，並定時找已考上建築師考試等業界前輩，來現場分享建築及指導評圖。

　　在長期抗戰中透過這樣的模式，初始成員陸陸續續考上建築師，但K圖會仍然陸續有新的朋友加入，漸漸的，就慢慢轉型成為一個輔導後輩考建築師考試的一個循環方法，由近期內考上的建築師回來分享提攜，再由正在考試的人組成一個互動互助的學習團體，戰友們手牽手，考試及人生的里程碑才能走得更長久。

　　最後，K圖會由四位設計主導講師共同創辦，我們是四位有共同理念，對設計有共同想法的年輕建築師們，在工作之餘，也致力於教書，固定每週日抽空出來，把人生所學習到的建築精神，透過課程，帶給後輩還在學習的朋友，我們所教導的，不單單只是為了因應考試，更多的是，一個真正的設計方法跟觀念，對真實建築的認知跟理解，以及延續各大專院校所的設計教學。K圖會也延續當初讀書會的運作，每週都會邀請近年內考上的建築師來現場客評，分享建築及評圖指導，許多來分享的建築師們，也有高達八成都曾經是幾年前台下的學員，大家都秉持著考上回饋的精神，無不卯足全力提攜仍在水深火熱的朋友，截至今年2020，K圖會的後勤客評建築師們已多達132位之多，都是學有專精及在各不同領域（建設、營造、事務所、公家單位、顧問公司……）有一定成就的朋友，著實是K圖會之寶，未來透過時間不斷的累積上榜人數，也會有越來越多K圖會新講師的加入，相信不久的將來，K圖會將匯集成為一股不可思議的力量。

K 圖會成立的另一宗旨，是一個建築產業界的交流分享、互動合作的平台，交流平台集結產業界、政府官方、學術單位等，平台的建立透過 FaceBook、各種 LINE 群組、APP 教學軟體及許多現場不定時活動來聯繫感情，除了是一個共同準備建築師考試的社團、共患難且互相扶持，並且不定期舉辦午茶會、聚餐、競圖成果會、建築微旅遊、名片交換 Party。最重要的是，本社團不分男女老少，只要品行端正，大家均一視同仁，沒有神格化講師、沒有英雄式的成員，就是一個手牽手的社團，期待不斷的運作之後，能夠對參與的朋友們能有對建築真實的認知跟理解，以及更正面樂觀的人生思考。

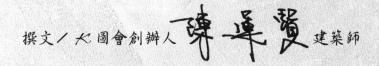

撰文／K 圖會創辦人 陳達賢 建築師

f K圖會

更多 K 圖會的詳細訊息以及資料分享平台，都可以透過 FaceBook 加入「K 圖會」社團，也可以下載 APP「K 圖會」，有部分線上課程可以收看。

創辦 K 圖會
幫助考生更快掌握關鍵核心

　　本書的編著者，成立 K 圖會（FB 可搜尋），並於 K 圖會多年教導建築設計及建築計畫，本書是這幾年的教學精華之縮影。書的內容為在這幾年來曾經於 K 圖會學習的學員並考上建築師之作品（約八成），主要收錄內容為針對建築師考試的設計及敷地為主的解題大圖，都是學員在經歷考建築師的天堂路中嘔心瀝血之作，收集成冊，對於考建築師的術科答題標準參考，相當具有意義及指標性。

　　K 圖會在教導建築師考試的術科考試上，與其他坊間術科班特別不一樣的，是特別重視建築計畫一環，到底建築設計跟建築計畫的差別是什麼，可能要先了解建築是什麼？建築，為一種融合基地環境了解、歷史人文傳承、空間美感落實、人類行為需求、工程理性實務等的課題，相互搓合中的創作品，其過程不一而足，見仁見智，其結果也沒有絕對標準的答案，沒有唯一解只有更好解，所以實務上也常常說設計是磨出來的。

　　而要有好的創作品落成，需要有良好的前置計畫企畫能力，以及後續的空間設計執行力。計畫就是前置作業，是尋找課題及分析的思考過程，設計則是計畫擬定好後的空間創造執行力，需在有限的資源條件下搓合出最棒的空間的落實，這就是建築設計及建築計畫很不一樣的地方。乍聽之下很抽象，在實務上多數人也無法分辨。建築考試亦分為計畫及設計兩範疇，近幾年的建築師考試中，建築計畫分數占比也多落在30%~40%，在 K 圖會對於計畫有八字箴言：課題＞內涵（分析）＞對策（CONCEPT）＞願景（空間落實），故如何學習從計畫的議題探討到設計面的落實手法，著實有一段模糊的路要探索，這也是本書編著者在這多年教學中一直努力的教學方向，並將作品集建立，期待能夠給予在考試中的朋友更直接的幫助，特別是對於設計考試老手們，本書是「計畫為何？該如何表達在圖面上？」的精彩範本。

再更仔細說明，建築計畫的主要課題是建構人與空間的關係。但決定空間品質的並不只是建築師或營造廠，還有後續的使用者、營運者及業主，而建築計畫最主要的參數，就是上述這些不同立場的人之間的討論問題點。空間，不像建築物般輪廓清晰，無法直接進行物理操作，而且空間據以多參數，也不能以感覺直接判斷優劣，因此建築和空間相關的研究是建築計畫者必須思考的。

最後，我想再次表達，設計這條路，不分快速設計及長時間的設計，建築師考試的設計核心理念，也都可以是實務競圖設計思考流程，其實核心理念是相通的，能達到才是真本事真功夫，在了解建築計畫的過程後，建築是可以哲學般的思辯論證，也可以是天馬行空的尋找創意，亦可以是經過縝密資訊的收集及分析，理性構築一件作品，踏實而完整。

K 圖會創辦人 陳運賢 建築師

陳運賢建築師 簡介

◎ 學歷
- 國立成功大學建築系畢業
- 國立成功大學建築研究所結構組畢業
- 大學畢業設計：天空之城──青年住宅新理念
- 研究所論文：高架地板耐震行為研究──
  結構動力學分析
- 國立台灣大學法律學分班結業
- 文化大學不動產估價學分班結業
- 東吳大學法律系碩士在職班法律專業組

◎ 經歷
- 中華民國專門職業技術人員建築師考試及格
- 建築物室內裝修專業技術人員登記證
- 台北市室內設計裝修商業同業公會理事
- 中華民國危老重建協會第一屆理事
- 墨上建築師事務所專案建築師
- 墨桓空間設計負責人
- K 圖會─建築師考試家教班創辦人

◎ 聯絡資訊
- LINE ID：ian0402
- EMAIL：ian730402@gmail.com
- FB：Ian Chen

這是「邊臨摹、邊觀察、邊思考」
三者同進的最佳範本

　　「建築計畫與設計」及「敷地計畫與都市設計」都是畫圖的科目，理論上雖然相通，但在考試表達上仍然有些差異，不論擅長敷地或是設計，應該還是要針對科目性質加以準備；另就考試趨勢來看，周邊環境的整合已成為一種顯學，如何擬好事宜的建築計畫已成為一個重要的課題。

　　「建築計畫與設計」通常包含兩個部分，「建築計畫」強調問題的釐清與界定，課題的分析與構想，具有綜整人造環境之行為，設定條件之回應。「建築設計」則是利用設計理論與方法，將建築需求以適當的方式表現，以滿足建築計畫的指導。是以，計畫在上位，設計在下位；計畫是尋找課題，設計是解決課題，計畫與設計具有上下位階關係。在考試上，設計的整體呈現是秒殺的主軸，而計畫可算是重要的第二道防線。

　　一般同學在設計上比較能夠掌握，反而計畫只有拖著下巴仰望星空，不然就囫圇吞棗塞滿格子就算了，就相當可惜。所以在計畫上應特別重視系統性的構架思考，用以激發考試題旨的關聯性，本人期望自研的「三向度建築計畫思考」當作拋磚引玉，鼓勵同學也建立屬於自己的系統架構，善用方法論的啟發，讓自己的思考泉源有如長江之水滔滔不絕；至於「敷地計畫與都市設計」之觀念亦同前面所言。

　　本圖冊是「K圖會」創設以來，彙集許多優秀考生的練習圖，能夠被挑選出來的圖都是有其可學習之處，每一張圖都是考生練習過程中，經歷著苦思、猶豫、掙扎所呈現出來的結果，這種「過程」是學習中最重要的。對於初期練習的同學，大量臨摹是一種快速成長的好方法，但也應能拿起筆、動手畫，達到「眼到手到都要到」的自我鞭策，才有立竿見影的效果。只看不畫的人，常有呆坐發楞、不知從何下手之感；只畫不看的人，畫得很爽而無法了解自身盲點，這都相當可惜。另外在吸收別人優點的同時，也應多培養閱讀的好習慣，畢竟臨摹是一種由外而內的進程，閱讀則是由內而外的體現，如能內功外功同修，方能達到內外兼具、相輔相成的加倍效果。

　　最後，如果您是今年準備考試的同學，本書絕對是一本跨入考試的最佳工具書，提供「邊臨摹、邊觀察、邊思考」三者同進的好範本，這樣的過程絕對是有幫助的。

「要是放棄的話，比賽就等於結束了……」安西教練
加油！！與考生共勉之。

K圖會責任講師　　莊　巍　建築師

莊　巍建築師 簡介

◎ 學歷
- 國立成功大學建築研究所規劃組碩士

◎ 經歷
- 國家考試建築特種考試地方政府公務人員及格（榜首）
- 國家考試公務人員建築高等考試及格
- 中華民國專門職業技術人員建築師考試及格
- 中華民國專門職業技術人員都市計畫技師考試及格
- 中華民國景觀學會　景觀師
- 建築師事務所　建築師

打開設計思維黑箱
提供考生耳目一新的觀點

　　建築術科考試，依現行考試制度下的檢核方式，需在短時間中無其他輔助資料參考下獨立提出適切方案；因此考驗著每一位建築人如何將過往所累積的知識與經驗，並需要以手繪的方式展現於圖紙之上。Le Corbusier 曾說「我愛繪畫勝於談話，畫畫不僅比較快，而且讓人沒機會說謊。」考試中，如何妥善利用 A1 圖紙上的方寸之地見真章，呈現專業的設計能力，並與閱卷老師對話，展現對環境的洞見、規畫的願景、設計的意圖以及建築師的決策力等等，將成為獲得青睞的關鍵。

　　現今考試型態與方式與過往不同，從早期著重建築內部機能處理，到近年整合環境周邊的型態，目前更趨向對當今社會議題的回應提出見解。敝人將事務所實務競圖模式以及專案歷練經驗融入教學之中，課程中將把大圖分項拆解，逐一深入研討，讓每張小圖都可以站上得點圈，也透過課程培養正確的解題觀念與設計策略，期許讓學員能從生活上、工作中轉化設計養分，並建立自己的創意資料庫。

　　本書集結了敝人在 K 圖會歷年教學中優秀學員的練習圖面，再次細讀亦可看出設計者對於周邊環境的解讀、空間願景的想像、規畫設計的策略以及設計過程中的取捨；建議可將本書以工具書的方式來善加利用，對剛開始準備考試的考生來說，可做為設計入手的引導以及臨摹學習之用，對準備多年的考生可作為思路印證的參考亦或是超越精進的最低標準。

　　期待本書的出版，能夠提供準備考試的各位有一個探索設計思維黑箱的機會，從線索觀察到規畫策略、設計手法以及整體呈現等，給予大家耳目一新的觀點。

公羽山松建築師事務所　主持建築師

K 圖會責任講師

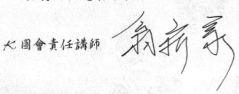

翁崧豪建築師 簡介

◎ 學歷
- 成功大學建築所設計組　碩士
- 銘傳大學建築系　學士

◎ 經歷
- 銘傳大學建築系　兼任講師
- 銘傳建築系系學會　監事
- 2019 銘傳大學　傑出校友
- 危老重建協會　榮譽顧問
- 大壯聯合建築師事務所　建築師
- 啟達聯合建築師事務所　建築師
- 現任公羽山松建築師事務所　主持建築師

◎ 專業證書
- 台北市建築師開業證書
- 建築師證書
- 建築物室內裝修專業技術人員登記證
- 採購專業人員基礎訓練及格證書
- 教育部講師證書
- 建築物設置無障礙設施勘檢人員結業證書
- 建築物耐震能力評估與補強結訓證明
- 建築概算估價管理專業人員結訓證書
- 公共工程經費電腦估價系統訓練班 PCCES 證書工程會
- 建築 BIM 建模師職能課程
- 台北市社區建築師證書
- 台北市危老重建推動師聘書

透過吸取前輩經驗反覆練習
是最好的提升方式

準備建築師考試，建築設計與敷地計畫是為最難準備的科目，因為這些科目沒有所謂的標準答案或標準講解，究竟如何準備？這問題也讓我摸索很久。準備考試的時候，必須隨時讓自己重新審視過去準備的內容，為什麼沒有通過？是圖的內容、文字表達、設計手法或表現方式……等等問題嗎？畢竟這都是大家所認為的評分重點，但我最先思考的是考試的意義。

所謂「建築設計與敷地計畫」，我認為是架構於都市層級與都市紋理，透過都市設計與基地環境相互呼應，並藉由社區營造手法與使用者特性，透過設計手法，進行土地規畫並表達其設計結果；提出具環境友善並符合題旨與使用的方案。但考試因其時間短，很多學員將時間分配於表現法，企圖透過具美感的圖通過該科目（因為這是在考試過程中最容易受到讚美的方式），卻忽視需表達回答考試內容與思考建築的邏輯架構。

路易斯‧康說過一句名言：" Even a brick wants to be something." 「即使是一塊磚，也希望有所作為。」這句話放在各種領域都是很有道理的一句話，尤其是考試；資訊時代的爆炸，也造就現在資訊流通的快速性，每一年教學下來，有很深的感覺，大家針對考試思考的深度是每年疊加上去，學員會透過過往前輩回來分享，了解各類題目的解讀、推導、解題等方式，之後會在這基礎上再加上自己的想法，完成該次的練習。

這事情代表的是，如果你還認為為了讓圖更美更精緻，卻放上圖文不符的圖或說明，那我想你在起跑點就輸了很大的一步，各類的說明必須有邏輯性，有推導性的演練，透過這樣的說明，導出你認為在這基地上，需思考的事情，需尊重的事情，需表達的事情，需完成的任務……等等，回歸設計者對於基地的意念與表達，才是測驗出設計者實力的依據。

這是一本過往學員朋友們的圖說集結成冊的建築考試用專書，每一張圖都有其優點，可提供正在準備考試的朋友們作為參考，但相對也有些圖可以讓自己用來練習將之提升轉化得更好，也就是經驗的疊加；吸取前輩的經驗與表達方式，透過自己吸收、解讀、推導，再次產生自我的答案，當你可以獨自完成這樣的練習的時候，相信你踏進及格的大門已經不遠了。期待每個看過這圖冊的朋友們都有所感受，進而提升自己的能力。

大圖會責任講師 林祐新 建築師

林祐新建築師 簡介

◎ 學歷
- 台南藝術大學 - 建築藝術研究所碩士

◎ 經歷
- 中華民國專門職業技術人員建築師考試及格
- 中華民國開業建築師
- 中國文化大學建築及都市設計學系兼任講

本書簡介－建築計畫及建築設計題解

本書為 K 圖會建築師考試家教班，歷經多年教學的建築設計及建築計畫之中，為教學之精華縮影，本作品及主要收錄內容，為針對建築師術科考試的建築設計及敷地計畫的模擬解題大圖，作品都是各講師或學員在成為建築師的過程中嘔心瀝血之作，收集成冊，對於考建築師的術科答題標準參考，具有意義及指標。

究竟進考場，八個小時的快速設計時間內，設計圖說，應該要設計到什麼程度？排版到什麼程度？要有什麼樣的表現法？甚至應該要有什麼樣的建築計畫？考選部從來不公開，也沒有一定標準答案，準備的考生也從來無法得知，造成許多考生常常因建築設計一科名落孫山，而考場及格圖說的內容也只能透過口耳相傳，或坊間許多補習班的資料中拼拼湊湊，無法一窺全貌。本書歷經七年教學及兩年的蒐集製作過程，繪製了近十年的各種大大小小考試答題作品，經過與許多建築師講師溝通，也有將其進考場的復原圖或於當年考上準備期間尾聲之練習圖蒐集成冊，一次公開，正所謂十年磨一劍，究竟這把劍該長什麼樣子，本作品集一次完整揭露諸多建築師考前的練習圖或復原圖，內容所選絕對是精華重點，茲以作為建築師考試術科答題的參考。

特別值得一提的是近幾年的建築師考試中，建築計畫分數比重多落在 30%~40%，而 K 圖會對於建築計畫有八字箴言：課題＞內涵（分析）＞對策（CONCEPT）＞願景（空間落實），理想是我們未來想要達到的目標，面對理想，我們會有許多課題要解決，課題也是題目中有待解決的問題，面對課題提出的對應解決對策；設計則是從現實到理想的過程，應該是考生在經歷一定的空間學習及磨練後，方能有能力朝理想更進一步。故如何學習從計畫的議題探討到空間設計的落實，著實有一段路要探索，這也是本書編著者在多年教學中一直努力的教學重點，期待透過本作品集，能夠給予在考試中的朋友更加了解建築計畫是什麼？此書是建築計畫應用於建築師考試表達在圖面的精彩範本！

本書總共收錄的建築師，需要特別感謝林星岳建築師、南榮華建築師、李柏毅建築師、陳軒緯建築師、吳明家建築師、林文凱建築師、施秀娥建築師、張勝朝建築師、陳偉志建築師、詹和昇建築師、廖文瑜建築師、劉家佑建築師、羅央新建築師、譚之琳建築師、林惠儀建築師、李偉甄建築師、王志揚建築師、林冠宇建築師、陳宗佑建築師、周英哲建築師、陳又伊建築師、李政瑩建築師、林詩恬建築師、許哲瑋建築師、張育愷建築師、陳永益建築師、謝文魁建築師、黃俊毅建築師、郭子文建築師、陳俊霖建築師、莊雲竹建築師、張繼賢建築師、陳玠妤建築師、王裕程建築師、黃國華建築師、潘駿銘建築師、賴宏亮建築師、林彥興建築師、曾逸仙建築師、陳禹秀建築師，共 40 位建築師們，感謝大家熱情參與這項盛事，無私公開作品給仍在準備考試的朋友們，作為一個指標性的引導。

撰文／K 圖會創辦人　陳達賢　建築師

K 圖會模擬考

建 築　　　計 畫　　　設 計

・市民活動中心
・幼兒園設計
・生活共享聚落
・全齡通用住宅暨長期照護中心
・多元文化的融爐 - 東協廣場大樓暨周邊設計
・多元生活宅
・城市的天空 - 青年住宅設計（居住空間新型態）
・海港城市之文化創新基地及「設計博物館」設計

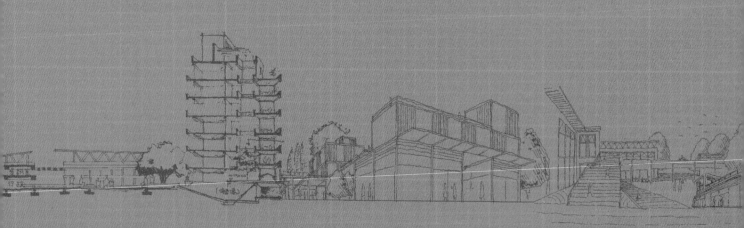

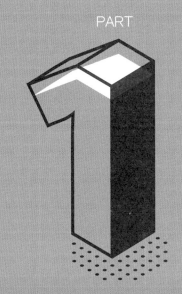

PART

1

108 年 建築術科考試 模擬考題四

等 別：

類 科：

科 目：建築計畫與設計 / 敷地

考試時間： 8 小時 / 4 小時

座 號：

※注意： （一）可以使用電子計算器。

　　　（二）不必抄題，作答時請將試題題號及答案依照順序寫在試卷上，於本試題上作答者，不予計分。

一、 題旨：

內政部依據社會福利政策綱領揭示的在地老化與社區照顧理念，藉由社區照顧理念法制化、建立服務輸送體系之可近性、引導照顧機構資源之區域平衡發展、加強社區照顧多元化及增加社區照顧預算配置等項，推動現階段老人福利政策，未來將持續深化社區照顧網絡，落實地區在地老化之照顧服務。

世界各國相繼針對人口老化問題之經驗，提出「在地老化」（aging in place）之概念，並作為面臨高齡化社會的共同指導策略。為使失能者能夠回歸到家庭或社區當中照顧，並符合失能者所期待的熟悉環境，避免大量發展機構服務所導致過度機構化的缺點，主要目標將以發展社區式照護體系為目的，並以「在地老化」作為服務提供策略，因此採取「社區優先」及「普及服務」的理念，優先尋求社區照顧資源協助，在社區無法照顧的前提下，才進入機構照顧。老化的現象十分複雜，其結果也有程度上的個別差異異。把老化之程度分為三級：「一級老化」（primary aging)的老人約占 75%，這些老人身體健康，生活自在，可以說是「健康老人」;「二級老化」（secondary aging)的老人約占 20%，這些老人有點障礙，需要幫忙，可以說是「障礙老人」;「三級老化」（tertiary aging)的老人約占 5%，這些老人可以說是不能自主自立的「臥床老人」（the bed-bound aged）。

本區公所配合中央政府與市府之政策，提供居民之安居樂業之吸引力，建設多處 C 級長照(長照柑仔店)為必要之措施。本計畫設定為提供健康期之銀髮族(一級老化)之家庭生活照護服務，使這些家庭能有更多的生活品質與生產力，為地方提供更完善的經濟與宜居性。

1

二、 題目：市民活動中心

本計畫擬興建之「市民活動中心」，預計使用之基地面積約 1400M2（420 坪），預計興建地上 2 層(含陽臺、公共空間)、無地下層。本建築物之需求除提供市民集會、教學及舉辦社區活動需求外，另在提供長照空間及社區廚房空間；委託之建築設計規劃必須針對活動中心空間使用之時間管理與空間管理提出妥善可執行方案，對於空間定性與定量配合設計規畫可以做小幅度的調整。

建築計畫之議題：

1. 配合市政府之長照制度規劃衛福據點計畫與里民活動中心之空間需求：做一個整合式的建築設計，空間上須思考彈性使用或空間結構系統須具有較大的可調性。

2. 長照機構與公園之間的關係：建築計劃中須提出有建設性且可落實的設定。

3. 活動中心與公園之間的關係：活動中心需坐落於公園何處較為適當等。

4. 活動中心與長照機構之間的關係：空間序列的安排、使用時間管理等。

5. 公園整體空間資源，避免排擠其他公園使用者之既有之使用資源，本新建工程之敷地計畫應考量公園使用者之各年齡層與其使用之時間，使本公園及市民長照活動中心之空間資源適當分攤、充分整合，逐漸形成完整之支援空間網絡。

建築設計要點：

1. 整體空間組織計畫動靜分區與必要的空間層次：公共/半公共/半私密/私密半戶外及戶外活動場所的可能性。

2. 安全的散步迴路的可能與特別目的性動線的考量。

3. 多功能彈性使用計畫從服務構想出發的空間想像/小組型態單元活動的空間角落安排應用多功能活動空間做彈性使用與交流/留宿空間的提供與服務(小規模多機能)。

4. 設施通用設計觀點與無障礙設施位置與適當數量/易於辨識的空間格局。

5. 提供生活與活動參與經營佈置機會/社區參與體驗分享的提供懷舊場所與家具元素適當提供與追求/誘導自主行為的空間。

三、 基地條件：

本案位置位於運動公園內，屬非都市土地之一般農業區特定目的事業用地，建蔽率百分之六十。 容積率百分之一百八十，目前作「公園」使用。本基地面積為 8646.81 平方公尺，基地北側為資源回收場，東面為主要之道路，對側為零星三層樓矮房後有一片樹林；基地西側有密集式菜田與鐵皮工廠，南側與西南側則為密集的三層樓 100 戶以上之住宅區。環境清幽單純且鄰近當地社區。

基地內現況：本基地內現除有籃球場等運動設施外，建有臨時簡易活動中心與公共廁所，屬臨時建築物，且其無使照，積極納入作未來整體開發之計畫。

現況活動中心照片。

現況籃球場照片。

現況公共廁所照片。

現況公園照片。

3

■基地渲構與社區閱讀：

■健康安全：
1.增進社區交流意識，提升安全守衛覺察率。
2.健康安全之老人社區活動。(雅草美食教學…)

■公共性：
1.公共開放空間系統之串聯。
2.結合社區鄰里開放空間創造社區互動關照。

■人性化步道系統：
1.人性行走空間步道與街道傢俱設置。
2.提供具人性尺度之休憩放鬆空間。

■生態資源保育：
1.採用原生樹種複層式植栽。
2.種植誘蝶植物創造生物的樣性。
3.建立防洪.生態共用之生態池。

■環境紋理與場所精神：

■開放空間與動線系統：

■土地使用與環境容受力：

■建築量體與空間層級：

■社區新風貌之設計構想：

■分時共用展演廣場

■假日活動市集

■社區共享農園

■社區懷舊長廊
街道傢俱創作展示

■社區生態教室

籃球場
·屋址未更動創造場所領域

鐵皮工廠
·屋頂太陽能板創生綠能產業友善住宅社區

公共廁所

社區菜園
·可食場域創生居民停留空間友善鄰里互動

活動中心
·量體壓低減少行走與建築之壓迫感

社區市集廣場(假日)

屋頂複層植栽
雨水儲存設施

世代樂活村

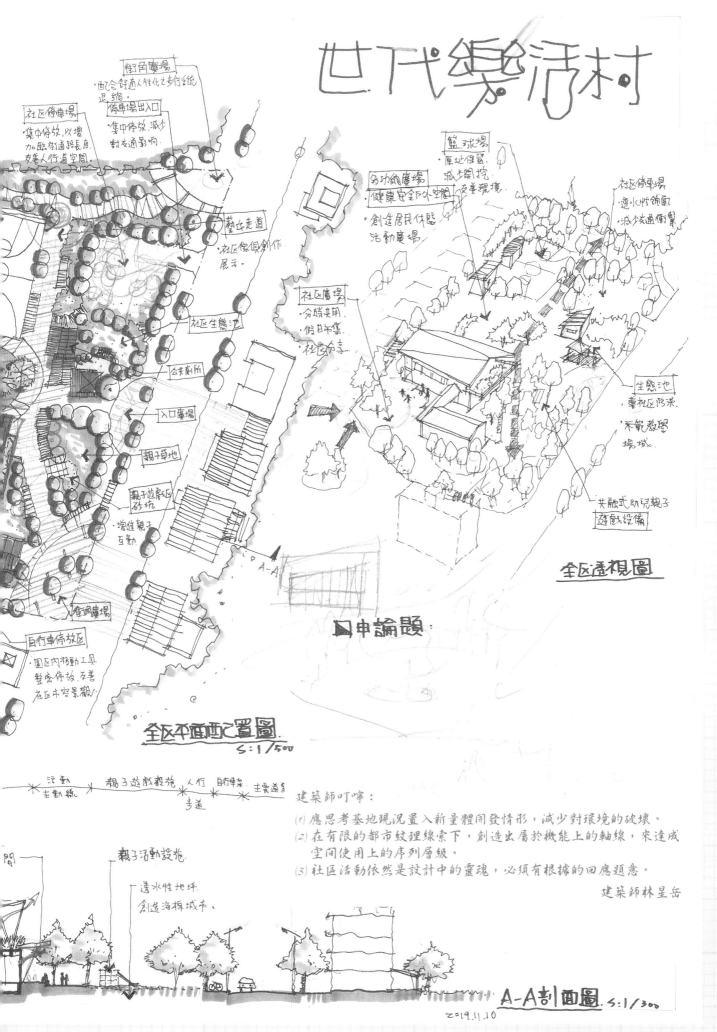

社區停車場
・集中停放,以增加臨街道路長度
友善人行道空間

街角廣場
・配合舒適人性化之步行系統退縮

停車場出入口
・集中停放,減少對交通影響

藝在走道
・社區傢俱創作展示

社區生態池

公共廁所

入口廣場

親子草地

親子遊戲及砂坑
・增進親子互動

街角廣場

自行車停放區
・園區內移動工具整盤停放,友善在區中容景觀

籃球場
・原地保留,減少開挖,友善環境

多功能廣場
・健康安全戶外空間
・創造居民休憩活動廣場

社區廣場
・分時共用
・假日市集
・社區分享

社區停車場
・透水性鋪面
・減少交通衝擊

生態池
・重社區脈絡
・示範教學場域

共融式幼兒親子遊戲設備

全區透視圖

全區平面配置圖
S:1/500

活動主動線 親子遊戲設施 人行步道 自行車流 主要道路

親子活動設施

透水性地坪
創造海棉城市

建築師叮嚀:

(1) 應思考基地現況置入新量體開發情形,減少對環境的破壞。

(2) 在有限的都市紋理線索下,創造出屬於機能上的軸線,來達成空間使用上的序列層級。

(3) 社區活動依然是設計中的靈魂,必須有根據的回應題意。

建築師林星岳

A-A剖面圖 S:1/300

2019.11.10

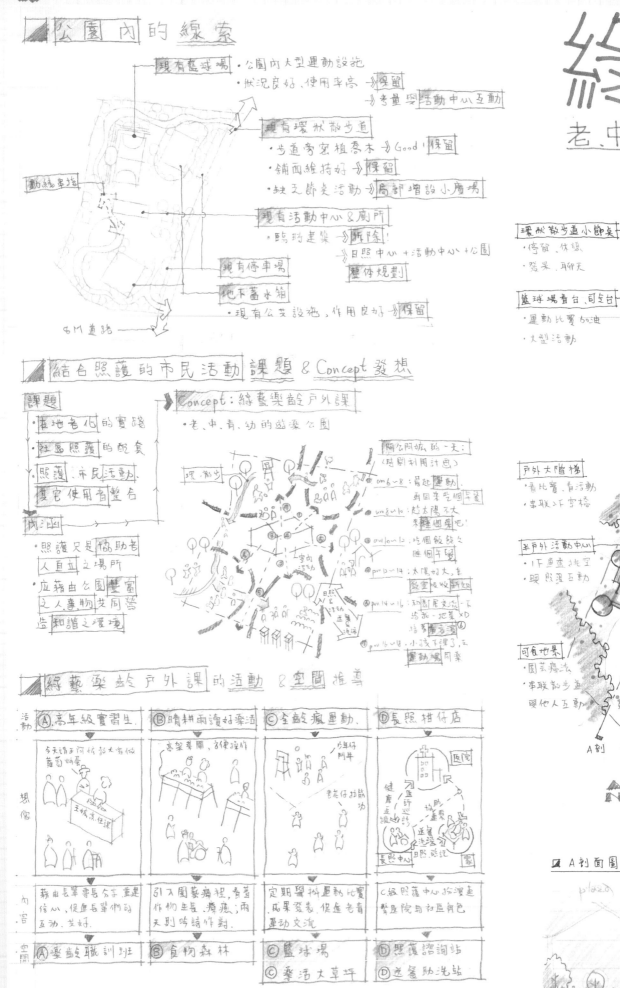

公園內 的 線索

- 現有籃球場 → 公園內大型運動設施
  - 狀況良好、使用率高 → 保留
  - → 考量與活動中心互動
- 現有環狀散步道
  - 步道旁家植喬木 → Good! 保留
  - 鋪面維持好 → 保留
  - 缺乏節奏活動 → 局部增設小廣場
- 現有活動中心 & 廁所
  - 臨時建築 → 拆除!
  - → 日照中心 + 活動中心 + 公園
  - 整体規劃
- 現有停車場
- 地下蓄水箱
  - 現有公共設施，作用良好 → 保留

動線串接

8M 道路

環狀散步道小節奏
- 停留、休憩
- 發呆、聊天

籃球場看台、司令台
- 運動比賽加油
- 大型活動

戶外大階梯
- 看比賽、看活動
- 串聯2F空橋

半戶外活動中心
- 1F直通地室
- 與設施互動

可食地景
- 園芸療法
- 串聯散步道
- 與他人互動

食物森林 B

A 剖

結合照護的市民活動 課題 & Concept 發想

課題
- 在地老化的實踐
- 社區照護的配套
- 照護、市民活動、复宅使用者整合

成因
- 照護只是協助老人自立之場所
- 应藉由公園雙宅之人事物共同塑造和諧之環境

Concept：綠藝樂齡戶外課
- 老、中、青、幼的遊樂公園

阿公阿嬤的一天：
（時間利用計畫）
- am6~8：早起運動，兩圈來些個牽道
- am8~10：趁太陽不大來種個菜吧
- am10~12：吃個飯後父睡個午覺
- pm12~14：太陽好大來教室吸收新知
- pm14~16：跨世代交流 → 教孫子把妹 XD
- pm16~18：小孩下課了，去運動場同樂

A 剖面圖 S:1/400

plaza

綠藝樂齡戶外課 的活動 & 空間推導

活動	Ⓐ 高年級實習生	Ⓑ 晴耕雨讀好樂活	Ⓒ 全齡瘋運動	Ⓓ 長照柑仔店
想像	今天請王阿嬤教大家做葡萄蚵嗲　主廚烹飪課	高架菜圃，方便操作	少年仔陪阿伯一起運動　老花仔拉筋功	醫院　健康直達車　健身直達車　送這送這　日照診記　長照中心　家
內容	藉由長輩專長分享重建信心，促進長輩們的互動交好。	引入園藝療程，看著作物生長療癒；雨天則吟詩作對	定期舉辦運動比賽成果發表，促進老青運動交流	C級照護中心於灣建醫院與社區角色
空間	Ⓐ 樂齡職訓班	Ⓑ 食物森林	Ⓒ 籃球場　Ⓒ 樂活大草坪	Ⓓ 照護諮詢站　Ⓓ 送餐助洗站

樂齡戶外課

融遊樂 公園

☑ 全區透視圖

大片綠地
· 假日較多
  遛狗.遛小孩
· 下方蓄水池更好玩
  分足.

後勤備餐區
· 送餐 vs 廚房
· 看護.送餐必經車

入口大雨遮
· 接送不淋雨
· 氣氛熱鬧

各種職能課程
· 對應木平台.綠地
· 各種活動

縱向串聯空橋

祈禱.拜拜閣
· 對應不同信仰
· 心靈撫慰

☑ 一層平面配置圖 S:1/400

☑ 二層平面圖 S:1/400

☑ B割面圖 S:1/400

作品提供／南榮華建築師

等別：高等考試
類科：建築師
科目：建築計畫與設計
考試時間：8 小時

全 2 頁-第 1 頁
撰稿日期：2016/03/24
撰稿者：黃俊毅

一、題目：〔再〕擴充的幼兒園地

二、題旨：

全球暖化的環境變遷及快速的都市發展，少子化的社會變遷，皆對都市兒童教育有一定影響。本案希望透過建築涵養來操作一種實驗性構想，將原本封閉的學習空間開放，鼓勵與環境融合的學習方式，不但提升空間效能，強化學習與環境的關係，也是邁向未來城市的搖籃場，為未來培養尊重環境的主人翁。

三、基地概述：

本基地位於一個中大型城市的邊緣，人口膨脹及外來移民造成都市的擴張與成長加劇，此現象在新興城市的發展是種必然現象，都市擴張的同時不免破壞原有生活環境，其影響的層面不僅僅只是公共設施的改變，對於生活文化、都市涵構及生態環境都造成不小衝擊，如何在擴張與保留之間取得平衡是未來建築師必修的課題。

〔再〕擴充，是指對於原有基地範圍內，身為一個建築師如何將新舊都市的介面再度連結，讓都市環境能夠提升，具有未來前瞻但又不失去原有的文化、生活及環境。

(一)建蔽率：40%
(二)容積率：100%

四、空間需求：

(一)幼兒教室：幼幼班、小、中及大班各二班每班15人。空間可彈性安排，教室群可合併。
(二)廚房：供幼童用餐及點心等食品烹飪。
(三)多功能室內空間：供親子活動等相關聚會表演。
(四)教師及行政空間：供 8-10 名教師及 12-20 名行政及技術人員使用，包涵辦公、會議、休憩及接待等活動。
(五)設施空間：儲藏、清潔、廁所、機械及停車等請自行合理規劃。

五、圖說要求：

(一)建築計畫(比例自訂)：
　　1. 基地及周邊環境分析。
　　2. 法規及量體分布策略。
　　3. 空間定性及定量。
(二)建築設計(比例自訂)：
　　1. 全區配置。
　　2. 全區平面圖。
　　3. 重要空間與其他樓層平面、立面及剖面。

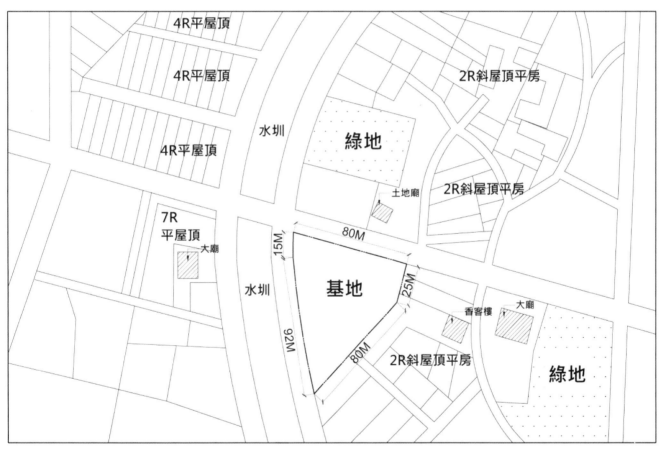

基地平面圖　S=1/300

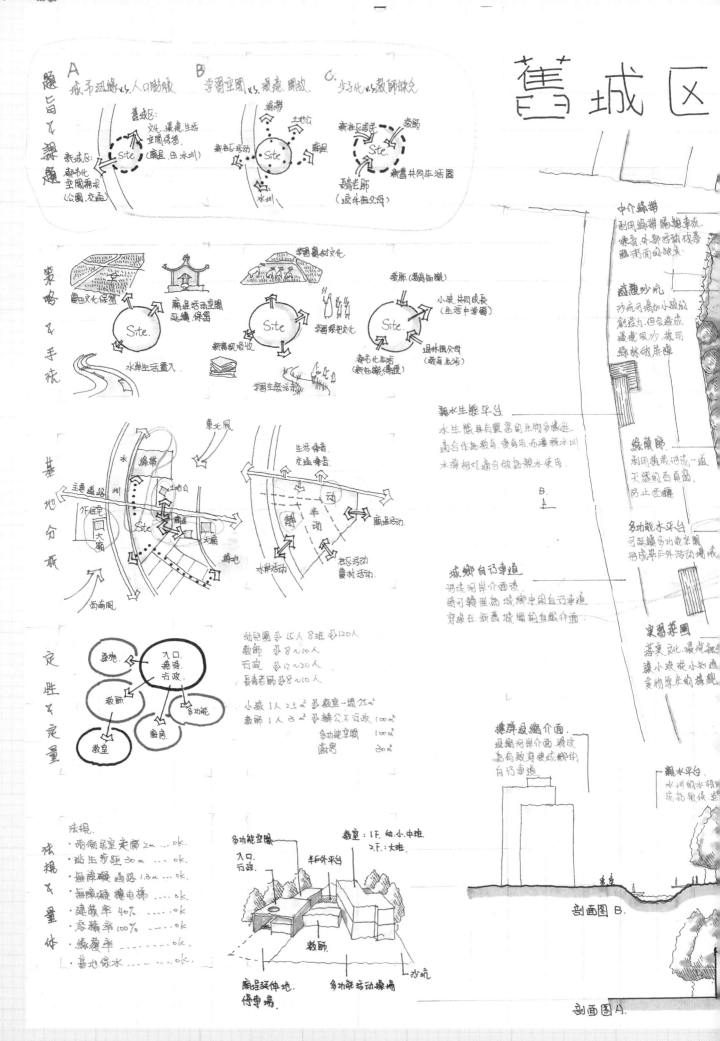

舊城区

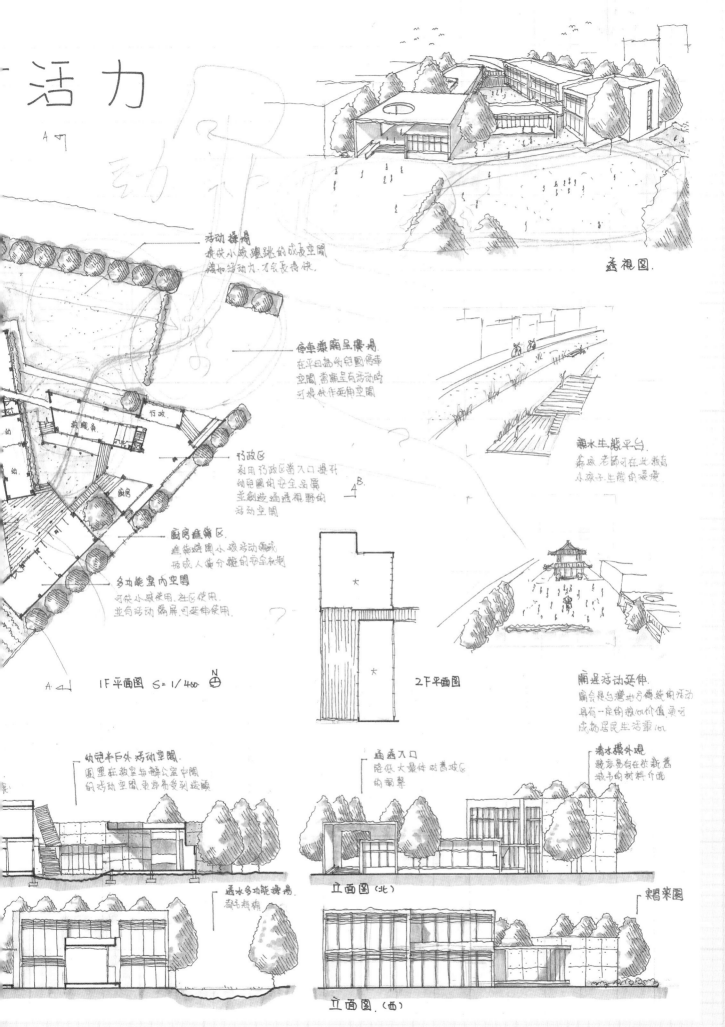

活力

活动操场
提供小孩跟跳的成长空间
增加活动力，才会长得快。

透視圖.

停车兼庙呈廣場.
在平日為幼兒園停车
空间，當廟呈有活动时
可提供作延伸空間

行政区
利用行政区當入口提升
幼兒園的安全品質
並創造通透視野的
活动空間

親水生態平台.
希望老師可在此教育
小孩子生態的重要.

廚房進貨区
進貨避開小孩活动動成
開成人為分離的安全机制

多功能室内空間
可供小孩使用，社区使用.
並有活动隔屏可延伸使用

A   1F平面图 S=1/400.   N   2F平面图

廟是活动延伸.
廟會是台灣地方傳統的活动
具有一定的教化价值，亦可
成為居民生活重心

幼兒半戶外活動空間.
圍塑在教室與辦公室中間
的活动空間，最容易受到造顧

通透入口
降低大量体時舊城区
的衝擊

清水模外堤
裝療易有在於新舊
城市的材料介面

立面图(北)   景觀來圍

透水多功能操場.
發呆去挑

立面图(西)

童學生活家

— 友善的生活介面 ▫社區生活再造 ▫幼兒教育落實 ▫—

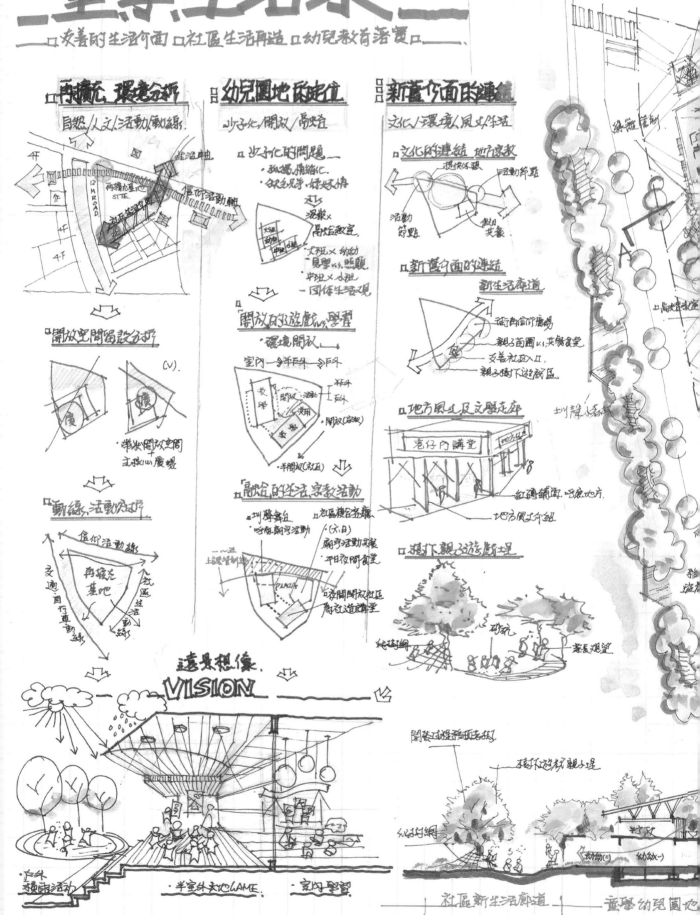

▫再擴充、環境分析
自然/人文/活動動線

▫開放空間配置方式
(V).

▫動線、活動方式

▫幼兒園地區定位
少子化/開放/高安全

▫少子化的問題
· 孤獨、疏離化
· 缺乏兄弟、姊姊妹
· 混齡教育
· 分齡教育
· 大班 vs 幼幼
· 見學 vs 照顧
· 中班 vs 小班
· 團體生活觀

▫開放的遊戲 vs 學習
· 環境開放
室內 — 半戶外 — 戶外

▫高安全的生活家教活動

遠景想像
VISION

· 半室外大地GAME · 室內學習

▫新舊介面的連結
文化/環境/風土生活

▫文化的連結 地方宗教

▫新舊介面的連結
新生活廊道

▫地方風土及文學走廊
巷仔內講堂

· 紅磚鋪面、古厝本方
· 地方風土介紹

▫遊下親子遊戲斷堆

社區新生活廊道　　童學幼兒園地

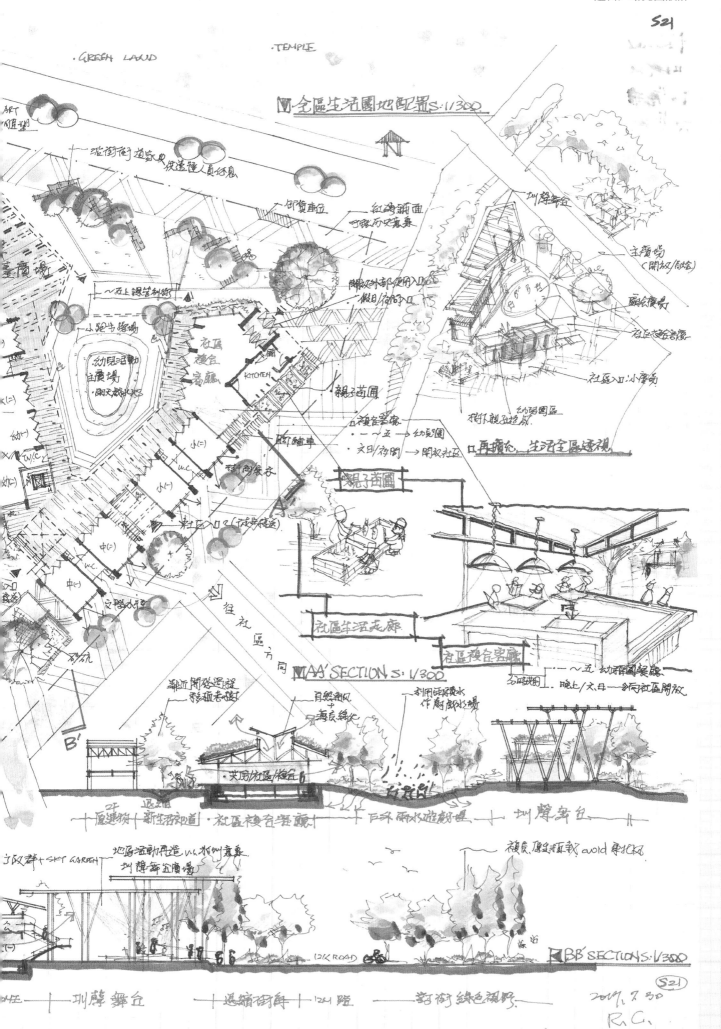

IV 全區生活園地配置 S:1/300

·GREEN LAND   ·TEMPLE

IV AA' SECTION S:1/300

IV BB' SECTION S:1/300

105年 建築設計及建築計畫術科考試模擬考題 　　　　　　　　105/11/06

等 別：K圖會

類 科：第三次模擬考-MR.莊建築師出題

科 目：建築計畫與設計

考試時間：8 小時 　　　　　　　　　　　　　　　　　　　　　　　　學員：＿＿＿＿＿＿＿＿

一、 題旨：

　　　　一個好的建築設計除了本身須符合使用上的機能外，整體的建築設計應能彰顯外在實質環境特色，如位於具有歷史性空間情境下，建築設計之使命更需肩負歷史傳承與時代創新的責任，達到基地內與外之銜接、過渡與融合。畢竟建築物興建完成之後，便也是這個地區的一份子，應當與在地居民形成一個緊密的生命共同體(小鳥與水牛的故事)。

　　　　"場所"是由人、活動與實質空間共同建構的，幾個人、簡單的活動，人性尺度的友善空間，就很容易產生場所情感。當這個場所注入了具有歷史意義的建築空間時，如何凸顯地方性意涵，凝聚居民集體記憶，便是一個重的的課題。所以要了解一個城鎮最好的方式，便是親臨感受其歷史所遺留之整體空間氛圍，體驗其紋理脈絡、場所精神，地域地景及居民的生活形式，因為一個常民場所的精神存在，不僅在於自身空間形式，更重要的是根植於居民心中感知的共同記憶圖像，故"記憶場域"的產生便是人、場所與生活事件的結合。

二、 設計題目： 「生活共享聚落」

　　　　臺灣南部某一具歷史文化特色之市鎮，由於年輕人口嚴重外移，留在當地之人口大多為耆老長者，且傳統產業日亦凋零，傳統老街空間在快速都市化進程下，拆除舊有建築物，開闢都市計畫道路,老街空間亦不受政府與民間的重視,僅剩下的也是常民生活上的歷史痕跡。現當地市政府近年來改變政策思維，努力推行文化觀光產業，並期待以地方歷史文化及觀光旅遊結合，藉以吸引更多觀光遊客，一方面達到歷史文化推廣與教育；另一方面亦能開創觀光經濟效益，藉此城鄉活化政策，為地方活動注入新的生命，帶給當地產業機能新的契機。

　　　　今有一塊公私有土地進行整併後，將以公辦都更形式辦理重建，其中20%土地為市政府所有，40%為的原有住戶，40%則為某一旅館公司所有，並依都更權利價值比例分配建築空間，興建完成後市政府分回之空間將做為歷史傳承與教育使用;原住戶分回之空間作為住宅使用;旅館公司分回之空間則作為旅館經營。對於本案未來建築興建計畫將朝下列多元面向經營發展：

(一)文化營造向度：市政府將設置鄉土教育中心，並與附近學校共同推動在地精神活化，秉持「歷史老街紮根校地、教育活動活化歷史老街」的理念，提供該地區教學資源，推廣教育活動，並作為教學示範場所，以創造教育與歷史文化共享的前景。

(二)旅遊文創向度：該旅館公司是當地愛鄉愛土之知名企業，創辦人更是土生土長的當地耆老，對於老街懷有深刻的場所認同，為回饋鄉里也積極響應政府文化觀光政策，認為歷史營造與旅遊活動的結合，除了可喚起當地居民環境識覺及情感連結外，更可為旅客提供主動式的探索，在身歷其境的時代感知氛圍下，醞釀旅遊心情及地方聯想。另外該公司也願依都更公益性補償原則，將部分空間捐贈給市政府產發局所有，並作小型產業創意基地，研發具有產業特色的旅遊紀念品及小東西。

等 別：K 圖會

類 科：第三次模擬考－MR.莊建築師出題

科 目：建築計畫與設計

考試時間： 8 小時   學員：＿＿＿＿＿＿＿

（三）人文關懷向度：為照顧原有住戶市政府將規劃老人住宅及設置小型照顧中心，期望結合社區資源及推動長期照護，以減少社會負擔及家庭壓力，始有「在地老化」、「自養其身」、「社區照顧」及「照顧住宅」之理念，建構長期照護社區化及整體防疫網，讓社區居民在獨立自主及身心尊嚴下自立更生，解決社區居民醫療看護之問題。另可考慮「終生住宅」以提供了一個永續性居住的可能，以達到「在宅終臨」之精神目標。

（四）故為呼應上開三個向度，本案興建將以"歷史傳薪與教育"、"文創經營與旅遊"及"常民生活與關懷"的規劃設計主軸，不論是當地居民或來此歷史尋禮的旅客，都可在這時代交織的生活印記下，共同體驗一個可居、可遊、可觀、可感的人文社區，開創此地區成為一個「多元共享、並存共構之常民生活聚落」（本題精神）。

三、 基地條件：

基地面積約為45,000(90*50)平方公尺，位於台灣南部二級鄉鎮的中心商業區，法定建蔽率60%，容積率400%，基地東側臨接16.36公尺計畫道路，西側臨接12.73公尺計畫道路，南側臨接4公尺計畫道路，基地中間有一3公尺現有巷道。基地周邊大部分為4-6層建築物之住商混合型態。基地北側有一日式舊有倉庫，現為市政府文化局所有，目前尚無其他使用，西側有百年歷史的大廟及小廟，大廟面前有一大型公園。

東側有一歷史街區，目前保存相當完整的清末街型與傳統店屋，見證了當地市街發展軌跡，體現聚落成形是一系列動態的演變過程，對於都市紋理的延續深具意義。基地內目前尚有部分舊有建築物未拆除，建物之立面與造型具有鄉土特色，身為設計建築師的你可以決定拆或不拆。

四、 建築計畫（佔總分40分）：

計畫是尋找課題，設計是解決問題，而建築計劃之擬訂與思考，應先了解當地發展的時空背景，以及人民生活型態所產生之關聯，從城鄉尺度到建築尺度(由上而下)，由外部環境到內部環境(由外而內)的整體思考，最後逐步進入基地內的建築設計。請針對自己對環境的感受程度及下列議題研擬相關建築計畫，抑或提出個人見解看法(自己提出什麼樣的議題，自己又如何解決，自由發揮)。

（計築計畫請以圖示為主，文字為輔）

（一）城鄉風貌之展現：基於推動地方環境精神，在城鄉空間自明性上期望營造"一鄉一特色"，創意產業上能有鄉土製造的"一村一產物"，對於逐漸沒落的地區，如何運用地域再活化策略來促進地域社會及經濟發展復甦，為地方注入新的生命。

（二）紋理涵構之彰顯：基地環境位處一個具有歷史涵構的聚落社區，畢竟在歷史文化累積下的多元場景下，保存其歷史精神更甚於保留原有建物，是以"活的歷史"才是我們所關心的。故如何以地方場所精神之方向感、認同感、歸屬感、聚集感、交流感及滿足感，營造出具有地方特色之生活領域。

105 年 建築設計及建築計畫術科考試模擬考題

105/11/06

等 別：K圖會

類 科：第三次模擬考-MR.莊建築師出題

科 目：建築計畫與設計

考試時間：8 小時　　　　　　　　　　　　　　　　　　　　學員：＿＿＿＿＿＿＿＿＿＿

(三) 集體記憶之再塑：共同記憶即是居民對於自身地方的感覺，藉由經驗、記憶及意象所發展出來的情感依附。為凸顯在地性意涵，如何形塑常民的集體認同，以提供一個具有傳承記憶及身歷其境的共鳴場域。

(四) 生活圈域之形成：當地居民具有共同的生活信仰核心(百年老廟+小廟)，自然形成共同的"圈域"，如何藉由當地耆老長者的深根經驗，配合節慶活動舉辦，並結合觀光旅遊路徑，讓常民的生活領域成為未來主要構成力量。

(五) 總體營造之運作：如何運用造人、造文、造地、造產及造景等理念，結合歷史街區及蜿蜒有趣的巷弄空間，發起環境美化運動，加強地方意義及創意活動，厚植場所精神，提昇區域的場所依戀。

(六) 鄉土資源之共享：鄉土教育之目的，除了蒐集當地史料文物外，更重要的是建立文化傳承與創新。至於學校則是落實社區居民終身學習最佳場所，也是培訓居民動員組織的地方，在現今少子化影響下，鄉土教育中心如何與學校相輔相成，達到資源共享。

(七) 行為活動之創造：為強化當地居民、學童、背包客或社會大眾對於地方歷史與文化地認識，提高愛鄉愛土之情懷，如何藉由行為活動擬聚社區凝聚力及地方認同。(可思考都市層級活動、社區層級活動或建築層級活動，……一個就好，免得失焦！！)

(八) 人行步道之連結：可結合上開行為活動系統的設置，並適度規劃徒步街、徒步區或人車共存區等，以提供旅客體驗當地特色文化脈絡。

(九) 綠色旅遊之創建：一個綠色旅遊環境應有四個基本面原則，即生態責任、地方經濟活力、文化敏感性及體驗豐富性。對於當地實質環境，應提供豐富的文化地景旅遊體驗，並教育旅客與居民減少生態足跡耗損。故本案如何透過"都市旅遊生態化"的觀念下，達到歷史文化、永續健康與觀光旅遊的結合。

(十) 開放空間之營造：考量與周邊環境之關係，強調空間氛圍及必要的街道封閉性，重要的地方應能強化其核心性，創造空間節點、都市地標等。

(十一) 老人居住及安養照護：市政府為照顧當地耆老長者，提出具有「居家情境」住宅單元，畢竟"家"是一個溫馨親切、自我認同及生活自主性高的場所，每個人都是從"家"開始，故希望營造一個像家的空間情境，感受到"共享天倫之樂"之情境，為老人生活注入新的生命活力。

(十二) 在地老化之結合：續上，係希望耆老長者無論在單獨生活、安養照護或至臨終安寧等不同階段，都能有良好的居住安排，營造出適宜的空間環境，故如何結合在地社區資源發展出「在地老化」的概念。

(十三) 舊建築之再利用：基地內原有舊建築物具有鄉土特色，如採不拆除或部分拆除時，對於舊有建築物之新舊如何處理，畢竟新舊並置不等於新舊共存，本題如何創造新的結合可能，讓新舊之間能更好互動，以期作為未來建築設計的啟發與參考。

(十四) 其餘建築尺度部分，如配置計畫、量體計畫、機能分區計畫、動線計畫、空間質量分析...等。

五、 空間需求：

(一) 鄉土教育中心(市政府文化局分回總樓地板10%，包含行政空間、鄉土教室、戶外活動劇

105 年 建築設計及建築計畫術科考試模擬考題

等 別：K 圖會

類 科：第三次模擬考-MR.莊建築師出題

科 目：建築計畫與設計

考試時間： 8 小時

學員：＿＿＿＿＿＿＿＿

場等)

(二)集合住宅(原住戶分回總樓地板40%，包含公共大廳、15坪及20坪之住宅單元等)

(三)小型照護中心(市政府衛生局分回總樓地板10%，包含行政空間、簡易醫療服務站等)

(四)旅館(企業公司分回總樓地板30%，包含行政空間、服務空間、旅館單元等)

(五)小型文創基地(企業公司依都更公益性捐贈給市政府產發局，分回總樓地板10%，包括：
工作坊、展覽空間、小型商品店等)

(六)供旅館臨時使用之停車空間(5輛車位)

(七)其他服務空間

(八)總樓地板=容積×30%；另建蔽60%/容積400%可自行依設計狀況適度調整與假設。

六、 圖說要求必須包含：(佔總分60分)

(一)設計概念 (以圖示為主，文字為輔)

(二)平面配置圖

(三)主要剖面圖

(四)主要立面圖

(五)全區透視投

(六)其他情境透視圖

(七)以上圖說內容之比例尺，請以設計內涵能清晰表達自行決定。

七、 建築基地

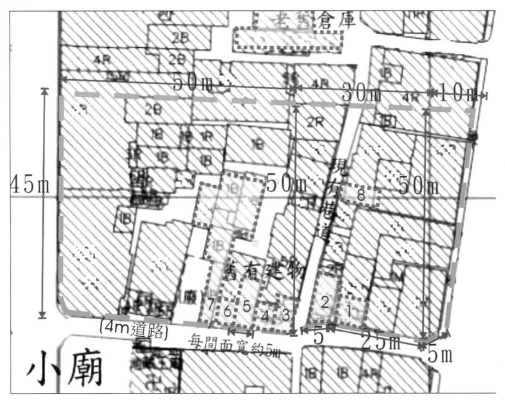

105 年 建築設計及建築計畫術科考試模擬考題

等 別：K圖會

類 科：第三次模擬考-MR.莊建築師出題

科 目：建築計畫與設計

考試時間： 8 小時

學員：＿＿＿＿＿＿＿＿＿

八、 建築基地與周邊環境關係圖

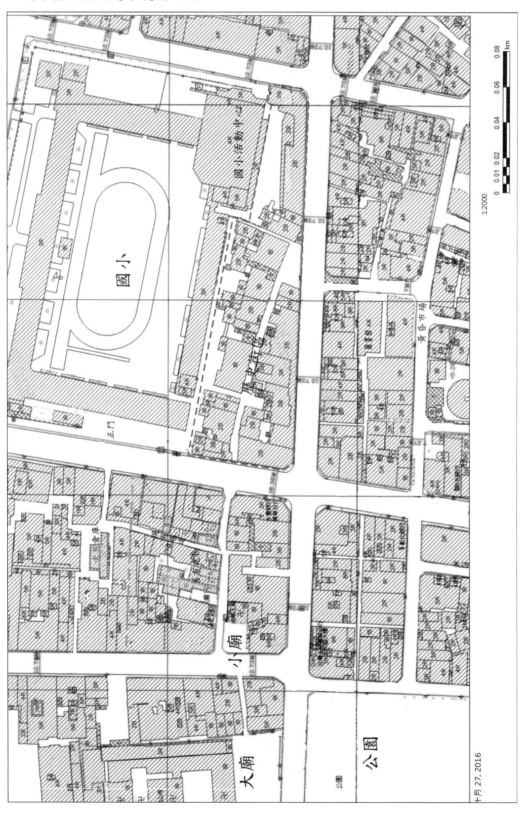

105 年 建築設計及建築計畫術科考試模擬考題

等 別：K圖會

類 科：第三次模擬考-MR.莊建築師出題

科 目：建築計畫與設計

考試時間： 8 小時　　　　　　　　　　　　　　　　學員：＿＿＿＿＿＿＿＿＿＿

九、歷史街區說明：

此區在嘉慶 4 年 (1799)便有店屋買賣紀錄，可推估聚落的成形，約在清代早期，開發至今已有兩百多年時間，現仍保有當時的街道紋理，老街約 3 公尺寬，略呈曲折，兩邊均蓋起店屋，留下清代漢人的街道風貌。

街區傳統產業有茶桌仔店、米店、道壇、小旅社、書籍裝訂廠、土炭販賣、公共浴池等。在狹小蜿蜒的老街行走時，仍可感受到昔日親切的街道尺度。

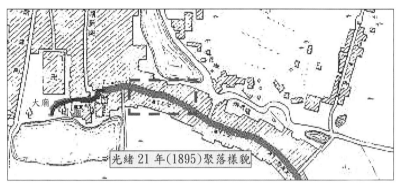

光緒 21 年(1895)聚落樣貌

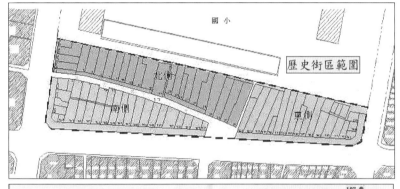

歷史街區範圍

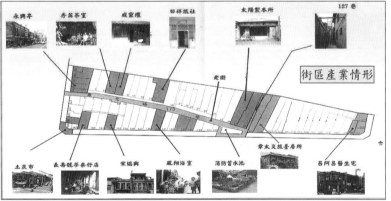

街區產業情形

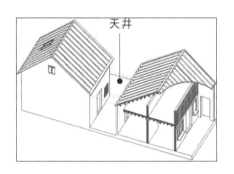

天井

傳埕　生活共享聚落

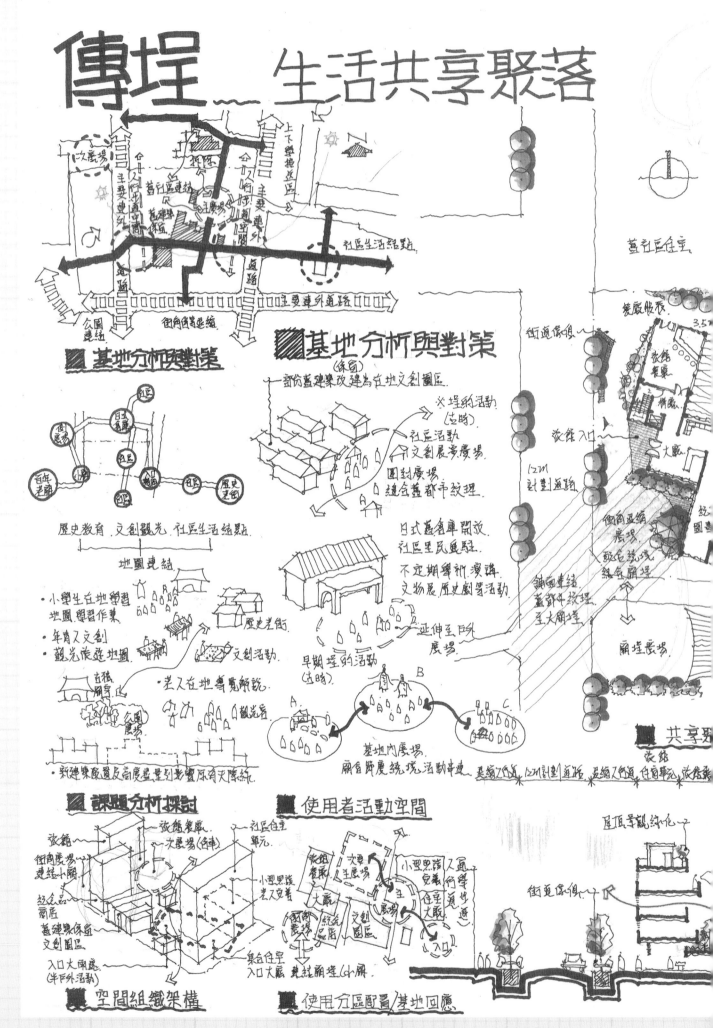

基地分析與對策

基地分析與對策

基地分析與對策

課題分析探討

使用者活動空間

空間組織架構

使用分區配置/基地回應

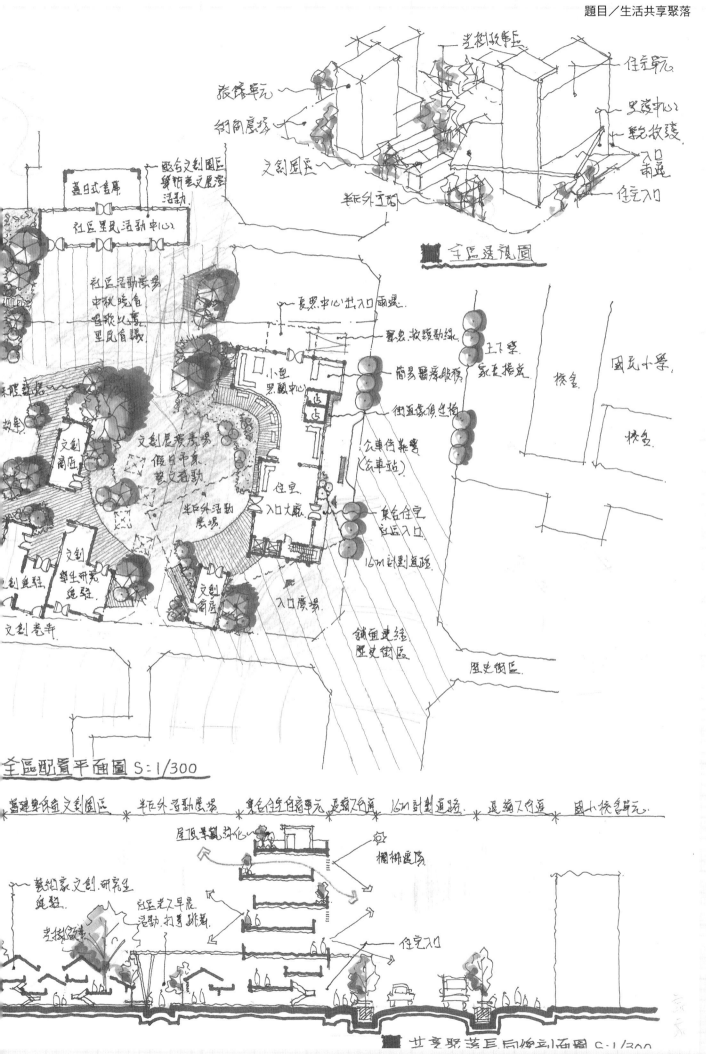

全區透視圖

全區配置平面圖 S=1/300

共享聚落區位總剖面圖 S=1/300

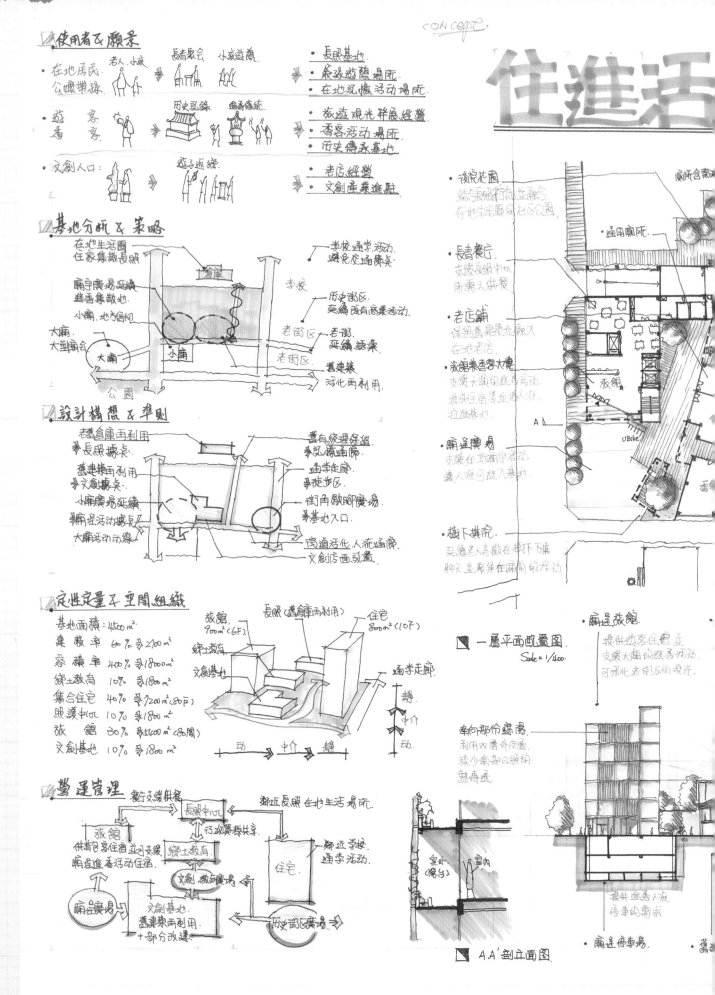

☑使用者及願景

・在地居民　老人、小孩　長青聚會　小孩遊戲
　公嬤帶孫　　　　　　　　　　　　　　　　　➡・長照基地
　　　　　　　　　　　　　　　　　　　　　　　・旅遊遊憩場所
　　　　　　　　　　　　　　　　　　　　　　　・在地凝聚活動場所

・遊客　　歷史氛圍　廟孕傳統
　香客　　　　　　　　　　　　　　　　　　　　➡・旅遊觀光發展經營
　　　　　　　　　　　　　　　　　　　　　　　・香客活動場所
　　　　　　　　　　　　　　　　　　　　　　　・歷史傳承基地

・文創人口：　　　遊子返鄉　　　　　　　　　　➡・老店經營
　　　　　　　　　　　　　　　　　　　　　　　・文創產業進駐

☑基地分析及策略

在地生活圈
住家集散長照

廟埕廣場延續
進香集散地
小廟地方信仰

大廟
大型廟會　　大廟　小廟　　　公園

學校通學活動
避免交通衝突

歷史街區
延續既有商業活動

老街區　老街
延續商業

老街區
舊建築
活化再利用

☑設計構想及準則

老舊倉庫再利用
爭長照據點

舊建築再利用
爭文創據點

小廟廣場延續
爭廟埕活動場所
大廟活動動線

舊有緊鄰保留
爭歇腳通廊

通學走廊
爭徒步區

街角歇腳廣場
爭基地入口

街道活化、人流通廊
文創店面設置

☑定性定量及空間組織

基地面積：4500㎡
建蔽率　60% 爭2700㎡
容積率　400% 爭18000㎡
鄉土教育　10% 爭1800㎡
集合住宅　40% 爭7200㎡(80戶)
照護中心　10% 爭1800㎡
旅　館　30% 爭5400㎡(80間)
文創基地　10% 爭1800㎡

旅館
900㎡(6F)

長照(舊倉庫再利用)

住宅
800㎡(10F)

鄉土教育　文創基地

通學走廊

動　中介　靜

☑營運管理

旅館　　　長照中心　　　鄰近長照在地生活場所
供香客香住宿並可支援
廟埕進香活動住宿　行政資源共享　　鄉土教育

廟埕廣場　文創教育廣場　　住宅　　鄰近學校通學活動

文創基地
舊建築再利用
+部分改建　歷史區廣場

CON cept

住進活

・後院花園
結合長照活動並融合
在地生活圈的社區公園

・長青餐廳
支援長照中心
所需之供餐

・老店鋪
保留舊建築並融入
在地老店

・旅館兼香客大樓
支援大廟的進香活動
提供香客住宿導至進香人流
進基地

・廟埕廣場
支援在地廟埕活動
導人潮可進入基地

・樹下棋院
延續老人喜歡在樹下下棋
聊天並聚集在廟前的活動

☑一層平面配置圖
　Scale = 1/400.

・廟埕旅館
提供遊客住宿並
支援大廟的進香活動
可活化老街區的觀光

・東向部分遮陽
利用雙層外皮圍
減少東西向日照的
熱傳遞

・提供進香人流
停車的廟埕

☑ A.A' 剖立面圖

室外(廣場)　室內

・廟埕停車場

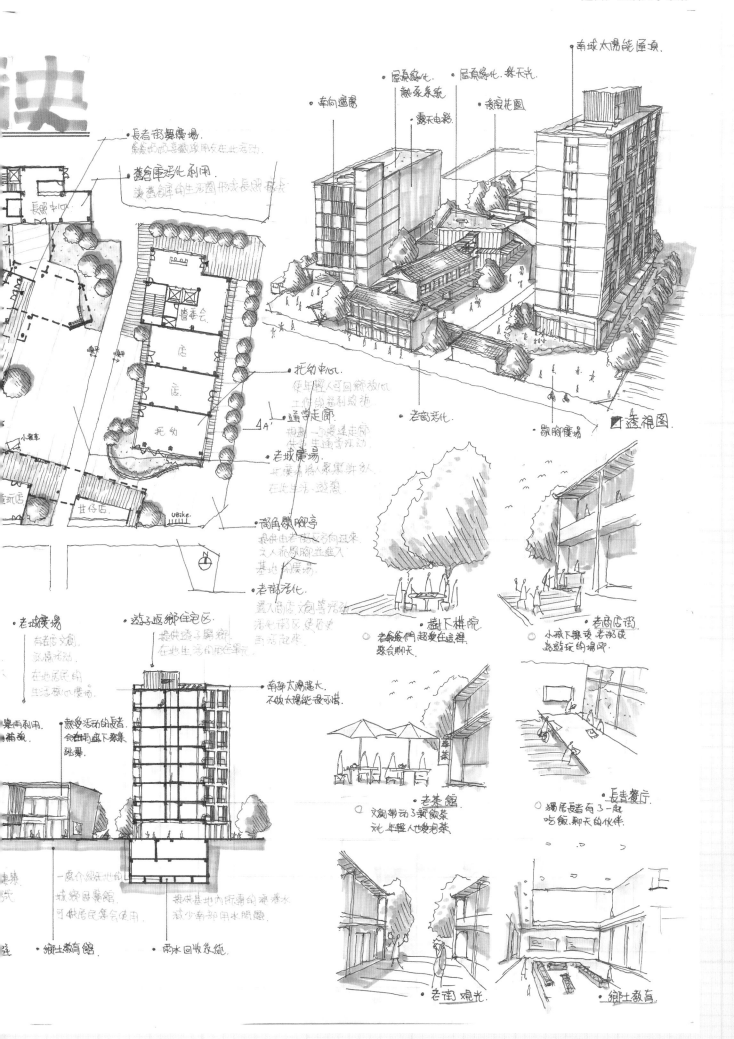

決

長者街舞廣場.
熱愛的伍喜歡跳舞聚友在此活動.

舊倉庫活化利用.
讓舊倉庫的生活圈形成長期 聚集.

南向遮陽.

屋頂綠化.
熱泵系统.

屋頂綠化. 採天光.

後院花園.

露天电影.

南城太陽能屋頂.

長郭中心

菜會.
店
店
无幼

小客車

土仔店

UBike.

托幼中心.
使年輕人可回鄉放心
工作鄰居親戚 照顧小孩.

通學走廊.
提供一個漫遊走廊
讓孩童演戲玩動.

老城廣場.
近鄰讓人聚集許多人
在此生活·遊憩.

南角觀脚亭.
提供由老街社可方向過來
又又花脚脚亭進入
基地的廣場.

老街活化.
置入商店 文創等活動
活化舊社區 使居民
再活絡來.

老街活化.

影的廣場.

◢透視圖.

老城廣場.
有老街 文創.
歡唱活動.
在地居民的
生活核心農場.

遊子返鄉住宅區.
提供遊子返鄉
在地生活的居住單元.

老街伯伯們想要在這裡
聚會聊天.

樹下棋院.

小孩下課後 老街成
遊玩的場所.

老商廣場.

雨水利用
補強.

熱愛活動的長者.
會在街座下聚集
跳舞.

南面太陽過大.
不做太陽能板水棚.

草茶

老茶館.
文創帶动了新飲茶
文化 年輕人也愛喝茶.

獨居長者有了一起
吃飯·聊天的伙伴.

長者餐厅.

一處介鄉活地的
城鄉書籍館
可做居民集會使用.

提供基地內所需的雨水 儲水
減少南部用水問題.

鄉土教育館.

雨水回收系統.

老街 風光.

鄉土教育.

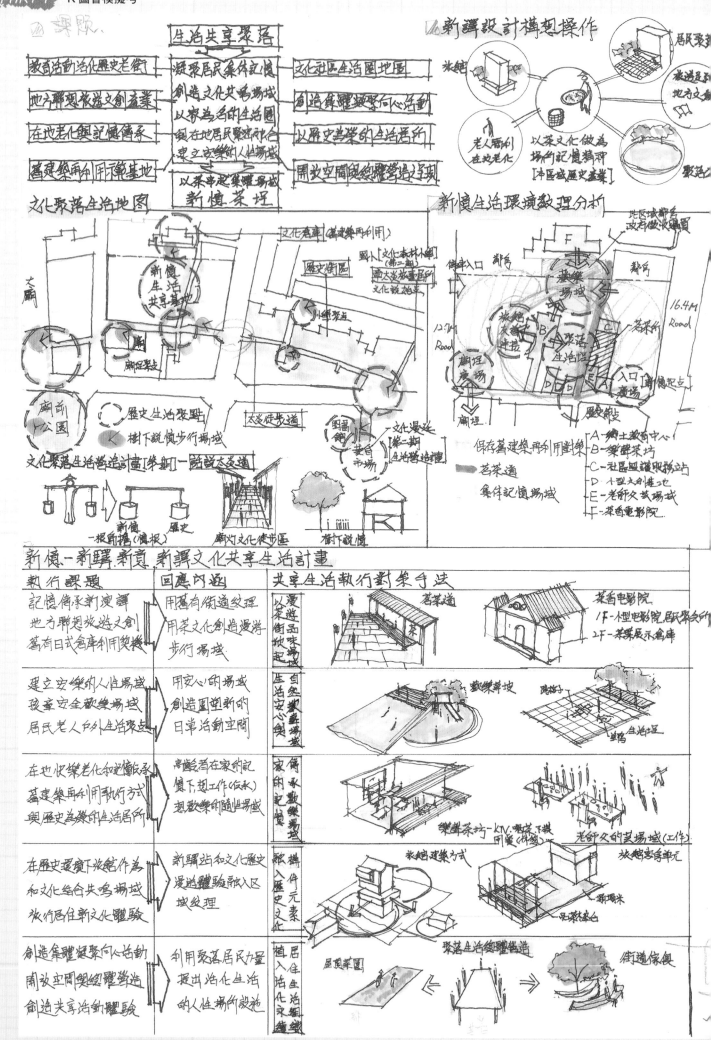

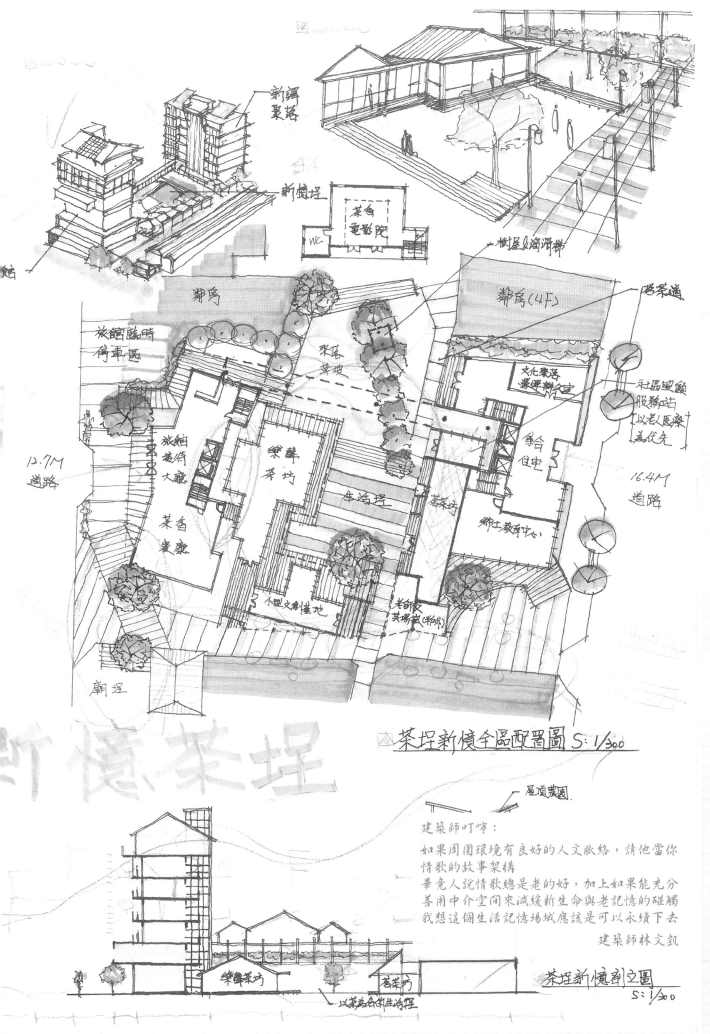

新漁聚落

新懷埕

茶色電影院
WC

鄰房

鄰房(4F)

灣茶道

文化聚落營運辦公室

社區里鄰服務站(以老人醫療為優先)

旅館臨時停車區

集合住宅

聚落享埕

樂鳴茶坊

旅館接待大廳

茶香餐廳

生活埕

茗茶坊

鄉土教育中心

12.7M道路

16.4M道路

小型文創基地

老師交菜場域(野外)

廟埕

茶埕新懷全區配置圖 S：1/300

屋頂農園

建築師叮嚀：

如果周圍環境有良好的人文脈絡，請他當你情歌的故事架構
畢竟人說情歌總是老的好，加上如果能充分善用中介空間來減緩新生命與老記憶的碰觸
我想這個生活記憶場域應該是可以永續下去

建築師林文凱

樂鳴茶坊

茗茶坊

以茶立名的生活埕

茶埕新懷剖立圖
S：1/300

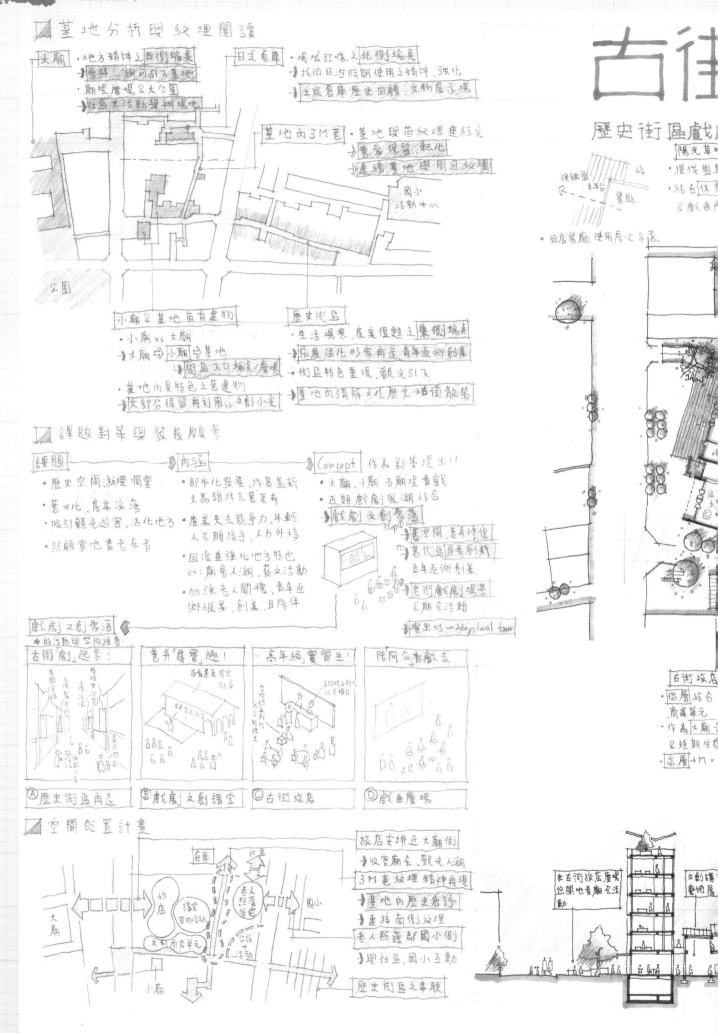

☑ 基地分析與紋理閱讀

大廟 ‧地方精神之西側端景
→修補 廊可引入基地
‧廟埕廣場＆大公園
→社區大活動聚集場地

日式倉庫 ‧場域記憶之北側端景
→找回日治時期使用之精神 強化
→土炭倉庫 歷史回顧 文物展示場

基地內3M巷 ‧基地與舊紋理連結點
→意象保留 轉化
→連結基地與街區紋理

國小
活動中心

公園

小廟＆基地苗有建物
‧小廟 vs 大廟
→大廟、小廟分基地
→街區入口端景/看戲
‧基地內具特色之舊建物
→大部分保留再利用 vs 文創小吃

歷史街區
‧生活場景 產業復甦之東側端景
‧傳產活化形象再造 青年返鄉創業
‧街區特色重現 觀光引入
‧基地內講解文化歷史 街街散策

☑ 課題對策與發展願景

課題
‧歷史空間紋理凋零
‧舊文化 產業沒落
‧吸引觀光遊憩 活化地方
‧照顧當地耆老長者

內涵
‧都市化發展 拆舊蓋新 大馬路拆舊舊弄
‧產業失去競爭力 年輕人不願接手 人力外移
‧回復並強化地方特色 ex:廟會人潮 藝文活動
‧加強老人關懷 青年返鄉就業 創業 且階件

Concept 作為對策提出！！
‧大廟 小廟 廟埕看戲
‧近期戲劇風潮結合
戲劇＆創意發想
→舊空間 老舊修復
→舊街區歷史創新 青年返鄉創業
→老街戲劇場景 ＆廟會活動

→營造出 as 2days local tour

戲劇＆創意發想
中的活動與空間推演

古街「劇」起來！ | 舊弄「尋寶」趣！ | 高年級實習生！ | 階阿公看戲去
Ⓐ 歷史街區再造 | Ⓑ 戲劇 文創講堂 | Ⓒ 古街旅店 | Ⓓ 戲曲慶場

☑ 空間配置計畫

倉庫 旅店 講室 老人照護宅 國小
文創 商店單元 公設+活動
大廟 小廟 歷史街區

‧旅店安排近大廟側
→收容廟會 觀光人潮
→3M巷紋理精神再現
→基地內歷史看點
‧連接南側紋理
‧老人照護部國小側
→與社區 國小互動
‧歷史街區文車服

古往
歷史街區戲

古街旅店
‧低層結合 商業單元
‧作為大廟 ＆短期住
‧高層4M

本古街旅店盧與悠閒地看廟會活動
文創講堂展覽

劃起來

作品提供／南榮華建築師

聚落再生計画

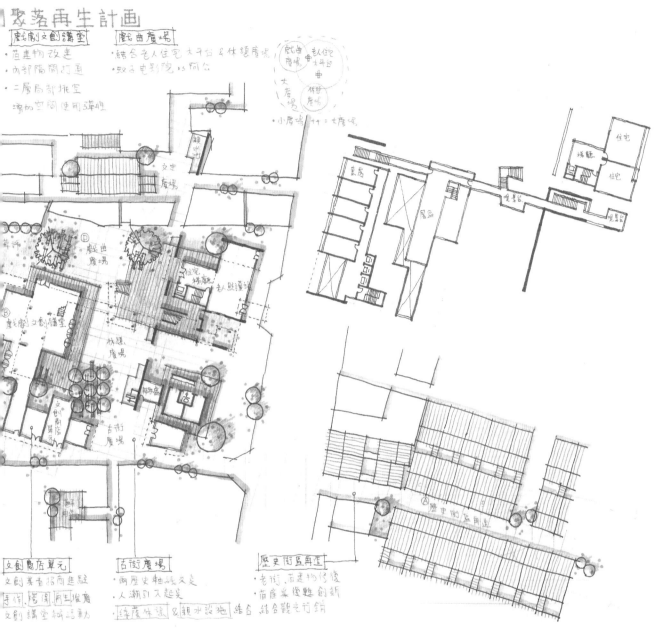

戲劇文創講堂	戲曲廣場
· 苗建物改建 · 內部隔間打通 · 二層局部挑空 增加空間使用彈性	· 結合老人住宅 大平台 & 休憩廣場 · 設子電影院 vs 阿公

戲曲廣場 / 私人住宅 / 大平台 / 曲 / 大廣場 / 休憩廣場

· 小廣場／++＝大廣場

文創商店單元
文創業者招商進駐
手作、體闘、再生推廣
文創講堂辦活動

古街廣場
· 兩歷史軸線交叉
· 人潮引入起笑
· 綠蔭休憩 & 親水設施 結合

歷史街區再造
· 老街、苗建物修復
· 苗產業優鵬創新
· 結合觀光行銷

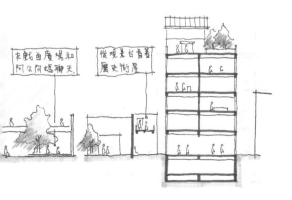

在戲曲廣場和阿公阿嬤聊天

俊觀景台看著歷史街屋

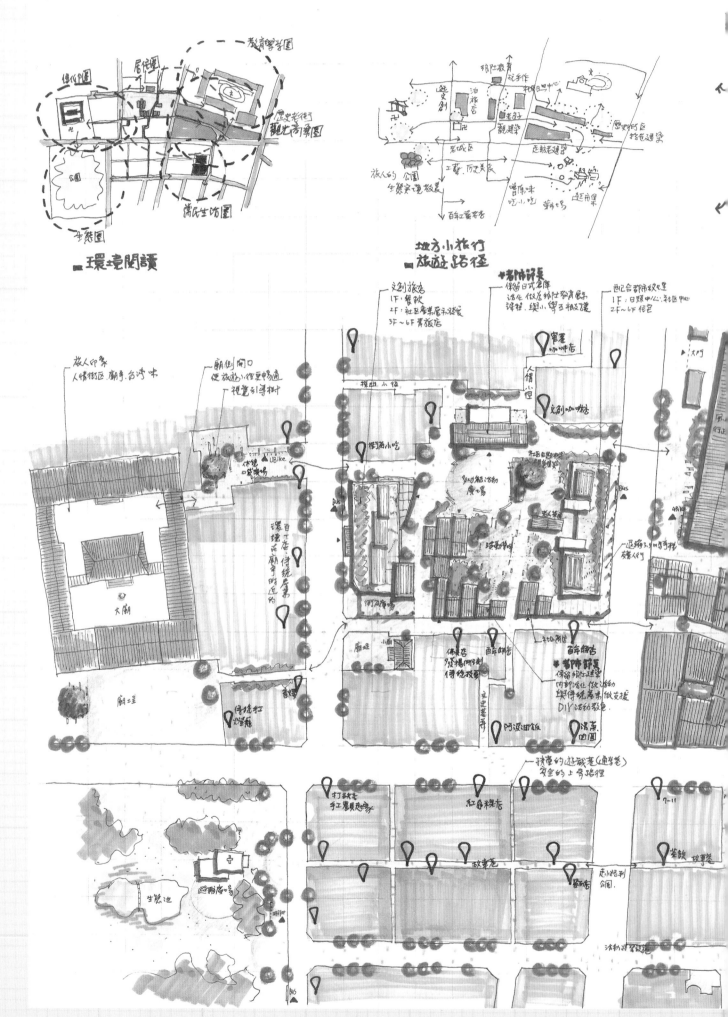

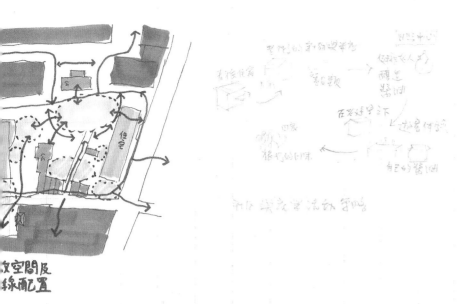

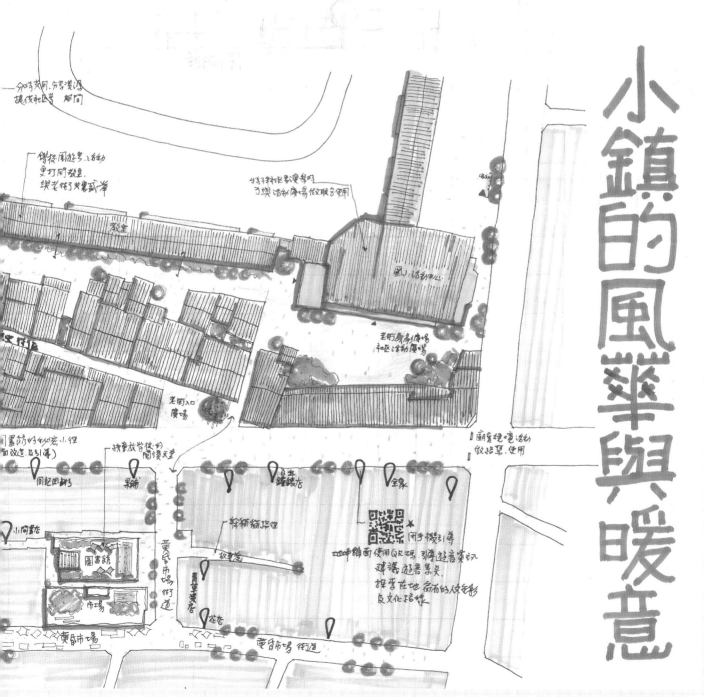

可居、可遊、可觀、可感 的人文社區

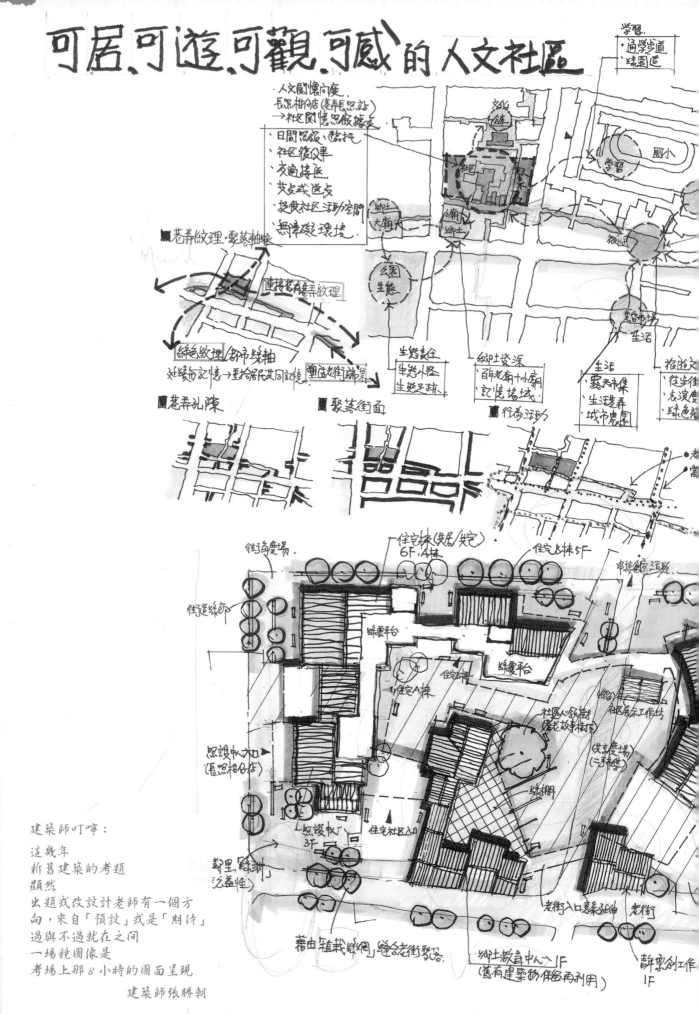

建築師叮嚀：

這幾年
新舊建築的考題
顯然
出題或改設計老師有一個方
向，來自「預設」或是「期待」
過與不過就在之間
一場競圖像是
考場上那8小時的圖面呈現

建築師張勝朝

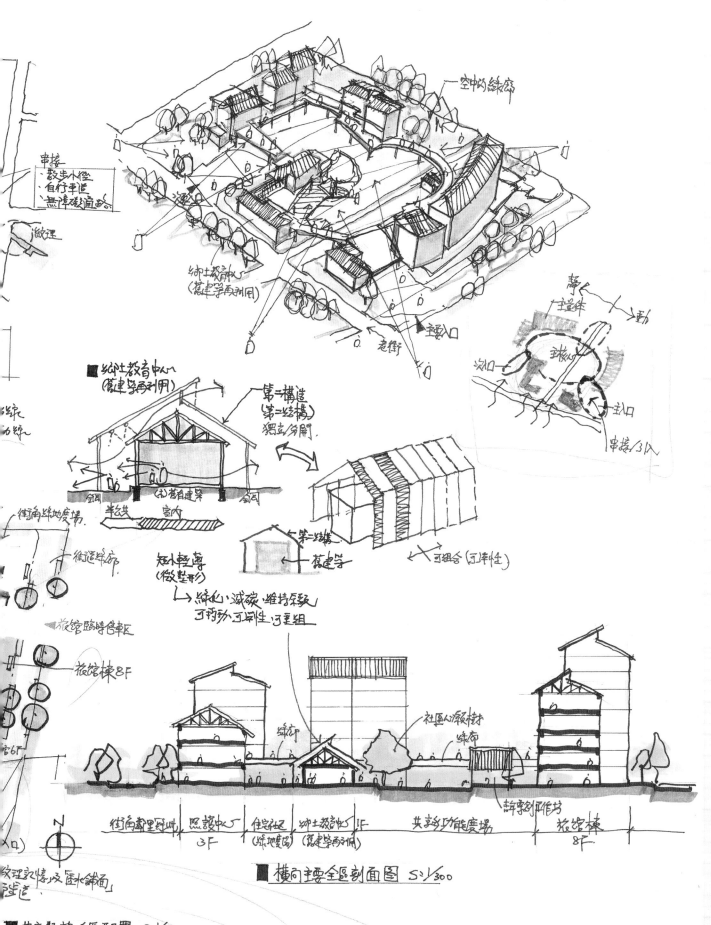

串接
・散步小徑
・自行車道
・無障礙通道

微理

空中的綠廊

鄉土教育中心
(舊建築再利用)

主要入口

老街

次入口

主量體

球心

主入口

串接/引入

街角綠地廣場

街道綠廊

鄉土教育中心
(舊建築再利用)

第二構造
(第二結構)
獨立/分開

鋼構
半戶外 室內

舊有建築

短小輕薄
(微整形)

綠化、減碳、維持分級
可移動、可拆性、可重組

第二結構
舊建築

可組合(可拼性)

旅館臨時停車區

旅館棟8F

社區人源回收素材綠廊

街角藝里外地
旅館6F

照護中心
3F

住宅社區
(綠地廣場)

鄉土教育中心
1F
(舊建築再利用)

共享功能廣場

辭享創作坊

旅館棟
8F

數理記憶及區水緒面
緒區

N

■ 橫向主要全區剖面圖 S:1/300

■ 共享聚落全區配置 S:1/300

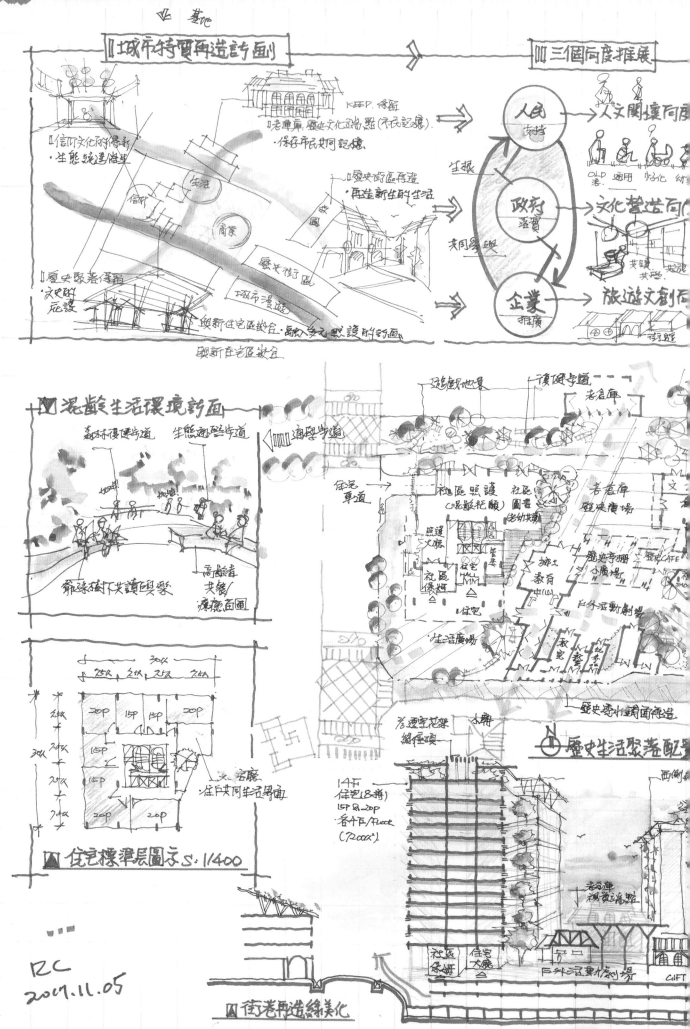

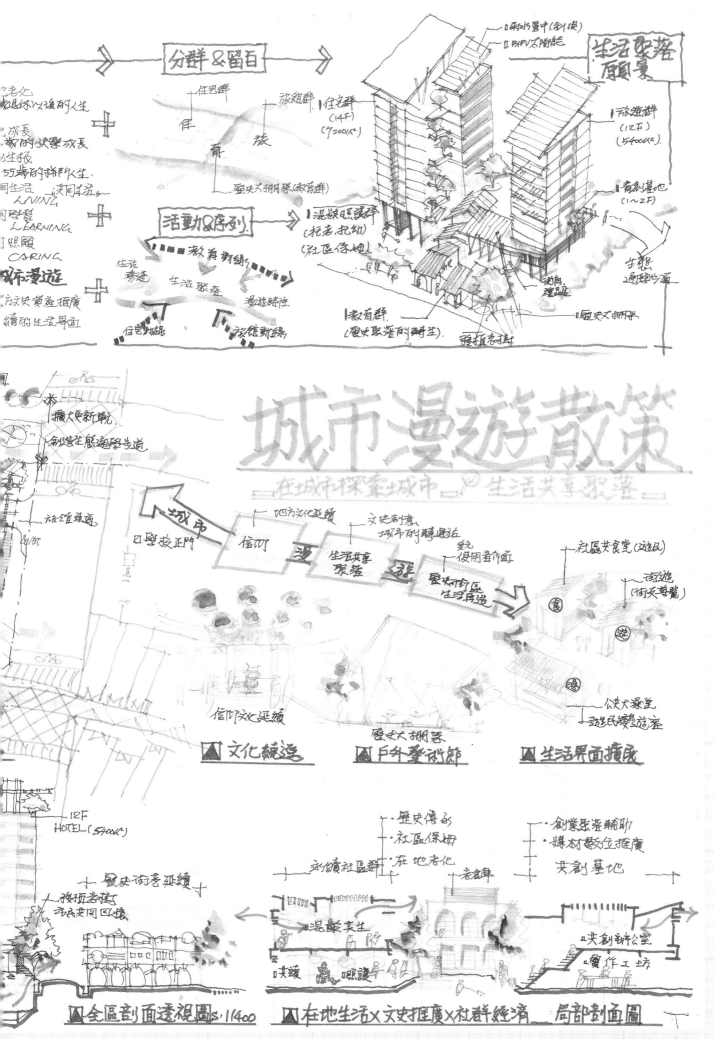

城市漫遊散策

在城市探索城市 — 生活共享聚落

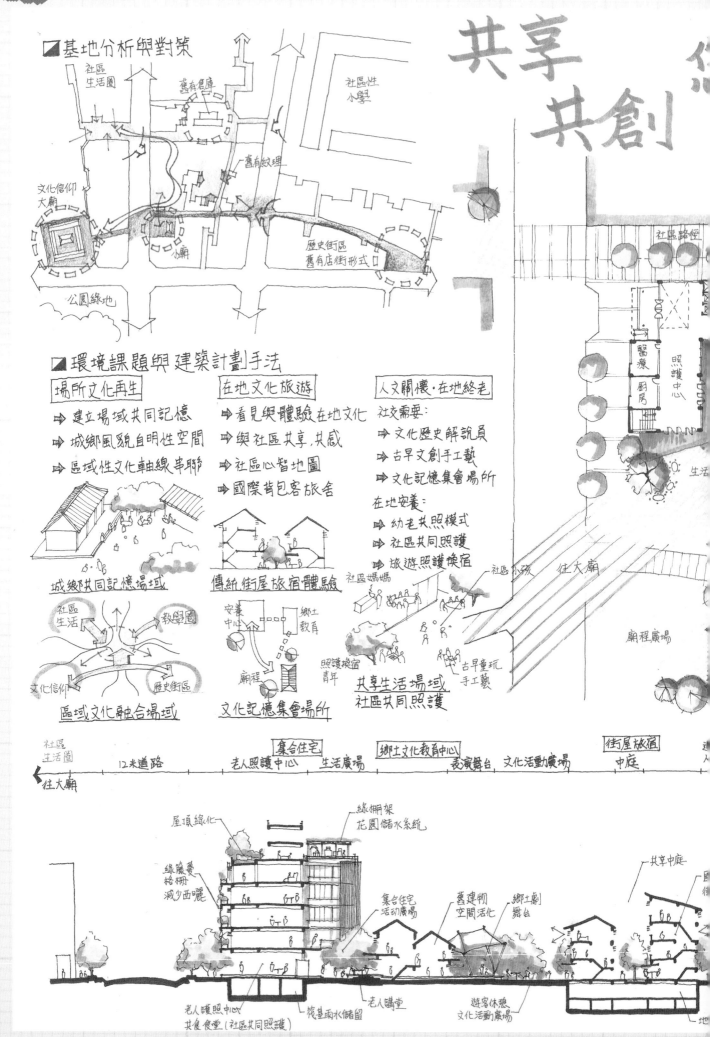

■基地分析與對策

社區生活圈
舊有倉庫
社區性小學
舊有紋理
文化信仰大廟
小廟
歷史街區 舊有店街形式
公園綠地

共享 共創

社區路徑
醫療廚房 照護中心
生活

■環境課題與建築計劃手法

場所文化再生
⇨建立場域共同記憶
⇨城鄉風貌自明性空間
⇨區域性文化軸線串聯

城鄉共同記憶場域

社區生活 教學區
文化信仰 歷史街區

區域文化融合場域

在地文化旅遊
⇨看見與體驗在地文化
⇨與社區共享,共感
⇨社區心智地圖
⇨國際背包客旅舍

傳統街屋旅宿體驗

安養中心 鄉土教育
廟程

文化記憶集會場所

人文關懷‧在地終老
社交需要:
⇨文化歷史解說員
⇨古早文創手工藝
⇨文化記憶集會場所
在地安養:
⇨幼老共照模式
⇨社區共同照護
⇨旅遊照護候宿

社區媽媽 照護候宿 青年 社區小孩 往大廟
古早童玩 手工藝

共享生活場域
社區共同照護

廟程廣場

集合住宅 **鄉土文化教育中心** **街屋旅宿**
社區生活圈
12米道路 老人照護中心 生活廣場 表演舞台 文化活動廣場 中庭
往大廟

屋頂綠化
綠棚架 花園儲水系統
綠簾蔓格柵減少西曬
集合住宅活動廣場
舊建物空間活化
鄉土劇舞台
共享中庭

老人護照中心 共食食堂(社區共同照護)
筏基雨水儲留
老人講堂
遊客休憩 文化活動廣場

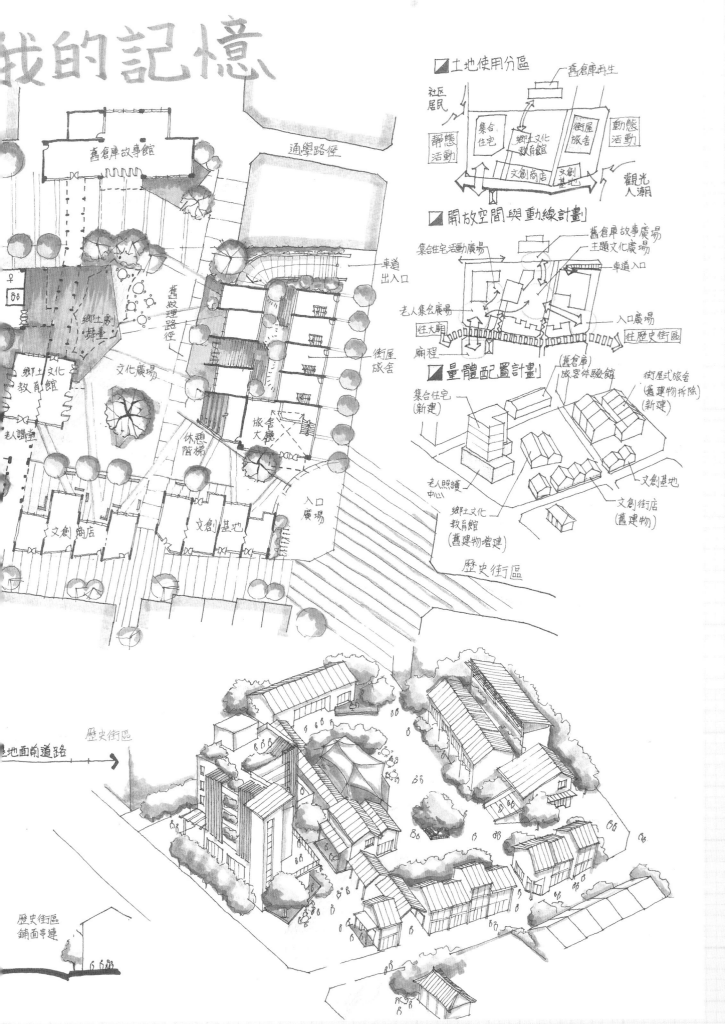

我的記憶

舊倉庫故事館

通學路徑

鄉土文化教育館

舊故理路徑

文化廣場

鄉土劇舞臺

老人講堂

文創商店

文創基地

車道出入口

街屋旅舍

旅舍大廳

休憩階梯

入口廣場

□土地使用分區

舊倉庫再生

社區居民

靜態活動

集合住宅　鄉土文化教育館　街屋旅舍

動態活動

文創商店　文創基地

觀光人潮

□開放空間與動線計劃

集合住宅活動廣場

舊倉庫故事廣場

主題文化廣場

車道入口

老人集玄廣場

往大廟

廟程

入口廣場

進歷史街區

□量體配置計劃

集合住宅（新建）

舊倉庫旅客體驗館

街屋式旅舍（舊建物拆除）（新建）

老人照護中心

鄉土文化教育館（舊建物增建）

文創基地

文創街店（舊建物）

歷史街區

歷史街區

基地面前道路

歷史街區鋪面串連

6.6M

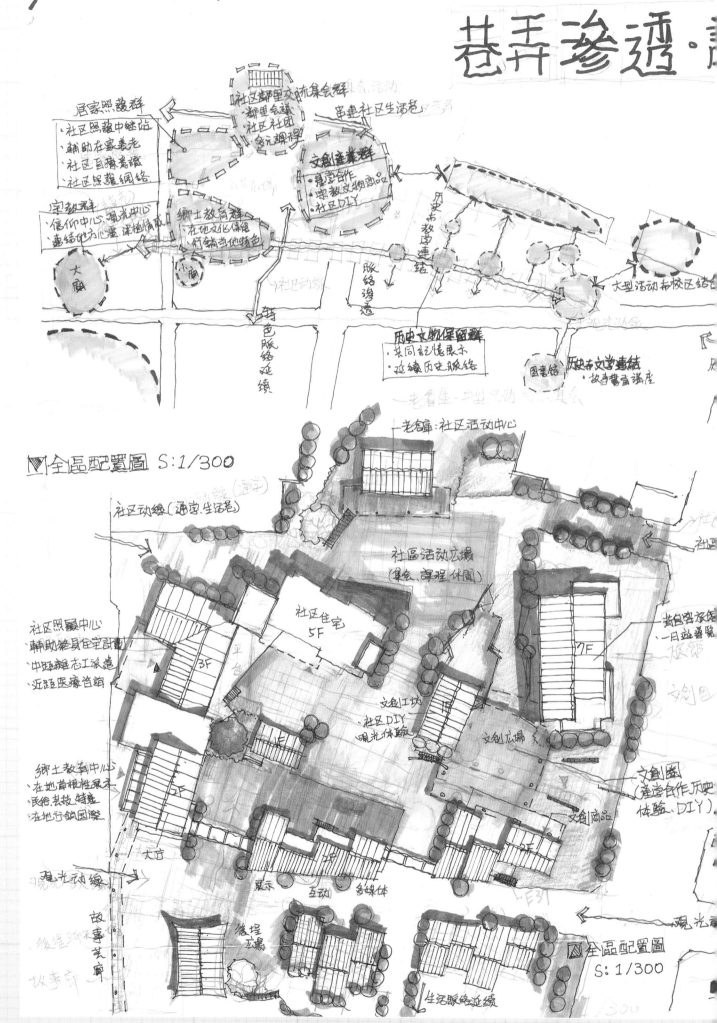

巷弄參透・

居家照護群
・社區照護中繼站
・輔助在家養老
・社區自養養識
・社區照護網絡

宗教群
・信仰中心、風氣中心
・連結他方力量、深植情感

大廟

社區鄰里交誼集會群
・鄰里會議
・社區社團
・多元課程

鄉土教育群
・在地文化保留
・行銷當地特色

小廟

文創產業群
・異業合作
・宗教文物商品
・社區DIY

連建社區生活圈

歷史教育連結

大型活動布校區結合

歷史文物保留群
・共同記憶展示
・延續歷史脈絡

特色脈絡延續

圖書館

歷史布文學連結
・故事舊蛋講座

▽全區配置圖 S:1/300

社區動線（通密.生活圈）

社區照顧中心
・輔助裝具住宅計畫
・中程辦志工派遣
・近距醫療諮詢

鄉土教育中心
・在地尋根性展示
・民俗裝技特產
・在地行銷國際

觀光動線

故事
美廊

老倉庫:社區活動中心

社區活動廣場
（集會、課程、休閒）

社區住宅 5F

3F 平台

共創客旅館
・日益看展
・旅館

7F

文創工坊
社區DIY
觀光體驗

文創廣場

文創圈
產造合作歷史
體驗、DIY

文創商品

展示 互動 多媒體

後埕廣場

生活脈絡延續

▽全區配置圖 S:1/300

意傳承

申論：

(一) 都設面向

目的：提昇生活品質／秩序都市發展／避免不當開發 環境平衡永續

課題：法規→不明確、模稜兩可、無系統化 審議作業→主觀，不公平民眾 規劃→不實際，太模糊，畫大餅 施工→有落差，無法施作，糾紛 使用→無維護落實。

策略：法規→系統化、統一制度、詳細解說、因地制宜 審議→增加委員專業面、客觀 施工→按照圖說，與規劃充分溝通 使用→社區認養、自治維護、公約制定

(二) 基地觀查方式

- 書圖資料背景
- 現地直接勘查
- 深入社區訪查
- 參與式生活分析

都審重點：
- 土地管制
- 交通系統
- 開放空間綠化
- 建物造型色彩
- 環境影響評價
- 維護公約
- 容積獎勵制度
- 植栽、附加物.

觀察重點

- 歷史沿革 (文化、民俗性、宗教
- 社經架構 (產業、制度、資訊網、
- 週邊環境 (交通、氣候、地質、自績、設施屋況
- 人文發展脈絡 (需求、情感、意識、凝聚力)

都市軸線延續

特色生活圈塑造

都市資訊網絡連結

社區自營力、滲透巷弄

社區總體營造策略

人：人才培育／活動參與／做中學精神

文：在地自明性／地方認同感／文化維護

地：宜居環境／社區自營力／韌慢力

產：跨城鄉產業連結／產業在地化

景：永續維護、還地於歷史、自然.

整體規劃開發構想

課題：·社區資源整合. ·延續歷史脈絡. ·文化、旅遊、教育、生態結合.

目標：多元生活圈，特色人文觀光都市

策略：基地為中繼站，連結整合週邊 資源且活動

資源且活動互聯網

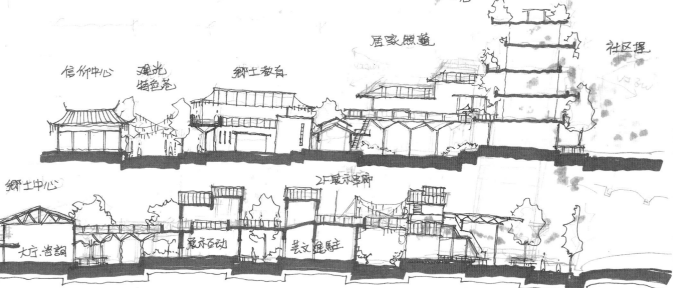

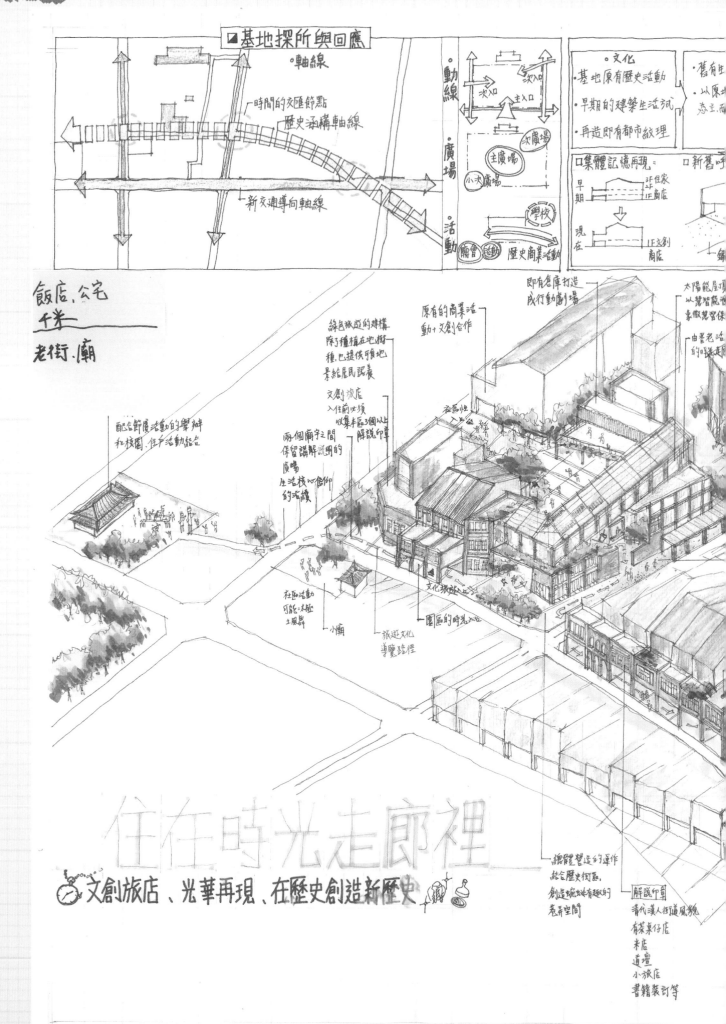

■基地探所與回應

·軸線

時間的交匯節點
歷史涵構軸線

新交通導向軸線

動線
廣場
活動

次入口
次入口
主入口

次廣場
主廣場
小次廣場

學校

廟會 活動 歷史商業活動

·文化
·基地原有歷史活動
·早期的建築生活痕
·再造即有都市紋理

·舊有生
·以原來
為主，而

□集體記憶再現：

早期
3F住家
2F
1F商店

現在
1F文創
商店

□新舊呼

飯店，公宅
千米
老街，廟

配合節慶活動的舉辦
和校園，住戶活動能告

綠色旅遊的建構
除了種植在地擬
種，也提供頭地
景結居民親養

文創旅店
入住前必須
收集本區3個以上
解說印章

兩個廟宇之間
保留講解說明的
廣場
生活核以信仰
的光線

社區小生

原有的商業活
動+文創合作

即有倉庫打造
成行動劇場

太陽能屋頂
以智能裡
象徵思想保

由舊老活
的時候走

在社區活動
可能次敏
土風舞

小廟

旅遊文化
尋寶路徑

文化旅店

園區的時光大道

住在時光走廊裡

⏱文創旅店、光華再現、在歷史創造新歷史 🏺🍶

總體營造的運作
能含歷史街區，
創造端端有趣的
巷弄空間

解說印劃
看代漢人街道風貌
有菜菜仔店
米店
道壇
小旅店
書籍裝訂等

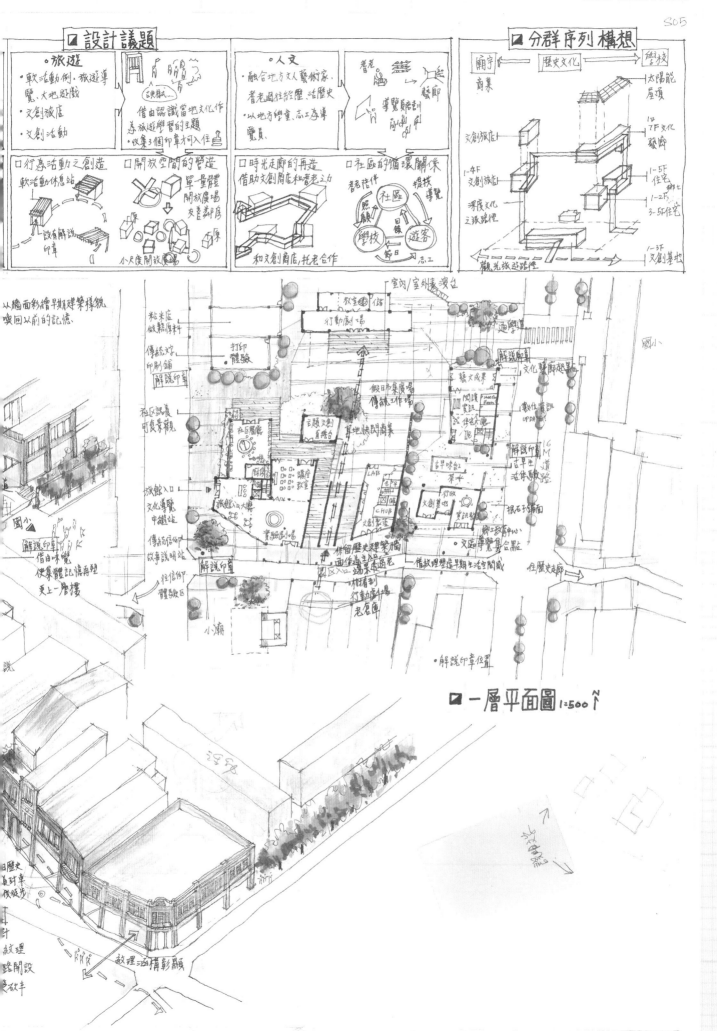

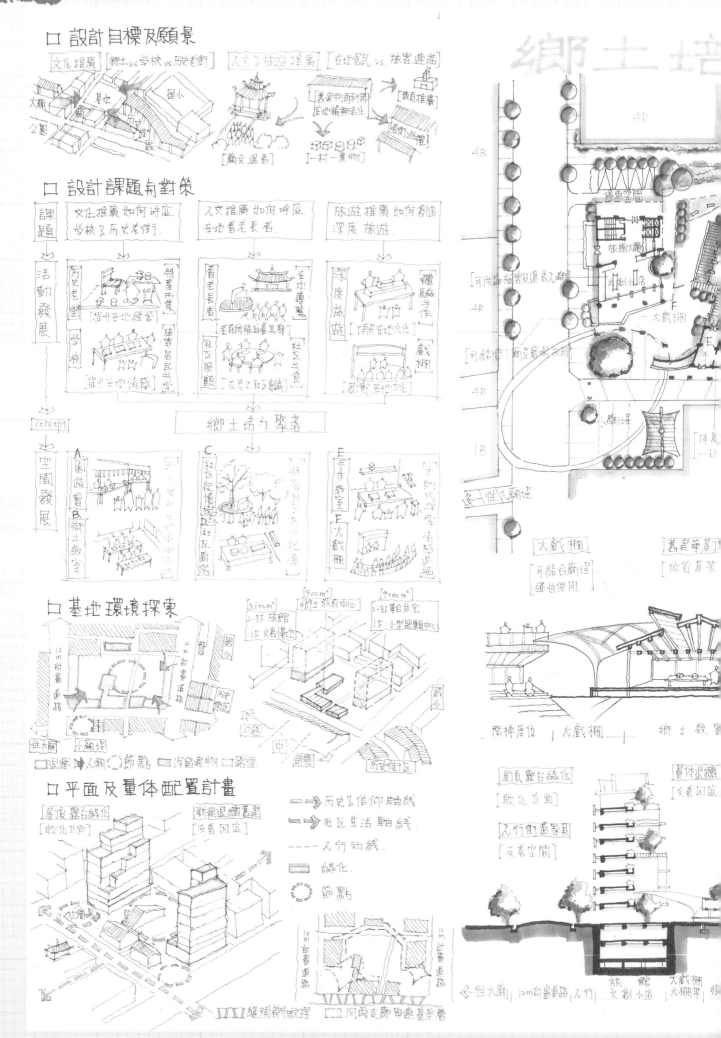

□ 設計目標及願景

□ 設計課題與對策

□ 基地環境探索

□ 平面及量体配置計畫

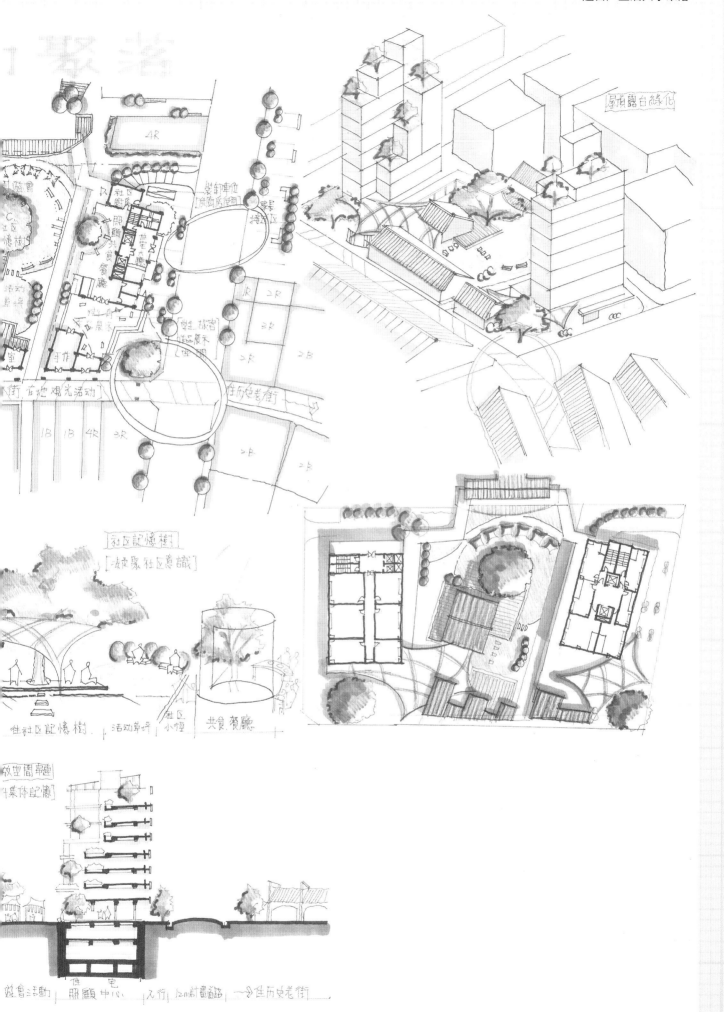

古城韻遊文化營造旅程

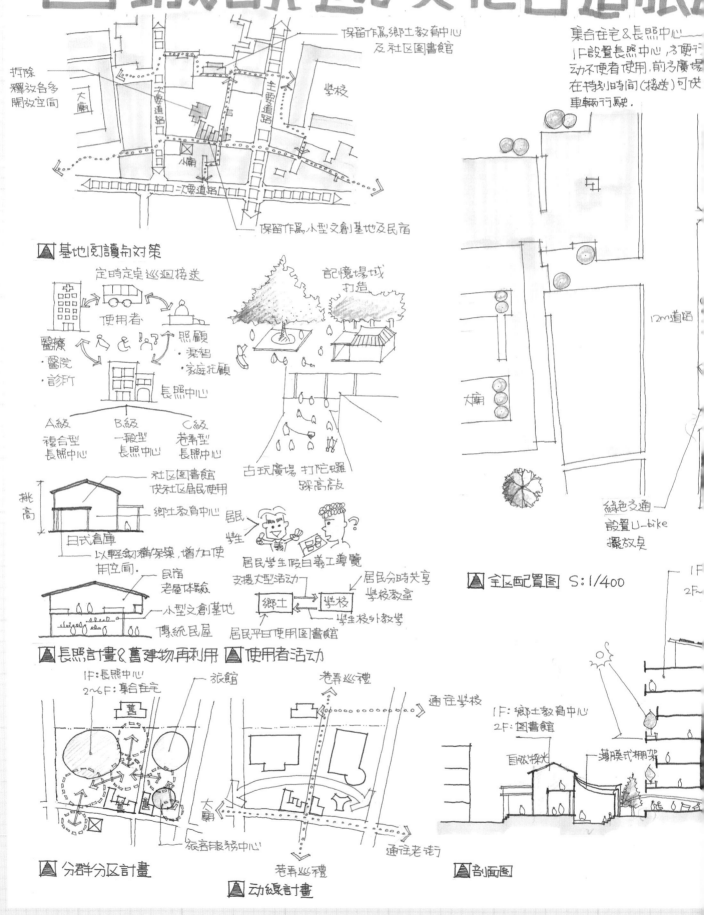

保留作為鄉土教育中心及社區圖書館

拆除釋放各多開放空間

大廟

主要道路

次要道路

學校

小廟

保留作為小型文創基地及民宿

集合住宅&長照中心
1F設置長照中心,方便行動不便者使用,前多廣場在特別時間(接送)可供車輛行駛.

12m道路

大廟

綠色交通
設置U-bike擺放處

▲ 基地閱讀和對策

定時定點巡迴接送

使用者

醫療
・醫院
・診所

照顧
・失智
・家庭托顧

長照中心

A級
複合型
長照中心

B級
一般型
長照中心

C級
巷弄型
長照中心

記憶場域打造

古玩廣場 打陀螺
踩高蹺

社區圖書館
供社區居民使用

鄉土教育中心

日式倉庫
以輕鋼構系築,增加使用空間.

居民學生

居民學生假日義工導覽
支援大型活動

鄉土 → 學校

居民分時共享學校教室
學生校外教學
居民平日使用圖書館

民宿
老屋體驗

小型文創基地

傳統民屋

▲ 全區配置圖 S:1/400

1F
2F

▲ 長照計畫&舊建物再利用   ▲ 使用者活動

1F:長照中心
2~6F:集合住宅

旅館

巷弄巡禮

通往學校

舊

大廟

旅客服務中心

巷弄巡禮

通往老街

1F:鄉土教育中心
2F:圖書館

自然採光

薄膜式棚架

▲ 分群分區計畫   ▲ 動線計畫   ▲ 剖面圖

文創人文開懷

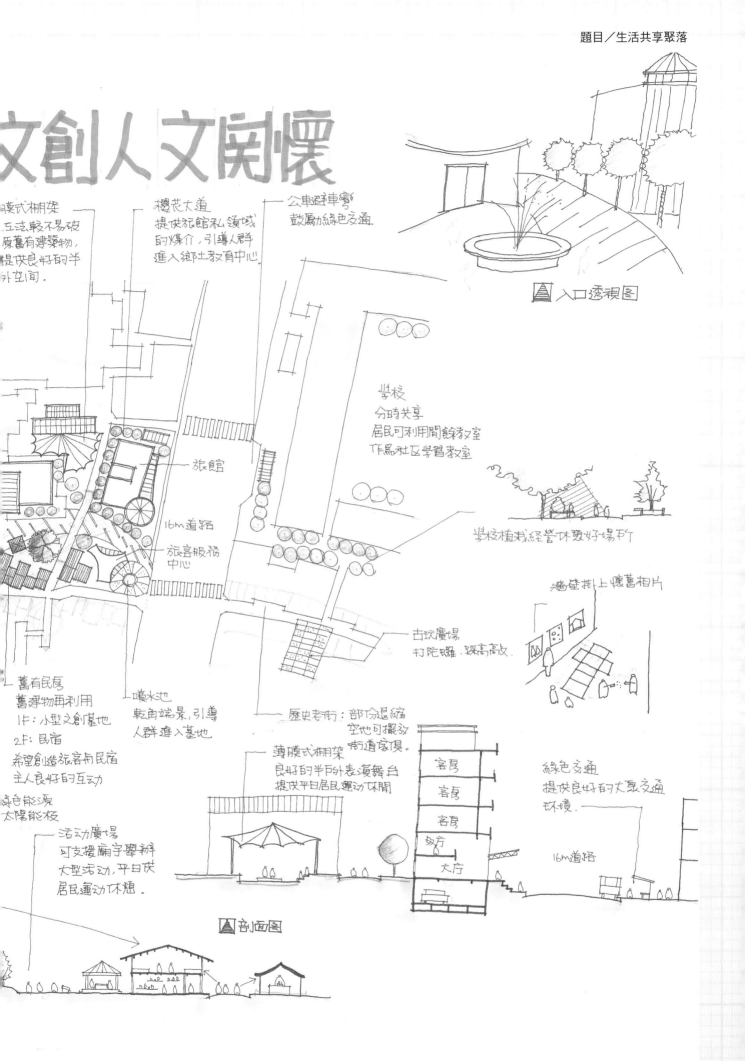

薄膜式棚架
工法較不易破
原舊有建築物，
提供良好的半
外空間.

櫻花大道
提供旅館私領域
的媒介，引導人群
進入鄉土教育中心

公車避車彎
鼓勵加綠色交通

入口透視圖

學校
分時共享
居民可利用閒餘教室
作為社區學習教室

旅館

16m道路

旅客服務
中心

學校植栽經營環境好場所

牆壁掛上懷舊相片

古玩廣場
打陀螺.踩高蹺.

舊有民房
舊建物再利用
1F：小型文創基地
2F：民宿
希望創造旅客與民宿
主人良好的互動

綠色能源
太陽能板

活動廣場
可支援廟宇舉辦
大型活動，平日供
居民運動休憩.

噴水池
轉角端景，引導
人群進入基地

薄膜式棚架
良好的半戶外表演舞台
提供平日居民運動休閒

歷史老街：部份退縮
空地可擺放
街道家俱.

客房
客房
客房
廚房
大廳

綠色交通
提供良好的大眾交通
環境.

16m道路

剖面圖

基地環境解讀

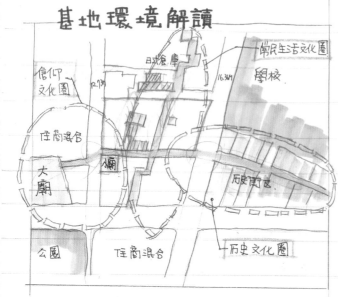

背景‧課題與策略

背景：人口老化 ⟹活化地方產業⟹青年人口回流

傳統產業凋零 ⟹ 歷史文化教育與推廣

課題　一.歷史傳薪與教育 ⟶ 文化營造向度

二.文創經營與旅遊 ⟶ 旅遊文創向度

三.常民生活與關懷 ⟶ 人文關懷向度

策略

⟹社區耆老傳承

社區耆老 ⟶▷傳統技能與經驗⟶教育薪傳

⟶▷歷史向度與文化深度⟶深度旅遊

活歷史 圖書館

⟹傳統建築再利用.保留完整風貌.

民宿
文創商店

深度文化旅遊

▷一F設旅文創商店.讓
歷史街區注入創新動力

▷二F設旅民宿或旅舍.讓遊客
感受往日風情

⟹歷史教育.文創旅遊.生活關懷的 共享社區

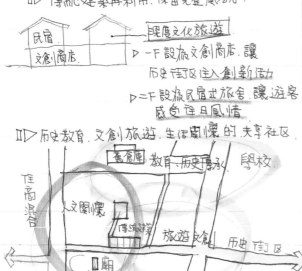

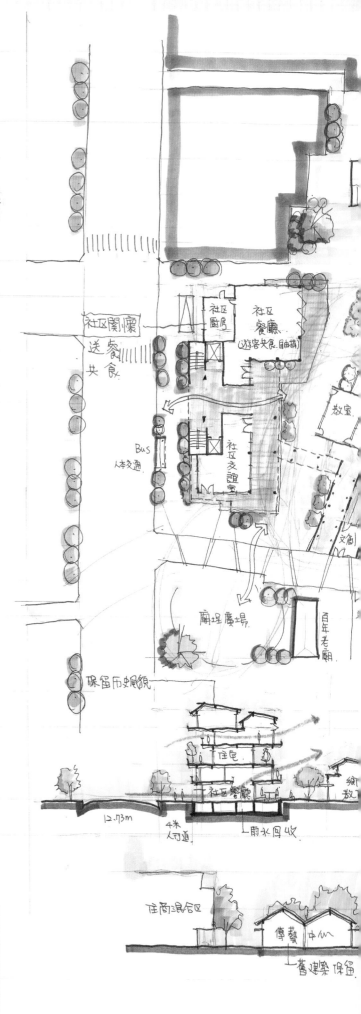

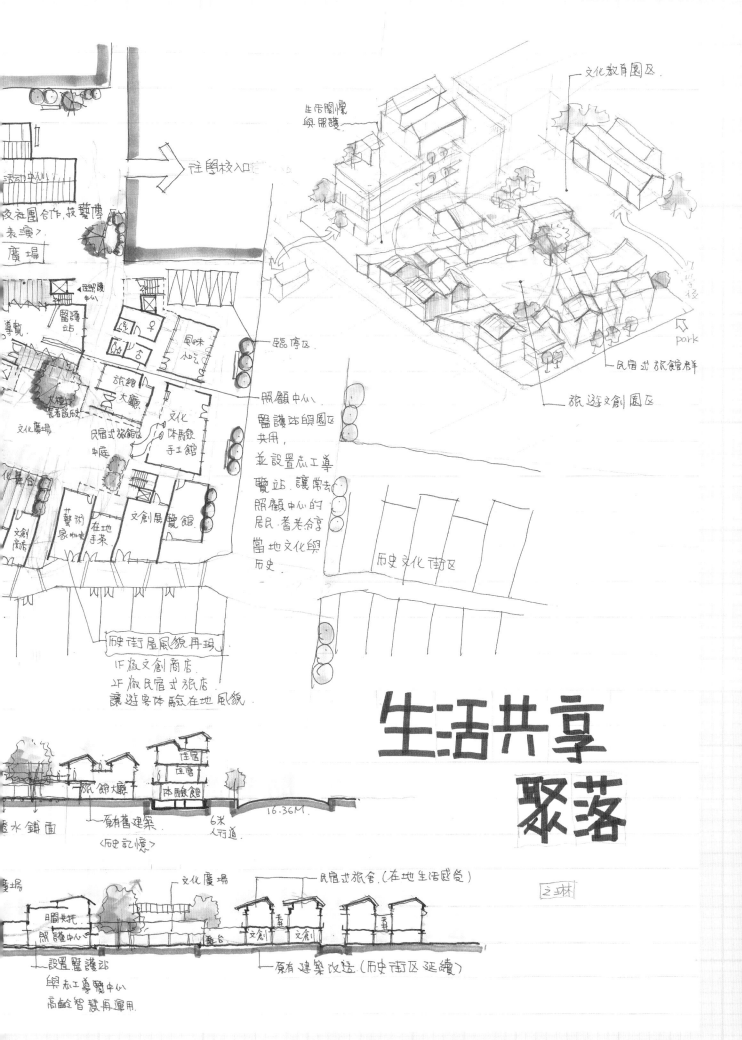

文化教育園區

生活關懷
與照護

往學校入口

活動中心
與社團合作.技藝傳
表演.
廣場

照護
中心

醫護站

導覽

展覽

文化廣場

大廳

旅館

風味
小吃

臨停區

文化
體驗
手工館

照顧中心.
醫護站與園區
共用.
並設置志工導
覽站.讓常去
照顧中心的
居民.舊老分享
當地文化與
歷史.

民宿式旅館群

旅遊文創園區

民宿式旅館
中庭

作品合

文創展覽館

藝術
家咖啡

在地
手菜

歷史文化街區

park

學校

改街屋風貌再現
1F幾文創商店
2F幾民宿式旅店
讓遊客體驗在地風貌

生活共享
聚落

之琳

旅館大廳
原有舊建築
〈歷史記憶〉

住宿
住宿
體驗館

6米
人行道.

16.36M.

透水鋪面

廣場

文化廣場

民宿式旅舍(在地生活感受)

陽光托
照護中心

設置醫護站
與志工導覽中心
高齡智慧再運用.

文創

文創

原有建築改造(歷史街區延續)

105年 建築設計及建築計畫術科考試模擬考題

105/10/02

等　別：K圖會

類　科：第三次模擬考—松豪建築師出題

科　目：建築計畫與設計、敷地計畫

考試時間： 8 小時　　　　　　　　　　　　　學員：_____

一、　題旨：

由於醫療衛生、科技的快速進步， 促使國人平均餘命延長， 加上持續低生育率等因素， 致使我國人口結構產生改變。台灣 2012 年老人(65 歲以上)僅占 11.8%，未來五

年人口將急速老化， 預計 2018 年進入「高齡社會」(14%老人)，2025 年進入「超高齡社會」(20%老人) [經建會，2012]， 2033 年人口老化指數將居全球之冠。

隨著老人人口快速成長，慢性病與身體功能障礙盛行率亦急遽上升，失能率隨年齡增加而增加，65 歲以上總失能率達 14.95%(其中 65-74 歲，75-84 歲以及 85 歲以上失能率分別為 7.29%, 20.44% 和 48.58%)，但惟受到生育率降低、少子女化影響， 大家庭與折衷家庭式微， 甚至單親家庭比例增加， 家庭成員相互支持照顧功能大不如前，

一旦有長期照顧需求者，家庭既無足夠人力擔任照顧角色，經濟上亦缺乏付費能力， 建置長期照護服務網絡， 刻不容緩。

二、　題目：全齡通用住宅暨長期照護中心

通用設計的理念是希望設計者能設計出高齡者、孕婦、幼齡兒童及身心障礙者等所有的人都能使用的設施或環境。期待能將此理念應用在住宅設計，以因應國民照護的需求提升國人居住生活空間品質及安全；可參考美國設計師Rona L. Mace(梅斯)與北卡羅萊州立大學通用設計中心一同制定通用設計七原則。

1. 平等使用：不分年齡、性別、體型、體能狀況，都能無差別的使用。

2. 靈活運用：增加使用的準確性及精確度，例如左右撇子都可以靈活運用。

3. 簡單易用：符合直覺，不論使用者的識字程度、語文能力，一眼就能懂。

4. 簡明訊息：不論周圍狀況或使用者感官能力，有效傳達資訊，例如使用圖片、觸覺。

5. 容許錯誤：讓發生危險、意外、錯誤的機率降低，例如避免誤觸的設計。

6. 省力操作：有效省力，讓身體可以舒服自然不費力地使用。

7. 尺度合宜：不論使用者體型、姿勢或移動能力，提供適當的空間，有助操作。

藉由公共空間之規劃，創造一處長期照護中心，設計上以住民為中心，同時兼顧醫護人員工作環境之舒適及效率依據機構評鑑基準，採用「以住民為中心」作為規劃設計理念之主軸，不僅提供住民安全舒適的照護空間，並期待可對外經營服務周邊鄰里；並充分考量醫護人員所需之更衣室、休息室、會議室及自然採光、景觀，以舒緩醫護人員工作壓力並提高工作效率。

105 年 建築設計及建築計畫術科考試模擬考題

等 別：K 圖會

類 科：第三次模擬考－崧豪建築師出題

科 目：建築計畫與設計、數地計畫

考試時間： 8 小時

學員：＿＿＿＿＿＿＿＿

三、 基地條件：

基地面積為 $5334m^2$（約為 71M x 76M）現址有一既有建築物，光復時期為，軍方之聯勤招待所，能夠容納 200 人的亮麗餐廳，並還提供當時流行的包廂ＫＴＶ。既有建築目前結構部分受損，可依照建築師專業規畫之需求拆除或保留；基地內大樹成群，主要分布在現有之招待所建物東側，以及基地之西北角，多數為芒果樹，東側 20 米道路相鄰之人行道上，具有成排之七顆黑板樹作為行道樹；基地北側相鄰 10 米道路之位置，現況無人行道設置，但有部分樹栽位於未來退縮之四米人行道範圍；本基地內現有之喬木，未來在規劃上應以原地保留為主，現地移植為輔。

四、 建築計畫（占總分 40 分）：

建築計畫應包含以下四部分之扼要說明：

策略面：

1. 環境課題 2.設計策略 3.基地分析 4.配置計畫

5.動線規劃 6.防災計畫 7.營運管理等 8.綠色永續等。

虛空間：

1.開放空間留設計畫 2.景觀計畫 3.照明計畫 4.公共藝術設置計畫等。

實空間：

1.空間組織 2.定性定量 3.立面計畫等。

其他：

1.法規分析 2.構造結構 3.新舊建築界面或施工建議等。

105年 建築設計及建築計畫術科考試模擬考題

105/10/02

等 別：K圖會

類 科：第三次模擬考-崧豪建築師出題

科 目：建築計畫與設計、敷地計畫

考試時間： 8 小時

學員：＿＿＿＿＿＿＿＿＿

五、 建築需求

空間機能	樓層配置	空間說明
長照中心	低樓層	發展以社區為基礎的小規模多機能整合型服務中心，機能有交誼廳、餐廳、護理站、工作空間、 污衣物室、宗教聚會所等室內外活動空間約需要2000平米空間。服務內容包含醫師定期診療、專業護理服務與健康諮詢、復健及職能治療服務、生活照顧及訓練、文康休閒活動、喘息服務等。 另該空間須能與周邊鄰里、校園等不同族群間可以相互交流創造跨族群互動的可能。
住宅單元	高樓層	提供 15 坪(一房一廳一衛)住宅單元 80 個，20 坪(二房一廳二衛)住宅單元 60 個以及相關公設空間。
停車空間	地下層	於建築計畫中示意停車系統，依法留設。

六、 圖說內容必須包含（占總分60 分）：

1. 設計概念（以圖示為主，文字為輔）

2. 基地配置圖

3. 主要樓層平面圖

4. 主要立面圖

5. 主要剖面圖（至少兩向）

6. 鳥瞰圖

7. 透視圖（至少兩張）

8. 全適化住宅單元（以圖文說明一具有示範意義之全適化住宅單元空間）

以上圖說內容之比例尺，請以設計內涵能清晰表達為目標自行決定。

105 年 建築設計及建築計畫術科考試模擬考題

105/10/02

等 別：K圖會

類 科：第三次模擬考-崧豪建築師出題

科 目：建築計畫與設計、敷地計畫

考試時間： 8 小時

學員：＿＿＿＿＿＿＿

七、 基地相關圖面

1.航照圖

▼ 招待所大門現

▼ 基地北側鄰接

▼基地東側鄰接美村路之現況

▼ 東側臨路之公車站

▼基地南側鄰接民宅之現況

▼基地西側鄰接民宅之現況

105年 建築設計及建築計畫術科考試模擬考題

105/10/02

等 別：K圖會

類 科：第三次模擬考-崧豪建築師出題

科 目：建築計畫與設計、敷地計畫

考試時間： 8 小時

學員：＿＿＿＿＿＿＿

2.基地既有建築與老樹位置示意圖

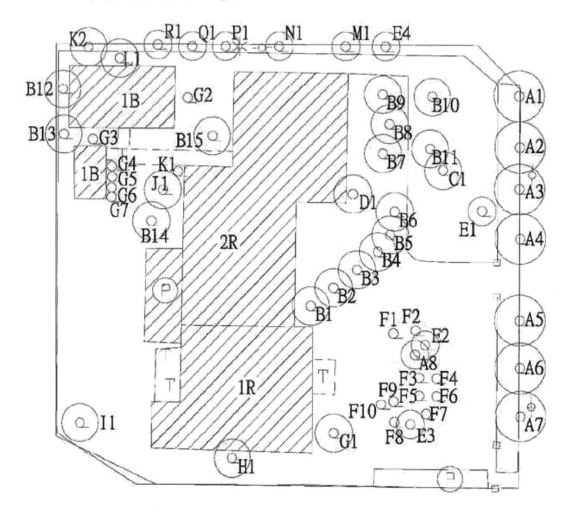

105/10/02

等 別：K圖會

類 科：第三次模擬考-崧豪建築師出題

科 目：建築計畫與設計、敷地計畫

考試時間： 8 小時   學員：_____

3. 都市計畫圖

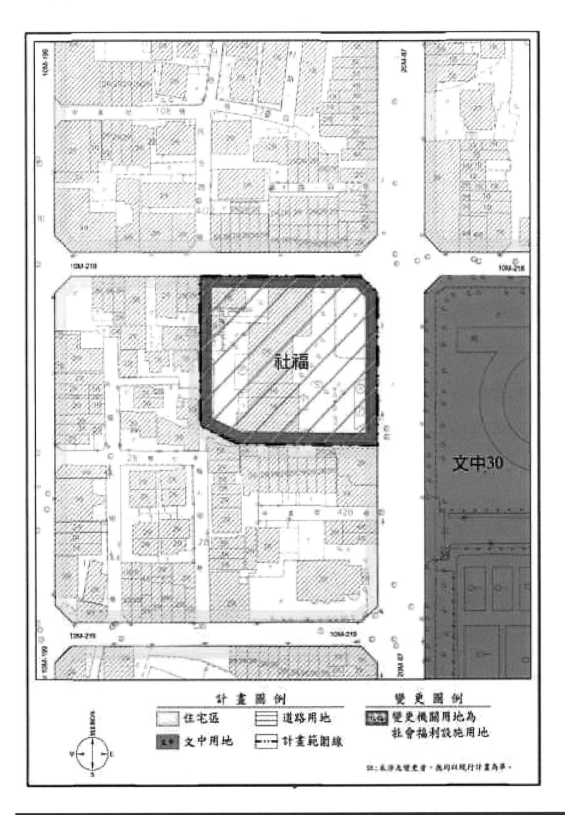

鄉親相愛 全齡通用住宅暨

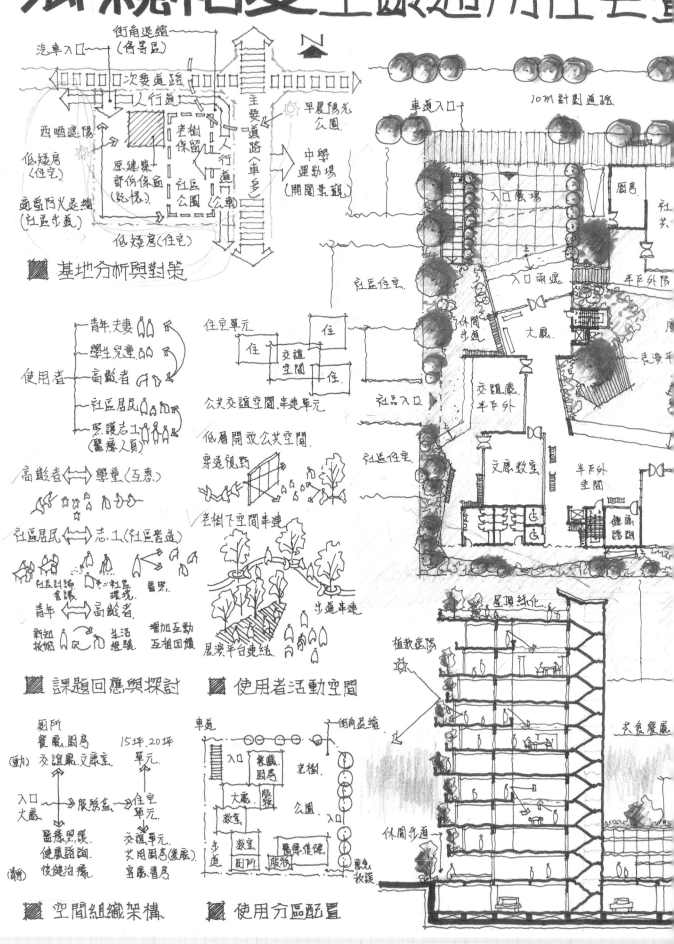

基地分析與對策

汽車入口 → 街角退縮 (佇等區)

次要道路
人行道

西晒遮陽

低矮厝 (住宅)
通道防火退縮 (社區步道)

原建築都伤保留 (記憶)

老樹保留
社區公園

主要道路 (車多)

早晨陽光公園
中學運動場 (開闊景觀)

低矮厝 (住宅)

使用者
- 青年夫妻
- 學生兒童
- 高齡者
- 社區居民
- 照護志工 (醫療人員)

高齡者 ⟷ 學童 (互惠)

社區居民 ⟷ 志工 (社區營造)

社區討論會議 → 社區環境 → 照顧

青年 ⟷ 高齡者

新知技能 → 生活經驗 → 增加互動 互相回饋

住宅單元

住　　住
交誼空間
住　　住

公共交誼空間.串連單元

低層開放公共空間

穿透視野

老樹下空間串連

步道串連

展覽平台連結

課題回應與探討　　## 使用者活動空間

廁所
餐廳.廚房
(動) 交誼廳.文康室

入口 → 服務盒 → 住宅單元

醫療照護
健康諮詢

(靜) 復健治療

15坪.20坪 單元

住宅單元

交誼單元
共用廚房 (餐廳)

家廳.書房

車道

入口
大廳
教室

餐廳廚房
醫
公園
入口

教室　老樹
廁所
步道

醫療保健
服務

街角退縮

空間組織架構　　## 使用分區配置

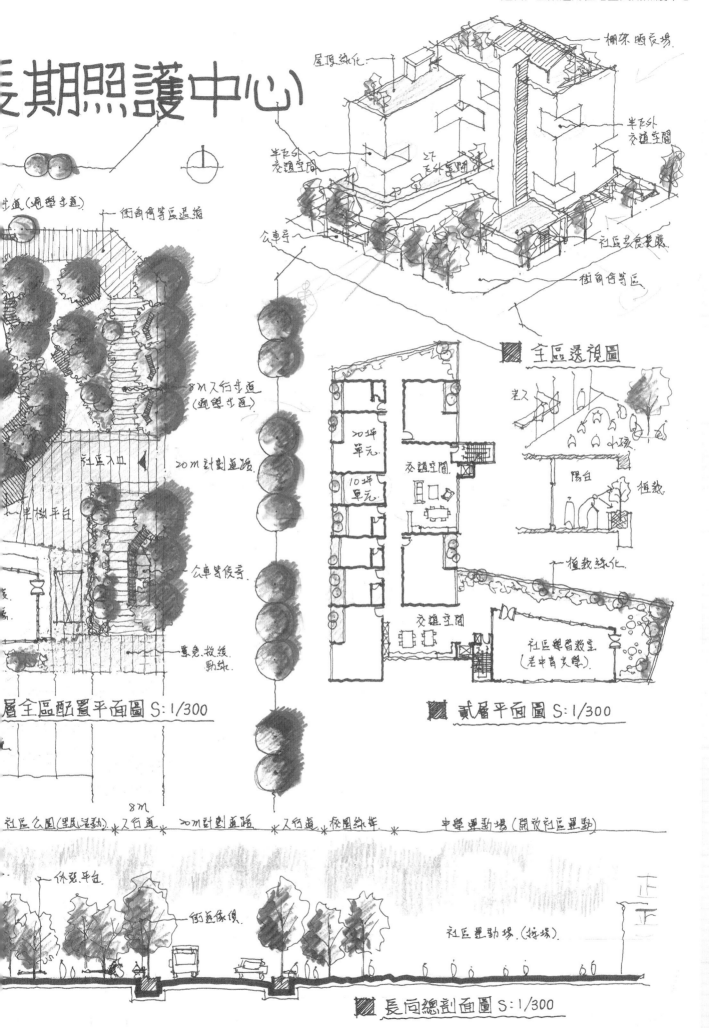

長期照護中心

棚架 晒衣場

屋頂綠化

半室外交通空間

半室外交通空間

27

老外活動

社區共食餐廳

街角停等區

全區透視圖

老人

小孩

陽台

植栽

植栽綠化

北道(通學主道)

街角停等區退縮

8M入行步道
(通學步道)

20M計劃道路

社區入口

半坡平台

公車等候亭

交通空間

10坪單元

10坪單元

交通空間

社區學習教室
(老中青共學)

緊急救援動線

層全區配置平面圖 S:1/300

貳層平面圖 S:1/300

社區公園(里民活動)　入行道　20M計劃道路　入行道　校園綠帶　中學運動場(開放社區運動)

8M

休憩平台

街道傢俱

社區運動場(球場)

正
正

長向總剖面圖 S:1/300

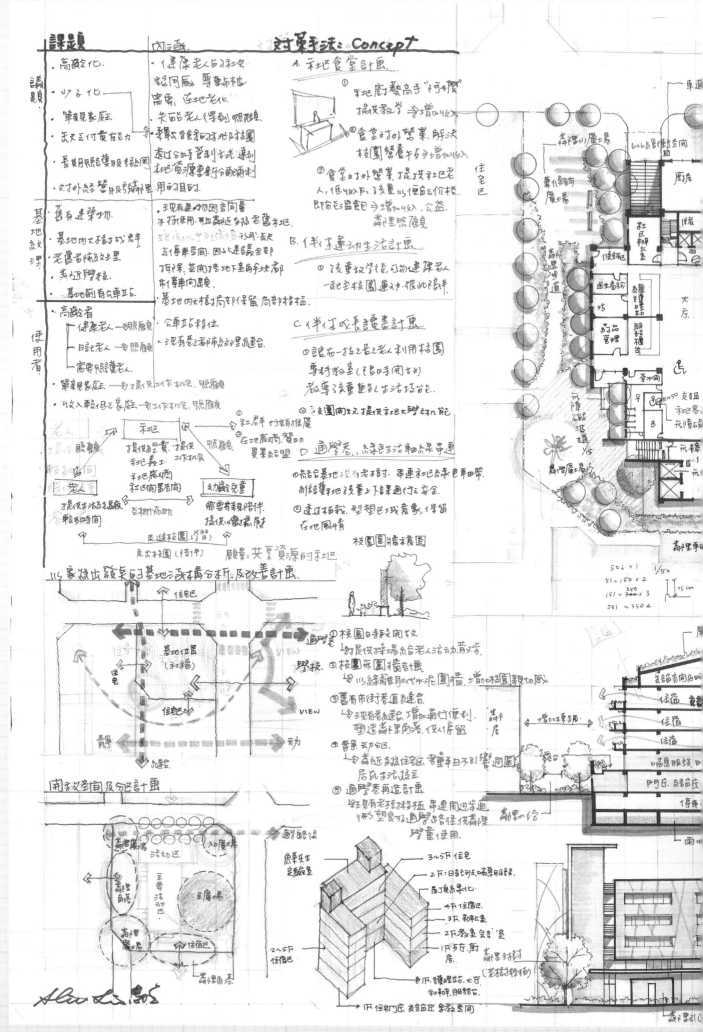

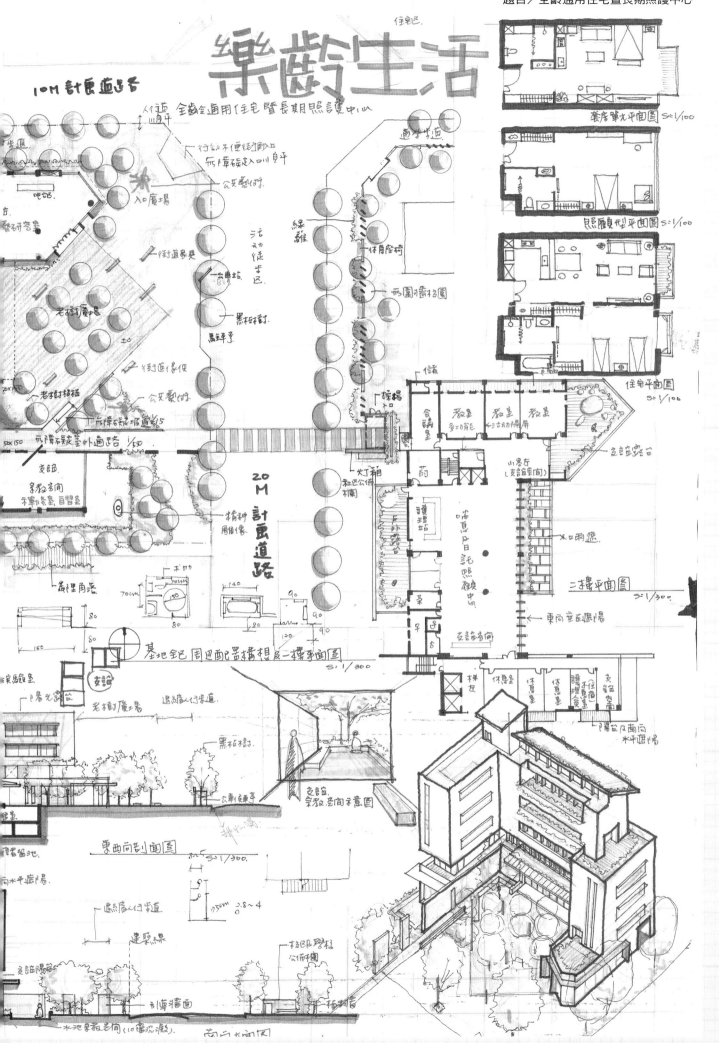

樂齡生活

全齡通用住宅暨長期照護中心

10M 計畫道路

20M 計畫道路

套房單元平面圖 S:1/100

照顧型平面圖 S:1/100

住宅平面圖 S:1/100

二樓平面圖 S:1/300

基地鉛周邊配置構想及一樓平面圖 S:1/300

東西向剖面圖 S:1/300

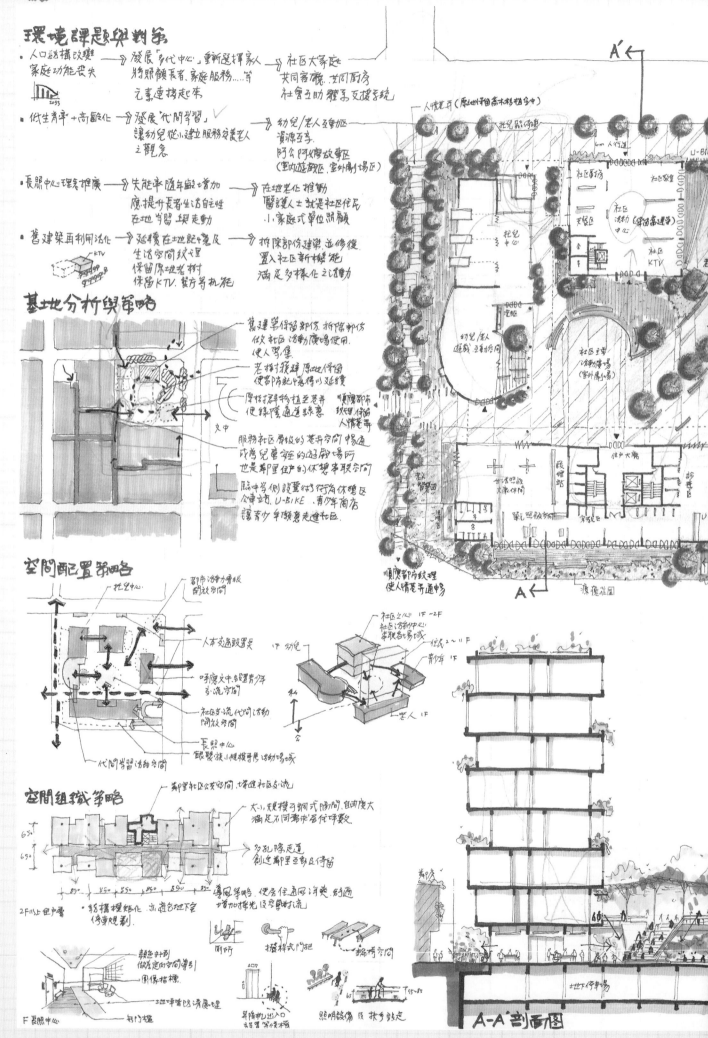

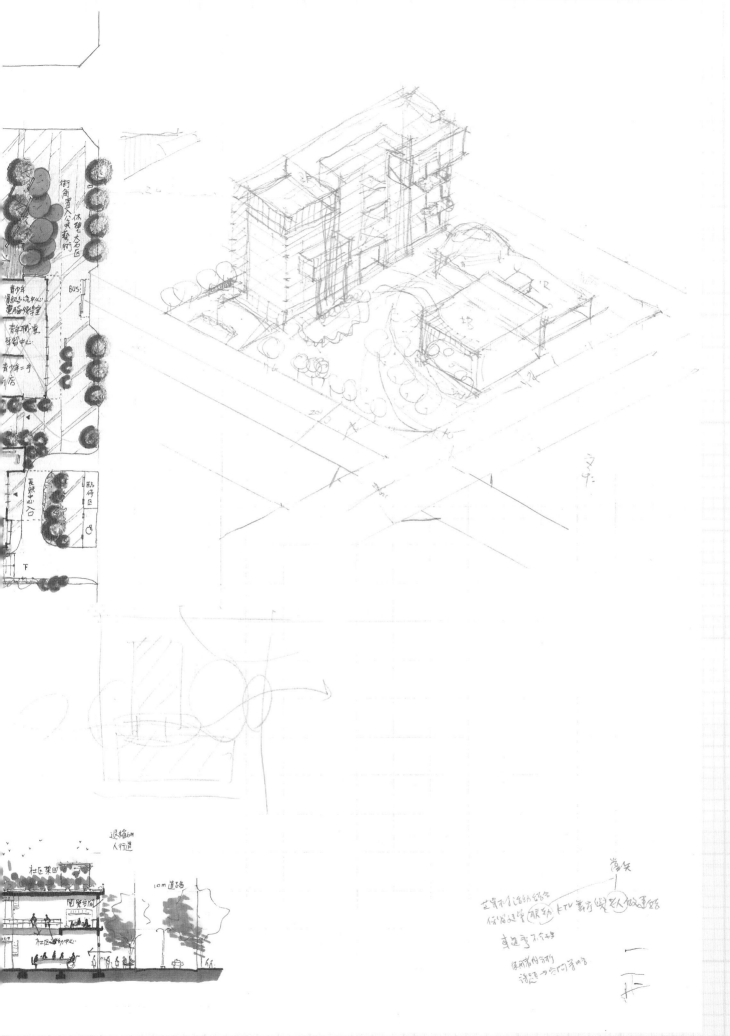

故林新坢 老樹 × 長照

105年 K圖會模擬題

設計議題 & 對策

使用者需求：高齡者 ⟶ 行動不便及跌倒／寄宿房間／親友相伴／
　　　　　　　孕婦 ⟶ 行動不便及跌倒／寄宿房間／
　　　　　　　幼童 ⟶ ／親友相伴／
　　　　　　　身心障礙者 ⟶ 行動不便及跌倒／寄宿房間／

管理者需求：基地外
　　　　　　基地內
　　　　　　長照房間
　　　　　　住宅房間　房間

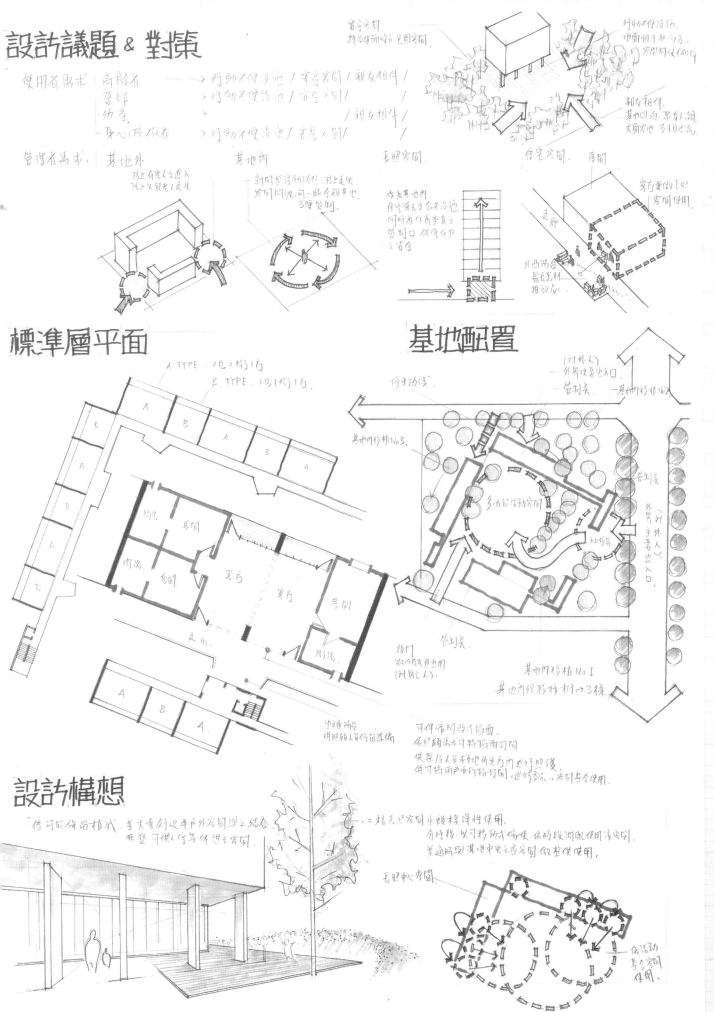

標準層平面

A TYPE：2房2衛1方
B TYPE：1房1衛1方

基地配置

設計構想

作品提供／陳禹秀建築師

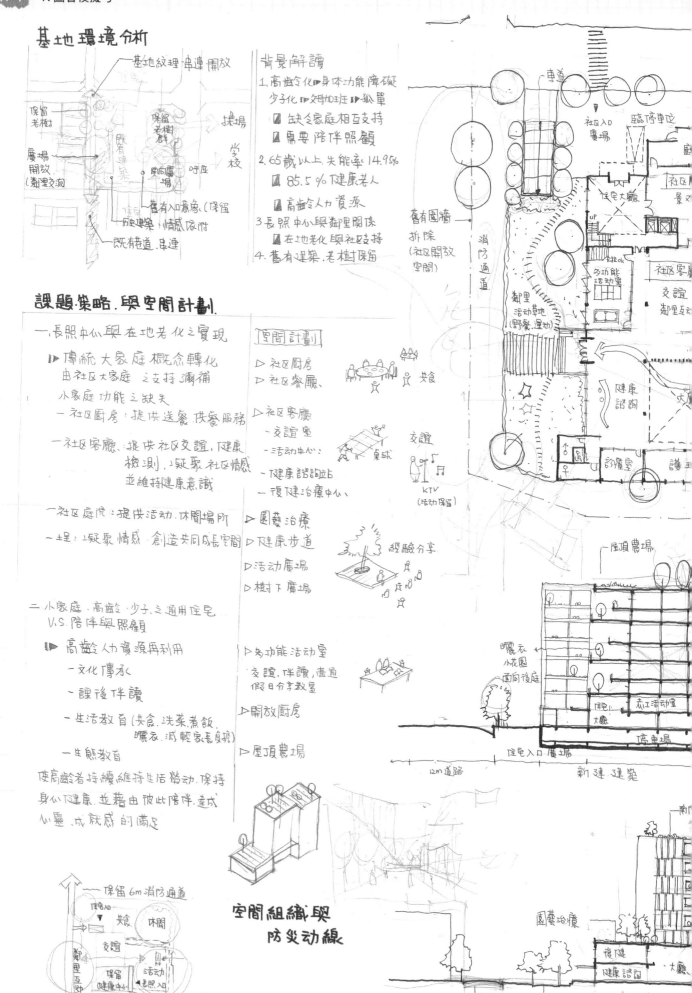

基地環境分析

- 基地紋理 串連 開放
- 保留 老樹
- 保留 老樹群
- 廣場 開放 (鄰里交流)
- 應有建築
- 鄰間廣場
- 呼應
- 操場
- 學校
- 舊有入口意象 (保留)
- 既有巷道 串連
- 映建築·情感依附

背景解讀

1. 高齡化 ▶ 身体功能障礙
   少子化 ▶ 父母加班 ▶ 孤單
   ☑ 缺乏家庭相互支持
   ☑ 需要陪伴照顧

2. 65歲以上 失能率14.95%
   ☑ 85.5% 健康老人
   ☑ 高齡人力資源

3. 長照中心與鄰理關係
   ☑ 在地老化 與社區支持

4. 舊有建築·老樹保留

課題·策略·與空間計劃

一、長照中心與在地老化之實現

▶ 傳統 大家庭 概念轉化
   由社區大家庭 之支持彌補
   小家庭 功能之缺失

   - 社區廚房：提供送餐 供餐服務

   - 社區客廳：提供社區交誼·健康
     檢測·凝聚社區情感
     並維持健康意識

   - 社區庭院：提供活動·休閒場所

   - 埕：凝聚情感·創造共同成長空間

二、小家庭·高齡·少子·三通用住宅
   v.s. 陪伴與照顧

   ▶ 高齡人力資源再利用

      - 文化傳承

      - 課後伴讀

      - 生活教育 (共食·洗菜煮飯
        曬衣·減輕家長壓力)

      - 生態教育

   使高齡者持續維持生活勞動·保持
   身心健康·並藉由彼此陪伴·達成
   心靈·成就感的滿足

空間計劃

▷ 社區廚房
▷ 社區餐廳 — 共食
▷ 社區客廳
   - 交誼室
   - 活動中心：桌球
   - 健康諮詢站
   - 復健治療中心

▷ 園藝治療
▷ 健康步道 — 經驗分享
▷ 活動廣場
▷ 樹下廣場

▷ 多功能活動室
   交誼·伴讀·舊圖
   假日分享教室

▷ 開放廚房

▷ 屋頂農場

空間組織與 防災動線

- 保留 6m 消防通道
- 舊有入口意象·保留
- 消防通道

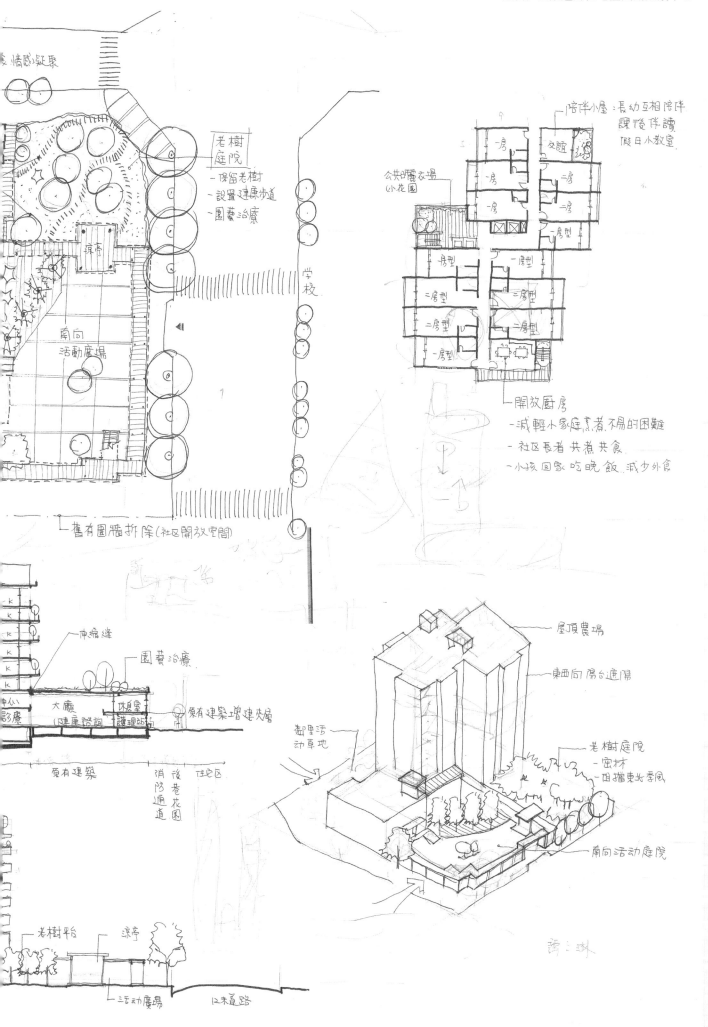

長 情感凝聚

老樹
庭院
- 保留老樹
- 設置健康步道
- 園藝治療

涼亭

南向
活動廣場

學校

舊有圍牆折除(社區開放空間)

陪伴小屋:長幼互相陪伴
課後伴讀
假日小教室

公共曬衣場
小花園

一房
一房
一房
一房型
二房型
一房型
二房型
交誼

房型
一房型
二房型
二房型
二房型
一房型

開放廚房
- 減輕小家庭烹煮不易的困難
- 社區長者共煮共食
- 小孩回家吃晚飯 減少外食

伸縮縫
園藝治療
原有建築增建夾層

中心
診療

大廳
(健康諮詢
護理站)

休息室
護理站

屋頂農場
東西向陽台進陽

鄰里活
動草地

老樹庭院
- 密林
- 阻擋東北季風

原有建築

消防通道
後巷花園
住宅區

南向活動庭院

老樹平台
涼亭

活動廣場
巷末道路

譚之琳

K圖會 106年 建築設計及建築計畫術科考試模擬考題　　　　106/08/06

等 別：大評圖

類 科：第一次模擬考　　　　　　　　　　　　　　　　　　　　　姓名：＿＿＿＿＿＿＿

科 目：建築計畫與設計

考試時間： 8 小時

※注意：

(一)可以使用電子計算器。

(二)不必抄題，作答時請將試題題號及答案依照順序寫在試卷上，於本試題上作答者，不予計分。

一、前言：

中部某大樓-第一廣場，其前身為具歷史意義的第一市場，曾於民國67年發生大火付之一炬，其後在政府的努力以及市場原店鋪的共同合作下，於在民國80年正式啟動營運。

由於本大樓位居市中心且鄰近市火車站，第一廣場曾有一段商業光輝的過去，但隨著都市發展逐漸向西區及北區移動，本區慢慢的凋零並出現許多閒置的大樓，加上再次火災及靈異事件，中區商業機能逐漸凋敝，消費客群逐漸消逝，第一廣場大樓也逐漸沒落。

然而近年隨著我國大量引進東南亞地區越南、泰國、菲律賓及印尼等國之勞工及新住民等，本大樓由於交通地利之便，逐漸成為移工及新住民聚集交流場所，根據統計全台約有60萬名移工，本地區就占了8萬5千名以上，為第三大移工城市，廣場內店面及四周騎樓專為移工及新住民開設的各行各業也興盛起來，第一廣場遂成為具有異國特色的群聚地。

鑒於本地區擁有眾多東南亞外籍移工及新住民，為促使新舊歷史之延續、中外文化互動之融合，於是政府宣布擬將第一廣場重新規劃發展並更名為東協廣場，讓新移民在台灣有個聚會據點，並使本國民眾也能感受異國文化，同時帶動多元文化及發展觀光人潮。

二、題目：

<u>多元文化的融爐-東協廣場大樓暨周邊設計</u>

彩虹之美在於多色並存，台灣之美在於多元共榮。要成為多元文化社會，擬從東協廣場做起。一個城市要有不同背景的人們共同生活共同繁榮，才能造就豐富、美好的社會。事實上也是一個偉大的城市要善待新移民，成為可以築夢、圓夢的新故鄉，讓他們可成為城市的主人而不只是過客，如此，才是一個真正多元及偉大的文化城。

三、設計目標：

- 將以安全整潔、文化融合及友善有趣等三大方向規劃「可行性之空間」服務內容建議書。

- 服務客群以6、3、1：6成服務提供予國際移工及新移民，3成服務為本國民眾，1成服務國際遊客為願景目標，齊心協力推動東協廣場暨周邊之再生。從點、線串連成面。

- 為促使新舊歷史之延續、中外文化互動融合，擬提供東協廣場B1-3樓的閒置空間重新規劃，並設置「東協廣場溝通互動平臺」、「東南亞料理文化廚房」或「……」(自行擬定)等，並由市

出題:運賢建築師　　　　　　　　　　　　　　　　　　　　　　　　　　　　　-1-

等　別：大評圖

類　科：第一次模擬考　　　　　　　　　　　　　　　　　姓名：＿＿＿＿＿＿＿

科　目：建築計畫與設計

考試時間：8 小時

　　政府邀請印、菲、越、泰等四國「代表處」進駐，期能提供國際移工各項權益諮詢，達成市政府打造東協廣場成為多元友善環境之目標。

● 東協廣場距火車站僅百來公尺，前方空地亦為綠川地流經範圍，期待的在此的文化交流活動可以延伸至綠川水岸廊道計畫、或者結合火車站綠空鐵道計畫等，創造更美的火花。

四、設計內涵：

● 單點式：

一棟被社會遺棄的大樓，卻意外承接移工流浪的心情。每個星期日，他們一週中唯一的休息日，聚會在大樓裡吃飯、唱歌、購物、郵寄、換錢、交友、泡妞、做愛，唯有這些時刻，讓他們重新感受自己像個人，而不是一枚無差異的勞動單位。

● 現在式：

勞動力一直是製造業最大的財富基礎，台中 8 萬名移工中，廠工佔了將近 6 萬人，台中市勞工局按人均產值估算，移工每年貢獻約 120 億新台幣產值、每個月在東協廣場消費超過 1.2 億。但是，這座城市因經濟增長而提升的城市風景和愜意生活與他們無涉無關，他們始終是台灣人眼中的「外勞」，一枚便宜好用的勞動力。

● 政策面：

配合國家政策「新南向政策」，政府積極改造移工聚集的第一廣場，塑造成為具東南亞文化特色的「東協廣場」，將正式更名掛牌，也吸引商人進駐投資文創旅館。只是，沒有考慮移工消費的規劃，最終會是誰的東協廣場？市府各局處從各自提出行動解方，也加快腳步動員執行。但是，當政府手伸進這自成一格的次文化社會後，東協廣場還會是本來這群移工的東協廣場嗎？

● 未來式：

隨著異國婚姻的普遍化新住民女性已多達 50 萬，是安定台灣不可或缺的一份子，現今台灣社會有愈來愈多的「新台灣之子」，應加強栽培扶植，並安排他們寒暑假返回東南亞探親，學習母語，未來就可能成為台灣與東南亞「最佳親善大使」，希望藉由這樣的城市交流方式，帶動台灣與東協十國的雙邊觀光旅遊、貿易投資與文化交流等。

五、設計基地說明：

● 東協廣場規劃範圍，以第一廣場為中心，加上繼光街、綠川西街、台灣大道及成功路等 4 條街所圍的區域，目前該區域內商業行為以台灣與東協美食等小吃店為主。

● 本街廓約為 100M*100M，東北臨 12M 成功路、東南臨 40M 綠川東西街、西南臨 20M 台灣大道、西

K圖會 106年 建築設計及建築計畫術科考試模擬考題　　　　　106/08/06

等　別：大評圖

類　科：第一次模擬考　　　　　　　　　　　　　　　　　　　姓名：＿＿＿＿＿＿＿

科　目：建築計畫與設計

考試時間： 8 小時

　　　　北臨 12M 繼光街。

● 　第一廣場大樓有地上 12 層、地下 3 層，B1 至 3 樓為公部門所有之市場用地，擬重新規劃。

● 　規劃後 B1 至 3 樓將由本棟大樓管委會招商出租。

● 　臨基地東南方為河川整治預定地、基地東南方一百公尺為百年火車站。

六、建築計畫：（30分）

　　建築是一項整合技術、美感與人文的專業，但這種專業所追求的並非是放諸四海皆準的公理或標準，而是要在真實地區環境中去爭取實現對社會友善有益的新構想，依據上述，所提出改建一棟具有歷史意義、種族融合的市場大樓(B1-3樓為主)暨周邊，建築師應對應處理的議題(包含基地、住民、歷史、文化、種族等)，提出其空間計畫書與設計構想。

　　此一系列有系統的分析發想及邏輯推導，務必表達清楚，並用下述方式清楚闡述(版面請佔1/4以上)：「課題」、「內涵」、「策略手法」(CONCEPT)、「願景」。

七、圖面要求：

　　1.基地及平面配置圖(比例不拘)。

　　2.其他圖面要求不拘，以能清楚表達設計理念為主。

K圖會 106 年 建築設計及建築計畫術科考試模擬考題

106/08/06

等 別：大評圖

類 科：第一次模擬考

姓名：_____

科 目：建築計畫與設計

考試時間： 8 小時

附件：

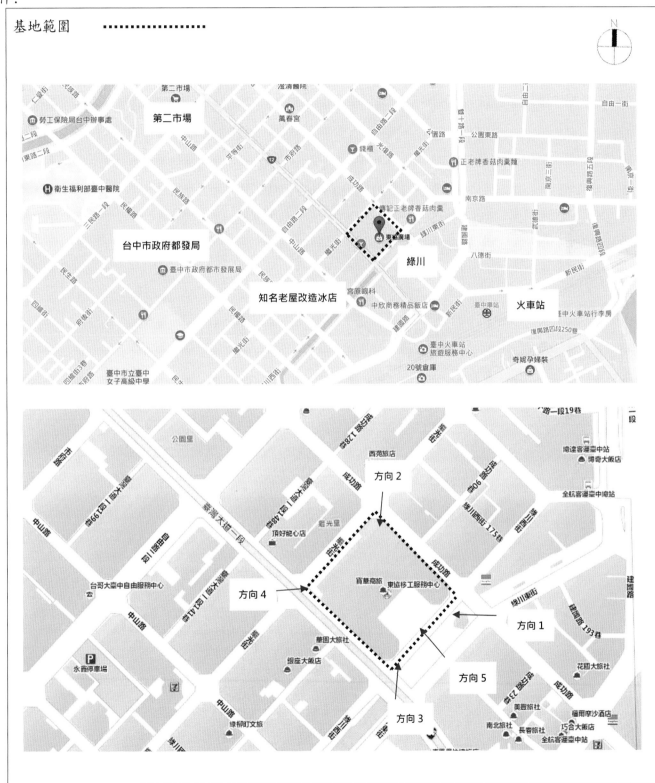

K圖會 106 年 建築設計及建築計畫術科考試模擬考題

106/08/06

等 別：大評圖

類 科：第一次模擬考

姓名：＿＿＿＿＿＿＿＿

科 目：建築計畫與設計

考試時間： 8 小時

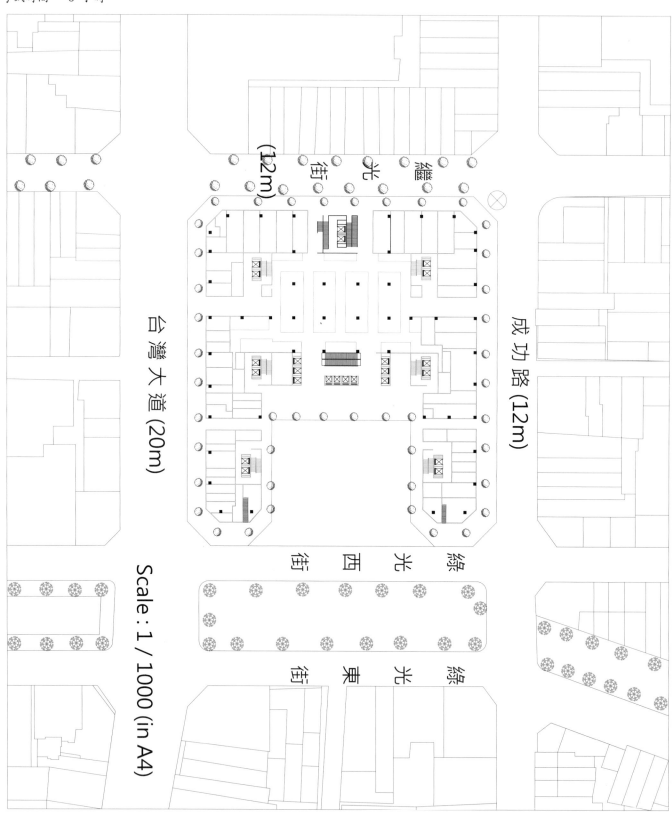

繼光街 (12m)

台灣大道 (20m)

成功路 (12m)

綠光西街

綠光東街

Scale：1 / 1000 (in A4)

出題：運賢建築師

K圖會 106年 建築設計及建築計畫術科考試模擬考題　　　　106/08/06

等　別：大評圖

類　科：第一次模擬考　　　　　　　　　　　　　　　姓名：＿＿＿＿＿＿＿

科　目：建築計畫與設計

考試時間： 8 小時

現況方向 1	現況方向 2

現況方向 3	現況方向 4

現況方向 5	廣場騎樓某一角落

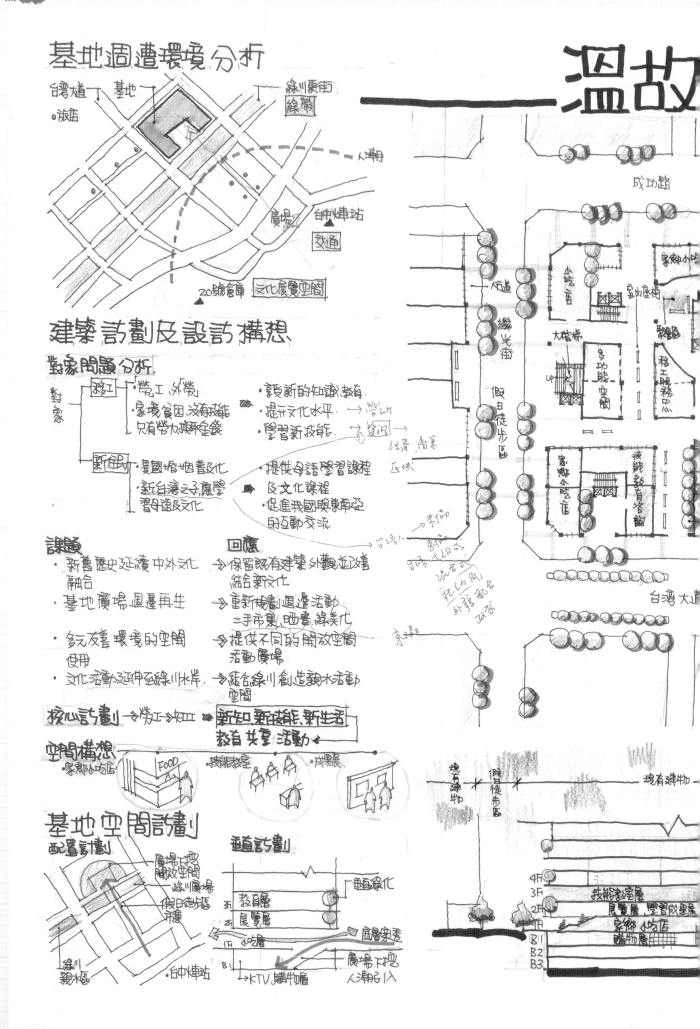

基地週遭環境分析

台灣道‧旅店
基地
綠川東街 綠帶
人潮
廣場 台中火車站 交通
20號倉庫 文化展覽空間

建築計劃及設計構想

對象問題分析

對象
- 移工：勞工、外勞
  - 家境貧困，沒有技能
  - 只有勞力賺取金錢
- 新住民
  - 異國婚姻需文化
  - 新台灣之子需學習母語及文化

→ 設新的知識教育
→ 提升文化水平 → 營利
→ 學習新技能 → 多建門 → 經濟商業醫療區域
→ 提供身語學習課程及文化課程
→ 促進我國與東南亞的互動交流

課題
- 新舊歷史延續 中外文化融合
- 基地廣場週邊再生
- 多元友善 環境的空間使用
- 文化活動延伸至綠川水岸

回應
⇒ 保留既有建築外觀並改善結合新文化
⇒ 重新規劃週邊活動二手市集、曬書、綠美化
⇒ 提供不同的開放空間活動廣場
⇒ 結合綠川創造親水活動空間

核心計劃 →移工→知工⇒ 新知、新技能、新生活 教育共享活動

空間構想
- 家鄉小吃店
FOOD
技能教室
成果展

基地空間計劃
配置計劃
- 廣場上層 開放空間
- 綠川廣場
- 假日徒步區 市集
- 綠川親水區
- 台中火車站

道計劃
道路綠化
教育展
展覽展
小吃層
廣場下層 人潮引入
B1 KTV、購物層

右側平面圖與剖面圖標註：
成功路
小吃店 家鄉小吃街
綠光街 家鄉座街
大樓梯 移工服務中心
多功能空間
假日徒步區 技能教育空間
家鄉小吃店
台灣大道

既有建物 假日徒步區 塊有建物
4F
3F 技能教室層
2F 展覽層、學習成果展
1F 家鄉小吃層
B1 購物層
B2
B3

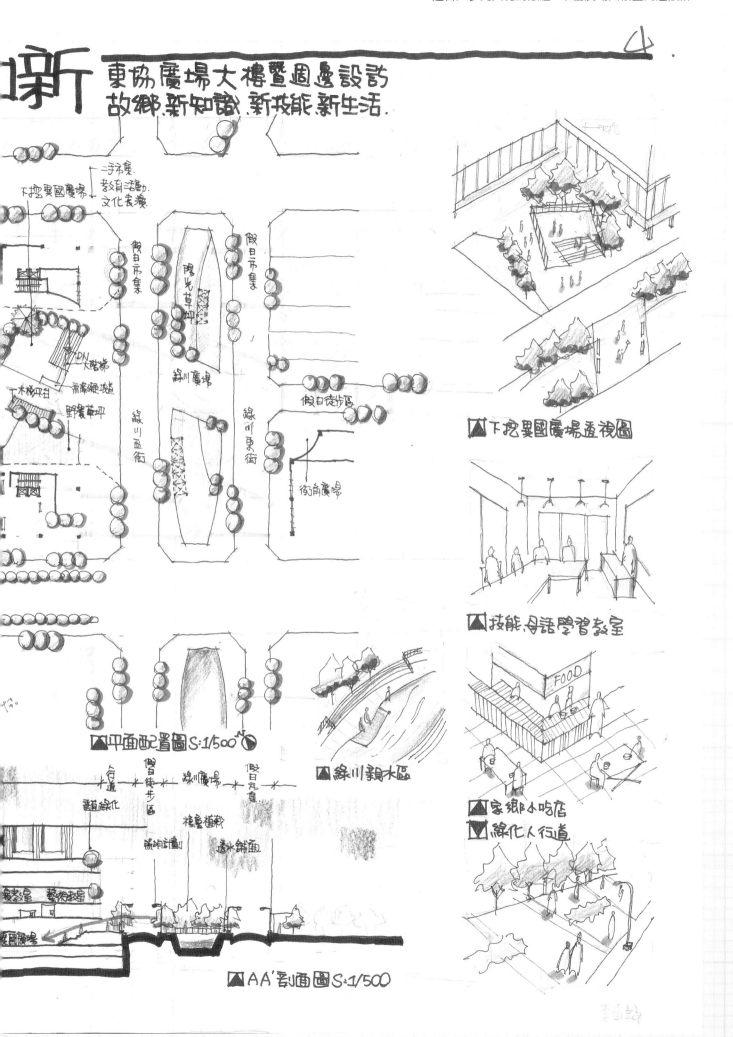

新 東協廣場大樓暨周邊設計
故鄉.新知識.新技能.新生活.

二手市集.
教育活動辦.
文化表演.

下挖異國廣場

假日市集

陽光草坪

假日市集

DN大階場

綠川廣場

假日徒步區

無障礙坡道

野餐草坪

綠川西街

綠川東街

街角廣場

△ 下挖異國廣場透視圖

△ 技能.母語學習教室

△ 平面配置圖 S:1/500

行道樹　假日徒步區　綠川廣場　假日市集

垂直綠化

複層植栽

透水鋪面

△ 綠川親水區

FOOD

△ 家鄉小吃店
△ 綠化人行道

教室　藝術教室

異國廣場

△ AA'剖面圖 S:1/500

作品提供／李偉甄建築師

85

城市隱者──移工角落微光.

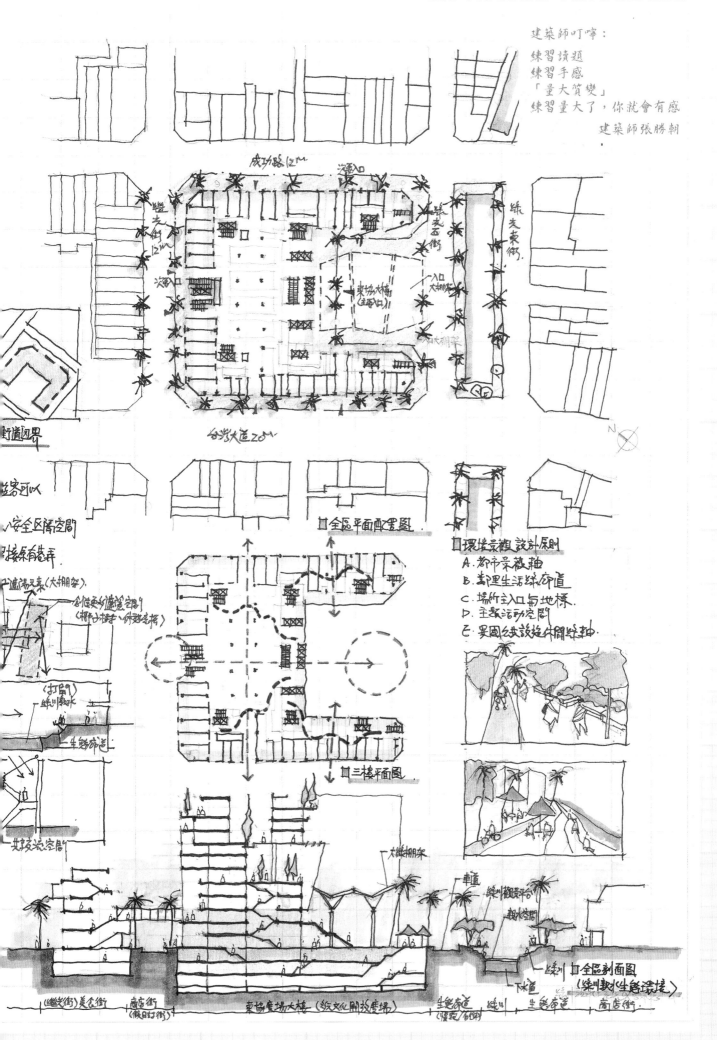

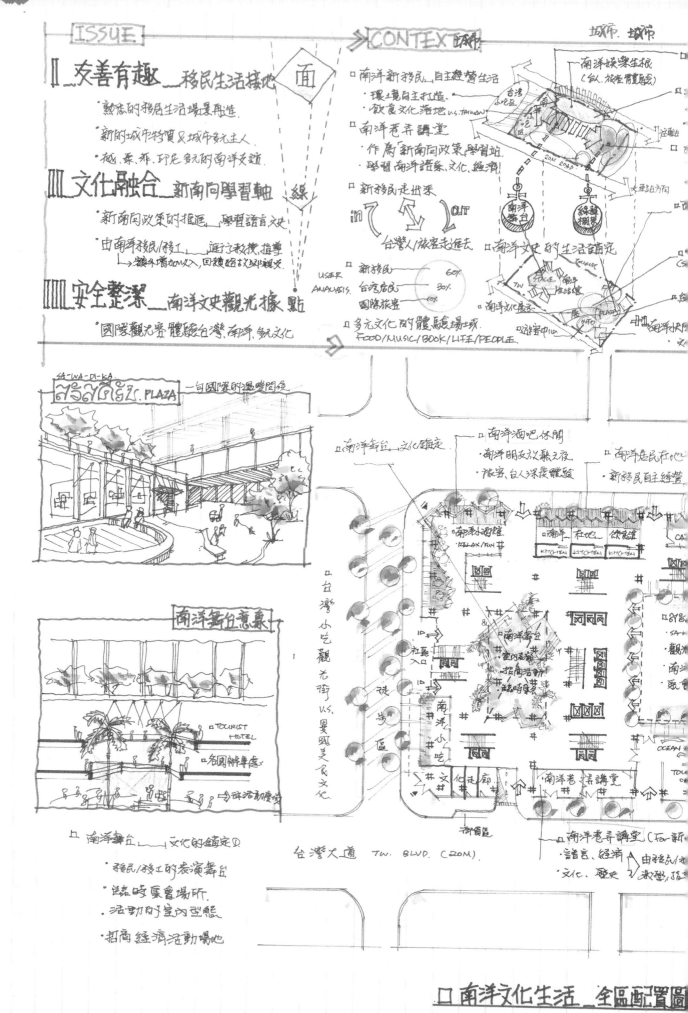

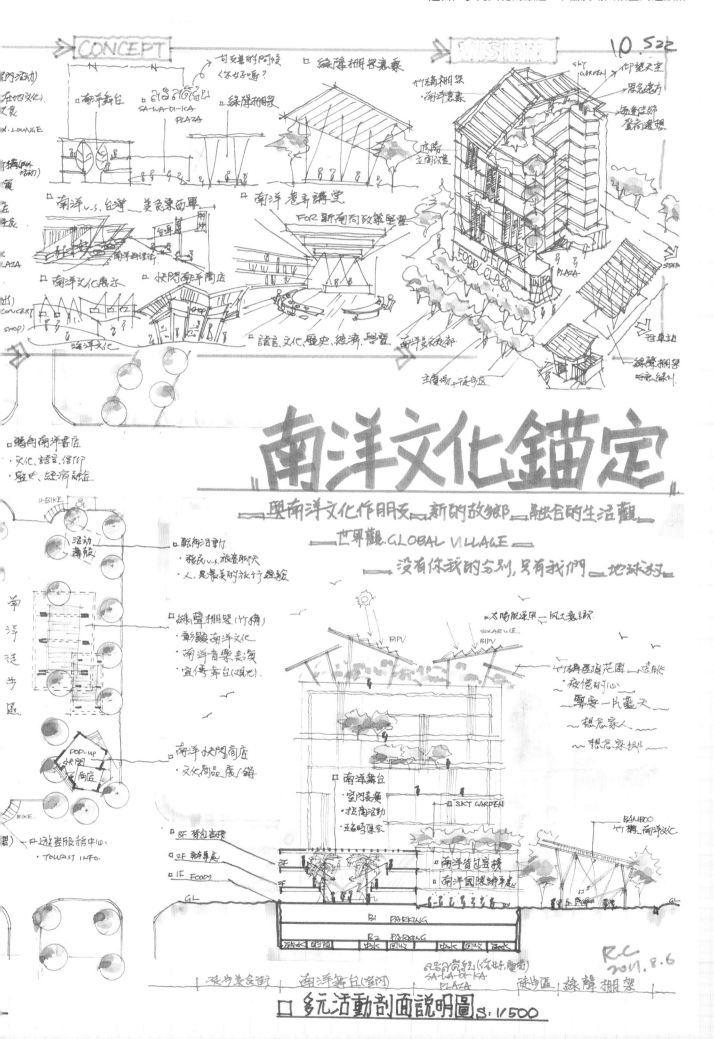

南洋文化錨定

── 與南洋文化作朋友 ── 新的故鄉 ── 融合的生活圈 ──
── 世界觀. GLOBAL VILLAGE ──
── 沒有你我的分別,只有我們 ── 地球村 ──

□ 多元活動剖面說明圖 S:1/500

榮華再現剛好遇見內

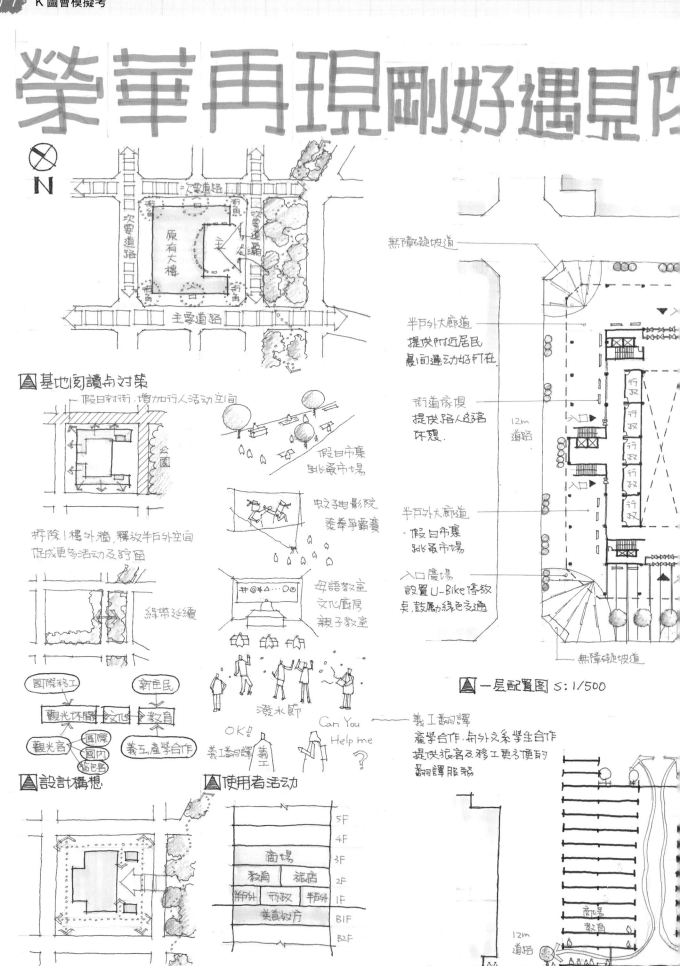

基地閱讀與對策

一假日封街、增加行人活動空間

拆除1樓外牆、釋放半戶外空間
促成更多活動及停留

綠帶延續

假日市集
跳蚤市場

親子電影院
泰拳爭霸賽

母語教室
文化廚房
親子教室

潑水節

OK!

Can You
Help me
?

國際移工　新住民

觀光休閒　文化　教育

觀光客　國際　義工產學合作
國內
自包客

設計構想

使用者活動

無障礙坡道

半戶外大廊道
提供附近居民
晨間通勤好所在

街道家具
提供路人遊客
休憩

12m
道路

入口

行政

半戶外大廊道
·假日市集
跳蚤市場

入口廣場
設置U-Bike停放
吳.鼓勵綠色交通

無障礙坡道

一層配置圖 S:1/500

義工翻譯
產學合作.與外文系學生合作
提供旅客及移工更方便的
翻譯服務

	5F
商場	3F
教育　旅店	2F
半戶外　行政　半戶外	1F
美食收方	B1F
	B2F

商場
教育

12m
道路

動線計畫

分群分區計畫

剖面圖

留下足跡才美麗

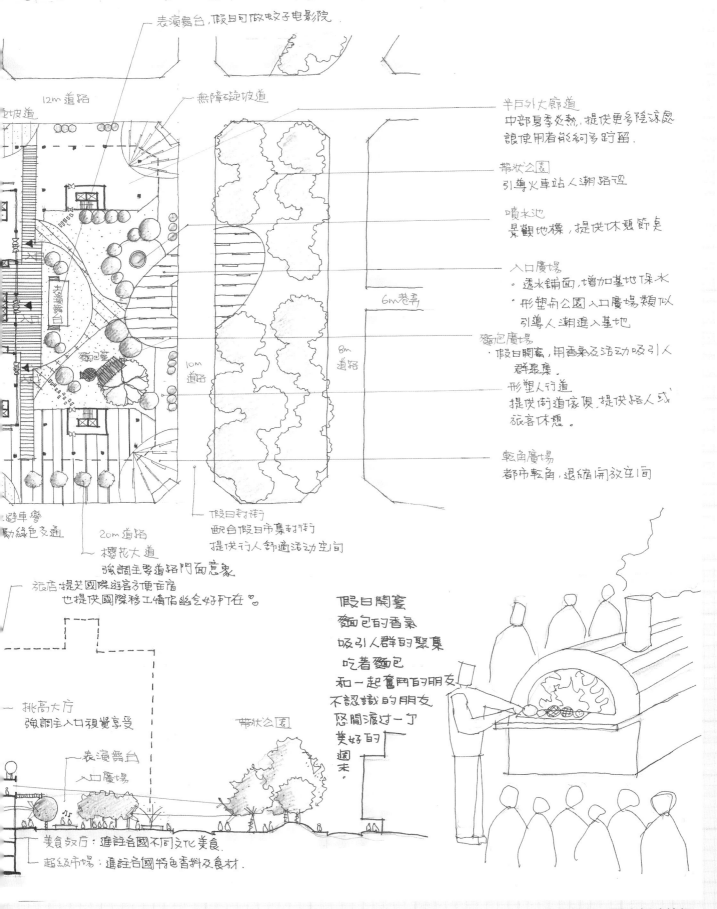

表演舞台，假日可做蚊子電影院

12m道路

無障礙坡道

坡道

半戶外大廊道
中部夏季炎熱，提供更多陰涼處
讓使用者能夠多逗留.

帶狀公園
引導火車站人潮路逕

噴水池
景觀地標，提供休憩節點

入口廣場
・透水鋪面，增加基地保水
・形塑角公園入口廣場類似
  引導人潮進入基地

6m巷弄

窯包廣場
・假日開窯，用香氣及活動吸引人
  群聚集.
  形塑人行道
  提供街道傢俱，提供路人或
  旅喜休憩.

10m道路

8m道路

較角廣場
都市較角，退縮開放空間

避車彎
勵綠色交通

20m道路

櫻花大道
強調主要道路門面意象

假日封街
配合假日市集封街
提供行人舒適活動空間

旅店提共國際遊喜方便主宿
也提供國際移工備作幽念好所在.

挑高大廳
強調主入口視覺享受

表演舞台
入口廣場

帶狀公園

美食叔廳：進註各國不同文化美食.
超級市場：進註各國特色香料及食材.

假日開窯
麵包的香氣
吸引人群的聚集
吃著麵包
和一起奮鬥的朋友
不認識的朋友
悠閒渡過一丁
美好的
週末.

106年 K圖會建築設計及建築計畫術科考試模擬考題

106/09/03

等 別：大評圖

類 科：第二次模擬考

姓名：＿＿＿＿＿＿＿＿

科 目：建築計畫與設計／敷地設計

考試時間： 8 小時

※注意：

(一)可以使用電子計算器。

(二)不必抄題，作答時請將試題題號及答案依照順序寫在試卷上，於本試題上作答者，不予計分。

一、 前言

為配合新政府政策落實公共住宅政策，某直轄市市府將某塊市中心區側住宅區土地，作為公共住宅使用；然而地方上則有不同的聲音；數次地方公聽會下來有幾點結論：

1. 地方青年爭取該處作為青年住宅，以及提供創客育成基地；並因該基地附近有一大型光觀夜市，市府亦欲設置一導覽型的遊客中心，提供城市觀光的服務。

2. 部分地方里民亦爭取該基地設置新穎的商場與3~4星等級的旅館；以串聯該區商圈的整體性；以提昇當地商圈的能見度。

3. 部分年長的里民則是提議設置老者長照中心與托兒中心，以及部分地面停車場與都市公園。

歸結上述結論；市府邀請建築專業者針對3個結論方向，提供各自的建築規劃構想與量體評估：其定量空間需求如下：

i. 青年公共住宅兼遊客中心
- 導覽遊客中心：８００ｍ²
- 創客育成中心：１５００ｍ²
- 青年公共住宅：１房８０戶
- ２房４０戶

ii. 停車空間：１５０部
- 商場與旅館
- 商場面積：２５００ｍ²
- 旅館房間：１４０間
- 停車空間：２００部

iii. 長照中心兼托兒中心／地面停車場公園
- 長照中心：８００ｍ²
- 托兒中心：３００ｍ²
- 停車空間：２５部

二、 基地說明：

基地為不規則形，總面積約４９５８ｍ²；為住三用地，建蔽率為５０％，容積率為２２０％，基地北側有一地方大姓的宗祠，每年均有一次500人規模的祖祭，東北側則有一大型的觀光夜市；東側

等　別：大評圖

類　科：第二次模擬考　　　　　　　　　　　　　　　　　姓名：＿＿＿＿＿＿＿＿

科　目：建築計畫與設計/敷地設計

考試時間： 8 小時

為一３星級的旅館；南側則緊鄰一條都市小溪，其下方有湧泉活水；該溪對側為一４０年以上的舊社區，而基地西側緊鄰連棟透天，道路對側則為一座地方型的商場。

三、 建築計畫及設計

1. 作為一個建築設計專業者，請提供上述３個結論方向；各自的規劃配置平面概念與量體配置概念，以擘劃出市府與當地居民未來都市生活的願景。

2. 請針對上述３個結論方向，依身為建築設計專業人的專業判斷，並綜合考量當地地方環境脈絡關係與地方居民的建議下，選擇出一個對於市府/地方/居民三贏的設計方向，針對該方向提出建築設計規劃圖面，並按前開空間量表組織其合理的空間從屬關係以及空間應對關係。

四、 圖面需求：

1. 建築計畫圖面（須能表現機能空間配置與人車道動線配置）：比例不拘

2. 剖面量體計畫：比例與形式不拘

3. 平面配置圖：比例不拘，須能完整地表達欲塑造之空間情境

4. 全區剖面：比例不拘

5. 其他表現圖面不拘以能清楚表達設計理念及建築設計為主

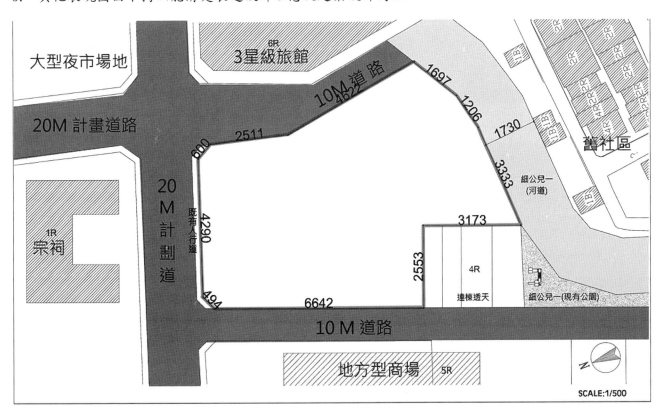

出題:廉青建築師　　　　　　　　　　　　　　　　　　　　　　　　　　　　　- 2 -

106年 K圖會建築設計及建築計畫術科考試模擬考題　　　　106/09/03

等　別：大評圖

類　科：第二次模擬考　　　　　　　　　　　　　　　　姓名：＿＿＿＿＿＿＿

科　目：建築計畫與設計/敷地設計

考試時間： 8 小時

附件：

基地航照圖

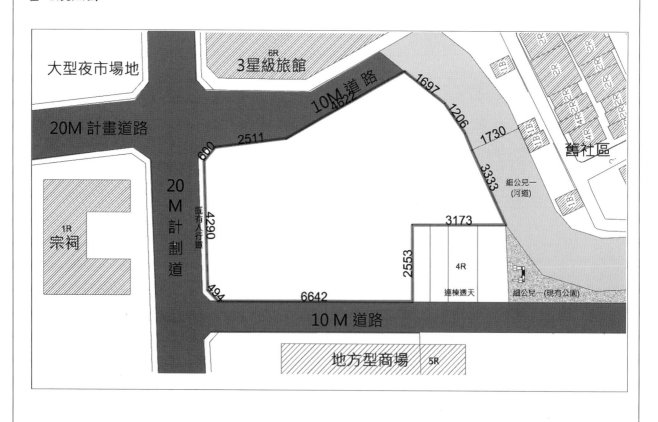

出題：廉青建築師　　　　　　　　　　　　　　　　　　　　　　　　　　-3-

106 年 K 圖會建築設計及建築計畫術科考試模擬考題

106/09/03

等 別：大評圖

類 科：第二次模擬考

姓名：_____

科 目：建築計畫與設計/敷地設計

考試時間： 8 小時

106 年 K 圖會建築設計及建築計畫術科考試模擬考題

等 別：大評圖

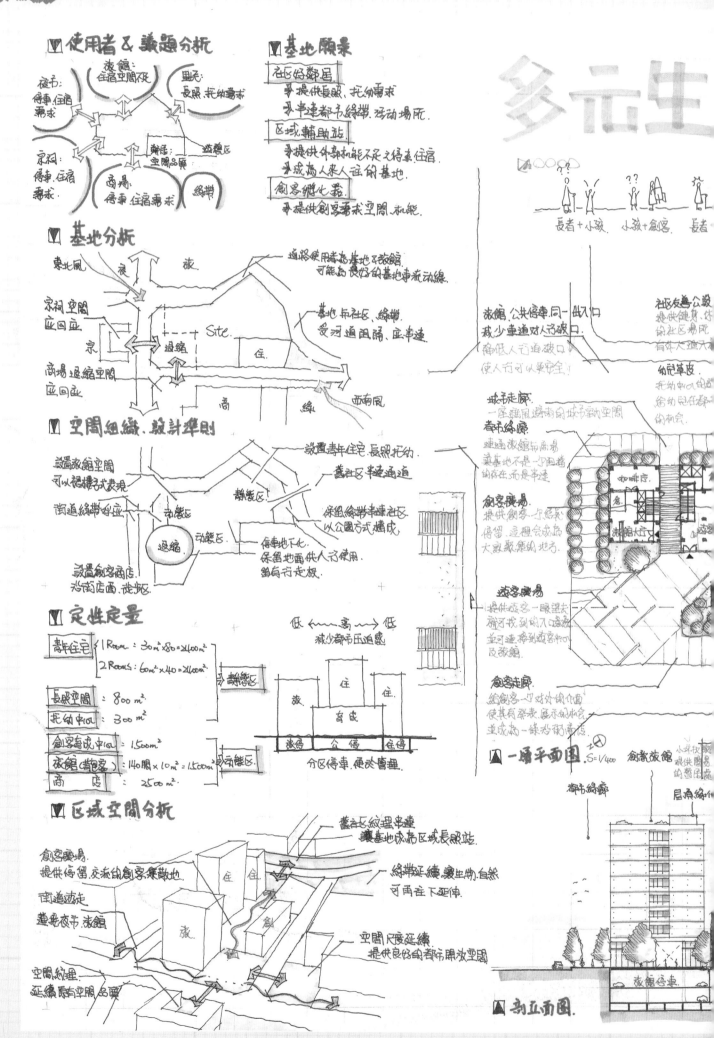

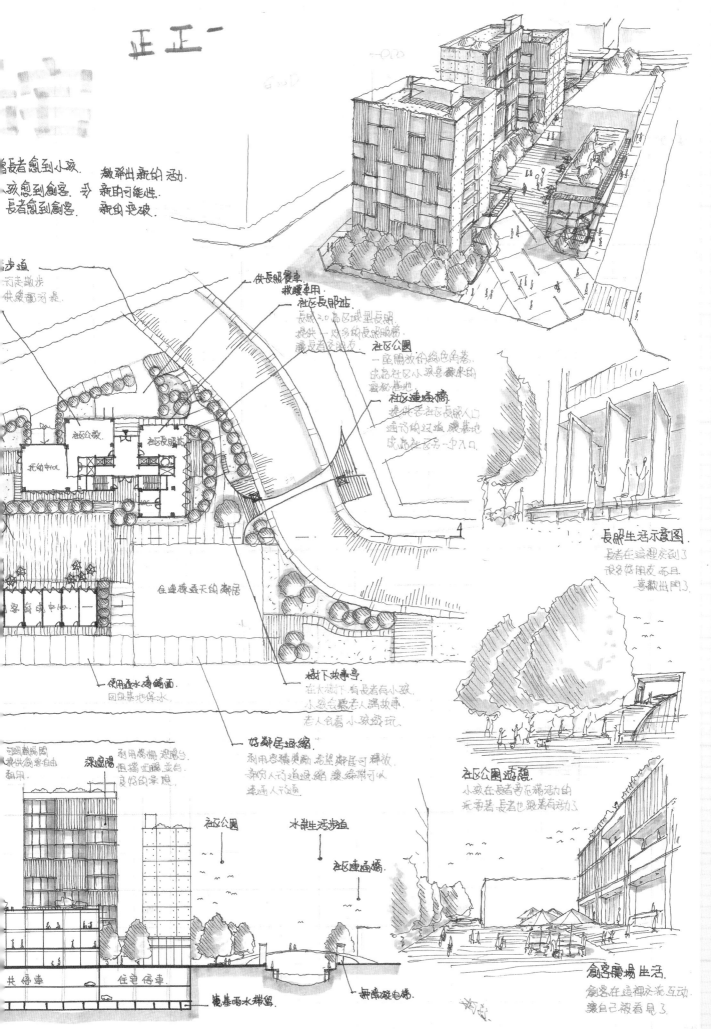

正正一

當長者愈到小孩. 激發出新的活動.
孩愈到創客. 尋 新的可能性.
長者愈到創客. 新的突破.

步道
而走撒步
供徐跚习是

供長照養車.
救護車用
社區長照站
長照2.0為區域型長照.
提供一對多的長照服務.
讓長者更便於.
社區公園
一座開放的綠色角落.
成為社區小孩喜歡承的
遊戲基地.
社區連通橋.
提供老社區長照入口.
通行的過渡. 讓基地
成為社區服一個入口.

長照生活示意圖.
長者在這裡交到了
很多好朋友. 而且
喜歡出門了.

住連橫盈天的鄰居

多有沐中位

使用透水磚鋪面.
回歸基地保水.

樹下故事亭.
在大樹下. 有長者有小孩.
小孩會聽老人講故事.
老人愛看小孩玩.

社區公園遠蘊.
小孩在長者身在福活力的
玩再著 長者也 跟著有活力.

好鄰居退縮.
利用退縮與鄰里. 希望鄰居可穿放.
旁的人行道過 讓綠地可以
連通人行道.

深處陽

社區公園   水岸生活步道.

社區連通橋.

共停車   住宅停車

地基雨水群儀.

無障礙電梯.

創客廣場生活.
創客在這裡交流互動.
讓自己被看見了.

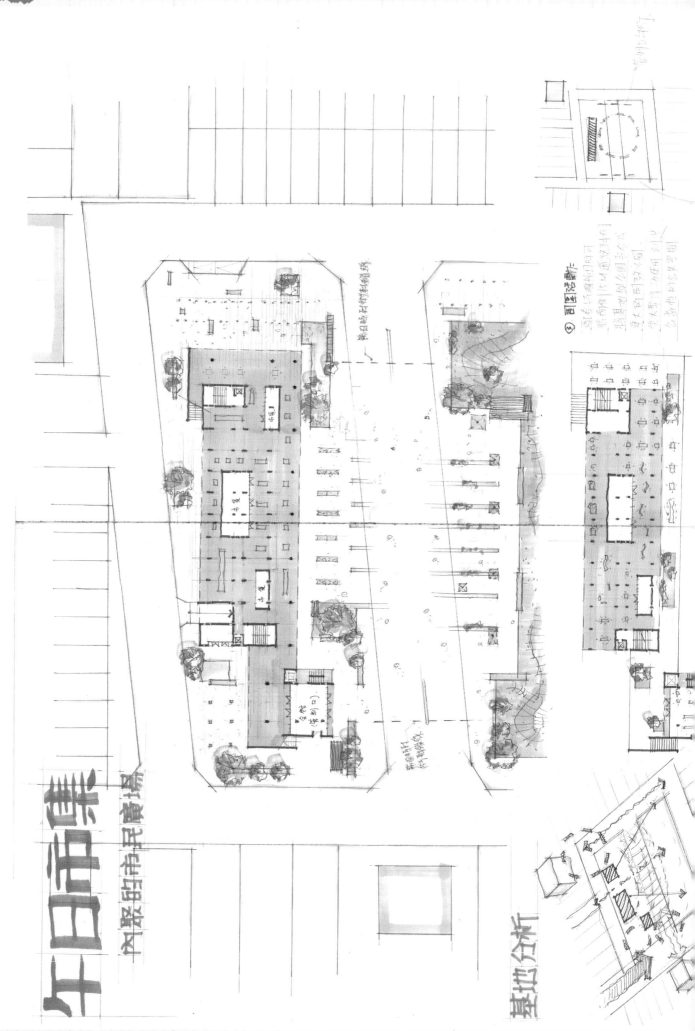

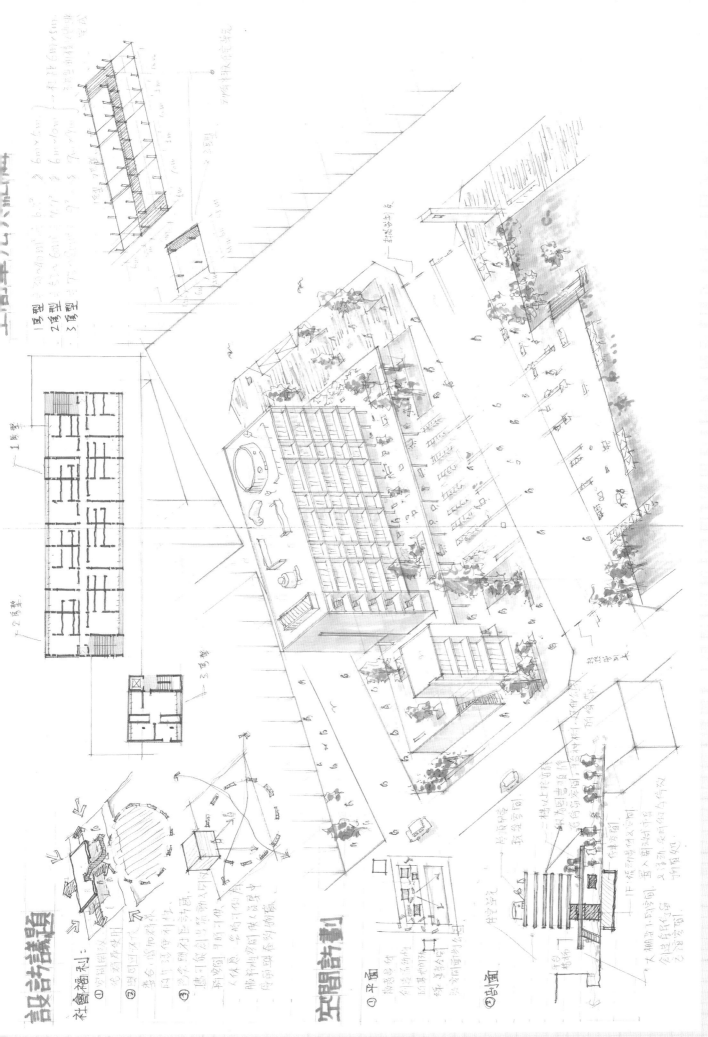

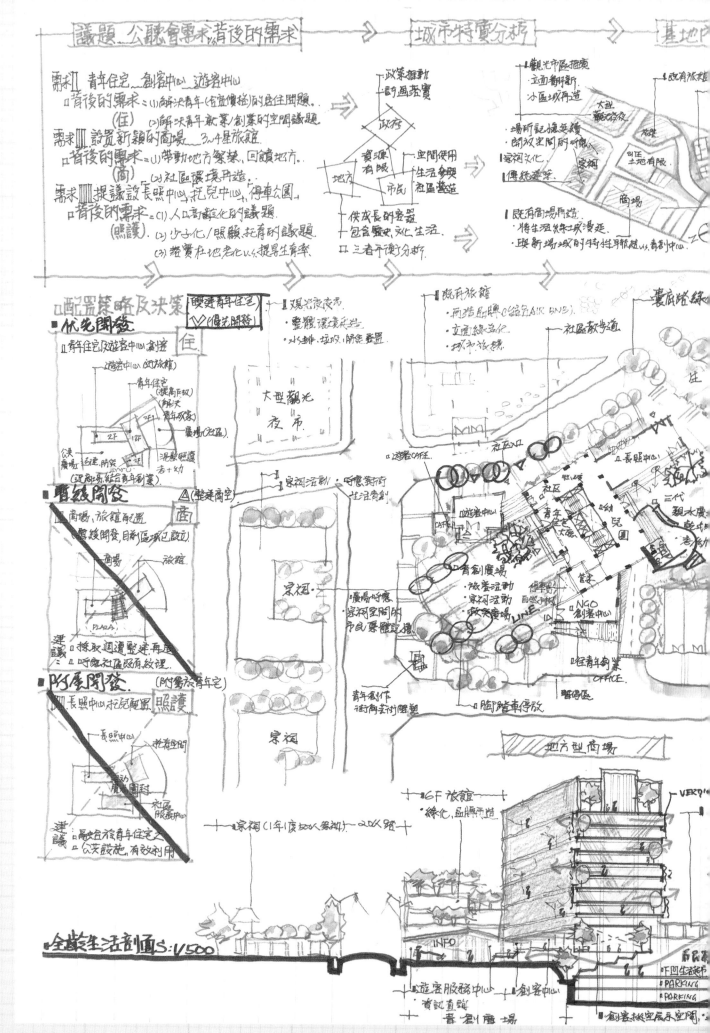

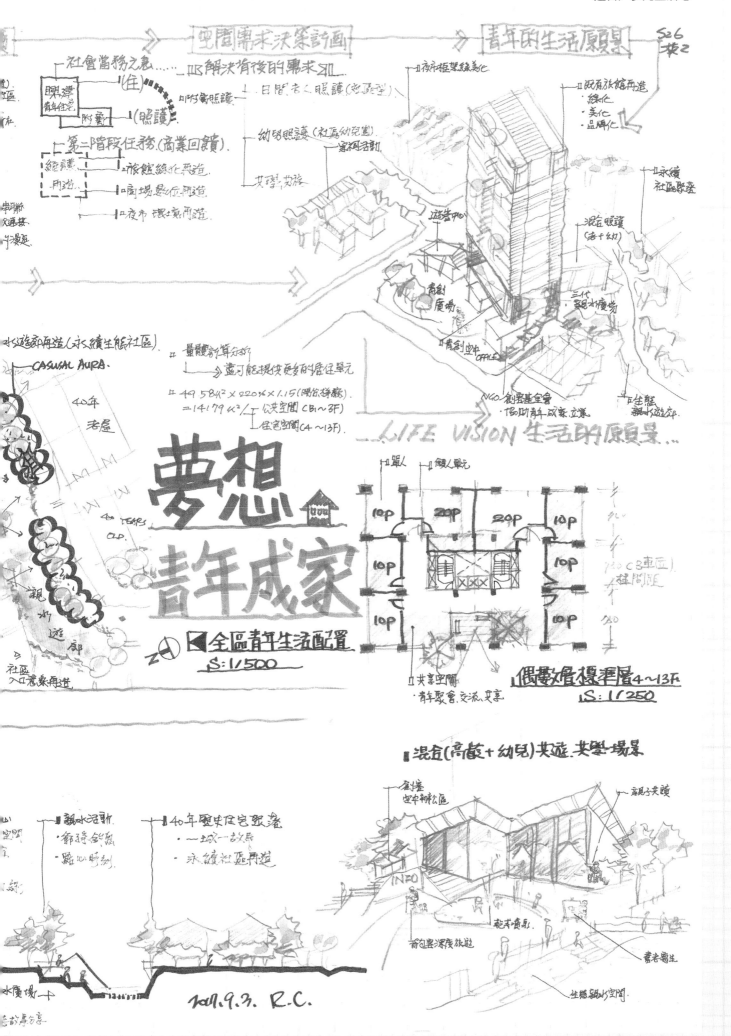

夢想
青年成家

◁ 全區青年生活配置
S: 1/500

2019.9.3. R.C.

作品提供／陳軒緯建築師

104 年 建築設計及建築計畫術科考試模擬考題

等　別：　IanStudio-K 圖會

類　科：第三次模擬考

科　目：建築計畫與設計、敷地計畫

考試時間： 8 小時

※注意：

（一）可以使用電子計算器。

（二）不必抄題，作答時請將試題題號及答案依照順序寫在試卷上，於本試題上作答者，不予計分。

一、前言：

　　建築是一項專業，更是一份志業；建築師不只是維生的行業，建築師也可以是社會工程師，或是城市設計家，甚至人類文明的詮釋者。建築師或者也可成為政策執行者，進入公部門執導，為城市規劃宜人居住、工作、學習與享受的空間。建築師是真實生活的傾聽者、介入者，經常是要建構生活引領生活。建築師若是認同「服務社會」是他的職志，是否這份認同應落實到改變居住空間「Design For Change」？

　　要改變一個城市的居住空間，需要找到在意居住空間的一群人，這群人在乎生活品味、空間態度、能捨能給，並不要求完整的三房兩廳，但求一個小巧宜居的生活空間，在供給互助下，期待創造一個改變的動能「Design For Change」，而這群人，並非小眾、也非弱勢，而是多為民國 70 年上下的一群，剛脫離青澀年代，也有屬於自己的想法，已是現今肩負社會責任的中堅份子，期待改變也勇於改變。

　　在傳統的不動產居住空間，其市場多往往瞄準具有一定經濟能力的人，而其具有的完整性也多超出一般青年所需求，以傳統不動產的經濟要求，相對於青年居住品質的渴望，這中間有著一段落差，迫使這個改變的動能「Design For Change」無法前進，這樣的矛盾，也有賴於公部門在政策面著力求解，才能使青年重新建構理想的居住空間。

二、題目：

　　城市的天空－青年住宅設計（居住空間新型態）

　　北部某直轄市頒布了青年住宅政策，提供一個中繼型住宅方案。本政策主要大綱如下：

1.　這非單純房地產政策，這主要是居住權的改變及操作。

2.　政策針對了本市就業 25 歲至 35 歲的青年人口可提出申請。

3.　擬釋出本市 48% 的天空（4 至 6 層樓的公寓屋頂），在依法申請後可在頂樓增建，做為建築基地。

4.　目標把大量頂樓加蓋鐵皮屋，改造為通風採光隔熱良好的住宅，提供給青年。

5.　希求改變鐵皮屋的醜陋景觀，更讓台北天際線更美麗。

104 年 建築設計及建築計畫術科考試模擬考題

等 別： IanStudio-K 圖會

類 科：第三次模擬考

科 目：建築計畫與設計、敷地計畫

考試時間： 8 小時

因應本青年住宅政策，公部門急需要一群能夠評估舊有「建築群」再改造利用的專業團隊，評估範圍包含：

1. 法令政策面配套措施
2. 適當之舊有建築群審核標準
   （包含頂樓結構、面積、形狀、樓與樓之互通性、垂直動線與一般住戶之影響等可行性分析）
3. 標準化之構造、結構補強、新增防火區劃等議題
4. 設計一個青年住宅單元原型及變型
   （須符合綠建築標準，適當之通風、採光、隔熱）
5. 整合舊有鐵皮屋頂、整合現有城市天際線
6. 對整體住宅之社會議題影響評估分析

本設計請針對上述政策，闡述建築專業的相關理念、及專業評估所需基本要求，綜上提出一個具理想性，城市的天空-青年住宅設計原型。

三、設計目標：

● 城市是否進步，不應停留在建物外觀好不好看的層次，而是應透過整合設計，以及系統性的安排，重組年輕人創新能量與城市空間的關係，建立再生性的社會網絡。公共空間的釋出與再運用，也成為近年國際各大城市的重大課題，效法德國柏林，便是成功進行都市空間之改造，建築如何在舊有的基礎上加上未來的夢想，遂成為全球最具魅力創意聚落。

● 「既然這麼多年輕人，被迫住到舊公寓頂樓加蓋的鐵皮屋，何不把大量鐵皮屋，改造為通風良好的中繼型住宅，提供給青年？甚至應該要結合複層綠化，改造城市天際線。」，期待不只啟動社會住宅的創意思考，更希望提出新的都市問題解決方向，強調透過社會創新，解決環境與社會議題。

● 本設計擬於適合之公寓屋頂設計青年住宅，每個基地面積以 50 坪為一單位，建築之住宅單元大小從 15 坪~35 坪不等，規畫上請務必思考使用者人數及其可能活動。住宅單元之規畫，須結合綠建築思考，並區隔動線、防災規畫、結構補強等。

● 各空間需求請以小型社區為雛形自行設定，並思考城市的天空(天際線)-青年住宅設計原型該有的樣子。

104年 建築設計及建築計畫術科考試模擬考題

104/10/09

等 別： IanStudio-K 圖會

類 科：第三次模擬考

科 目：建築計畫與設計、數地計畫

考試時間： 8 小時

四、基地說明：

設計範圍為基地線方框內的 4F~6F 公寓的鐵皮加蓋屋頂，其位址如圖所示，各公寓樓層高度可自訂，基地內或外可以設置所需要之公共設施供通行或活動。

基地位於北部某直轄市捷運站旁，經專業評估及與住戶協調後，本基地上之透天厝群屋頂部分擬做為一示範區，整合現有鐵皮屋頂，可增、修、改建等。本示範基地大小約為 151*162M，基地西方臨 24M 計畫道路其上有一捷運站；基地南方臨 24M 計畫道路及一社區大學；基地東方臨 12M 巷道有一社區型閱覽空間(圖書館)；基地北方臨 12M 巷道。基地內有兩條 8M 巷道。基地如圖所示。

五、建築計畫：

依據上述條件，思索建築師應對應處理的議題，從現有大環境下都市的發展到青年住宅設計原型該有的樣子，提出其空間計畫書與設計構想，請分別闡述「課題」、「內涵」、「策略手法(CONCEPT)」、「願景」，可以藉由各種簡圖說明。(30 分)

六、圖面要求：

圖面要求不拘，已能清楚表達設計理念為主。

104 年 建築設計及建築計畫術科考試模擬考題

104/10/09

等 別： IanStudio-K 圖會

類 科：第三次模擬考

科 目：建築計畫與設計、敷地計畫

考試時間： 8 小時

附件：

基地範圍　　　　　　　　　　　　　— · — · — · —

鐵皮屋範圍(本範圍建築物樓層皆為 4F~6F)　　· · · · · · · · · · · ·

104 年 建築設計及建築計畫術科考試模擬考題

等 別： IanStudio-K 圖會

類 科：第三次模擬考

科 目：建築計畫與設計、敷地計畫

考試時間： 8 小時

基地範圍   — ‧ — ‧ — ‧ —

鐵皮屋範圍(本範圍建築物樓層皆為 4F~6F)   ‧‧‧‧‧‧‧‧‧‧‧‧‧‧‧‧

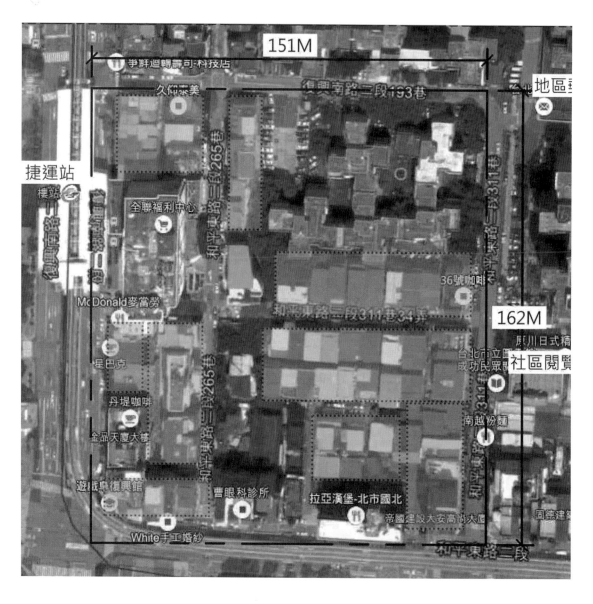

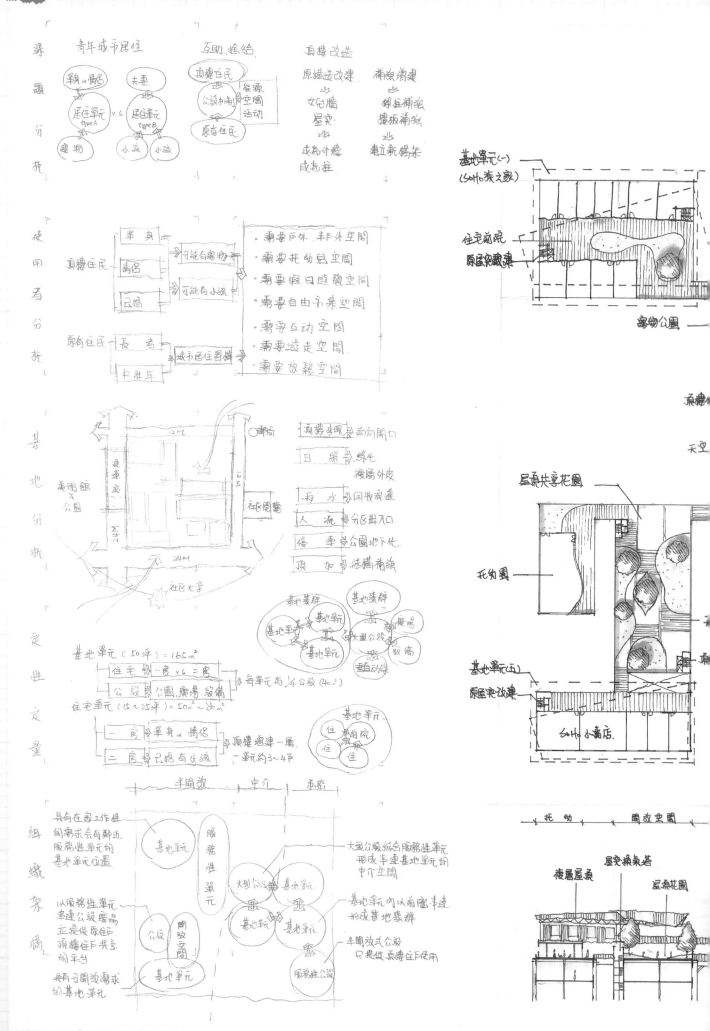

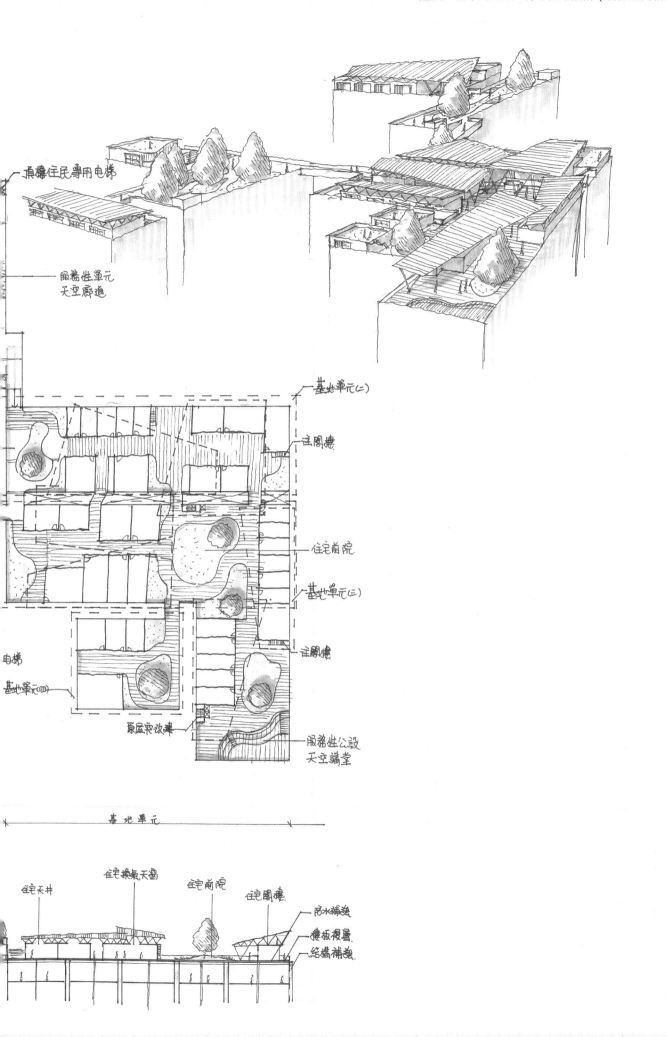

頂樓住民專用电梯

服務性單元
天空廊道

基地單元(二)

住閣樓

住宅前院

基地單元(三)

住閣樓

电梯

基地單元(四)

原屋更改建

服務性公設
天空講堂

基地單元

住宅天井　住宅換氣天窗　住宅前院　住宅閣樓

防水補強

樓板複層

結構補強

☒課題回應

鐵皮屋在臺灣

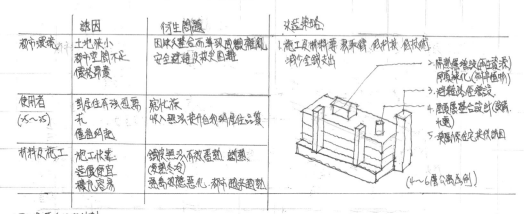

	成因	衍生問題	改善策略
都市環境	土地狹小 都市空間不足 價格昂貴	因地狹合而導致感覺雜亂 安全避難及救災困難	1. 施工及材料要取得 低科技 低技術 減少金錢支出
使用者 (25~35)	對居住有強烈需求 無力 僅獨自租起	窩化族 收入無法進行自我升居住計算	2. 屋頂增設(再生資源) 屋頂綠化(耐旱植物) 3. 避難式低壓式 4. 屋頂屋基合法化(後補) 5. 換屋原住宅改造再用
材料及施工	施工快速 造價便宜 構築容易	鐵皮無法有效蓄熱 隔熱 (夏熱冬冷) 熱島效應惡化. 都市越來越熱	

(4~6層公寓為例)

大再生資源自造者計劃

都市環境　　再生資源.材料　　研發再生方法　　使用低成本.低科技　　改善鐵皮屋(隔熱)之性能
人多→垃圾多→　蒐集 整理　　使用再生資源通項化　　低技術.自立造屋　　(重低鐵皮支撐.隔熱
再生資源　　　　　　　　　材(減少水泥用量)　　　　　　　　材不負重)

人適合的都市
建造合

原鐵皮屋介面之處理

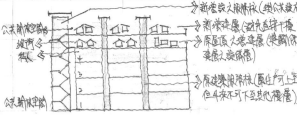

→新增設之服務核(與公共設施結合)
→新增建屋(避免直接下壓 而拉高設置)
公共開放區　　　　　　　　→原屋頂之增建屋(避開佔居 但需提供為增
都市冬冷　　　　　　　　　　高屋頂之服務核)
→原建築服務核(原住戶可上至頂建屋(逃避)
　　　　　　　　　　　　　　但外來不可下至其他樓層)

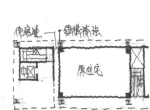

便捷道　　鋼構補強

原住宅

☒基地分析

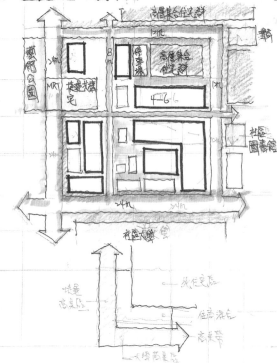

高層集合住宅群

藝術公園

MRT 捷運共構宅

社區圖書館

☒設計策略

EN
高層集合住宅區
→大量居住人群
→密集的水泥叢林
→有限的自然及綠地環境

大東吟面
天空重耶園
→屋頂綠化之大推廣
1. 生態補償
2. 都市綠地.立體綠化
3. 人群最高 建造

WYV
提運商業區
→上下班時人車爭道
→道路狹窄

天空畫廊
1. 藏寶人潮
2. 強化藝術在都市的能見度　→進化各建造度覽之綠
→藝術原單純近遊覽結　　　　　　花亭(造→面)
3. 進升都市策略

社區大學.商業群
→藝術與資訊的實驗介面
→年元混雜的學習環境
→快速流轉的青年世代網絡

創意共同工作室
1. 提供各領域分享介面
2. 大鐵片對議題之探求
3. 實驗及募集平臺

☒使用者分析

☒住宿單元之構

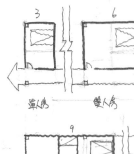
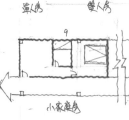

原應公寓　　結構補強
新隔補板加設

3　　6

單人房　　雙人房

9

小家庭房

隔熱材(竹.木)+屋頂綠化

耐旱植物

堆置

玻璃:水泥:水
1:1:15

保持粗糙

保持粗糙之
+水泥砂漿

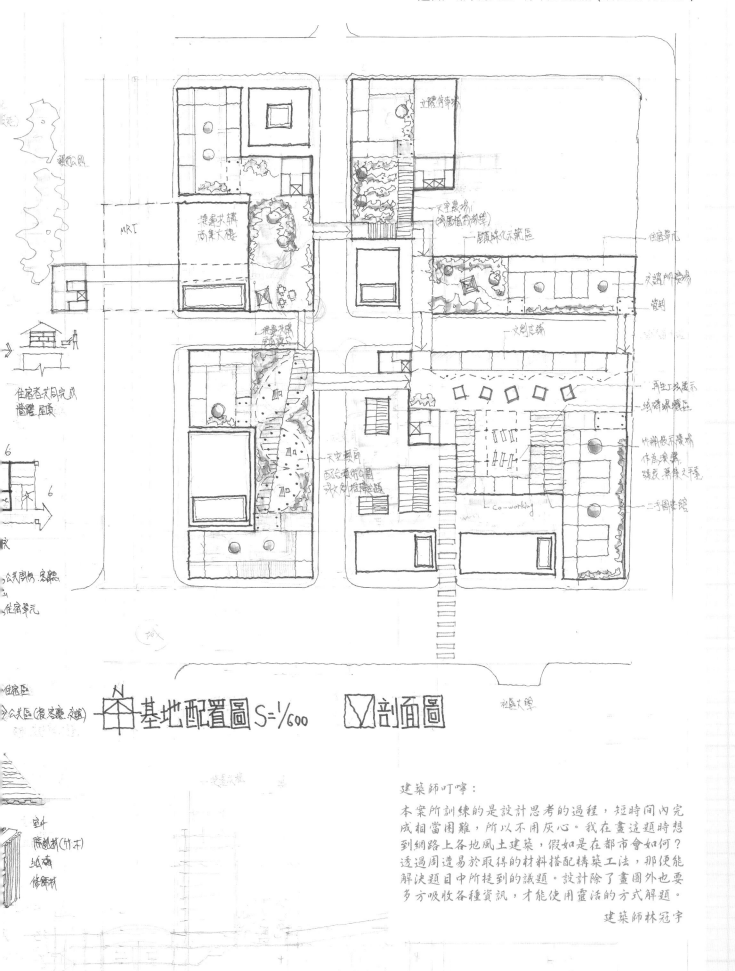

基地配置圖 S=¹/₆₀₀　　剖面圖

建築師叮嚀：

本案所訓練的是設計思考的過程，短時間內完成相當困難，所以不用灰心。我在畫這題時想到網路上各地風土建築，假如是在都市會如何？透過周遭易於取得的材料搭配構築工法，那便能解決題目中所提到的議題。設計除了畫圖外也要多方吸收各種資訊，才能使用靈活的方式解題。

建築師林冠宇

林冠宇

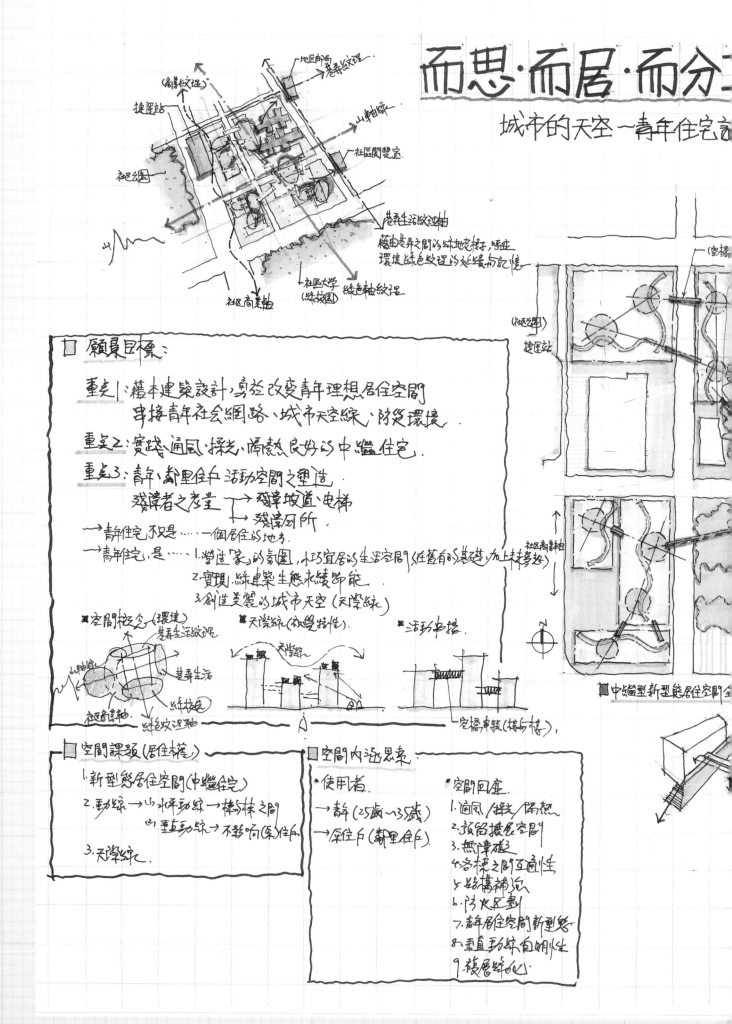

而思·而居·而分

城市的天空～青年住宅言

願景目標:

重點1: 藉本建築設計,勇於改變青年理想居住空間
串接青年社会網路、城市天空綠、防災環境.

重點2: 實踐通風·採光·隔熱良好的中繼住宅.

重點3: 青年、鄰里住戶 活動空間之塑造
殘障者之考量 → 殘障坡道·电梯
→ 殘障厕所.

→青年住宅,不只是……一個居住的地方.

→青年住宅,是…… 1.營造「家」的氛圍,小巧宜居的生活空間(在舊有的基礎,加上未來考量)

2.實現:綠建築生態永續節能.

3.創造美麗的城市天空(天際綠)

■空間概念(環境) ■天際綠(視覺特性) ■活動串接.

■空間課題(居住樓層)

1. 新型態居住空間(中繼住宅)

2. 動綠 → 水平動綠 → 棟與棟之間
→ 垂直動綠 → 不影响(案)住戶

3. 天際綠化.

■空間內涵思考:

●使用者.

→青年(25歲～35歲)

→原住戶(鄰里住戶).

●空間回座

1. 通風/採光/隔熱.

2. 頂留展覽空間.

3. 無障礙.

4. 各棟之間互通性.

5. 結構補強.

6. 防火區劃.

7. 青年居住空間新型態.

8. 垂直動綠自明性.

9. 複層綠化.

■中繼型新型態居住空間全

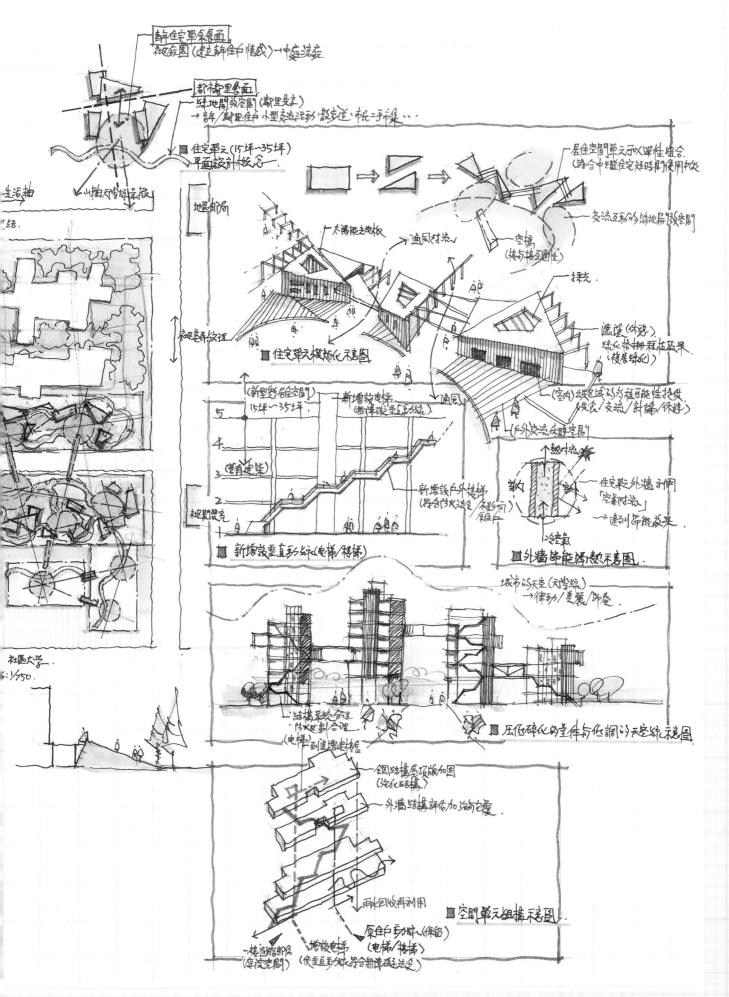

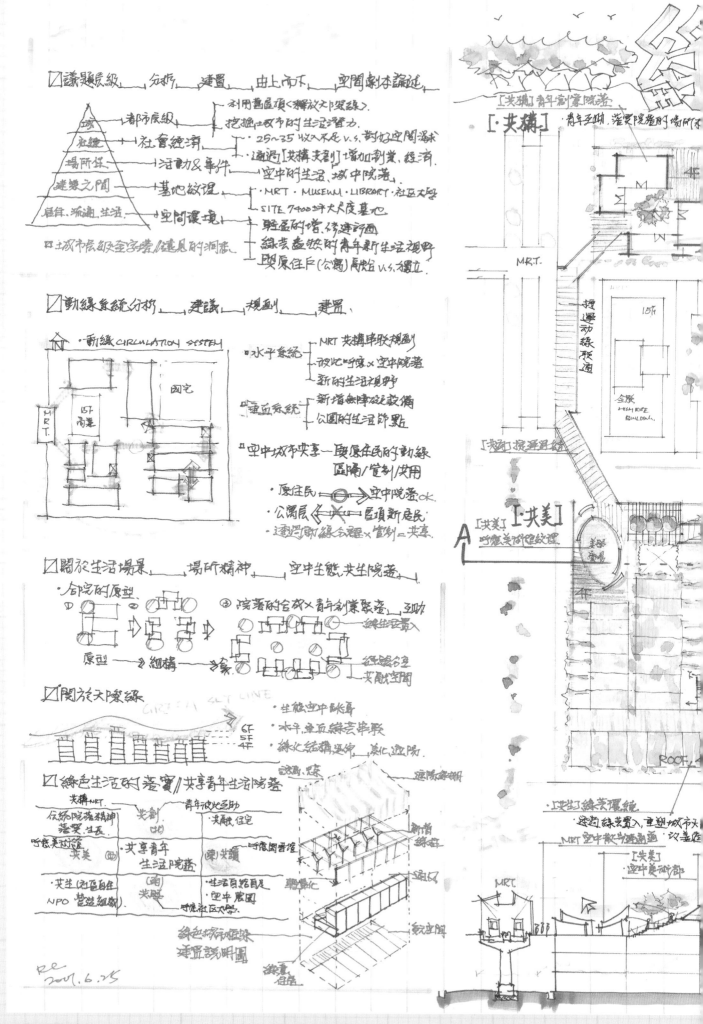

S6

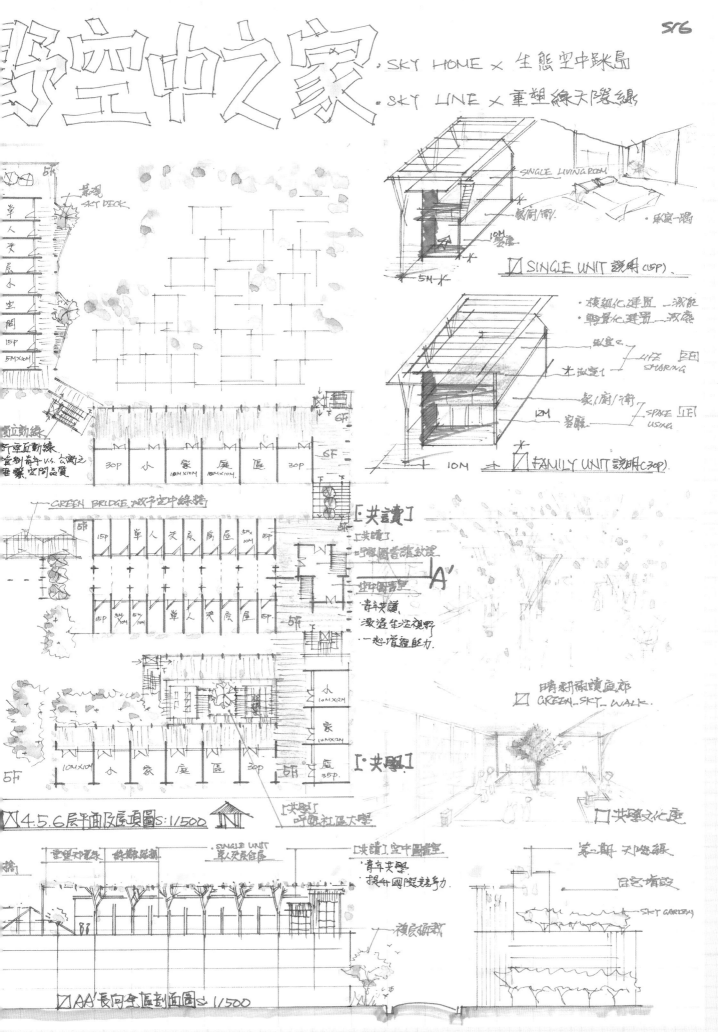

天空中之家

- SKY HOME × 生態空中跳島
- SKY LINE × 重塑綠天際線

□ SINGLE UNIT 說明 (15P)

- 模組化建置 — 減能
- 輕量化建置 — 減廢

□ FAMILY UNIT 說明 (30P)

[共讀]

□ 晴耕雨讀廊道 GREEN SKY WALK

□ 共享文化廊

□ 4.5.6層平面及屋頂圖 S:1/500

□ AA' 長向全區剖面圖 S:1/500

104年 建築設計及建築計畫術科考試模擬考題

等 別： IanStudio-K 圖會

類 科：第二次模擬考

科 目：建築計畫與設計、敷地計畫

考試時間： 8 小時

※注意：

(一)可以使用電子計算器。

(二)不必抄題，作答時請將試題題號及答案依照順序寫在試卷上，於本試題上作答者，不予計分。

一、題目：海港城市之文化創新基地及「設計博物館」設計

二、背景：

(1)「設計博物館」是全球頗負盛名之博物館，其歐洲總館位於一座改建的廢棄礦場中，設計融合許多歷史元素及舊建築再利用手法，非常值得效法。設計博物館歐洲總館每年會舉辦設計競賽，多達上 60 國家上萬作品投稿，其等級可稱設計界奧斯卡獎，亦是全球矚目的焦點，其展出包含企業品牌識別設計、廣告海報、字體出版、居家用品、工業產品、室內及建築設計等，是許多新銳設計師展現實力的最佳舞台。「設計博物館」現擬在亞洲設立的第二個展覽空間，因與台灣交流已久，此展覽空間將設立於台灣南部本基地內，由博物館評委及台灣建築師師操刀改造。

(2)近來世界興起了「自造者運動」（Maker Movement）的風潮，前 Wired 雜誌總編輯宣稱這是「自造者時代的來臨」，尤其是 3D 列印技術的成熟與普及， 對傳統的設計與製造產生了結構性的改變。英國《經濟學人》雜誌稱此波改變為「第三次工業革命」。影響所及，都市中紛紛興起各種「創意基地」或「創意園區」的建設，雖然大小不一，但都意圖聚集跨領域的創意人才共同工作，並結合創投資金與專業諮詢，盼使創意、創新、 創業的能量得以充分整合、發揮。

三、目標：

在此脈絡下，南部某海港城市取得了一處閒置的港務局囤放貨物的倉庫及公有宿舍區，規劃做為文化與創新基地及「設計博物館」台灣分館，並招募臺灣具潛力的文創業者進駐創作與創業，將破敗的囤貨倉庫及公家宿舍改造為都市的創新聚落。規劃的目標是在本基地創造一個【公共的介面】設計，經由此【公共的介面】促使這些跨領域的文創產業工作者與創業家、投資者可以在此處工作交流、發揮創意，從個人的自造（Making）、 到共同工作（Co-working）與共同創造（Co-creating），並經由國際知名「設計博物館」之介面，使台灣設計能與國際有更多互動，提升全民素養。

四、基地說明：

基地位於南部鄰近都市中心商業地帶區，北邊有一捷運站(步行十分鐘)及國小校園，西側有歷史百年之鐵道(步行 15 分鐘)，現已規畫為故事館，西鄰 8M 巷道、北鄰 16M 馬路、東鄰 24M 計畫道路(貫穿基地)。基地為海港的第三船渠旁，建於 1960 年，原為一般的港口倉庫，然因港口南移，現已不做海運轉運之用，基地內各倉庫年久失修，總計共 18 個倉庫及 6 戶有年代之日式宿舍。

基地現況圖參詳附件。

104 年 建築設計及建築計畫術科考試模擬考題　　104/9/13

等 別： IanStudio-K 圖會

類 科：第二次模擬考

科 目：建築計畫與設計、敷地計畫

考試時間： 8 小時

五、空間需求：

此創新基地之公共界面原則上需要以下幾類空間：

(1)「設計博物館」台灣分館（包含常設展與特展）可新、增、修、改建，無一定形式

(2) 數位工坊（內有高階 3D 印表機 4 台，CNC 1 台，雷射切割機 3 台）

(3) 木工坊（內有基本的木工設備）

(4) 共同工作（Co-working）與原型製造（Prototyping）空間

(5) 多功能表演空間（可供音樂、劇團、微電影、動畫放映使用）

(6) 咖啡及輕食館（宜考慮與數位工坊的鄰近關係如 FabCafe）

(7) 圖書與網路資訊室

(8) 會議室（大、小各 1 間）

(9) 研習教室（2 間，舉辦各種創業諮詢與短期工作營使用）

(10)策劃與營運管理中心（含執行長 1 人、經理 2 人）

(11)停車場

(12)其他有助於「城市文化與創新基地」運作與發展之空間。

六、建築計畫：

依據上述背景、目標、基地環境、空間需求等，思索建築師應對應處理的議題課題，提出進一步的空間計畫書與設計構想，請分別闡述「課題」、「內涵」、「策略手法(CONCEPT)」、「願景」，可以藉由各種簡圖說明。（30 分）

本【公共的介面】設計請特別注重：

(1) 分群分區、動線序列等組織

(2) 與當地住民之關係

(3) 與設計產業經濟活絡之關係

(4) 與基地內歷史建築及老樹之關係

(5) 與水岸及鐵道之關係

七、建築設計：提出設計方案，圖面要求如下：（70 分）（比例尺可自訂，以能清楚表達設計構想為原則）

(1) 全區配置圖

(2) 各層平面圖

(3) 各向立面圖

(4) 重要剖面圖

(5) 細部圖：表現歷史建築與增建空間之間的構築細部。（數量及內容自行決定）

(6) 其他能表達主要構想的各式圖面（空間關係圖、透視圖、斜角透視等均不限）

104 年 建築設計及建築計畫術科考試模擬考題

104/9/13

等 別： IanStudio-K 圖會

類 科：第二次模擬考

科 目：建築計畫與設計、敷地計畫

考試時間： 8 小時

八、附件：

（1）

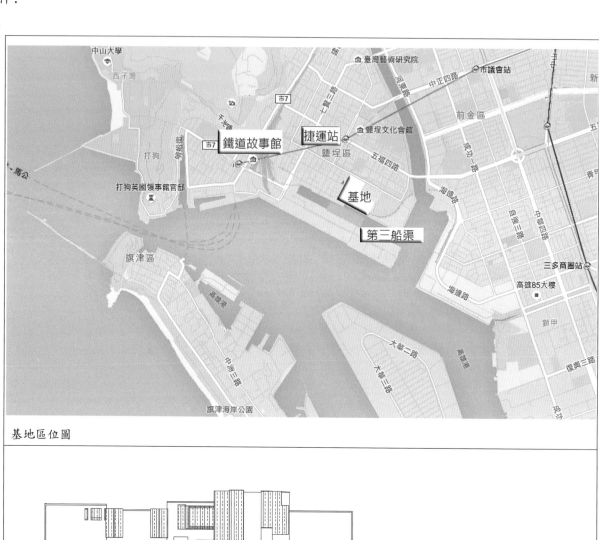

基地區位圖

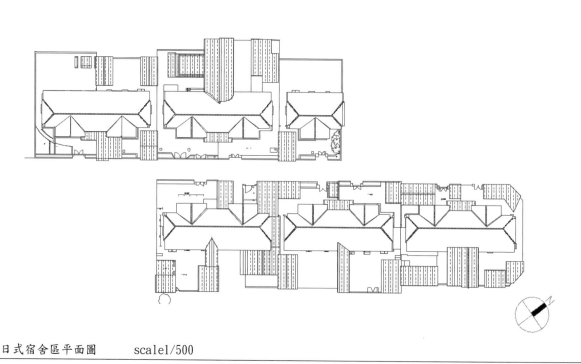

日式宿舍區平面圖　　　　scale1/500

等　別：　IanStudio-K 圖會

類　科：第二次模擬考

科　目：建築計畫與設計、敷地計畫

考試時間：　8 小時

基地圖（單位公尺）

（2）囤貨倉庫及公有宿舍現況照片

104年 建築設計及建築計畫術科考試模擬考題

104/9/13

等 別： IanStudio-K圖會

類 科：第二次模擬考

科 目：建築計畫與設計、敷地計畫

考試時間： 8 小時

雙拼 磚木日式建築

倉庫

連棟 磚木日式建築

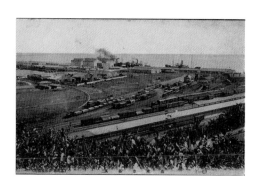

昔日鐵道一景

倉庫

昔日第三船渠一景

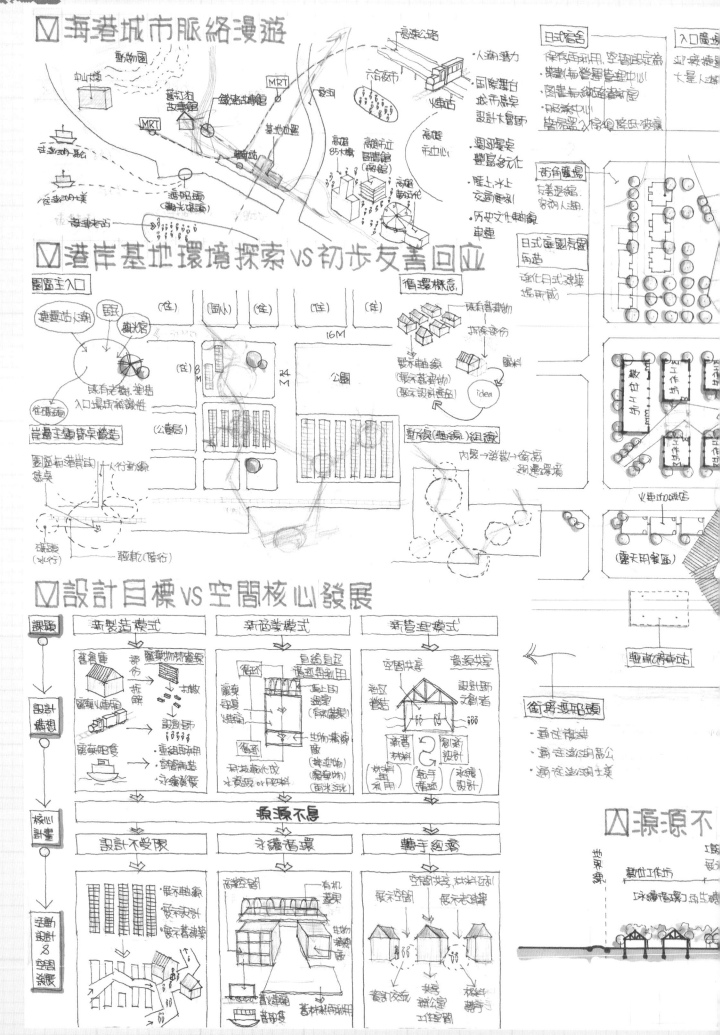

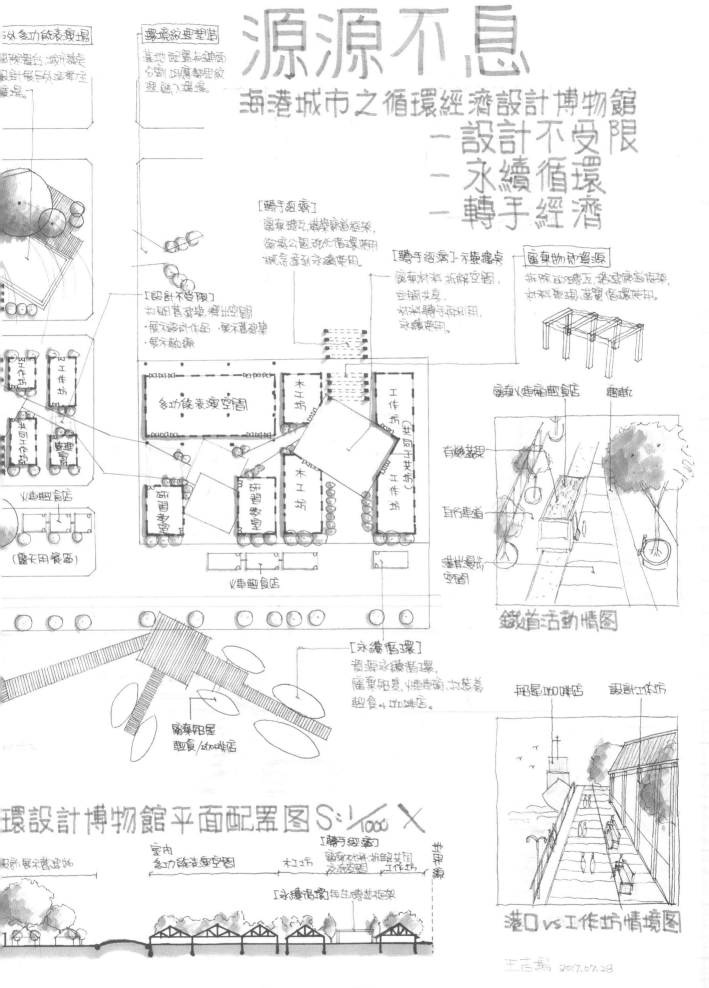

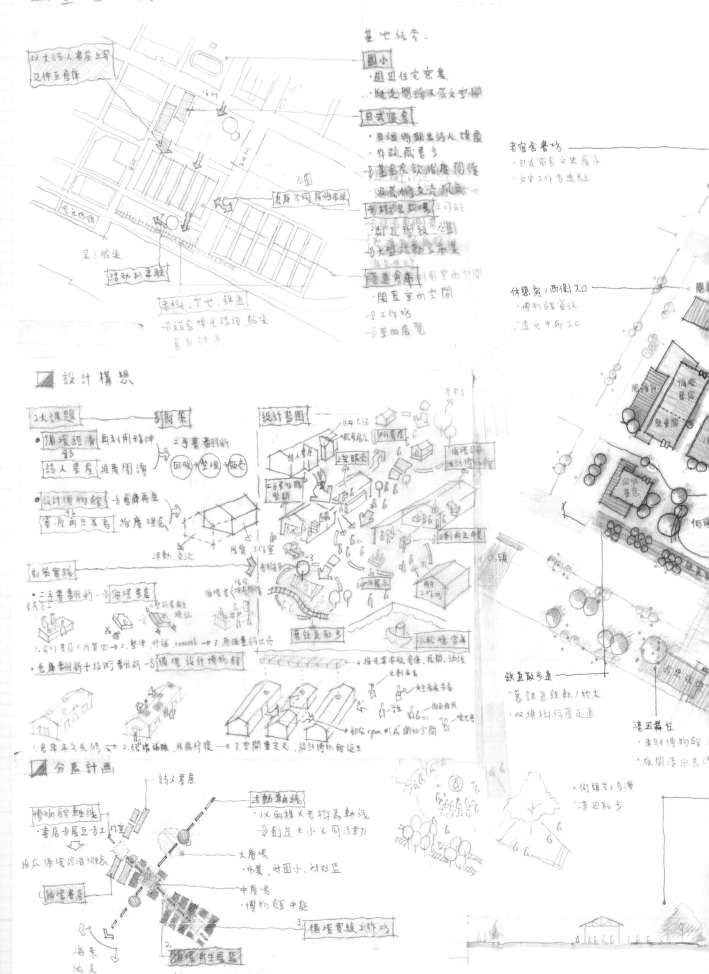

老倉庫再生

循環書店與設計博物館

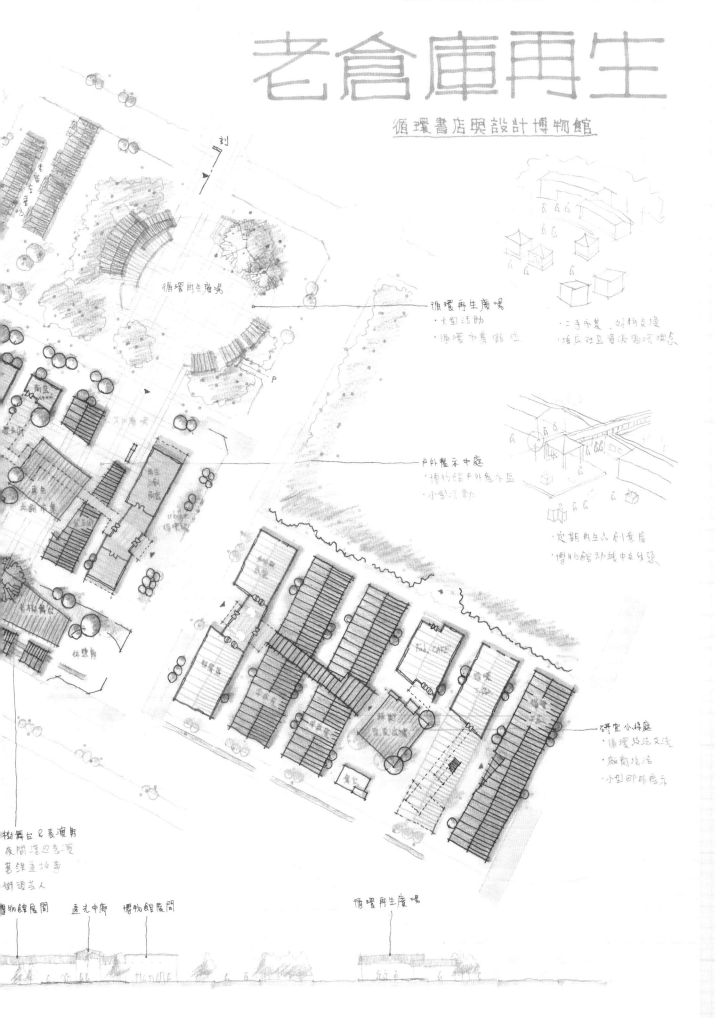

循環再生廣場

循環再生廣場
· 大型活動
· 循環市集攤位
· 二手市集、物物交換
· 推廣社區資源循環理念

戶外藝禾中庭
· 博物館戶外展示區
· 小型活動

· 定期再生品創意展
· 博物館動線串連休態

研究小森庭
· 循環技法交流
· 教育講堂
· 小型即時展示

樹舞台 & 表演角
夜間港口表演
舊街道故事
街頭藝人

博物館展間　　透光中廊　　博物館展間

循環再生廣場

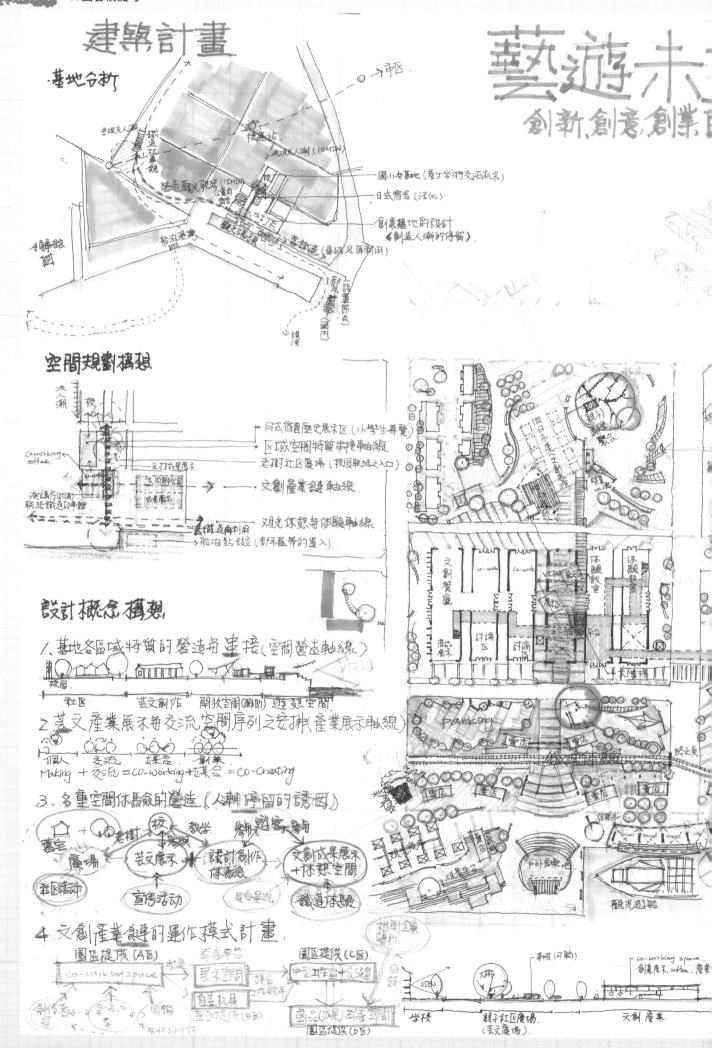

① 軸帶處理簡化清楚化
② 計畫說明不清楚 不易閱讀
③ 即適要找開豁物
④ 設見年久失修的提度
⑤

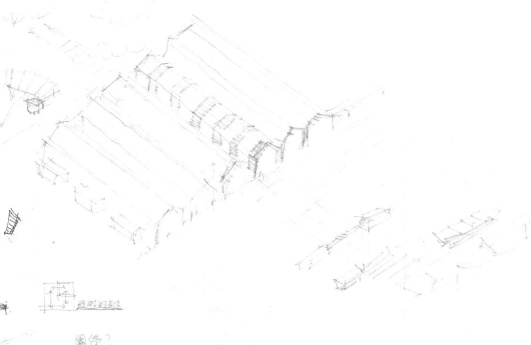

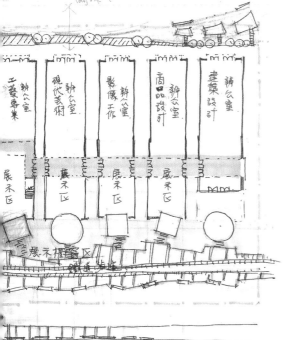

世全區配置圖 S:1/1000

建築師叮嚀：

一、請先思考與分類題目給的議題層級，並好好的回應他們：
層級一（社會性的）：舊空間、新設計的交集時代（喜新延舊），全民參與的設計供應鏈。
層級二（鄰里的）：以增、修、改建為主，體現新舊空間交疊的空間體驗與自然可參與的設計空間。創造多樣角落空間。
層級三（建築的）：舊倉庫空間再利用。
二、再開始推敲配置
思考如何提供多樣室內與室外之活動連結機會？舊倉庫空間最大的再利用方式？

建築師陳宗佑

正正正

陳宗佑

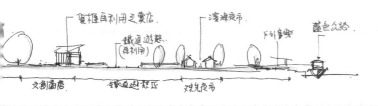

作品提供／陳宗佑建築師

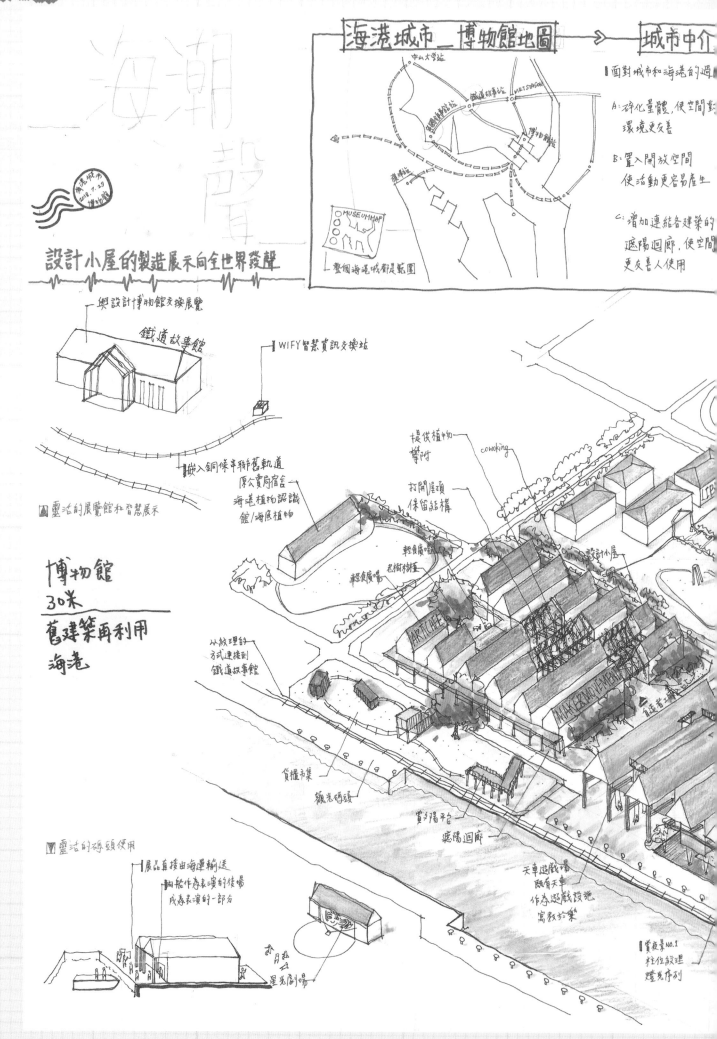

海潮聲

海港城市
2018.7.29
博物館

設計小屋的製造展示向全世界發聲

與設計博物館交換展覽

鐵道故事館

WIFY智慧資訊交換站

靈活的展覽館和智慧展示

嵌入銅條串聯舊軌道
原公賣局宿舍
海港植物調識館/海底植物

從紋理的方式連接到鐵道故事館

博物館
30米
舊建築再利用
海港

提供植物攀附
cowoking
打開屋頂保留結構
輕食廣場
老樹保留種
輕食廣場

設計小屋

ART CAFE

MAKERMOVEMENT

創造者工場

貨櫃市集
觀光碼頭
賞夕陽平台
遮陽迴廊
天車遊戲場
顧有天車作為遊戲設施寓教於樂

靈活的碼頭使用

展品直接由海運輸送
船能作為表演的後場成為表演的一部分

日光
星光劇場

實夜景 NO.1
柱位紋理
燈光序列

海港城市—博物館地圖　⟶　城市中介

面對城市和海港的過

A:碎化量體，使空間對環境更友善

B:置入開放空間使活動更容易產生

C:增加連結各建築的遮陽迴廊，使空間更友善人使用

MUSEUMMAP

整個海港城都是範圍

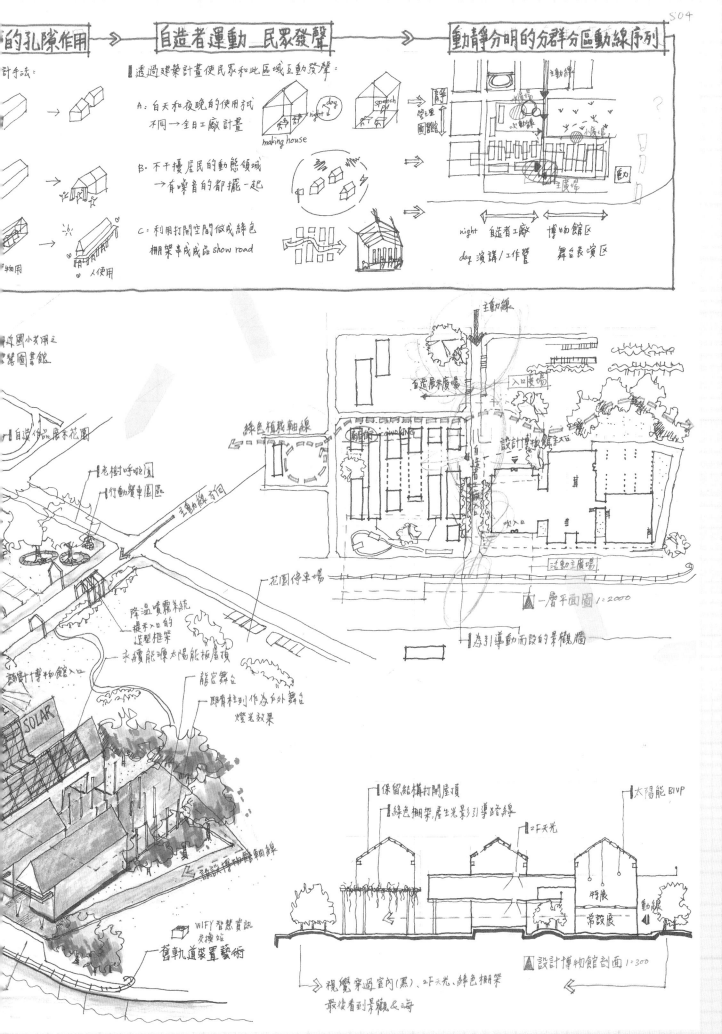

的孔隙作用 ➡ 自造者運動_民眾發聲 ➡ 動靜分明的分群分區動線序列

計手法：

透過建築計畫使民眾和此區域互動發聲：

A：白天和夜晚的使用方式不同 → 全日工廠計畫
making house

B：不干擾居民的動態領域 → 有噪音的都擺一起

C：利用打開空間做成綠色棚架串成成品 show road

物用 → 人使用

night 自造者工廠 博物館区
day 演講/工作營 舞台表演区

主動線

自造展示廣場 入口廣場

綠色植栽軸線

劇前廣 coworking 設計博物館主区

主動線方向

花園停車場

為引導動而設的景觀牆

一層平面圖 1:2000

自造作品展示花園

老樹呼吸園
行動餐車園区

降溫噴霧系統
最末口的造型框架
永續能源太陽能板屋頂
龍窯舞台
即有柱列作為戶外舞台燈光效果
設計博物館入口
SOLAR
設計博物館軸線
WIFY智慧資訊交換站
舊軌道裝置藝術

保留結構打開屋頂
綠色棚架產生光影引導路線
2F天光
太陽能BIVP
特展
常設展
動線

設計博物館剖面 1:300

視覺穿過室內(黑)、2F天光、綠色棚架
最後看到景觀&海

□ 基地 環境 探索

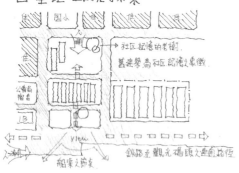

→ 社區 記憶的老樹.
舊建築為社區 記憶之象徵.

□ 目標及 願景

A. 循環經濟之導入.
喚起 全民心中的「永續力量」.

B. 社區營造 活化再利用
使社區居民 凝聚集体
記憶及共同意識.

循環経済

國小課後 通往
研習教室之路徑

廣場

社區廣場
社區產業物拍賣
跳蚤市場 宣傳
循環經濟之活动

多功能
表演空間
音樂 電影
放电影

半户外
廣場

户外閱讀

居民廣場
表演展示 市集活动
观景平台 水景

往火車站

綠色廊道
補給站

□ 設計課題及對策

課題	循環經濟如何導入 如何結合社區環境	舊建築如何再利用. 海港及鐵路活化路徑	循環經濟之推廣 社區居民之參与
內涵	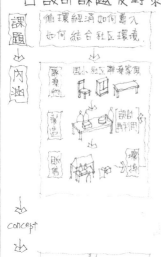		
concept			
空間發展	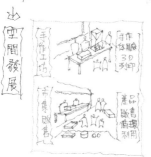		

□ 平面配置計畫

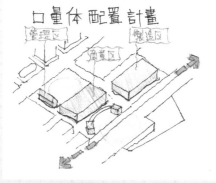

For 遊客

□ 使用者 分析

使用者	活动行為	活动場域
小孩	學習 實作体驗	研究教室, 圖書館 手作工坊
成人	市集活动 實作產品	活动廣場 手作坊
老人	友誼 分享經驗	樹下平台 社區故事館

□ 量体配置計畫

□ 營運管理計畫

營運
宣導 觀念
知識
管理
製造
販售收入
國小·社區廢棄物 再利用
循環経済
之營運

社區大樹
長者分享·專覽
之樹下空間

遊客服務中心
引導 路徑

社區故事館
長者分享 歷史
社區發展之故事

人行徒步區
特定 時間
封街管制
友善 人行步

國小 | 人行 路径 | 人行 路径 | 遊客服務中心 社區故事館 人行徒步區

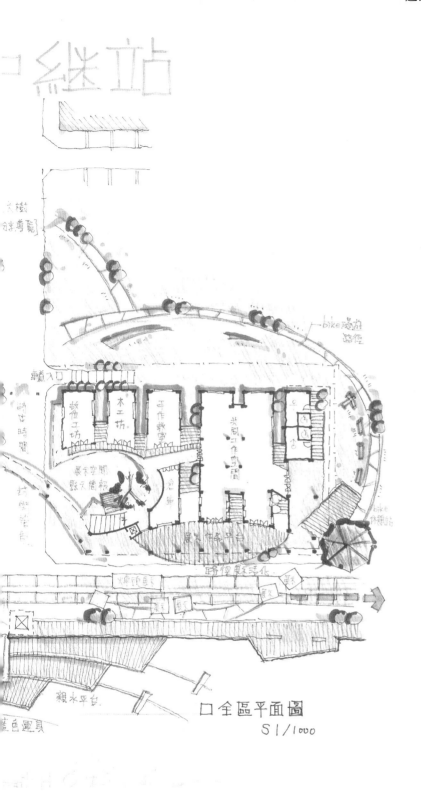

口全區平面圖
S1/1000

口全區剖面圖 S1/1000

建築師專技高考

建築　　計畫　　設計

- 107 國民運動中心
- 106 年老街活動中心
- 105 年圖書館與社區公共空間
- 104 年友善社區小學設計
- 103 年建築師之家
- 102 年都市填充─住商複合使用建築
- 101 年歷史建築保存再利用與活動中心增建
- 100 年兒童共生圖書館
- 99 年小學加一
- 98 年建築設計作為一種善意的公共行動
- 97 年企業員工度假中心
- 96 年社區文史資料館
- 93 年旅遊中心
- 92 年城市藝術中心
- 91 年校園建築 - 圖書行政複合建築
- 90 年鎮民活動中心

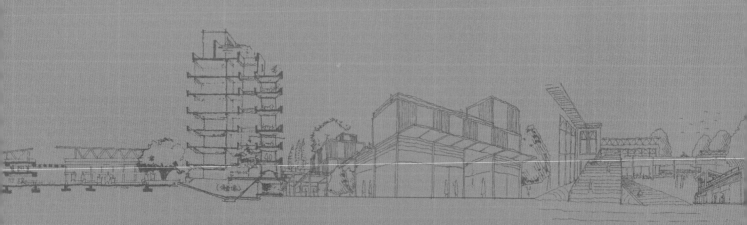

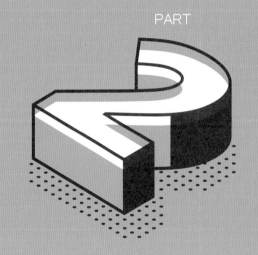

弋號：80160
頁次：3-1

107年專門職業及技術人員高等考試
建築師、技師、第二次食品技師考試暨
普通考試不動產經紀人、記帳士考試試題

等　　別：高等考試
類　　科：建築師
科　　目：建築計畫與設計
考試時間：8小時　　　　　　　　　　　　　座號：＿＿＿＿＿＿＿＿

※注意：㈠可以使用電子計算器。
　　　　㈡不必抄題，作答時請將試題題號及答案依照順序寫在試卷上，於本試題上作答者，不予計分。
　　　　㈢本科目除專門名詞或數理公式外，應使用本國文字作答。

一、題目
　　國民運動中心

二、題旨
　　近年全民運動風氣日益興盛，運動族群從青壯族群逐漸擴展到銀髮族群，為提供足夠的運動場所，大型都市如臺北市早已密集設置運動中心，惟部分中小型市鎮之類似設施尚付之闕如，居民多只能利用學校附設的運動設施，然而這些設施原本僅為教學需求而設，無法應付一些需要專屬場地以及專屬設備之運動項目，是以為了提升全民運動風氣，於公共資源較為缺乏的中小型市鎮，興建符合現代標準的運動設施成為當務之急。

三、建築基地（詳附圖）
　　㈠建築基地位於臺灣南部之某中小型市鎮，地勢平坦，國道巴士站就在不遠處，雖離大型都市較遠，但因氣候宜人、房價較低，加上田園風光優美，近年逐漸吸引了不少青壯族群返鄉居住，他們或投入觀光產業、或開設主題餐廳、或從事精緻農業，不一而足。
　　㈡基地所屬之都市計畫使用分區為文教區，東側為國民中學，設有八水道戶外游泳池一座；西側及南側皆為住宅區，建築物型態以二~三層透天店舖住宅為主；北側則為鎮立圖書館。
　　㈢基地面積約 $6500\,m^2$，開發強度上限為建蔽率40%、容積率80%。

四、建築計畫需求（30 分）
　　㈠室內球場一處，其空間至少需能容納標準籃球場一面（15 m*28 m），
　　　球場必須的緩衝空間及附屬空間請自行規劃。
　　㈡面積 350~400 m² 之重量訓練室一處，附屬空間請自行規劃。
　　㈢面積 350~400 m² 之多功能大教室一處，使用內容包含桌球、集會以及
　　　運動課程等，附屬空間請自行規劃。
　　㈣多功能韻律教室四間，每間面積約 65~75 m²。
　　㈤建築配置需呼應周邊街區之使用屬性。
　　㈥本地區少雨且日照時數長，建築計畫須妥善因應以增加設施之使用品質。
　　㈦停車空間設置於法定空地，惟應考慮可供假日市集使用，需設置汽車
　　　停車位 24 部、無障礙停車位 2 部，以及機車停車位 50 部。
　　㈧本案採委外經營（OT）之方式經營管理。

五、建築設計，圖面要求如下：（70 分）
　　㈠含戶外景觀之配置平面圖，比例 1：600。
　　㈡各層平面圖，比例 1：300。
　　㈢雙向剖面圖，比例 1：200。
　　㈣主要立面圖，比例 1：200。
　　㈤主要空間之外牆剖面圖，比例自訂。
　　㈥透視圖。

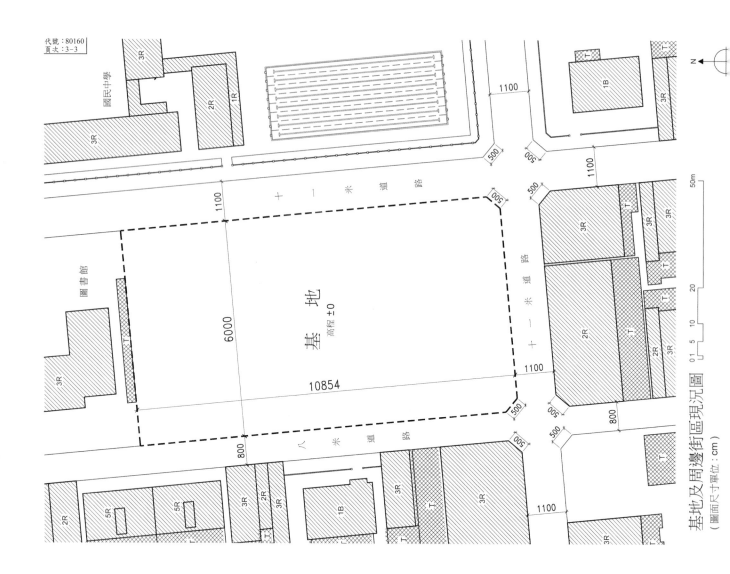

代號：80160
頁次：3－3

國民中學

基 地
高程 ±0

10854

6000

圖書館

十一米道路

八米道路

十一米道路

基地及周邊街區現況圖

（圖面尺寸單位：cm）

N

50m

20

10

5

1

01

【107年建築設計】

▢ 環境涵構的閱讀：

- 增進社區交流意識，並提升安全守衛。
- 壓低建築量體，減輕城鎮壓迫感。
- 退縮廣場緩和人群，結合社區圖書館活動，創造社區居民共同記憶。
- 人性化差邊空間，友善街道家俱的設置。

- 提供健康安全的社區休閒活動。
- 提供具人性尺度之休憩教養區域。
- 增加社區交通運輸，田園社區小巴士。
- 創造社區青年與社區居民，共同的活動，及生活記憶。

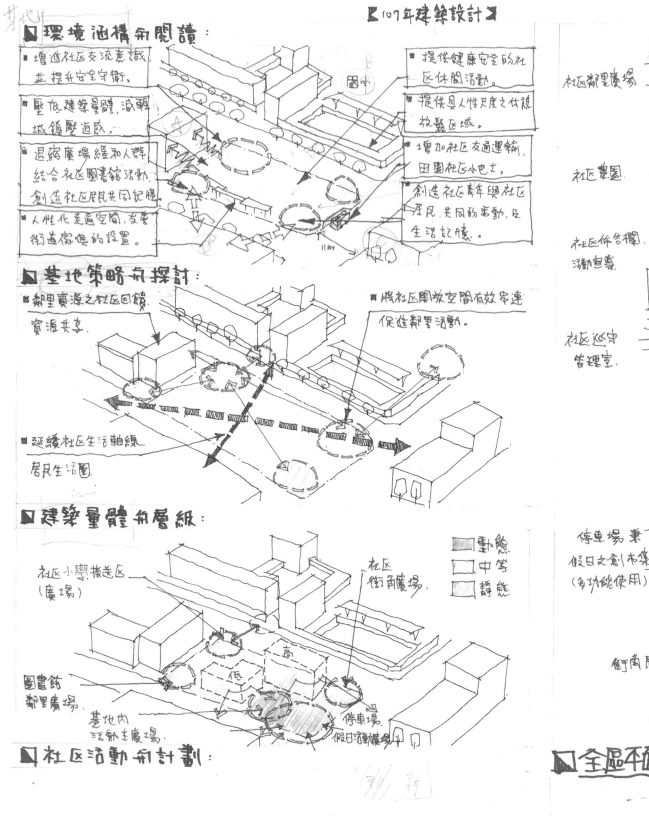

▢ 基地策略的探討：

- 鄰里資源之社區回饋，資源共享。
- 延續社區生活軸線，居民生活圈。

- 喪社區開放空間有效串連，促進鄰里活動。

▢ 建築量體的層級：

- 社區小學接送區（廣場）
- 圖書館鄰里廣場。
- 基地內活動主廣場。
- 社區街角廣場。
- 停車場
- 假日跳蚤市集

圖例：
- ▢ 動態
- ▢ 中等
- ▢ 靜態

（低、高）

▢ 社區活動的計劃：

右側欄：
- 社區鄰里廣場
- 社區農園
- 社區佈告欄、活動宣導
- 社區巡守管理室
- 停車場兼假日之創市集（多功能使用）
- 街角廣場
- 臺劃（兼數）
- ▢ 全區平面圖

建築師叮嚀：

(1) 基地內的空間節點能夠彼此串聯。

(2) 軸線連結居民活動、社區圖書館及大馬路旁的互動，來豐富基地內的空間趣味。

建築師林星岳

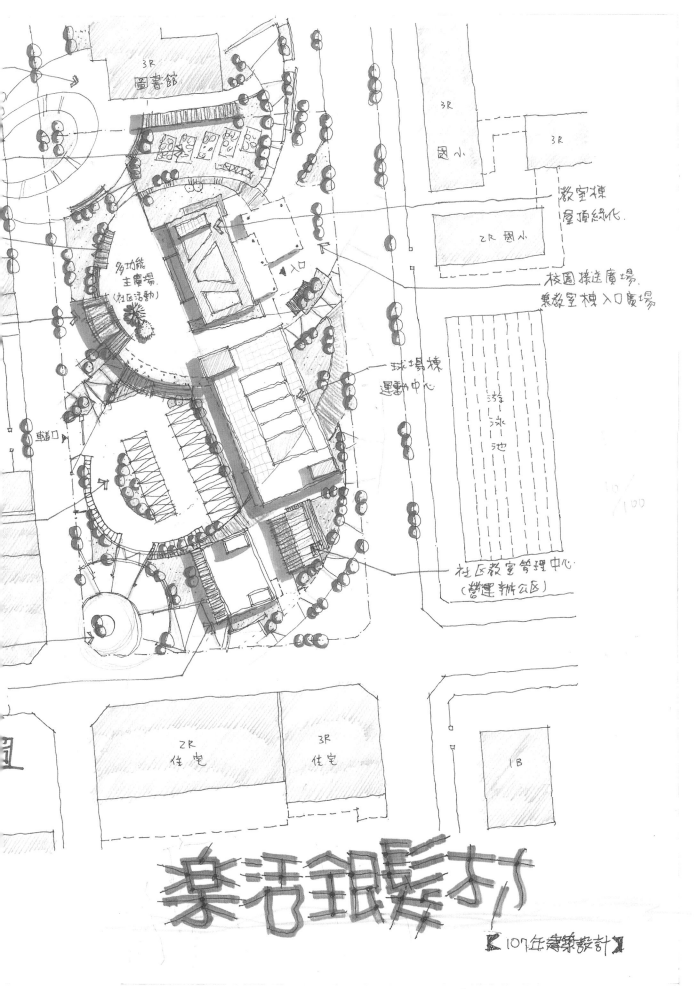

3R
圖書館

3R
國小

3R

2R 國小

教室棟
屋頂綠化.

多功能
主廣場.
(社區活動)

入口

校園接送廣場.
乘教室棟入口廣場

球場棟
運動中心

游泳池

10
/100

車道口

社區教室管理中心
(營運辦公區)

2R
住宅

3R
住宅

1B

樂活銀髮方坊

107年建築設計

2019.6.23

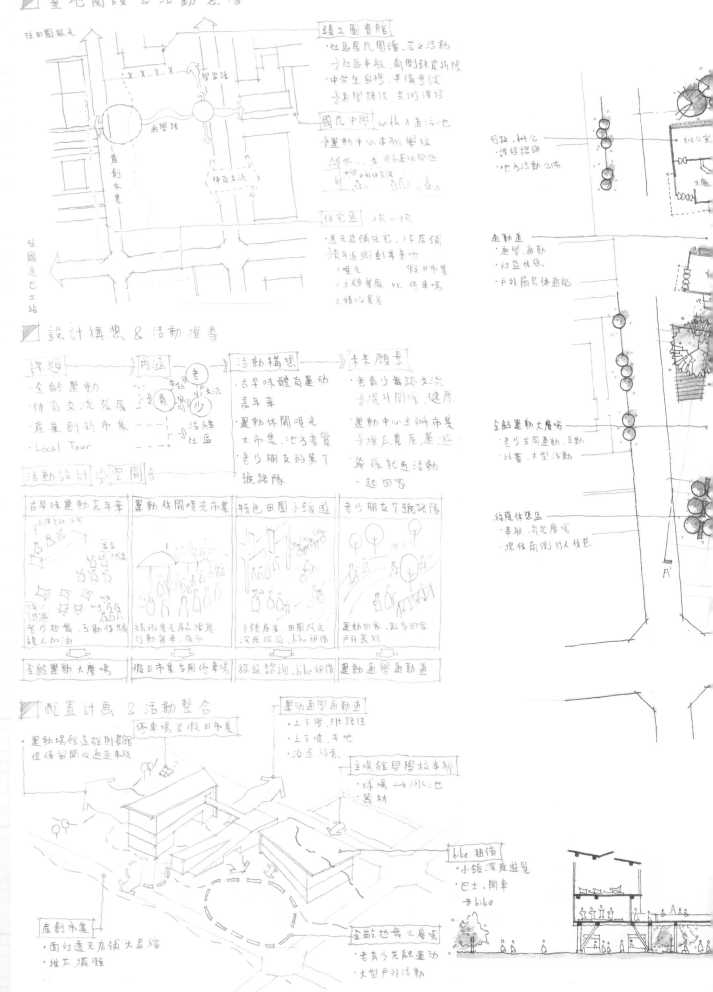

■ 基地閱讀 & 活動想像

住田園風光

鎮立圖書館
- 社區居民閱讀. 芸文活動
  ⇒ 社區串聯. 南側鈑皮折院
- 中學生自修. 準備考試
  ⇒ 團型路徑. 美術課程

學習路

魚塘路

產創市集

休育交流

國民中學 with 8 道泳池
⇒ 運動中心串聯學校
創水... 產創運動田地
   ⇒運動的方法
   ⇒統一起

往國道巴士站

住宅區 2R～3R
- 透天店舖住宅. 1F店舖
⇒青年返鄉創業基地
  1. 觀光   假日市集
  2. 主題餐廳 vs. 停車場
  3. 精緻農業

■ 設計構想 & 活動推導

課題 ⇒ **內涵** ⇒ **活動構想** ⇒ **未來願景**
- 全齡運動   古早味體育運動   老青少散跑交流
- 休育交流發展   嘉年華   ⇒提升團體. 健康
- 產業創新市集   運動休閒觀光   運動中心主辦市集
- Local Tour   大市集. 地方導覽   ⇒推廣農產. 運遊
                   老少朋友的第7   銀髮就近活動
   ⇒活絡社區   旅路隊   一起回家

活動設計 ⇒ 空間

古早味運動嘉年華	運動休閒觀光市集	特色田園小鎮遊	老少朋友7號路隊
老少趣賽. 互動體驗 視人加油	精緻農產品推廣 行動餐車. 及市	小鎮產業. 田園風光 深度旅遊. bike 祖借	運動回家. 散步回家 戶外器材
全齡運動大慶場	假日市集專用停車場	旅遊諮詢. bike 祖借	運動通學運動道

■ 配置計畫 & 活動整合

運動通學通動道
- 上下學. 班路徑
- 上下運. 平地
- 沿金綠意

停車場 & 假日市集

主場館與學校串聯
- 球場 ⇒ 泳池
- 器材

- 運動場館連接側書館
  但保留閉校通道車取

產創市集
- 面對透天店鋪大展館
- 推廣農產

全齡趣舞之慶賞
- 老青少失歇運動
- 大型戶外活動

bike 祖借
- 小鎮深度遊覽
- 巴士. 開車
  ⇒ bike

行政. 辦公
- 課程協調
- 地方活動公佈

通動道
- 通學. 通動
- 社區休憩
- 戶外開另休憩能

全齡運動大慶場
- 老少共同運動. 互動
- 比賽. 大型活動

綠蔭休憩區
- 串聯. 界定廣場
- 提供南側行人休憩

A'

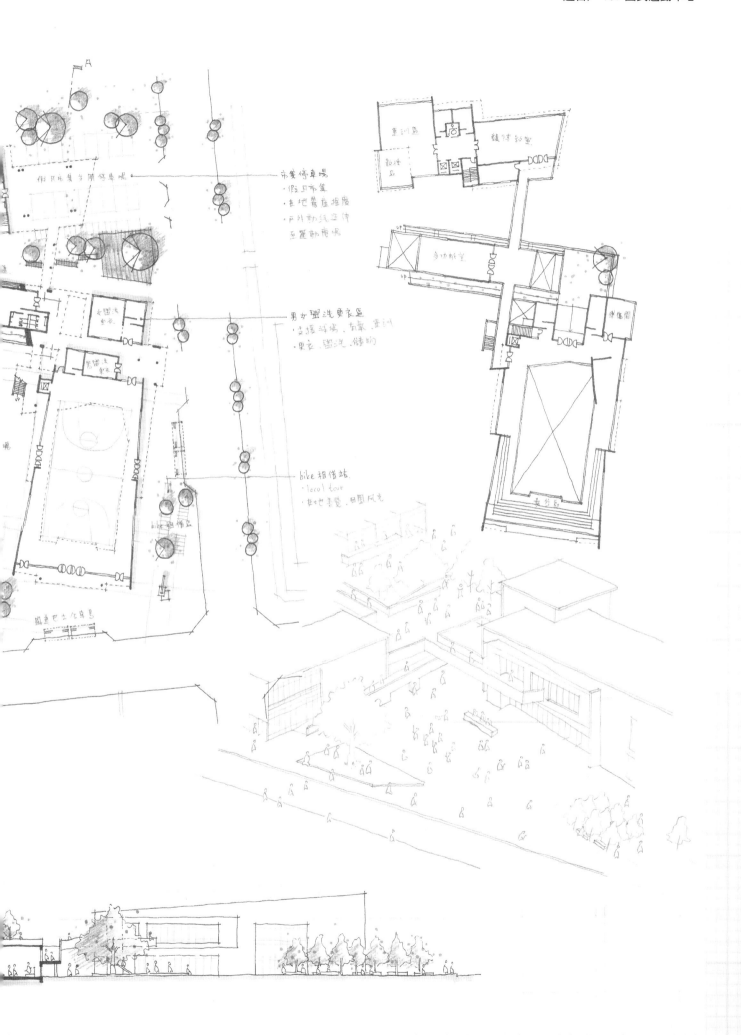

市集停車場
· 假日市集
· 在地農產推廣
· 戶外動線延伸
至運動廣場

男女盥洗更衣區
· 支援球場、有氧、重訓
· 更衣、盥洗、儲物

bike 租借站
· local tour
· 在地導覽、田園風光

106年專門職業及技術人員高等考試
建築師、技師、第二次食品技師考試暨　　代號：80160
普通考試不動產經紀人、記帳士考試試題

等　　別：高等考試
類　　科：建築師
科　　目：建築計畫與設計
考試時間：8小時　　　　　　　　　　　　座號：＿＿＿＿＿＿＿＿

※注意：㈠可以使用電子計算器。
　　　　㈡不必抄題，作答時請將試題題號及答案依照順序寫在試卷上，於本試題上作答者，不予計分。
　　　　㈢本科目除專門名詞或數理公式外，應使用本國文字作答。

一、題旨
　　建築師對於社會與環境的敏感度與責任感，在處理公共建築時特別需要檢視；同時，又需要表現出回應基地內外條件，以及處理建築空間機能的專業能力。

二、題目
　　老街活動中心

三、基地相關資料
　　1.基地面積850.39平方公尺，深度50.8公尺，面寬16.74公尺。
　　2.位於某鎮的住宅區，建蔽率60%，容積率180%。街道單側建築為西元1920年前後市區改正時興建，至今保存完整，舊立面主要材料是紅磚，白色、灰色洗石子。
　　3.基地東西兩側皆面臨8公尺道路，整排舊立面建築物主要入口臨熱鬧的西側道路，其對面是鐵皮搭建之社區傳統市場，基地東側對面是一間土地公廟，為社區的信仰中心。
　　4.基地目前為空地，居民使用土地公廟前廣場、道路及部分基地空地，進行晨間舞蹈與太極拳活動。

四、基本建築計畫需求
　　1.可供130人以上使用之室內多功能集會空間與辦公室。
　　2.圖書閱覽室及附屬空間。
　　3.汽車停車數量2部，並設置機車停車位，需考量身心障礙者專用車位。
　　4.考慮面臨老街立面設計的協調性，以及重新連接因基地舊建築拆除而中斷的連續立面。
　　5.市場與土地公廟為社區重要的生活中心，新的社區活動中心需要考量三者的關係。

五、建築計畫書要求
　　1.說明對基地人文與自然環境之認知，及需要面對的設計課題與對策。
　　2.說明回應老街立面的設計原則，含量體、材料、顏色等其他說明。
　　3.說明相關建築法規及各個空間的定性與定量。

六、建築設計圖基本要求（比例尺自訂）
　　1.配置圖：範圍包括市場及土地公廟的入口區
　　2.平面圖：含傢具配置
　　3.兩向立面圖：需上色
　　4.剖面圖：東西向剖面圖
　　5.透視圖：街道行人視線高度為基準

（請接第二頁）

106年專門職業及技術人員高等考試
建築師、技師、第二次食品技師考試暨　代號：80160
普通考試不動產經紀人、記帳士考試試題

等　　別：高等考試
類　　科：建築師
科　　目：建築計畫與設計

七、評分配比：

1.回應基地人文及自然因素之需求（35分）

2.回應法規的要求（30分）

3.建築與空間的創意與合理性（35分）

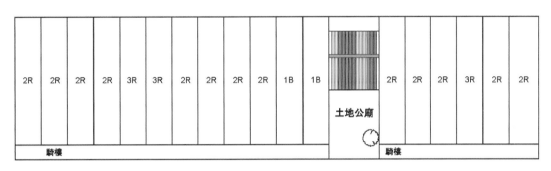

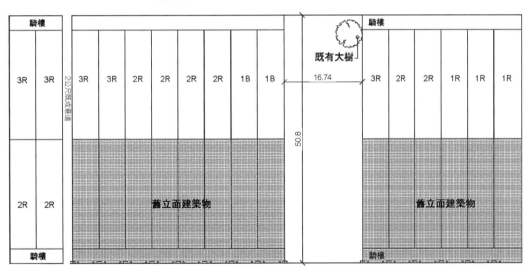

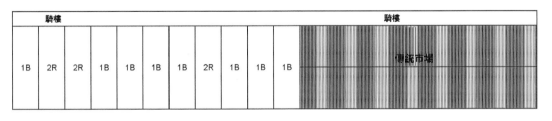

全區配置平面圖

單位：公尺

（請接第三頁）

106年專門職業及技術人員高等考試
建築師、技師、第二次食品技師考試暨　代號：80160
普通考試不動產經紀人、記帳士考試試題

等　　別：高等考試
類　　科：建築師
科　　目：建築計畫與設計

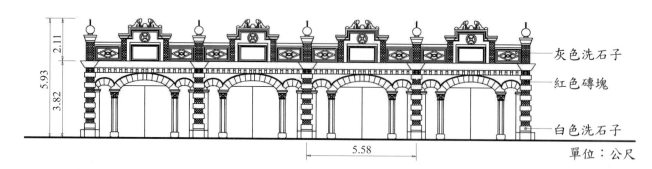

灰色洗石子
紅色磚塊
白色洗石子

單位：公尺

基地西側舊建築物立面圖（未依比例繪製）

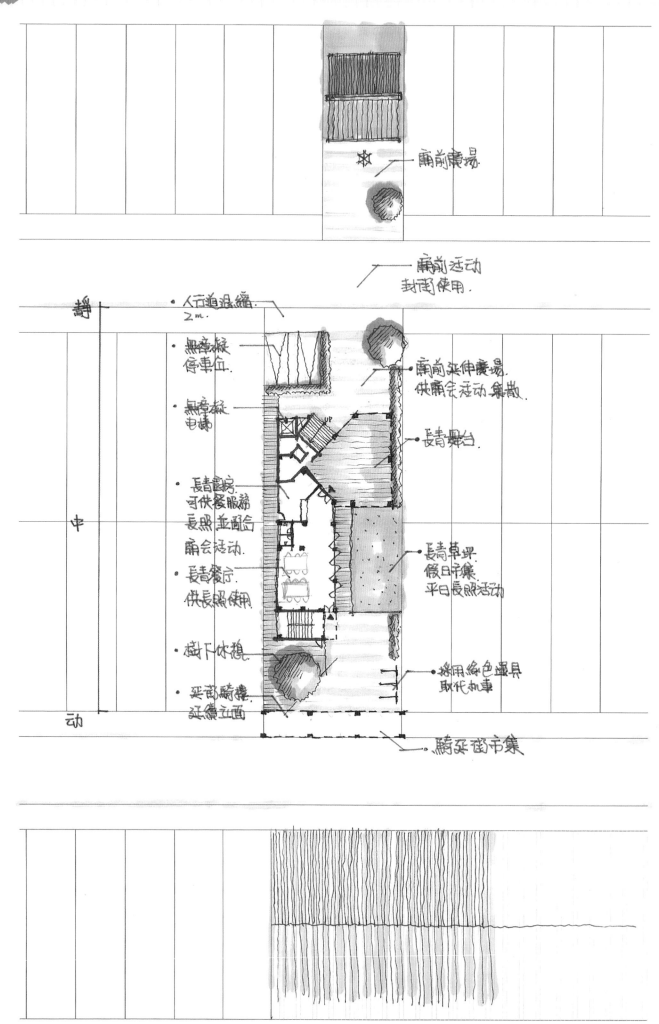

廟前廣場

廟前活動
封閉使用.

靜

• 人行道退縮
  2m.

• 無障礙
  停車位.

• 無障礙
  電梯

• 長青廚房
  可供餐服務
  長照並配合
  廟會活動.

• 長青餐廳.
  供長照使用

• 樹下休憩

• 延續騎樓
  延續立面

中

動

廟前延伸廣場.
供廟會活動.集散

長青舞台.

長青草坪
假日市集
平日長照活動

採用綠色器具
取代机車

騎延街市集

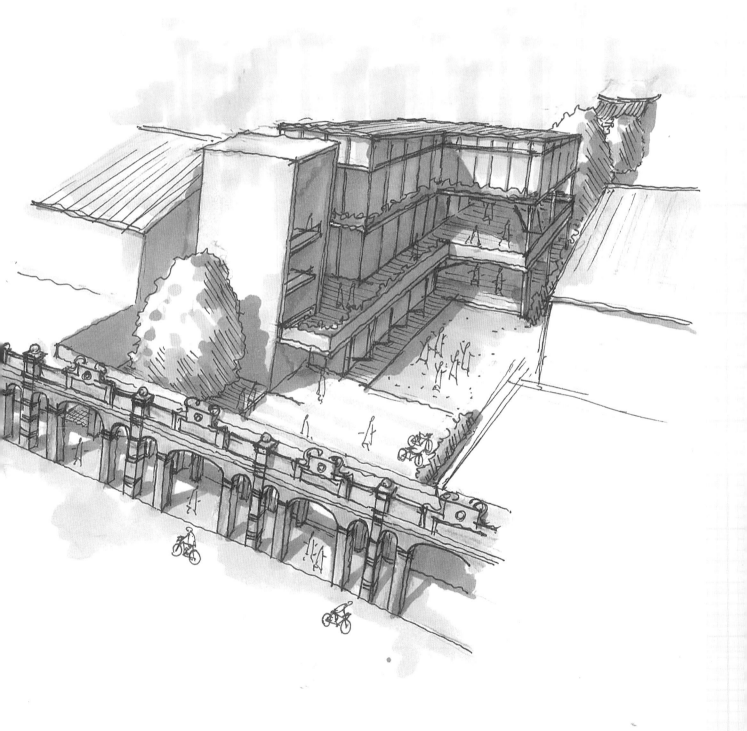

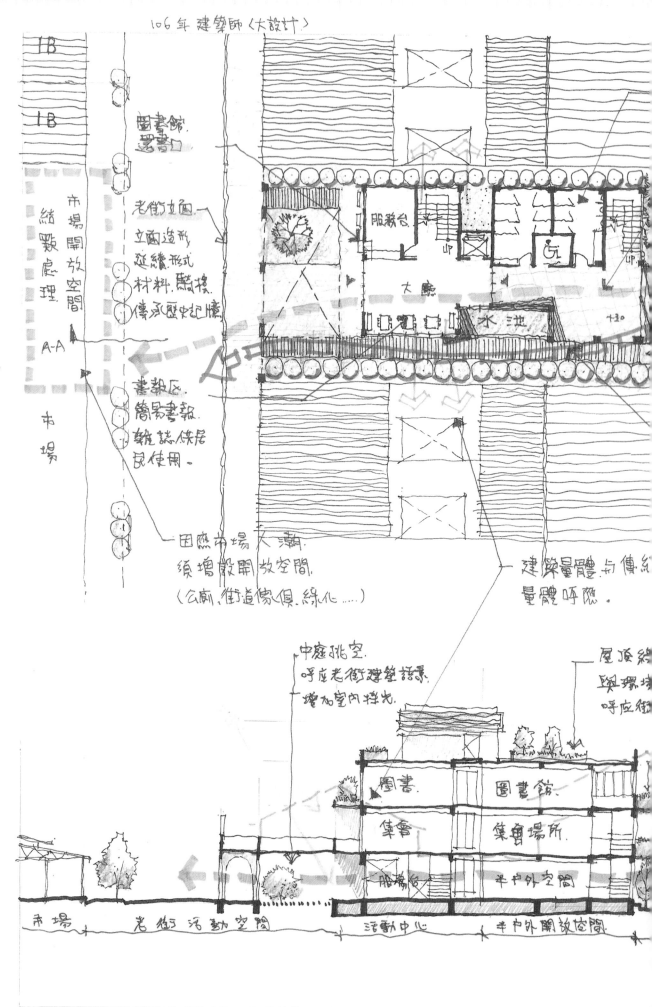

106年 建築師〈大設計〉

1B

1B

市場開放空間

結顆處理.

A-A

市場

圖書館
還書.

老街立面.
立面造形.
延續形式.
材料.質樸.
傳承歷史起廓.

書報區.
簡易書報.
雜誌供居
民使用.

因應市場人潮.
須增設開放空間.
(公廁.街道傢俱.綠化……)

服務台

大廳

水池

+30

建築量體与傳統
量體呼應.

中庭挑空.
呼應老街建築語彙.
增加室內採光.

屋頂綠
與環境
呼應街

圖書.

集會

服務台

圖書館.

集會場所.

半戶外空間

市場   老街 活動空間   活動中心   半戶外開放空間.

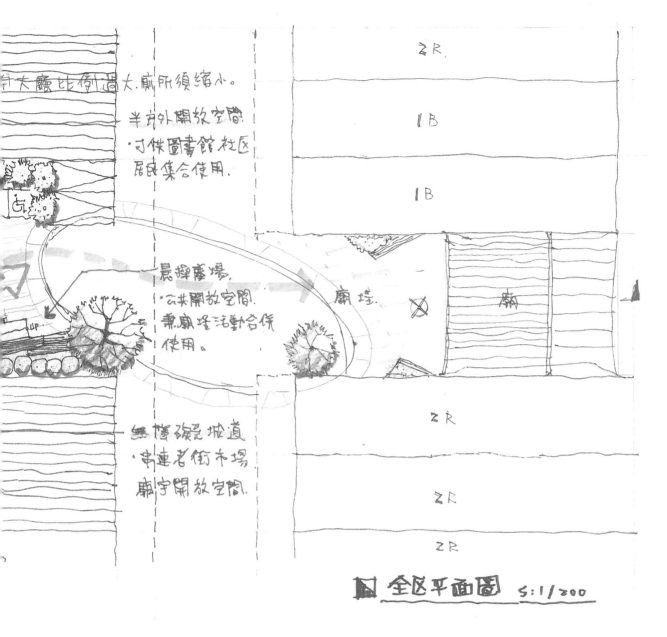

大廳比例過大.廁所須縮小。

半戶外開放空間.
·可供圖書館·社区
居民集合使用.

晨操廣場.
·公共開放空間.
兼廟埕活動合併
使用。

無障礙坡道
·串連老街市場
廟宇開放空間.

2R.

1B

1B

廟埕.

廟

2R

2R

2R

全区平面圖 S:1/200

建築師叮嚀:
(1) 藉由基地內的串聯，來連結廟宇、市場的空間活動。
(2) 在有限的量體下，空間垂直發展又不失老街建築語彙。

建築師林星岳

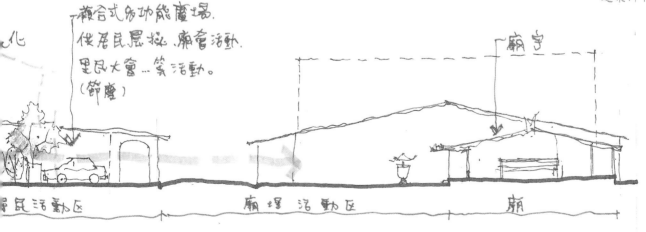

微气候.

複合式多功能廣場.
供居民晨操·廟會活動.
里民大會...等活動。
(節慶)

化

廟宇

居民活動区

廟埕活動区

廟

A-A剖面圖 S:1/200

2019.3.17.

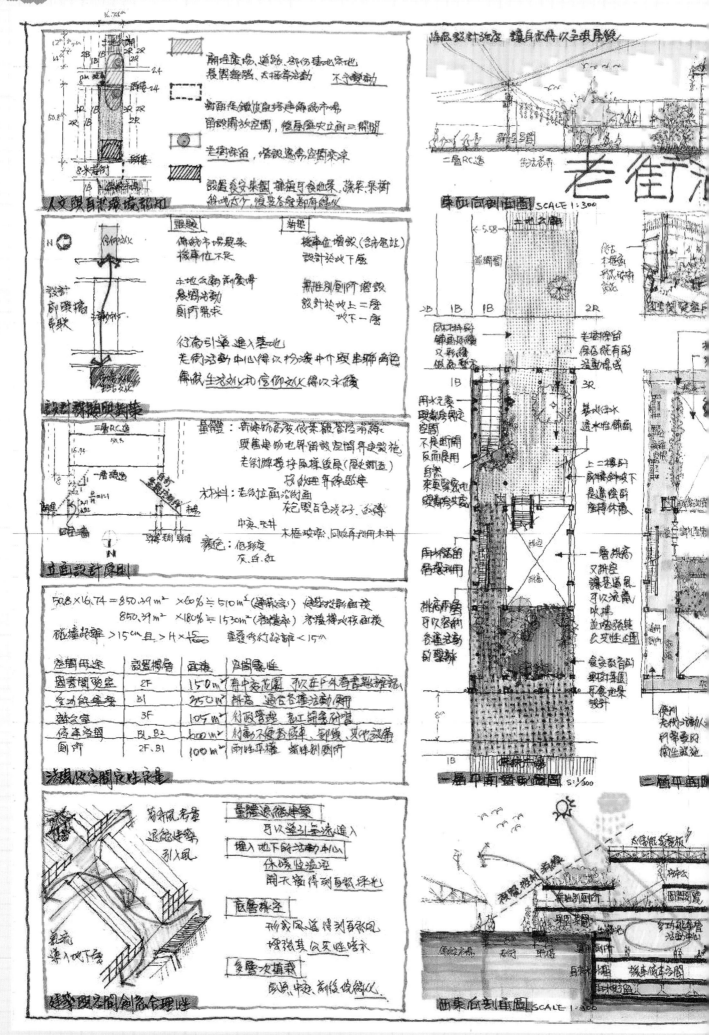

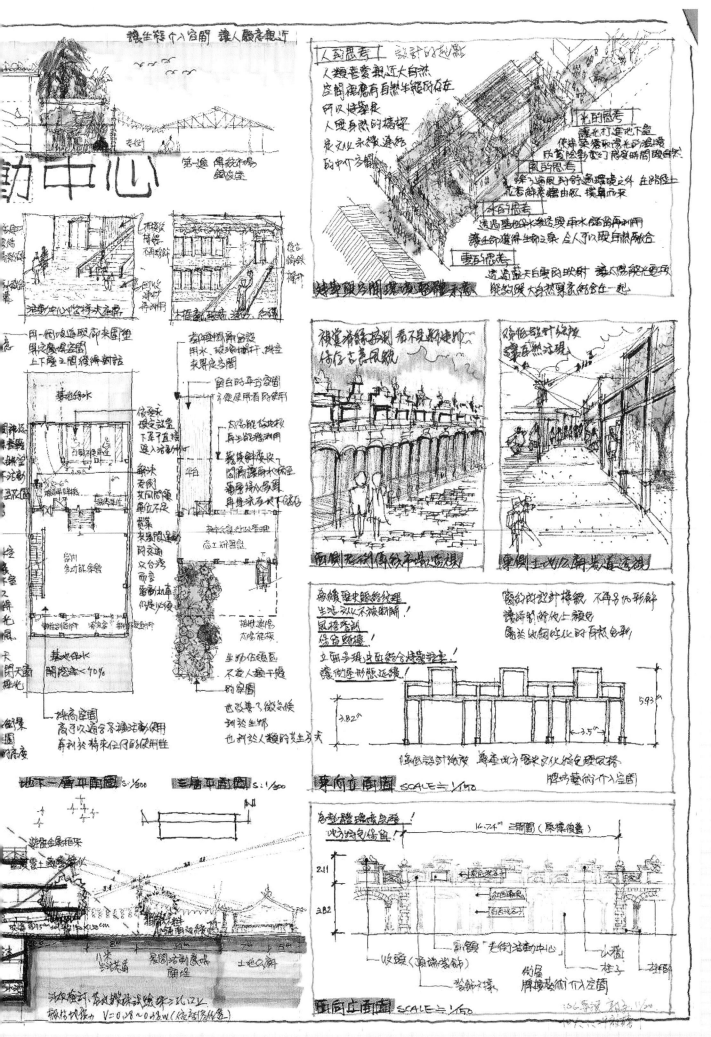

〈建築計畫〉

■ 基地分析 環境.

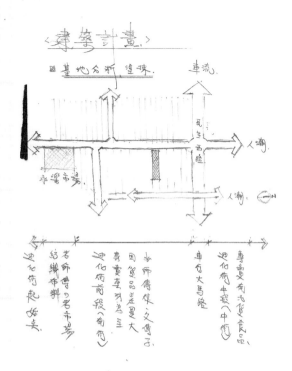

■ 歷史意情延展.

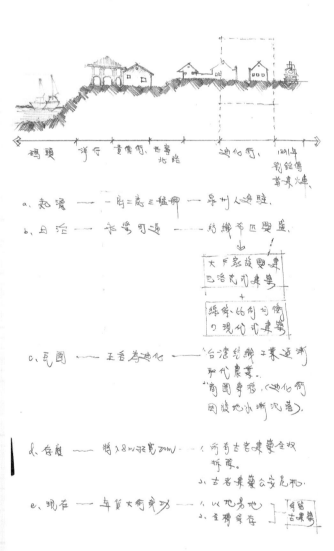

■ 課題分析.

課題意涵	期望引法.

• 台北市最古老の一條街, 已經要衰.　寫出現有街扇風貌, 企圖呈現現歷史.

• 導播の人山人海淹沒了 另本の和平街道所要素 の生活.

• 觀光展賣與當地居民の生活 是必交干擾.

• 傳統社會の民族处小地球 文化得存 and 全球化有對化 の各發展.

• 疏 通人潮

• 凝聚社區居民之地域 一同元組新時代の体驗

本次擬以生態博物館 帶動导度都展 and 居民 之同時置之地域.

■ 設計概念

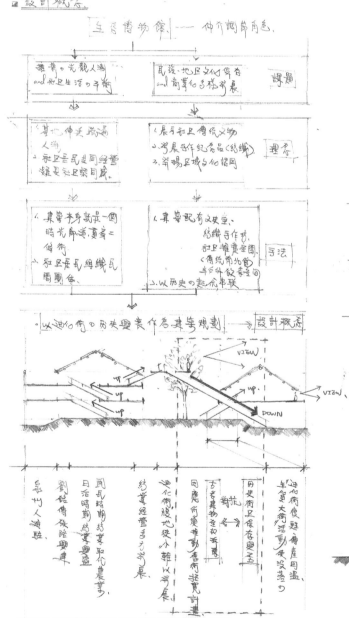

a、起源 —— 一厝二落三種娜 —— 泉州人進駐.

b、日治 —— 永學明道 —— 紡織布匹興盛.

c、民國 —— 正盛考進化

d、存廢 —— 7M寬×8M寬DOWN

e、現在 —— 与質大街成功

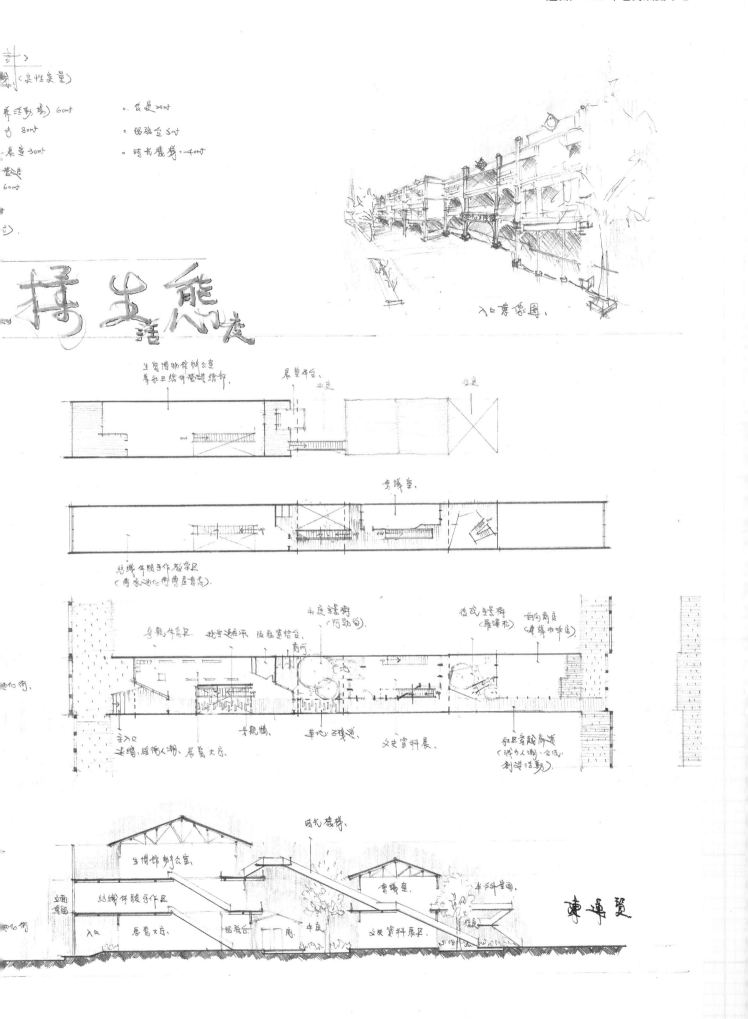

入口意象圖。

持生活態度

生態博物館辦公室
希永日織作營選總部。

展望平台。

會議室。

組織年輕手作教學室
(傳承文化得專屬書香)。

参觀件足足 妝室洗維坪 服務諮詢台 中庭造景樹 後成主景樹 剖向商居
(有動的) (羅漢松) (車藝咖啡店)

多觀牆 草地石棧道 文史資料展 社巴穿越脈貨
主入口 (減少人潮、分流
長廊、經術人潮、展覽大局 創造活動)

時光階梯。

生博館辦公室 會議室 半科學園
土牆 組織體驗示作室 服務台 中庭 文史資料展區
隔 入口 展覽大局

陳運賢

105年專門職業及技術人員高等考試建築師、
技師、第二次食品技師考試暨普通　代號：80160
考試不動產經紀人、記帳士考試試題

全三頁
第一頁

等　　別：高等考試
類　　科：建築師
科　　目：建築計畫與設計
考試時間：8 小時　　　　　　　　　　座號：＿＿＿＿＿＿＿＿

※注意：㈠可以使用電子計算器。
　　　　㈡不必抄題，作答時請將試題題號及答案依照順序寫在試卷上，於本試題上作答者，不予計分。

一、題目：圖書館與社區公共空間

二、題旨：

在工業革命後，人口城市化成為全球的趨勢。據聯合國的報告指出，目前全世界 70 億人口，有半數居住在都市地區。

臺灣地狹人稠，人口密度居高不下。在都市裡，住宅區組構了民眾日常的生活環境，可以視為空間的「基調」；它是都市裡面積最廣，但也是最被忽視的區塊。

臺灣都市住宅區環境品質的低落，有目共睹。老舊住宅區環境的窳陋，尤為嚴重。建築專業者除應重視此議題外，更應積極投入，以改善市民的居住環境。

三、基地描述：
1. 基地位於臺灣某城市的老舊住宅區內。原屬私立學校的用地，後經該校與政府以土地交換的方式，於市郊外遷校重建。
2. 基地南、北側分別為街道及巷道。南側為地區性街道，沿街零星座落的商店，包括了機車行、小吃店、彩券行及診所等。基地其他三側為現有的老舊集合住宅區，緊鄰基地東南側現有一幼兒園。
3. 基地面積約為 5,680 平方公尺，包含了公園及建築用地，比例各占 1/4 與 3/4。應考人應規劃擬定其區位，並於基地內劃分二種用地的界限。
4. 上述建築用地之建蔽率為 40%，容積率為 100%。本基地臨街道需退縮 4 公尺人行道，其他各向臨地界線之建築需退縮 3 公尺。
5. 基地常年風向為東風，南側臨街道有車輛噪音。設計時，應重視綠化及儘量保留基地內之喬木。

四、建築計畫：（30 分）
1. 社區圖書館
   a.資訊檢索及視聽空間
   b.兒童及成人圖書閱覽空間
   c.多用途集會空間
   d.行政服務及卸貨回收空間
2. 出租商店
   a.二手書店
   b.簡餐咖啡
   c.超商

（請接第二頁）

105年專門職業及技術人員高等考試建築師、技師、第二次食品技師考試暨普通 代號：80160 考試不動產經紀人、記帳士考試試題

等　　別：高等考試
類　　科：建築師
科　　目：建築計畫與設計
考試時間：8 小時　　　　　　　　　　　　座號：＿＿＿＿＿＿＿＿

※注意：㈠可以使用電子計算器。
　　　　㈡不必抄題，作答時請將試題題號及答案依照順序寫在試卷上，於本試題上作答者，不予計分。

一、題目：圖書館與社區公共空間

二、題旨：
　　　　在工業革命後，人口城市化成為全球的趨勢。據聯合國的報告指出，目前全世界 70 億人口，有半數居住在都市地區。
　　　　臺灣地狹人稠，人口密度居高不下。在都市裡，住宅區組構了民眾日常的生活環境，可以視為空間的「基調」；它是都市裡面積最廣，但也是最被忽視的區塊。
　　　　臺灣都市住宅區環境品質的低落，有目共睹。老舊住宅區環境的窳陋，尤為嚴重。建築專業者除應重視此議題外，更應積極投入，以改善市民的居住環境。

三、基地描述：
　1. 基地位於臺灣某城市的老舊住宅區內。原屬私立學校的用地，後經該校與政府以土地交換的方式，於市郊外遷校重建。
　2. 基地南、北側分別為街道及巷道。南側為地區性街道，沿街零星座落的商店，包括了機車行、小吃店、彩券行及診所等。基地其他三側為現有的老舊集合住宅區，緊鄰基地東南側現有一幼兒園。
　3. 基地面積約為 5,680 平方公尺，包含了公園及建築用地，比例各占 1/4 與 3/4。應考人應規劃擬定其區位，並於基地內劃分二種用地的界限。
　4. 上述建築用地之建蔽率為40%，容積率為100%。本基地臨街道需退縮 4 公尺人行道，其他各向臨地界線之建築需退縮 3 公尺。
　5. 基地常年風向為東風，南側臨街道有車輛噪音。設計時，應重視綠化及儘量保留基地內之喬木。

四、建築計畫：（30分）
　1. 社區圖書館
　　　a. 資訊檢索及視聽空間
　　　b. 兒童及成人圖書閱覽空間
　　　c. 多用途集會空間
　　　d. 行政服務及卸貨回收空間
　2. 出租商店
　　　a. 二手書店
　　　b. 簡餐咖啡
　　　c. 超商

（請接第二頁）

105年專門職業及技術人員高等考試建築師、
技師、第二次食品技師考試暨普通　代號：80160
考試不動產經紀人、記帳士考試試題

等　　別：高等考試
類　　科：建築師
科　　目：建築計畫與設計

六、基地圖

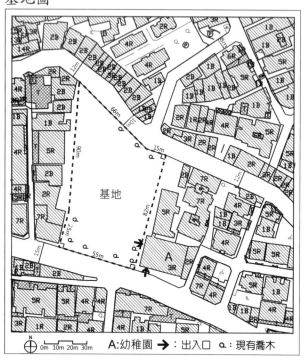

N
0m 10m 20m 30m　A:幼稚園　➜:出入口　ᵒ:現有喬木

N
0m 10m 20m 30m　A:幼稚園　➜:出入口　ᵒ:現有喬木

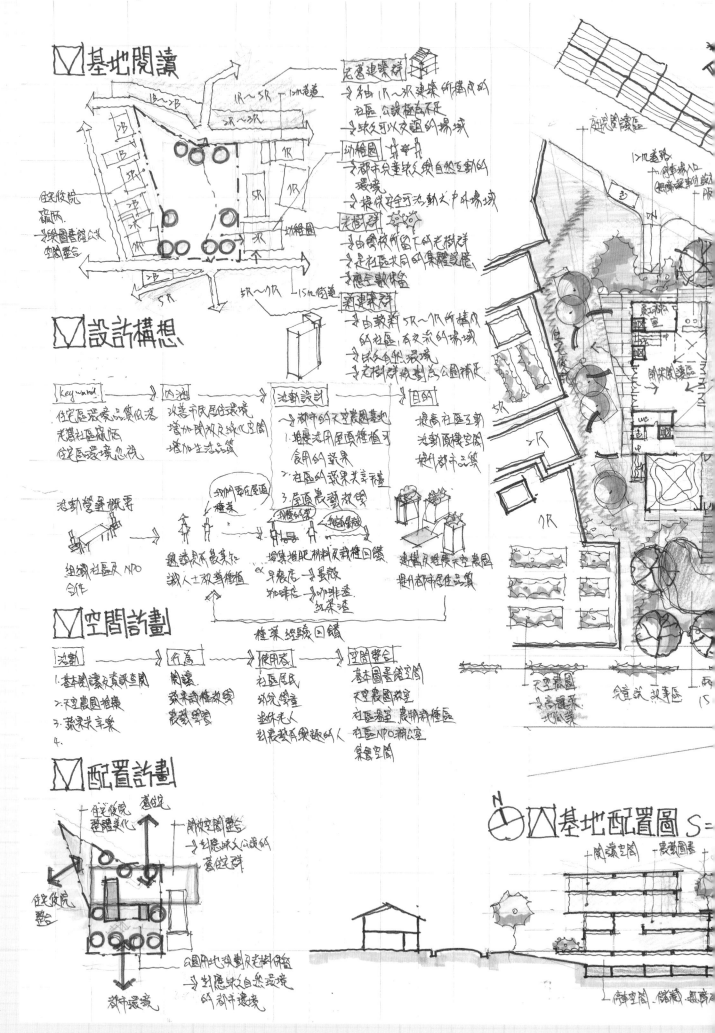

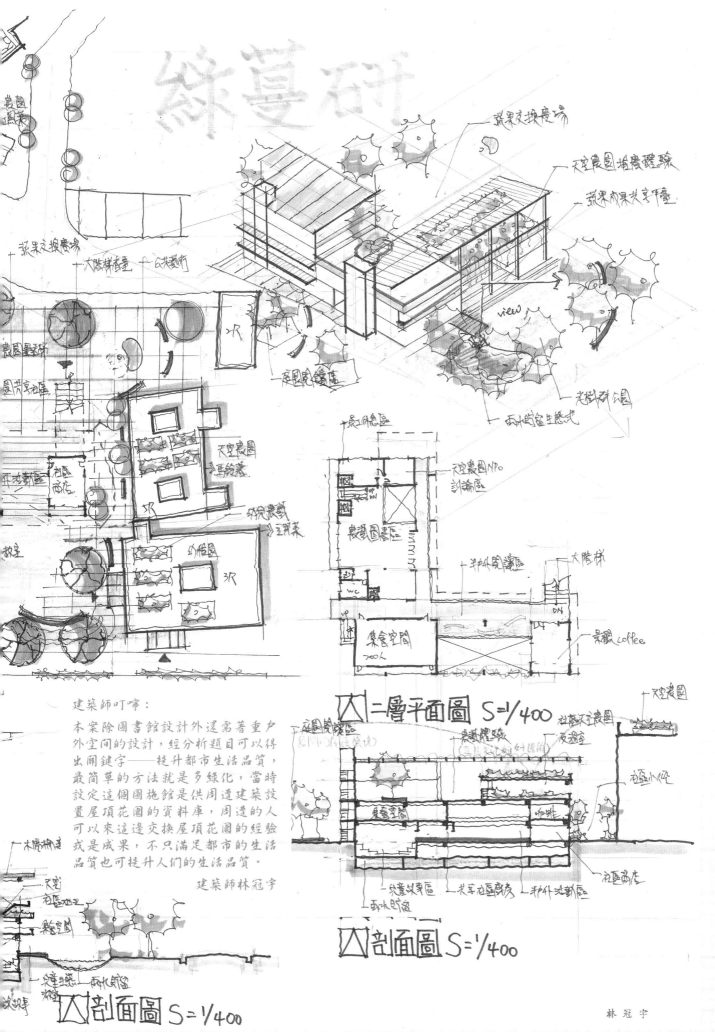

綠蔓研

蔬果交換廣場

天空農園堆慶環驗

蔬果成果共享平臺

view

老樹群公園

雨水暫留生態池

蔬果交換廣場

G共享術

3R

庭園閱覽區

天空農園

馬鈴薯

親兒農藝

主題茉

小弄園

3R

2

天空農園NPO
討論區

農書圖書區

半戶外閱讀區

大階梯

集食空間
700人

景觀coffee

WC

入 二層平面圖 S=1/400

天空農園

社區天上農園

農藝體驗

反逃室

建築師叮嚀：

本案除圖書館設計外還需著重戶
外空間的設計，經分析題目可以得
出關鍵字——提升都市生活品質，
最簡單的方法就是多綠化，當時
設定這個圖施館是供周遭建築設
置屋頂花園的資料庫，周遭的人
可以來這邊交換屋頂花園的經驗
或是成果，不只滿足都市的生活
品質也可提升人們的生活品質。

建築師林冠宇

集食空間

咖啡

社區商店

入 剖面圖 S=1/400

入 剖面圖 S=1/400

林冠宇

作品提供／林冠宇建築師

環境議題 & 解決方向：

① 台灣都市人口，地狹人稠……
② 老舊住宅區環境惡劣，居住品質低落……
→ 社區綠化以改善生活中空氣品質。
增加開放空間，供社區居民共同使用。
外牆美化、藝術創作、老屋拉皮。

基地分析 & 對策：

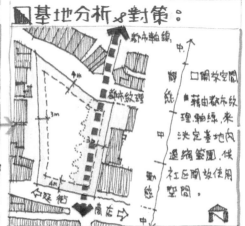

都市軸線
都市紋理
中庭街
廣店

□ 開放空間
■ 藉由都市紋理、軸線，來決定基地內退縮範圍，供社區開放使用空間。

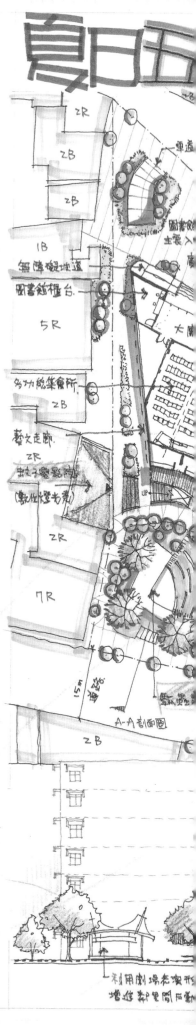

夏日

2R
2B
2B
1B
圖書館種台
5R
多功能集會所 2B
藝文走廊 2R
孩子電影院（數位水墨光雕）
2R
7R
A-A 剖面圖
2B

設計目標 & 空間發展：

圖書館與居民日常活動的關聯性。
■ 知識之獲取。
■ 興趣之培養。

[社區教學]
教學用之空間教室
[成果發表]

■ 展示、發表之展覽空間。
■ 利用夜晚使用，增進社區空間之使用頻率，創造居民與社區之價值。

② 幼兒園與社區鄰里開放空間之互動關係。
■ 增進親子互動關係。
■ 聯絡社區情感。

幼兒園
體育課 美術課 家政課 生態自然課
■ 教學活動範圍之延伸。
■ 說故事、老師表演。
▲ 表演之舞台。

■ 增加孩童與親子之互動機會，並加以連繫都居親在之情感。

③ 空間留白與周邊環境、社區之界面處理。
■ 社區環境之綠化。
■ 建築外牆之修整。

空間留白
在社區孩子電影院、藝光創作，處處可見藝術性創作。

■ 閒置開放空間再利用，以美化市容，增加居民對社區之歸屬感及認同。

建築量體 & 空間層級：

老樹轉角開放空間　入口廣場
社區商品、開放空間
幼兒園入口廣場、接送兒童之開放空間
住宅區
2F 圖書室、書報區、資訊檢索區
1F 公共集會、展覽空間
社區軸線
延街商業

咖啡輕食部、二手書店
幼兒園

營運管理 & 社區戶外活動：

（居民）	（民眾長輩）	（中高年級生）
晨操運動	喜歡閱讀、下棋	課後輔修	自傳結束

08:00　12:00　16:00　20:00　24:00
06:00　10:00　14:00　18:00　22:00

學童上學（家長接送）　附近上班族、學童放學　居民飯後散步
午餐時間（後退）

1 [假日] 跳蚤市場
[劇場] 之對假日 小學區 親子劇場
[奉日] 不定時 孩子電影院
[週末] 數位網絡、社區藝術

夏日與晚春の活動

圖書館與社區公共空間設計

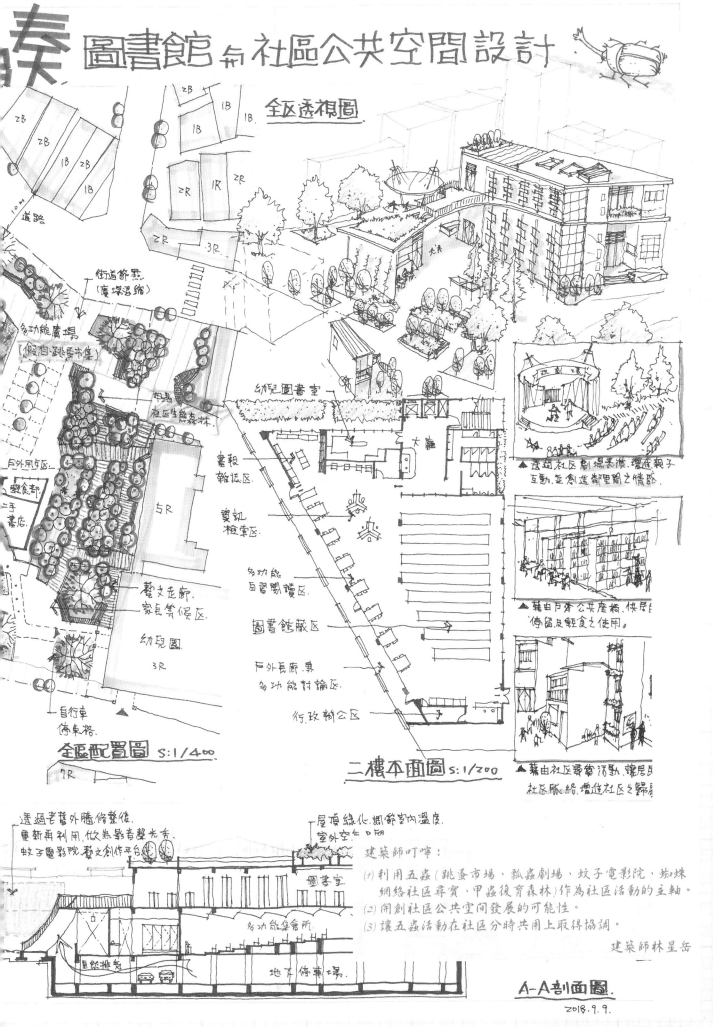

全區透視圖

街道節點
（廣場退縮）

10M
道路

多功能廣場
（假日跳蚤市集）

社區生態森林

戶外用餐區

輕食部
二手書店

5R

藝文走廊、
家長等候區.

幼兒園
3R

自行車
停車格.

全區配置圖 S:1/400.

7R

幼兒圖書室

大廳

書報
閱讀區.

資訊
檢索區.

多功能
自習閱讀區.

圖書館藏區.

戶外長廊兼
多功能討論區.

行政辦公區.

二樓平面圖 S:1/200.

▲ 透過社區劇場表演、環境親子
互動並創造鄰里間之情感.

▲ 藉由戶外公共座椅，供居民
停留及輕食之使用。

▲ 藉由社區營業活動、讓居民
社區脈絡，增進社區之歸屬

透過老舊外牆修整後、
重新再利用，依舊影音擊光亮
蚊子電影院藝文創作平台.

屋頂綠化、調節室內溫度。
室外空氣口開

圖書室

建築師叮嚀：
(1) 利用五蟲（跳蚤市場、瓢蟲劇場、蚊子電影院、蜘蛛
    網絡社區尋寶、甲蟲復育森林）作為社區活動的主軸。
(2) 開創社區公共空間發展的可能性。
(3) 讓五蟲活動在社區分時共用上取得協調。

多功能集會所

地下停車場.

A-A剖面圖.

2018.9.9.

建築師林星岳

□ 基地涵構與閱讀： ◀105年.建築設計▶ 2019.8.11

■ 人性化尺度之步道、
  街道家俱設置。

退縮4m

■ 壓低建築量體.
  減輕都市壓迫感

延街商店

■ 退縮廣場緩和人群.
  結合延街商店,會造
  人群共同記憶

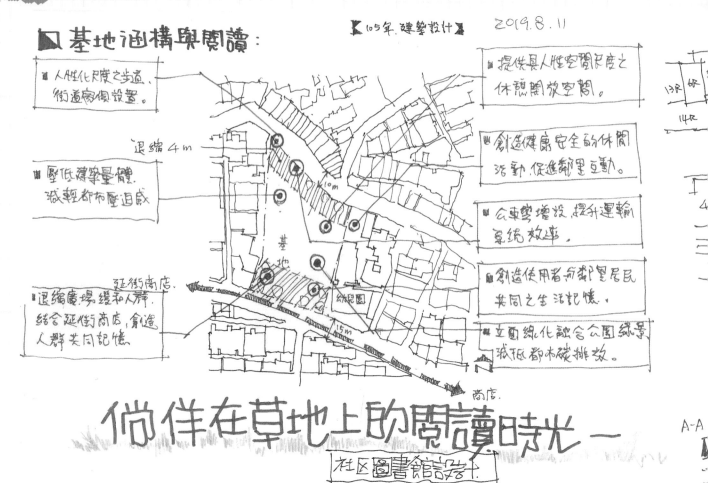

■ 提供具人性空間尺度之
  休憩開放空間。

■ 創造健康安全的休閒
  活動.促進鄰里互動。

■ 公車業增設.提升運輸
  系統效率。

■ 創造使用者於鄰里居民
  共同之生活記憶。

■ 立面綠化融合公園綠景.
  減低都市碳排放。

偕伴在草地上的閱讀時光一

社區圖書館設計

A-A

建築師叮嚀：

(1) 在老樹未移動情況下,讓圖書館與社區公共空間結
    合,創造出更多的戶外空間。

(2) 藉由草地來打破基地公共空間之使用範圍,並延伸
    至社區。

建築師林星岳

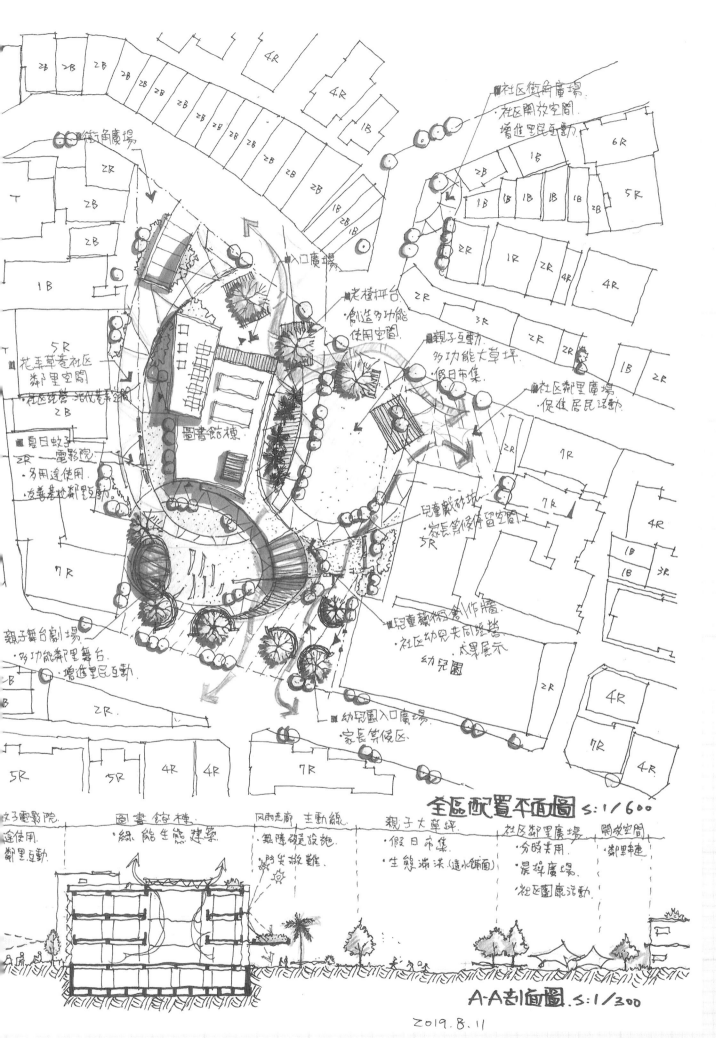

社區街角廣場
· 社區開放空間.
· 增進里民互動.

入口廣場

老榕坪台
· 創造多功能
  使用空間.

親子互動
多功能大草坪
· 假日市集.

社區鄰里廣場
· 促進居民活動.

圖書館棟

兒童戲砂坑
· 家長等候停留空間.

花草巷弄社區
鄰里空間
· 社區共營·活化菜園.

夏日蚊子
戲——電影院
· 多用途使用.
· 友善老幼鄰里活動.

兒童藝術創作牆.
· 社區幼兒共同經營.
  成果展示.
幼兒園

親子舞台劇場.
· 多功能鄰里舞台.
· 增進里民互動.

幼兒園入口廣場.
· 家長等候區.

全區配置平面圖 S: 1/600

好電影院.
途使用.
鄰里互動.

圖書館棟.
· 綠能生態建築.

風雨走廊 主動線.
· 無障礙設施.
· 防災救難.

親子大草坪.
· 假日市集.
· 生態埤溪 (透水鋪面).

社區鄰里廣場.
· 分時共用.
· 晨操廣場.
· 社區園康活動.

開放空間
· 鄰里連通.

A-A剖面圖 S: 1/300

2019.8.11

作品提供／林星岳建築師　**163**

老舊住宅區的環境議題

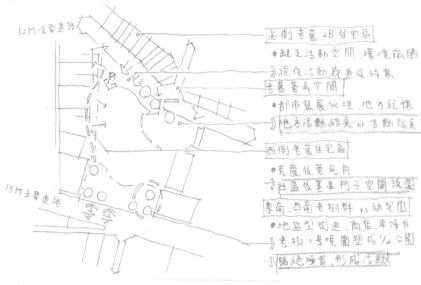

12M次要道路

15M主要道路

北側老舊4B住宅區
- 缺乏活動空間, 環境窳陋
→ 提供活動廊道及綠意

老舊巷弄空間
- 都市發展紋理, 地方記憶
→ 地方活動結束 or 活動起兆

西側老舊住宅區
- 荒廢後巷死角
→ 社區後巷串門子空間改造

東南, 西南老樹群 vs 幼兒園
- 地區型街道, 商店, 車噪音
→ 老樹+景觀圍塑成1/4公園
- 隔絕噪音, 形成活動

課題對策與發展願景

課題	內涵	Concept 提出
· 老舊住宅環境窳陋	· 提出環境永續改造	循環圖書館 的社造計劃
· 居民缺乏活動空間	子案, 社區自立自強	
· 南側街道噪音干擾	· 整合老樹形成公園	
· 連結幼兒園	串聯社區與幼兒園	

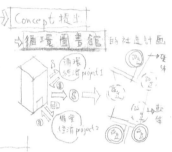

循環圖書館 的活動設計提案 戶外空間使用 plan x5

循環書店renew! 好物交換市集! 老巷+藝 起來! 色染的「咖啡公園」哥哥姊姊唱唱跳跳

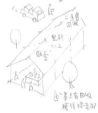   

利用圖書館資源, 環境 提供場地, 募集社區熱 利用書店收入, 進步改善 由老樹界圍成公園, 一方面隔絕街道下來聚集之幼兒, 婦
永續社造經營方式, 人, 物資維修, 交換, 他 園包環境, 並配合地方 老樹例量多, 一方面引進 再大好唱唱跳跳, 配
兼具環保得名, 增加閱讀 為社區居民彼此交流. 文化的策. 增升社區生 成巨大流星塔小孩嬉戲, 各街坊園友同活動!
之優美. 活及氣氛大串.

循環書店 · 書香永續廣場 · 圍塱巷弄藝文 · 綠蔭咖啡公園 · 綠音咖菲廣場

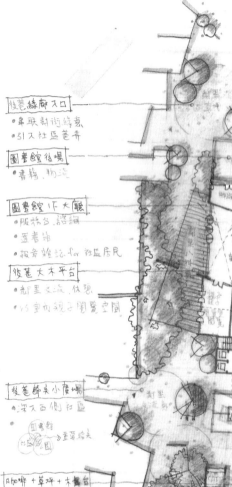

後巷綠廊入口
- 串聯對街綠意
- 引入社區巷弄

圖書館後場
- 書籍, 物流

圖書館 1F 大廳
- 服務台, 語編
- 置書角
- 教育雜誌, for 社區居民

後巷大木平台
- 鄰里交流, 休憩
- xs 室內親子閱覽空間

後巷辭美小廣場
- 深入西側社區

咖啡+草坪+木舞台
- 書香, 咖啡香, 小孩唱 開戶
- 木座椅 vs 大舞台 image

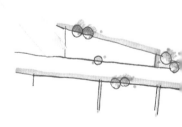

剖面圖 S:1/400

左咖菲廣場入口
⊥ 初小孩看書...

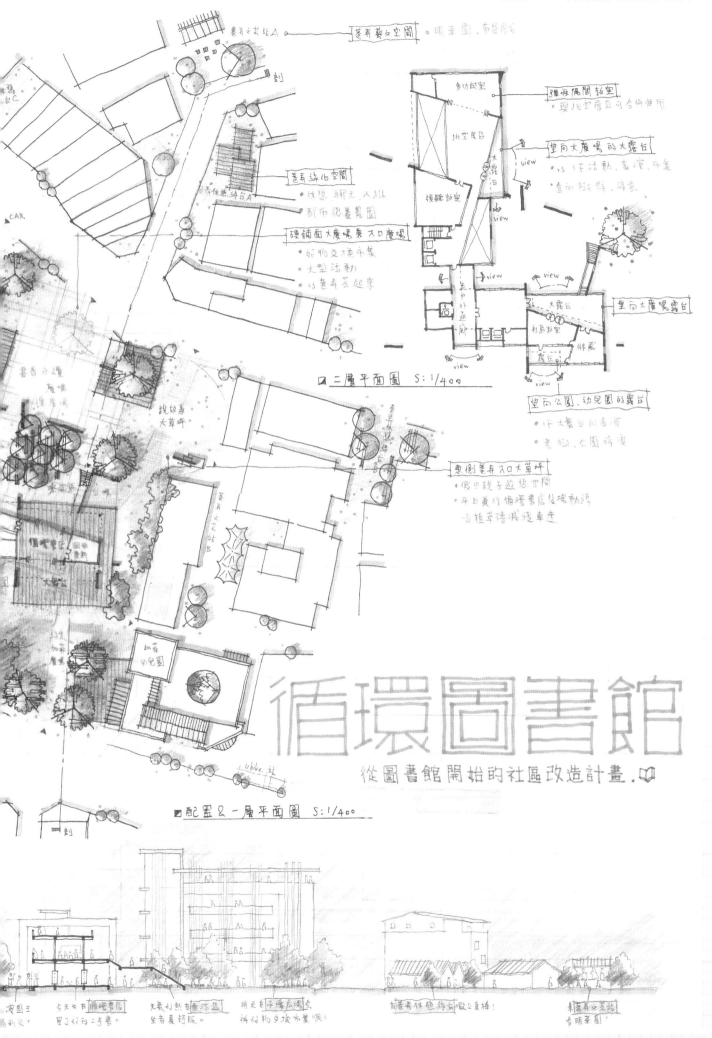

□ 二層平面圖　S:1/400

□ 配置 & 一層平面圖　S:1/400

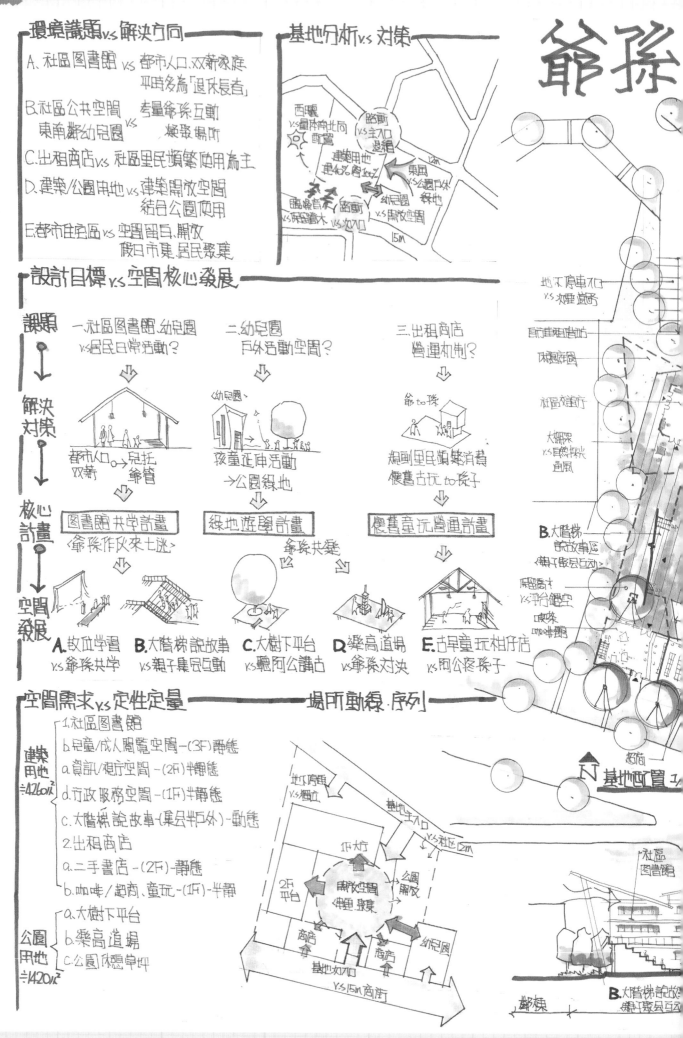

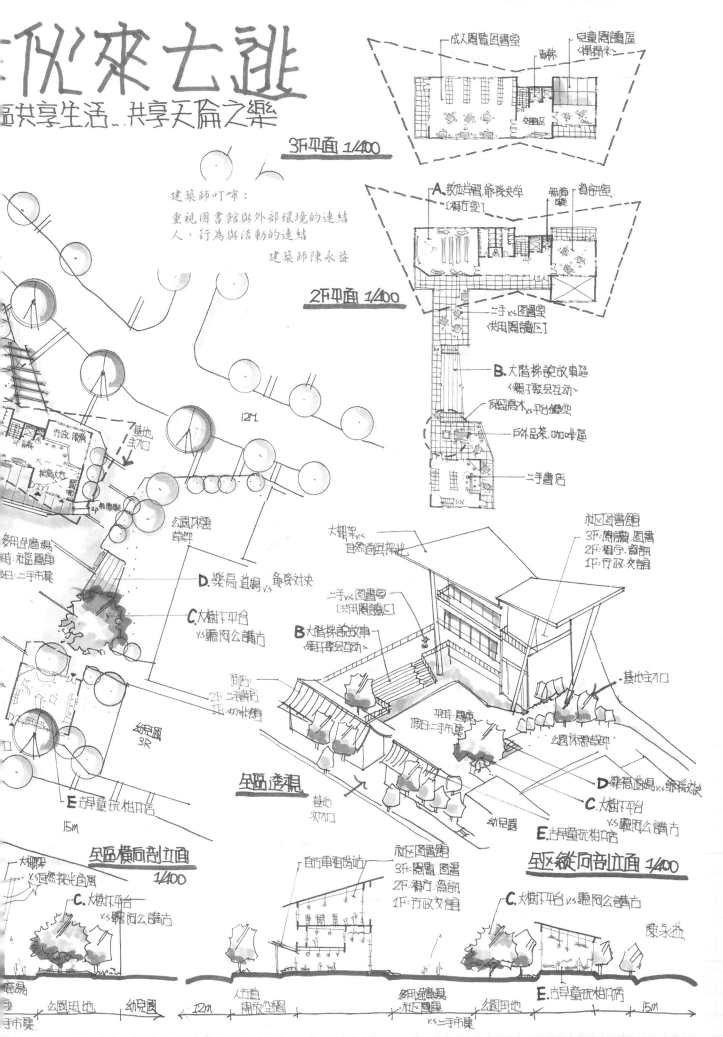

似來亡逃

區共享生活、共享天倫之樂

3F平面 1/400

成人閱覽圖書室　兒童閱讀區

建築師叮嚀：

重視圖書館與外部環境的連結
人、行為與活動的連結

建築師陳永益

2F平面 1/400

A.數位學習、親族共學
　視聽室　　　　　資訊室

二手v.s圖書室
共用閱讀區

B.大階梯說故事區
〈親子聚思互動〉

保留喬木 v.s 平台鋪面

戶外品茶、咖啡區

二手書店

社區圖書館
3F：閱讀、圖書
2F：視聽、資訊
1F：市政、交誼

大棚架v.s
自然通風採光

二手v.s圖書室
共用閱讀區

B.大階梯說書故事
　親子聚思互動

前方
2F二手書店
1F 咖啡廳

平時：圖書
假日：二手市集

公園休憩草坪

基地主入口

D.樂高遊場v.s 象棋對弈

C.大樹下平台
　v.s 聽阿公講古

E.古早童玩柑仔店

幼兒園

社區圖書館
3F：閱覽、圖書
2F：視聽、資訊
1F：市政、交誼

自行車租賃站

基地主入口

市政、政廳

基地主入口

批閱大廳

12M

公園休憩草坪

多用途廣場
社區圖書
二手市集

D.樂高遊場 v.s 象棋對弈

C.大樹下平台
v.s 聽阿公講古

幼兒園
3R

E.古早童玩柑仔店

15M

基區透視

基地次入口

基區縱向剖立面 1/400

基區橫向剖立面
1/400

大棚架
v.s自然採光自風

C.大樹下平台
v.s 聽阿公講古

C.大樹下平台v.s 聽阿公講古

陳永益

廣場
公園用地　幼兒園　　12M　人行道 開放空間

多用途廣場
社區圖書場
v.s 二手市集

公園用地

E.古早童玩柑仔店

15M

二手市集

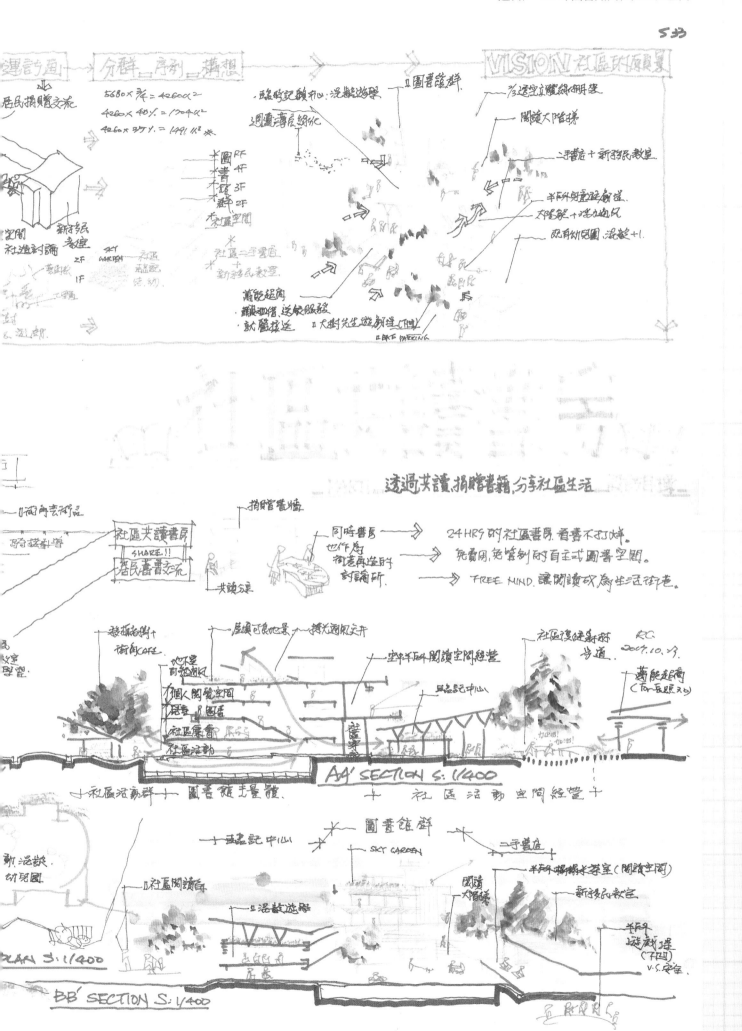

蟲洞—關係新

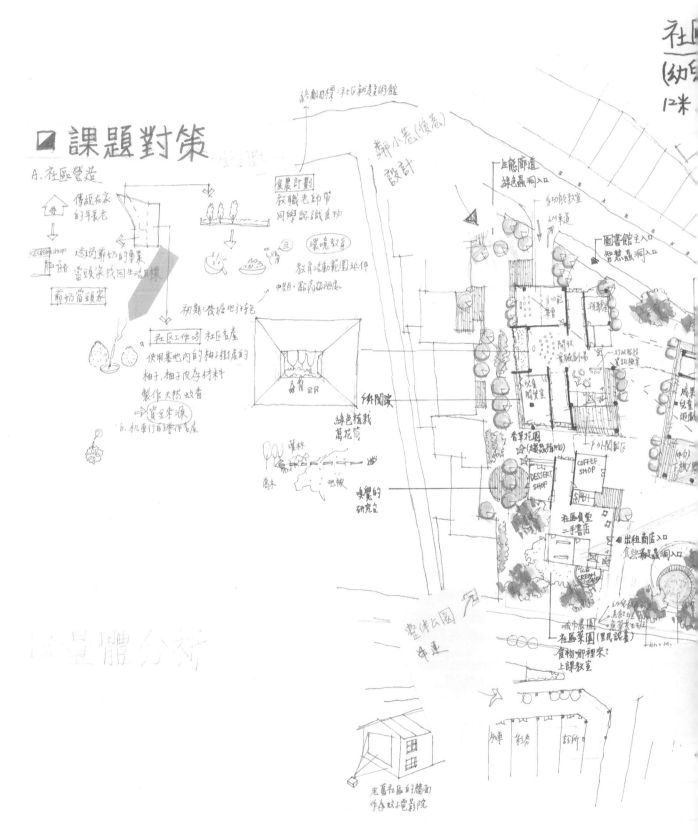

🔲 課題對策

A. 社區營造

傳統在家的年長老

→ 透過媽奶奶的事業 當頭家找回生活目標

範奶當頭家

初期：後挖地引導色

食農計劃
教職老師帶同學認識食物

環境教育

教育活動範圍延伸

中期：點亮旅跑處

社區工作坊 社區各處

使用基地內的柚子對產的柚子皮等材料製作天然蚊香

→ 買金來源

b. 机車行自行車各產

喬木 灌林 地被

嗅覺的研究台

綠色植栽萬花筒

斜閱覽

生態廊道
綠色蟲洞入口
多功能教室
6M車道

圖書館主入口
智慧蟲洞入口

香草花園
☆ (趨蟲植物)

DESSERT SHOP
COFFEE SHOP

社區食堂二手書店

出租商店入口
食然蟲洞入口

ICE CREAM SHOP

城市農園
社區藥園 (里民諮詢)
食物哪裡來？
上課教室

巷傳公園
停車

机車 彩房 診所

老舊社區的牆面作為戶外電影院

結
圖書館

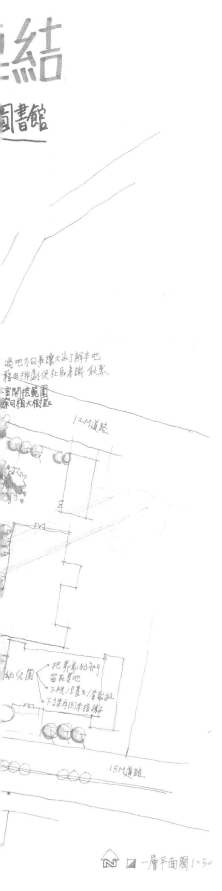

．過地方故事讓大家了解基地
．藉由排劇使社區意識 茁壯
．室內開挖區覽區
．森同植大樹區

12M道路

．把索引照部分 留在基地
．下棋！學生！看報紙
．下課再回來慢坐

15M道路

☆ ◨一層平面圖 1:50

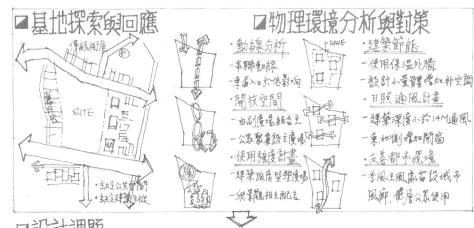

◨基地探索與回應

傳統街廓
SITE

．缺乏公共空間
．缺注建築主體

◨物理環境分析與對策

・動線分析
- 串聯動線
- 車道入口於迴車向
・開放空間
- 由副廣場組合主
- 公眾聚集設主廣場
・使用強度計畫
- 建築強度型塑廣場
- 與景觀相互配色

・建築節能
- 使用保溫外牆
- 設計小量體增加非空調
・日照通風計畫
- 建築深度小於14M通風
- 東地側增加開窗
・友善都市環境
- 季風主風底留設城市風廊，優層公眾使用

◨設計課題

課題・內涵

A. 和半世紀前的不同的圖書館體驗

・打破傳統圖書館像是聖殿不容易接近

・圖書館已是人們去「閱讀」使用空間的地方。

B. 更有效的運用所有的時間、空間，分時共用減碳

・圖書館可以與鄰近的社區中心合作，或是國中小共同空間登記

學校 ROOM1
社區

・彈性的空間使用也有助於增加空間體驗，增加學習多元

C. 更聰明的建造圖書館、及管理、永續循環

・給建材編號在之後的管理可做建材銀行。

W01 W02 W03 圖 reuse

・運用科技而更精簡人力、無人還書、無人取書

對策願景

・可以觀察閱讀者的通道
可以閱讀的站臺少閱臺

・隨時可閱讀的書屋

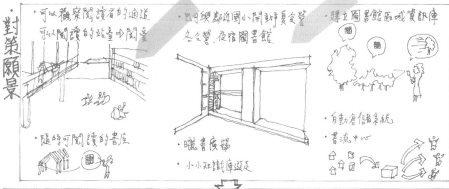

・可與鄰近國小開動夏令營、冬令營、及宿圖書館

・曬書廣場
・小小知試庫遊足

・建立圖書館區域資訊庫

・自動倉儲系統
・書流中心

◨設計說明

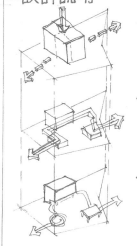

・量體置入基地
設計建蔽率法定80%
保留更多的綠地

・切分量體友善環境
打破從往如聖殿般難親近的切分為多棟，使空調調控更容易。

・置入多處公眾空間
置入多處能提供給公眾使用的開放空間，加強建築與鄰里的連結

■ 基地探索與回應

■ 課題內涵與設計概念對策： 蟲洞迷走

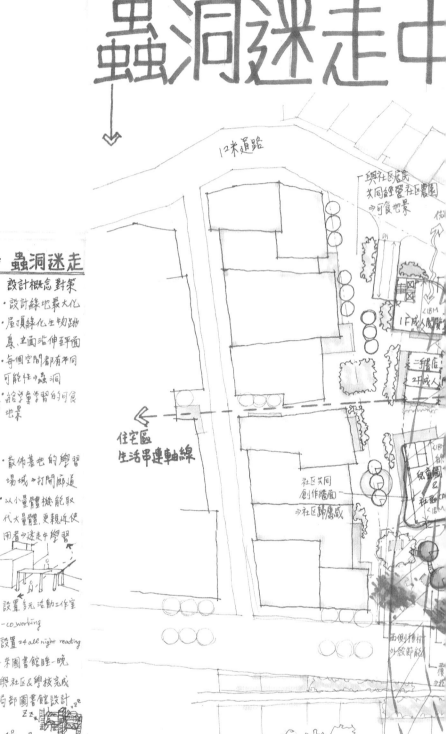

蟲洞迷走中

12米道路

與社區居民共同經營社區農園 ⇒可食地景

住宅區 生活串連軸線

社區共同創作牆面 ⇒社區歸屬感

西側棚架外殼節能

兒童圖書館 樹屋閱讀區繪畫

8-12years

課題	內涵	設計概念對策
圖書館也是公園	·基地周遭缺少綠地、綠帶。 ·老樹並未與活動互動。	·居民在身體→公園及心理+圖書館皆未獲得滿足。 ·對於老樹沒有情感連結	·設計綠地最大化 ·屋頂綠化生物跡象、立面沿伸至平面 ·每個空間都有不同可能性的蟲洞 ·給學童學習的可食地景
在迷走中學習	·打破以往圖書館為聖殿般難以親近	·過去人們需要從實體書得到知識→現在人們到圖書館更是使用空間	·散佈基地的學習場域→打開廊道 ·以小量體機能取代大量體,更親近使用者→迷走中學習
大家的圖書館	·以往圖書館只是單向的給予知識 ·在圖書館進行的活動侷限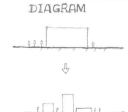 9-21美	·使用者之間沒有互動交流 ·因活動侷限使用圖書館的時間受限制 24hr co-working space 圖書館	·設置多元活動工作室 -co-working ·設置24 all night reading -來圖書館睡一晚 ·與社區&學校完成局部圖書館設計

■ 設計手法與量體配置分析

DIAGRAM

·基地面積:5680M²

建築:4260M²   公園:1420M²

建蔽40%:1704M²

容積100%:4260M²

圖書館面積:2982M²

新定義的圖書館體驗

作品提供／廖文瑜建築師

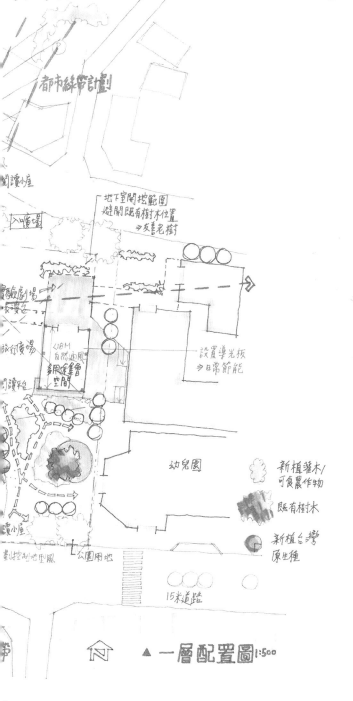

都市綠帶計劃

閱讀小座

入口廣場

地下室開挖範圍
避開既有樹木位置
→友善老樹

驗劇場

旅行廣場

<18M
自然通風
多用途集會
空間

閱讀平台

設置導光板
→日常節能

幼兒園

閱讀小座

計劃控制地型風

公園用地

15米道路

新植灌木/
可食農作物

既有樹木

新植台灣
原生種

△ 一層配置圖 1:500

104年專門職業及技術人員高等考試建築師、技師、第二次
食品技師考試暨普通考試不動產經紀人、記帳士考試試題　代號：80160　全四頁
第一頁

等　　別：高等考試
類　　科：建築師
科　　目：建築計畫與設計
考試時間：8小時　　　　　　　　　　　　　座號：＿＿＿＿＿＿＿

※注意：㈠可以使用電子計算器。
　　　　㈡不必抄題，作答時請將試題題號及答案依照順序寫在試卷上，於本試題上作答者，不予計分。

一、題目：【友善】社區小學

二、題旨：

臺灣都市高齡化及少子化早已成為社會重要問題，社區設施與高齡者生活需求之間的依存關係逐漸淡化，隨著高齡者人口急速成長，都市社區設施設備嚴重缺乏，也衝擊重視倫理的中華文化，如何尋回以往高齡者對社區生活依賴之精神及功能，亦符合世界【在地老化】之發展趨勢，加速建立現代社區對高齡者友善之學習、休閒、資訊交流、互相關懷之需求空間設施及環境，已成為都市建設不可容緩的工作。

反觀臺灣少子化現象也很嚴重，相較日本、德國等國家更為嚴峻，衝擊最大的是社區國小新生入學人數大幅下降，形成國小教育空間過剩的事實已存在多年，如何利用過剩的國小土地資源，重新分配給社區高齡需求者，使國小教育得以永續發展，平衡社區土地使用，達到地盡其利的原則。

因此，如何釋出社區國小過剩空間讓需要的高齡者作學習、休閒活動使用，整合社區公共財土地資源，為臺灣都市計畫之重大課題。

三、基地：（詳六、基地圖）

某都市現有一所國民小學內含 A 基地：5400 平方公尺【50 公尺 × 108 公尺】及 B 基地：1200 平方公尺【30 公尺 × 40 公尺】，兩基地土地使用強度皆須符合建蔽率 40%，容積率 120%。整體國小四周面臨道路，各需退縮 3.5 公尺人行道，西側道路車流量大，易產生噪音，冬季東北季風，夏季西南季風，建築物高度不得大於二幢建築物外牆中心線水平距離 1.5 倍。使用者範圍以 600 公尺社區內步行之高齡者為主，或由高齡者子女接送或自行車代步到基地，基地需設獨立大門供高齡者出入以及 60 輛自行車位。

四、建築計畫：（30 分）

㈠活動空間計畫

請歸納如下高齡者各種活動所需要的空間型態（同性質可合併，空間面積需求自訂）製作空間定性、定量面積表。

（請接第二頁）

104年專門職業及技術人員高等考試建築師、技師、第二次
食品技師考試暨普通考試不動產經紀人、記帳士考試試題　　代號：80160　全四頁
第二頁

等　　別：高等考試
類　　科：建築師
科　　目：建築計畫與設計

　　高齡者活動的型態分為三類
　　1.戶外活動
　　　(1)社區高齡者資訊交流場所。
　　　(2)小組聚會場所。
　　　(3)戶外體能、打拳場所。
　　　(4)靜態觀賞、休憩場所。
　　　(5)輕量田園農藝場所。
　　2.室內活動
　　　(1)交誼、遊憩、棋藝、電視、書報等。
　　　(2)歌唱、樂器練習。
　　　(3)集會、會議、康樂。
　　　(4)室內運動、舞蹈。
　　3.上課學習活動
　　　(1)專業知識學習如電腦、手機、醫療養生知識等。
　　　(2)生活技能學習如語言、烹飪等。
　　　(3)靜態活動學習如插花、棋藝、書法等。
　　　(4)心靈需求學習如靜坐、瑜伽、心靈成長等。
㈡基地配置計畫
　　將高齡者所需活動轉化成空間歸納配置在兩塊基地上，以建築空間的形式表現，需
　　考量環境因素。
㈢物理環境計畫
　　請提出基地各項物理環境及綠建築計畫概念圖示或設計策略諸如節約能源考量、
　　綠化空間連續性、雨水及中水利用、生態多樣化、景觀植栽計畫、採光照明計畫、
　　綠建築指標設計對策、自然通風計畫、再生能源系統計畫、立面遮陽計畫、空調
　　企劃等。
㈣共享互惠計畫
　　高齡者活動的空間與國小學習的空間，必須考慮相鄰的概念，既可各自獨立活動，
　　互不干擾，又有交流互相學習觀摩的場所，必須注意到兩者空間範圍的使用管理
　　問題。
㈤高齡者活動整合計畫
　　A與B基地之間活動區分及相關性圖示說明。

（請接第三頁）

104年專門職業及技術人員高等考試建築師、技師、第二次
食品技師考試暨普通考試不動產經紀人、記帳士考試試題　代號：80160　全四頁
第三頁

等　　別：高等考試
類　　科：建築師
科　　目：建築計畫與設計

五、建築設計：（70分）

㈠依以上計畫內容及【空間定性、定量面積表】在 A 及 B 兩塊基地上，表達建築設計構想圖說，至少包括：

1. 清楚說明高齡者使用兩塊基地建築與現有國小基地建築之相關性及獨立性空間設計與說明。

2. 整體配置含國小校舍量體及高齡者 A、B 兩基地建築物以及活動場所與四周社區間之關聯性設計說明。

3. 高齡者各類活動所歸納之建築空間構想概念圖示說明，各個空間之間的相關性及整體管理方式說明。

4. 國小學童與高齡者之間學習經驗分享、勞作或工藝作品展示交流場所之設計及管理方案。

5. 無障礙環境設計的系統性概念說明。

㈡設計圖說要求

1. 全區配置圖【含國小量體示意、高齡者 A、B 兩基地建築量體、戶外空間及景觀設計】：比例 1／600。

2. A、B 基地地面各層平面圖及說明：比例 1／300。

3. A、B 基地建築四向立面圖：比例 1／300。

4. 主要剖面圖：比例 1／300。

5. 透視圖：比例自訂。

（請接第四頁）

104年專門職業及技術人員高等考試建築師、技師、第二次
食品技師考試暨普通考試不動產經紀人、記帳士考試試題　　代號：80160　全四頁
第四頁

等　　別：高等考試
類　　科：建築師
科　　目：建築計畫與設計

六、基地圖

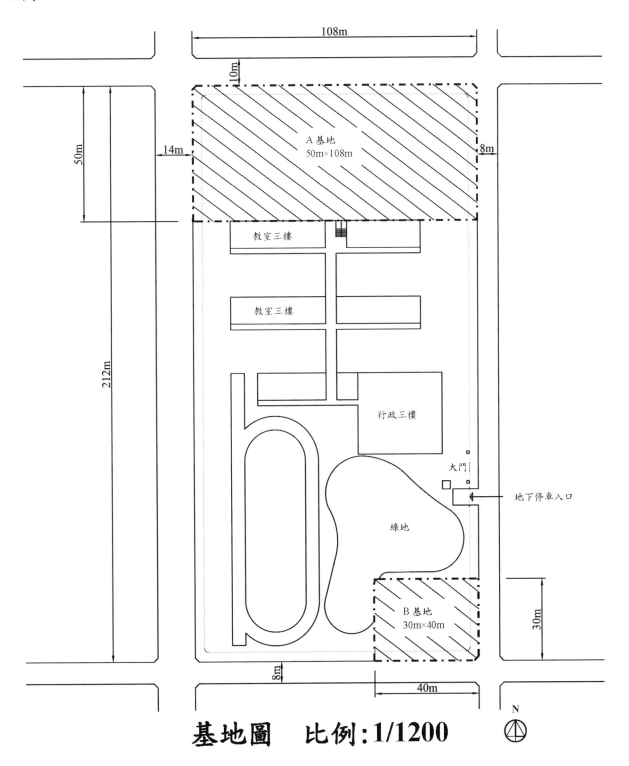

基地圖　　比例：1/1200

☑ 基地分析

☑ 設計策略

☑ 空間計畫及配置

☑ 整合計畫及未來發展

N 基地配置圖 S=1/600

建築師叮嚀：

本題思考小學少子化後如何跟社區慢慢結合，如何分時共用。

建築師林冠宇

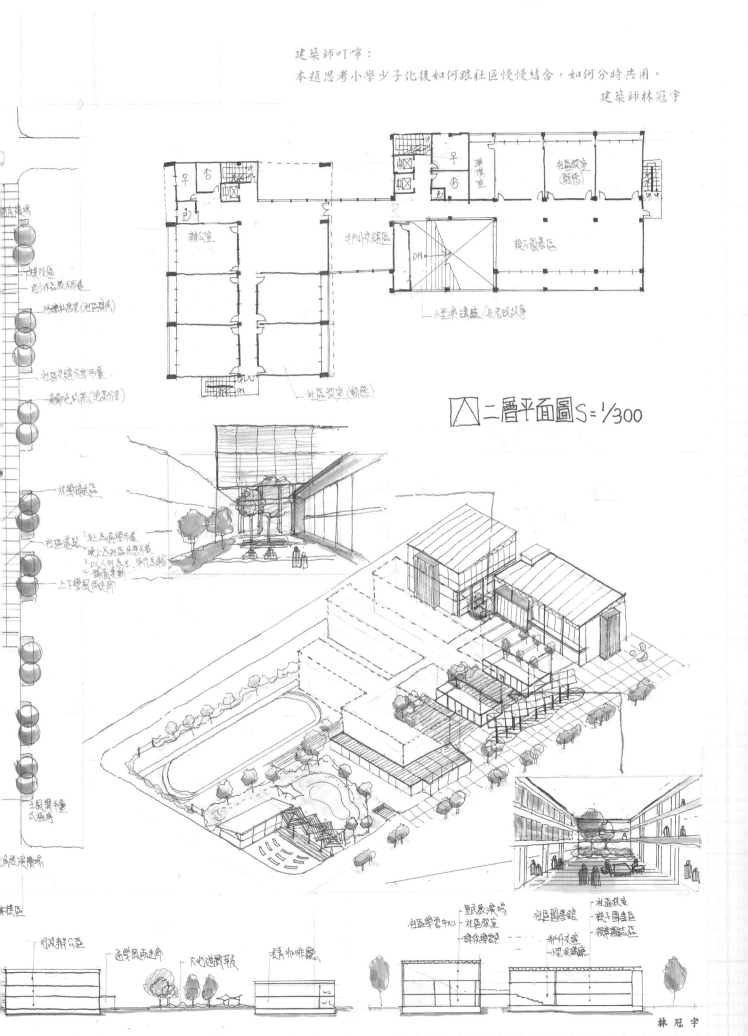

辦公室

半戶外交誼區

社區教室（動態）

準備室

社區教室（靜態）

親子圖書區

小型演講廳／長者說故事

△ 二層平面圖 S=1/300

社區展場
下棋泡茶區
老人作品展示步道
阿嬤私房菜（社區居民）
社區文創分享平台
繪本泡紅茶（老幼分享）
放學接送區
社區道路 1.早上為通學步道
　　　　 2.晚上為社區休憩步道
　　　　 3.以人行為主，車行次輔
　　　　 4.錯開交通量
上下學風雨走廊

土風舞平台
太極拳
居民演展場

停車區

行政辦公區

通學風雨走廊

不規則遊戲區段

請喝咖啡廳

社區學習中心　里民展演場
　　　　　　　社區教室
　　　　　　　繪本學習
社區圖書館
半戶外交誼
小型演講廳
社區教室
親子圖書區
教室與步道

林冠宇

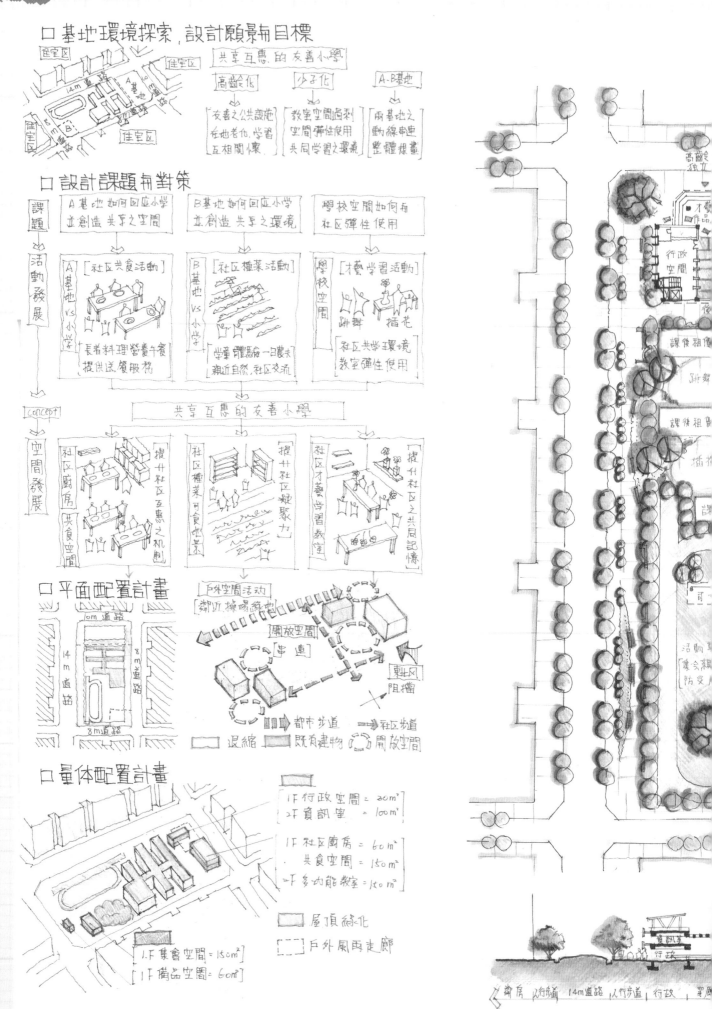

□ 基地環境探索，設計願景與目標

共享互惠的友善小學

高齡化 → 友善之公共設施 在地老化，學習 互相關懷

少子化 → 教室空間過剩 空間彈性使用 共同學習之環境

A-B基地 → 兩基地之 動線串連 整體規畫

□ 設計課題與對策

| 課題 | A基地如何回應小學 並創造 共享之空間 | B基地如何回應小學 並創造 共享之環境 | 學校空間如何與 社區彈性使用 |

活動發展：
A基地 vs 小學 [社區共食活動] 長者料理營養午餐 提供送餐服務

B基地 vs 小學 [社區種菜活動] 學生體驗一日農夫 親近自然，社區交流

學校空間 [才藝學習活動] 跳舞 插花 社區共學環境 教室彈性使用

concept → 共享互惠的友善小學

空間發展：
社區廚房 共食空間 提升社區互惠之機制

社區種菜 可食地景 提升社區凝聚力

社區才藝學習教室 提升社區之共同記憶

□ 平面配置計畫

戶外空間活動 鄰近操場籃球
開放空間 車
東北風 阻擋

▭▭ 都市步道 ➡ 社區步道
▭ 退縮 ▢ 既有建物 ◯ 開放空間

□ 量体配置計畫

1F 行政空間 = 30m²
2F 資訊室 = 100m²

1F 社區廚房 = 60m²
共食空間 = 150m²
二F 多功能教室 = 150m²

▭ 屋頂綠化
▢ 戶外風雨走廊

1F 集會空間 = 150m²
1F 備品空間 = 60m²

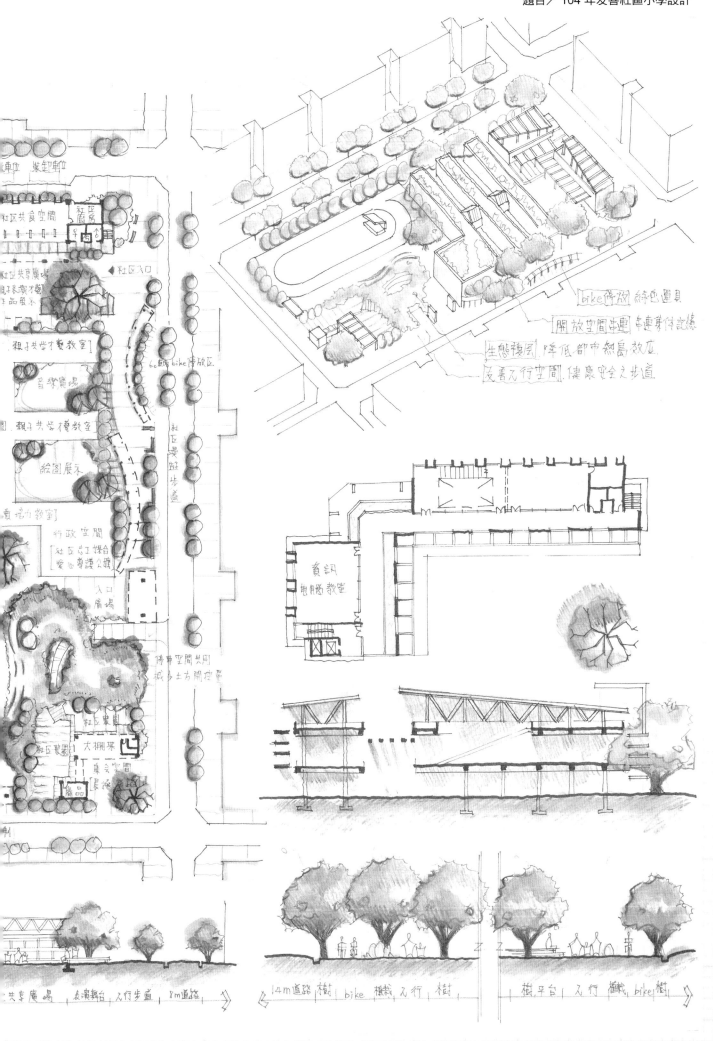

生活 ～ 讓老人兒童 ～

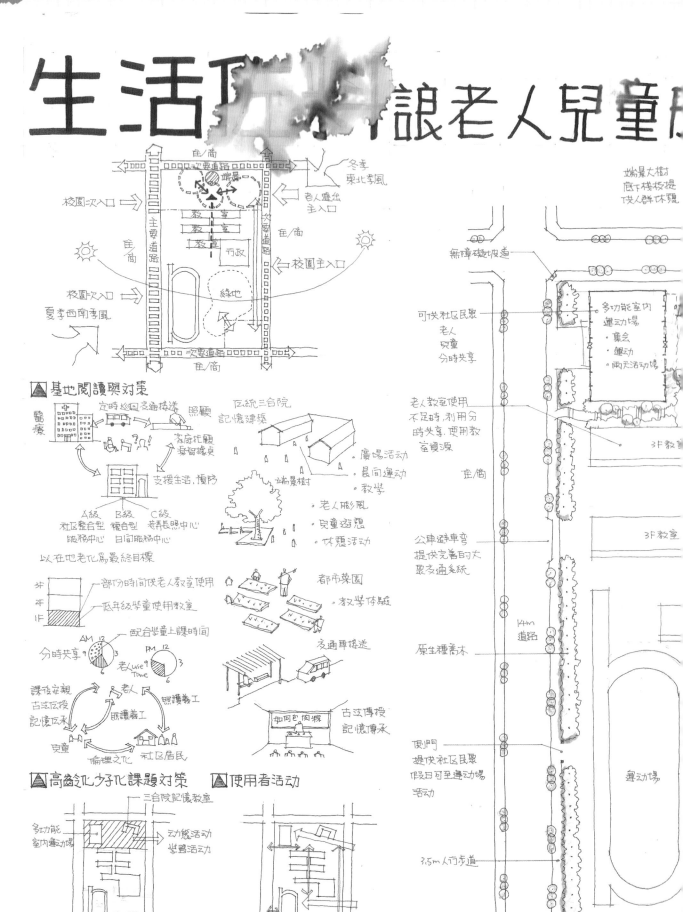

校園次入口
校園次入口
主要道路
次要道路
住/商
住/商
住/商
住/商
端景
老人進出主入口
冬季東北季風
夏季西南季風
教室
教室
教室
行政
綠地
校園主入口
次要道路

端景大樹
底下棧板提供人群休憩

無障礙坡道

可供社區民眾
老人
兒童
分時共享

多功能室內運動場
・集會
・運動
・兩天活動場

老人教室使用不足時,利用分時共享,使用教室資源

住/商

3F教室

公車避車彎
提供完善的大眾交通系統

3F教室

原生種喬木

14m道路

側門
提供社區民眾
假日可至運動場活動

古法傳授
記憶傳承

運動場

3.5m人行步道

無障礙坡道

▲ 基地閱讀與対策

醫療

定時巡迴之通接送

照顧

家庭托顧
失智據點

支援生活,復防

A級　B級　C級
社區整合型　複合型　老幼長照中心
服務中心　日間服務中心

以在地老化為最終目標

傳統三合院
記憶建築

廣場活動
・晨間運動
・教學

端景枯樹
・老人眺望
・兒童遊憩
・休憩活動

3F　部分時間供老人教室使用
2F
1F　低年級學童使用教室

配合學童上課時間

分時共享
AM 12
老人use Time
PM 12

課後安親
古法傳授
記憶傳承
老人
照護義工
兒童
倫理之化
社區居民

都市菜園
・教學體驗

交通車接送

如何包肉粽
古法傳授
記憶傳承

▲ 高齡化少子化課題対策　　▲ 使用者活動

三合院記憶教室

多功能
室內運動場

動態活動
學習活動

靜態活動

資材室

▲ 分區計畫　　　　▲ 動線計畫

▲ 一層平面圖 S:1/

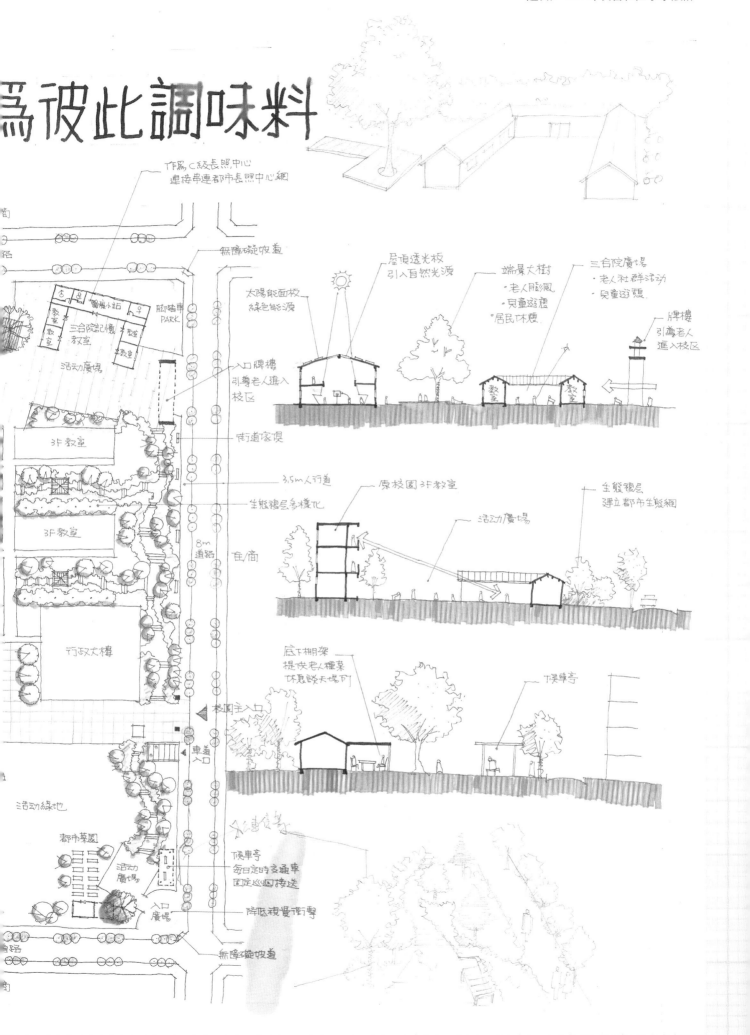

爲彼此調味料

作爲 C 級長照中心
連接串連都市長照中心網

無障礙坡道

太陽能面板
綠色能源

入口牌樓
引導老人進入
校區

街道家俱

3.5m 人行道

生態複層多樣化

屋頂透光板
引入自然光源

端景大樹
・老人�‧社群活動
・兒童遊憩
・居民休憩

三合院廣場
・老人社群活動
・兒童遊憩

牌樓
引導老人
進入校區

教室

教室

警療小站

腳踏車
PARK

三合院記憶
教室

教室

教室

活動廣場

3F 教室

3F 教室

行政大樓

校園主入口

車道
入口

8m
道路

住/商

原校園 3F 教室

活動廣場

生態複層
建立都市生態網

底下棚架
提供老人種菜
休憩談天場所

候車亭

活動綠地

都市菜園

活動
廣場

入口
廣場

公車候車

候車亭
每日定時交通車
醫院巡迴接送

降低視覺衝擊

無障礙坡道

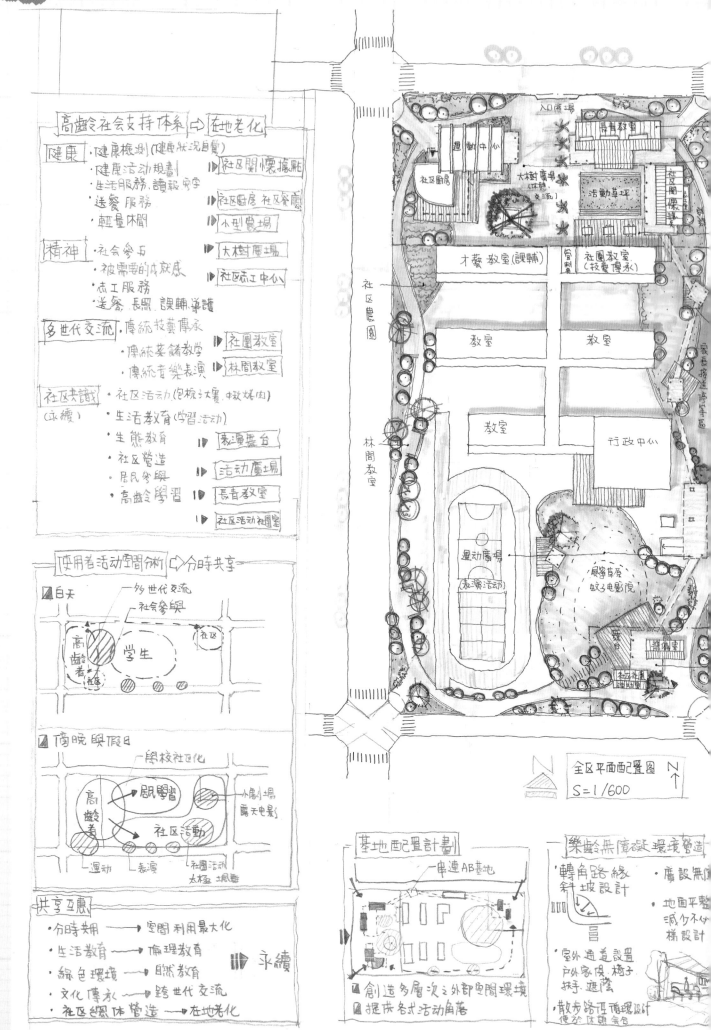

高齡社会支持体系 ⇨ 在地老化

健康 ・健康檢測(健康狀況自覺)
・健康活动規劃 ⇨ 社区關懷據點
・生活服務、讀報、閱字
・送餐 服務 ⇨ 社区廚房 社区餐廳
・輕量休閒 ⇨ 小型影場

精神 ・社会参与 ⇨ 大樹廣場
・被需要的成就感 ⇨ 社区志工中心
・志工服務
・送餐、長照、課輔單護

多世代交流 ・傳統技藝傳承
・傳統菜餚教学 ⇨ 社團教室
・傳統音樂表演 ⇨ 林間教室

社区共識 ・社区活动(包棕计賽、烤肉)
(承續) ・生活教育(学習活动)
・生態教育 ⇨ 表演舞台
・社区營造 ⇨ 活动廣場
・居民参與
・高齡學習 ⇨ 長青教室
⇨ 社区活动視廳室

使用者活动空間分析 ⇨ 分時共享

▇白天
多世代交流
社会参與
高齡者 学生 社区

▇傍晚與假日
學校社区化
高齡者 閱學習 小劇場 露天電影
社区活动
運动 表演 社團活動
太極 土風

共享互惠
・分時共用 ⟶ 空間利用最大化
・生活教育 ⟶ 倫理教育
・綠色環境 ⟶ 自然教育 ⇨ 永續
・文化傳承 ⟶ 跨世代交流
・社区綠体營造 ⟶ 在地老化

基地配置計畫
一串連AB基地
▇創造多層次之外部空間環境
▇提供各式活动角落

樂齡無障礙環境營造
・轉角路緣斜坡設計 ・廣設無障
・室外通道設置 戶外家俱、椅子、扶手、遮陰 ・地面平整減少不必樓設計
・散步路程循環設計便於体能負 ・

全区平面配置图 S=1/600 N

入口商場 運動中心 長青教室 社区廚房 大樹廣場 活動草坪 才藝教室(課輔) 社團教室(技藝傳承) 教室 教室 教室 行政中心 運動廣場(表演、活动) 蚊子電影院 舞台 社区農園 林間教室

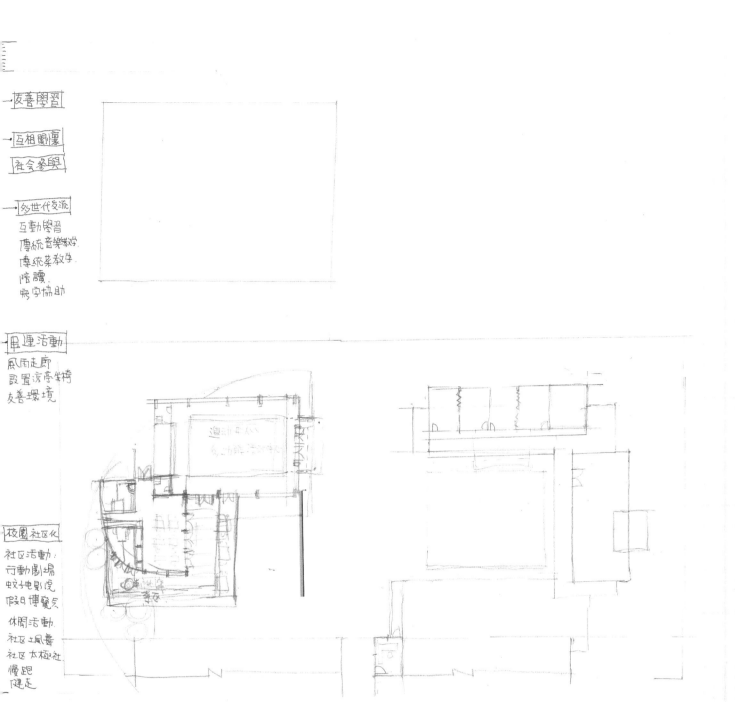

友善學習

互相關懷
社會參與

多世代交流
互動學習
傳統音樂遊戲
傳統菜教學
陪讀
寫字協助

風雨活動
風雨走廊
設置涼亭座椅
友善環境

校園社區化
社區活動:
行動劇場
蚊子電影院
假日博覽會
休閒活動:
社區土風舞
社區太極社
慢跑
健走

103年專門職業及技術人員高等考試建築師、技師、第二次
食品技師考試暨普通考試不動產經紀人、記帳士考試試題

代號：80160
頁次：7-1

等　　別：高等考試
類　　科：建築師
科　　目：建築計畫與設計
考試時間：8小時　　　　　　　　　　　　座號：＿＿＿＿＿＿

※注意：(一)可以使用電子計算器。
　　　　(二)不必抄題，作答時請將試題題號及答案依照順序寫在試卷上，於本試題上作答者，不予計分。

一、題旨：

　　　建築是一項專業，更是一份志業；建築師不只是維生的行業或是賺大錢的生意，建築師也可以是社會工程師，或是城市設計家，甚至人類文明的詮釋者、一個時代的文化推手。建築師為城市/鄉村設計宜人居住、工作、學習與享受的空間，他成就城市的驕傲，也滿足鄉村的需求。他更是真實生活的傾聽者、關心者、介入者、代理者、形塑者與營造者，他的主要工作經常是建構生活、引領生活。

　　　建築師若是認同「服務社會」是他的職志，是否這份認同也可落實到「服務社區」？建築師在執行他的專業之餘，他可否也關心他事務所周邊的鄰居與環境？他是否也能意識到自己的專業工作，不只可以影響一個大的社會整體，也可以與他落腳所在的鄰里社區密切互動？

　　　建築師事務所是否可以不必掛上招牌，而是參與介入事務所周邊環境的經營，以此作為自身能力與態度的宣示？建築師是否也可成為社區內的建築顧問、他的事務所也延伸成為社區建築教室？臺灣整體發展逐漸進入已開發狀態，未來的建築師角色應是更落實到日常生活層次來發揮影響。

二、題目：與鄰為善的建築師事務所 -------- 建築師好厝邊

　　　假設你是一位具備多年實務經驗，剛要自己開業的建築師，預計事務所規模為6人（含建築師本人），準備在一處基地（如基地圖）設計與建自己的事務所，基地環境似乎擁有與社區發展友善互動的條件。請依你的事務所需求，以及對鄰近社區的關懷與善意，設計出一個向社區開放、具高度人際互動性、又能有效執行建築師業務的工作場所。

三、基地條件：

基地約 1410 平方公尺（47 M×30 M，道路截角 3 M），位於某一中型都市區域邊緣之住宅區內，基地範圍裡有一棟朝西的兩層樓舊建築（屋齡 30 年），採用鋼筋混凝土結構、木屋架及水泥瓦，外牆全部洗石子，屋況不錯，結構安全無虞，原來是公職人員宿舍，現已騰空標售，所有權屬於地主，可自由活化再利用。基地南側鄰接 1600 坪社區公園，內有各項親子休閒設施。東側緊接新近落成之 7 樓電梯集合住宅，地面層為每間 5 M 面寬之連續店舖，沿街自行留設 4 M 商店步道。北側為 6 M 社區道路以及小學教室，社區學童可經由 4 M 通學步道出入學校側門。西側為 8 M 社區道路（退縮 2 M 牆面線），沿街都是獨棟透天住宅，十字路口兩棟已經再利用作為咖啡店以及安親班教室。附近居民多為世代定居此區域，彼此互相熟稔。

四、建築計畫（占總分30分）：

請擬一份建築計畫書，說明你對上述向社區開放、友善互動的建築師事務所的空間願景、構想及策略，必須引導鄰里生活環境與生活經驗的豐富化發展，包括目標願景、設計策略、營運管理及各種空間定性、定量條件之掌握，並合理假設建築師事務所在執行業務與有效工作中，可以藉由何種機制或模式介入所在社區之公共空間與生活。此計畫書必須與基地空間分析與社區友善機制部分能前後相連貫，並成為建築設計部分的指導性知識基礎。建築計畫應包含以下三部分之扼要說明：

A.基地環境

　　1.基地環境現況分析

　　2.與鄰友善的機會與潛力

　　3.基地使用策略

B.與社區友善互動機制

　　1.基地內公共/半公共場域的社會性互動機制

　　2.與鄰里公共性機構之連結機制

C.空間計畫（含兩層樓舊建築，基地之法定建蔽率是50%，容積率200%）

　　1.整體空間規劃定位及策略

　　2.既有兩層樓舊建築的再利用理由及構想（新舊建築共構、改造及增建）

　　3.提出可支持鄰里互動的空間及社會性構想及理由

針對以上 A、B、C 問題之回答，可以平面、立面、剖面或透視等簡圖輔助表現。

此建築計畫書的要求重點在於：

1. 向社區開放的建築師事務所的創意經營理念及基地條件的配套構想。

2. 必須能夠很敏感的發掘社區友善空間的確切需求，並說明這些需求如何於鄰里間落實的理由及策略。

3. 對社區鄰里生活空間尺度與居民互動行為特色之分析與掌握。

4. 運用實質規劃創意手法（如空間、材料、造型等之運用）來彰顯計畫內涵。

五、建築設計（占總分 70 分）：

依上述所研擬之建築計畫自行訂定所需空間的名稱與大小。除安排所需相關業務空間外，應特別提供適當的室內/室外、公共/半公共空間場域，促進社區居民與事務所執行業務員工間的交流，並宣傳促銷業務。各種社區友善空間，例如：社區互動式作品展示場、建築教學工坊、露天非正式集會簡報平台、運動清洗空間、親子遊戲空間、公共廁所…等。小學地下室可停車，基地內暫不考慮設置汽機車停車位。

圖說內容必須包含：

1. 設計概念（以圖示為主，文字為輔）

2. 基地配置圖

3. 地面層及敷地庭園平面圖（含傢俱擺設）

4. 主要立面圖（至少兩向）

5. 主要剖面圖（至少一向）

6. 其他各層平面圖（含傢俱擺設）

7. 新舊構造界面設計之細部圖

8. 透視圖或等角立體圖

以上圖說內容之比例尺，請以設計內涵能清晰表達為目標自行決定。

代號：80160
頁次：7-4

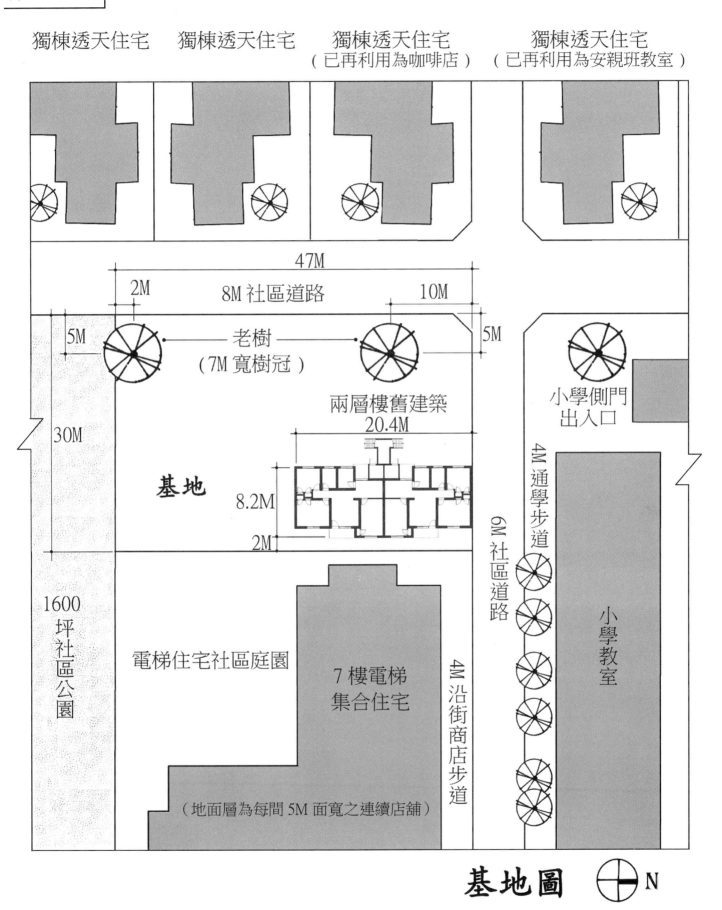

獨棟透天住宅　　獨棟透天住宅　　獨棟透天住宅
（已再利用為咖啡店）

獨棟透天住宅
（已再利用為安親班教室）

47M

2M　　8M 社區道路　　10M

5M　　老樹
（7M 寬樹冠）

5M

小學側門
出入口

30M

兩層樓舊建築
20.4M

基地

8.2M

2M

4M
通學步道

6M 社區道路

小學教室

1600坪社區公園

電梯住宅社區庭園

7 樓電梯
集合住宅

4M沿街商店步道

（地面層為每間 5M 面寬之連續店舖）

基地圖　　N

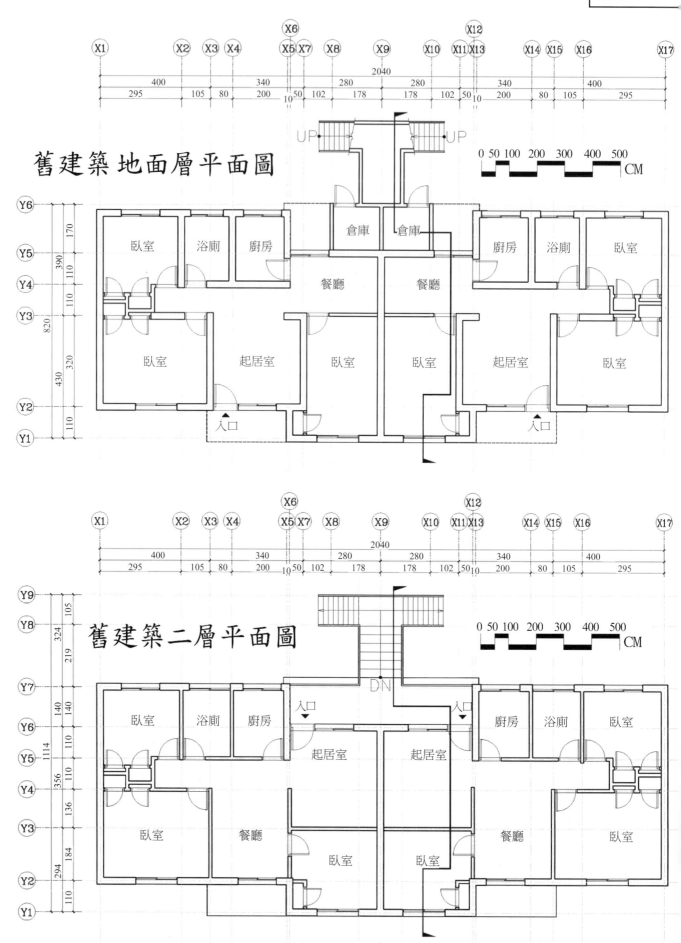

舊建築地面層平面圖

舊建築二層平面圖

號：80160
次：7-6

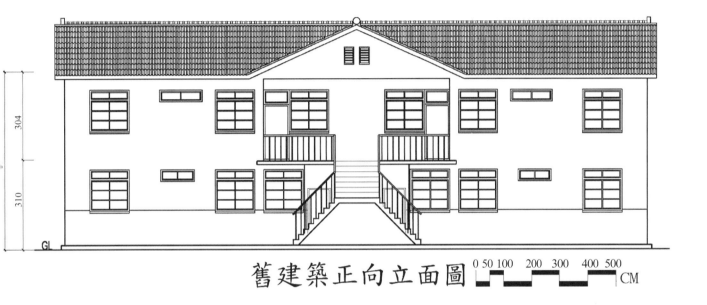

舊建築正向立面圖

0 50 100　200　300　400 500
CM

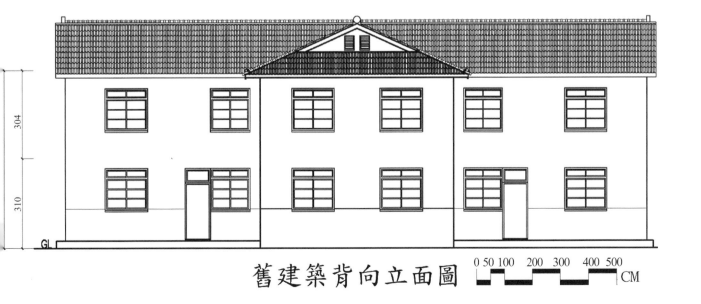

舊建築背向立面圖

0 50 100　200　300　400 500
CM

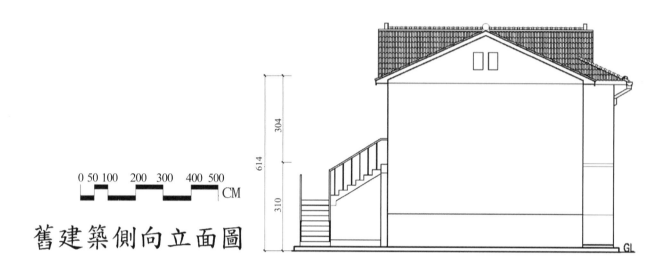

0 50 100　200　300　400 500 CM

舊建築側向立面圖

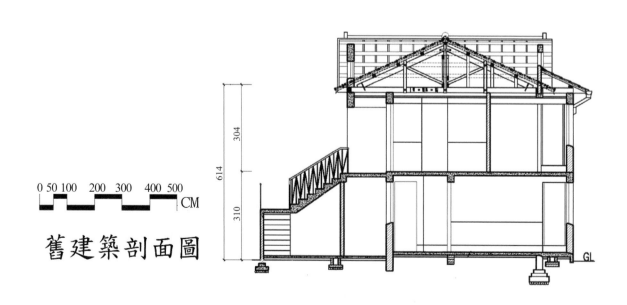

0 50 100　200　300　400 500 CM

舊建築剖面圖

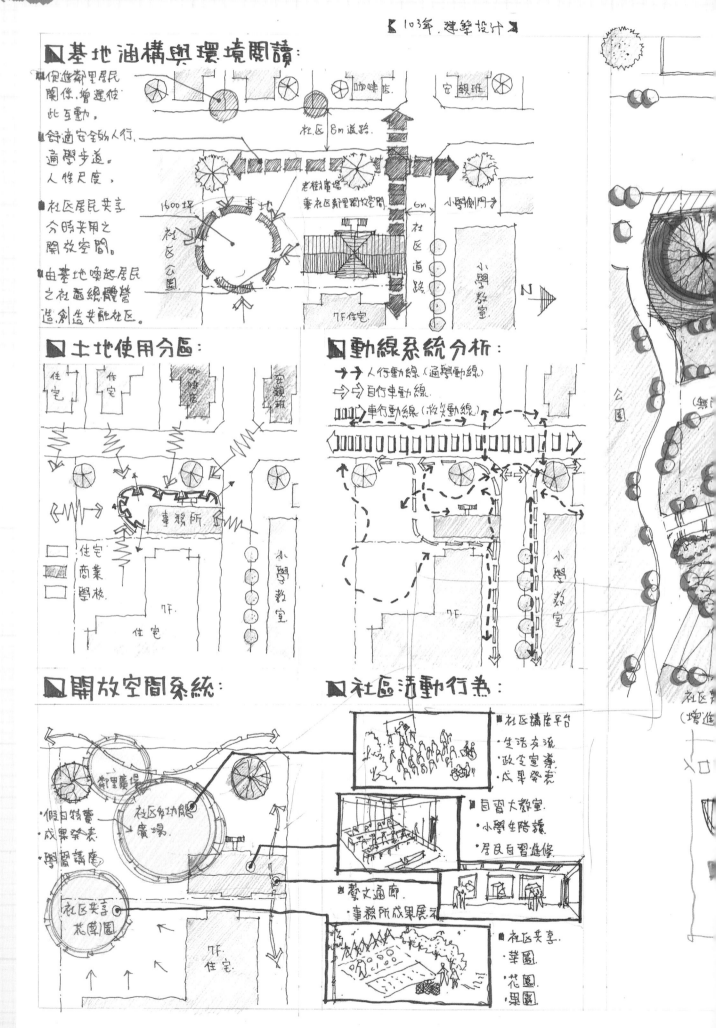

【103年·建築設計】

◼ 基地涵構與環境閱讀：

■ 促進鄰里居民關係，增進彼此互動，
■ 舒適安全的人行通學步道。人性尺度，
■ 社區居民共享分時共用之開放空間。
■ 由基地喚起居民之社區總體營造創造共融社區。

社區 8m道路
老樹休憩兼社區鄰里開放空間
6m
小學側門
1600坪
社區公園
基地
社區道路
小學教室
N
7F住宅

◼ 土地使用分區：

住宅 住宅 咖啡店 安親班
事務所
住宅 商業 學校
小學教室
7F 住宅

◼ 動線系統分析：

➝➝ 人行動線（通學動線）
⇨ 自行車動線
車行動線（救災動線）
7F
小學教室

◼ 開放空間系統：

鄰里廣場
社區多功能廣場
·假日特賣
·成果發表
·學習講座
社區共享花園區
7F 住宅

◼ 社區活動行為：

■社區講座平台
·生活交流
·政策宣導
·成果發表

■自習大教室
·小學生陪讀
·居民自習進修

■藝文通廊
·事務所成果展示

■社區共享華園
·花園
·果園

公園
社區

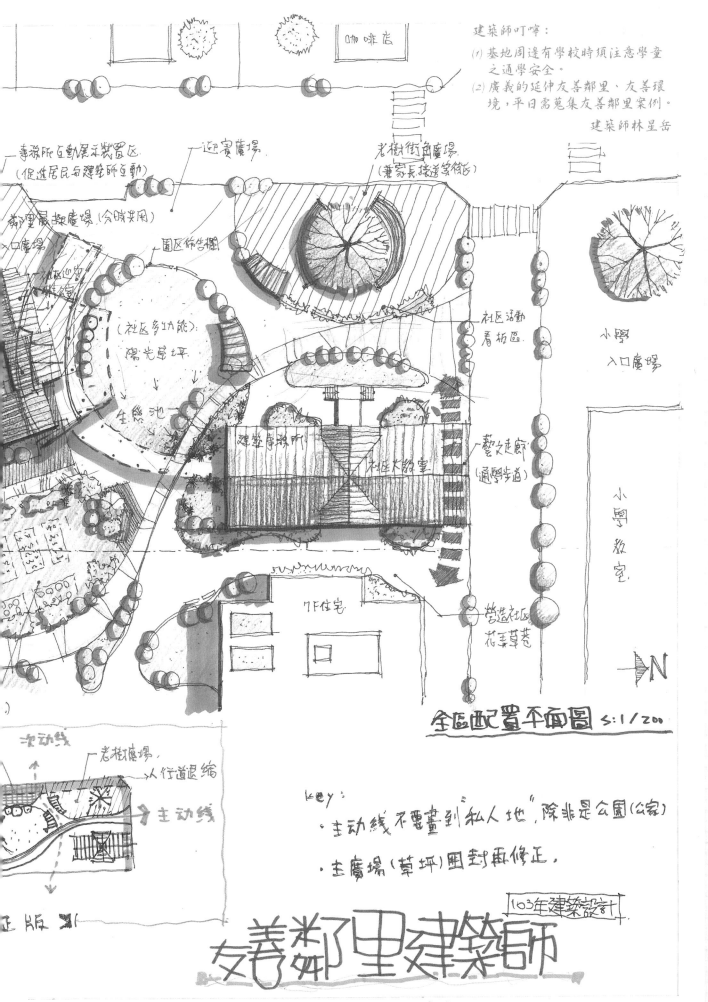

建築師叮嚀：
(1) 基地周邊有學校時須注意學童之通學安全。
(2) 廣義的延伸友善鄰里、友善環境，平日需蒐集友善鄰里案例。
建築師林星岳

事務所互動展示裝置區(促進居民與建築師互動)

迎賓廣場

老樹街角廣場(兼家長接送等候區)

鄰里展示廣場(今時共用)

入口廣場

園區佈告欄

(社區多功能):
陽光草坪
生態池

建築事務所

社區大教室

社區活動看板區

藝文走廊(通學步道)

小學入口廣場

小學教室

7F住宅

營造社區花圃草巷

N

全區配置平面圖 S:1/200

key:
· 主動線不要畫到 "私人地"，除非是公園(公家)
· 主廣場(草坪)圍封再修正。

次動線

老樹廣場
人行道退縮
主動線

103年建築設計

正版

友善鄰里建築師

2019.7.21.

◢ 基地閱讀與鄰里活動

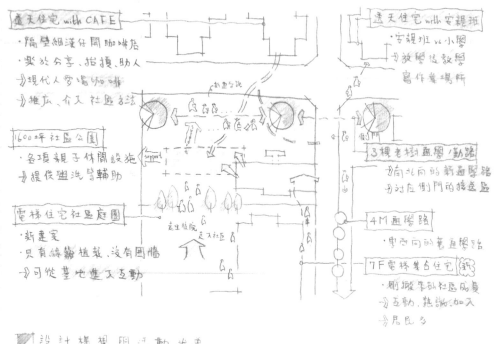

透天住宅 with CAFE
· 隔壁鄰居仔開咖啡店
· 樂於分享、拍攝、助人
⇒ 現代人愛喝咖啡
⇒ 推廣、介入 社區方法

1600坪社區公園
· 各項親子休閒設施
⇒ 提供盥洗等輔助

電梯住宅社區庭園
· 新建案
· 只有綠籬植栽、沒有圍牆
⇒ 可從基地進入互動

透天住宅 with 安親班
· 安親班 vs 小學
⇒ 放學後教學
  寫作業場所

3棵老樹面學/勤路
⇒ 南北向的新面學路
⇒ 對應側門的接送區

4M面學路
· 東西向的舊面學路

7F電梯集合住宅 [新]
· 剛搬來的社區成員
⇒ 互動、熟識、加入
⇒ 居民多

◢ 設計構想與活動推導

課題 ⇒	內涵 ⇒	活動構想 ⇒	願景
1.製造與鄰支善機會	1.從陌生到熟悉 ⇒		· 與熱心咖啡店長長期配合
2.建立社區互動機制	2.從熟悉到相互交流、互動		1.⇒喝咖啡、泡茶定期聚會 冊與鄰支善、建立互動機制
3.發掘社區需求	3.關係密切、支持		· 與安親班、小學配合

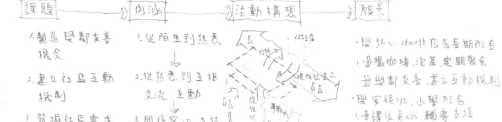

· 與安親班、小學配合
1.⇒課後安心、輔導支援
⇒ 舒適面學步道、接送廣場
⇒ 建立安心社區親子環境

活動設計 ⇒ 空間 ⇐

咖啡、泡茶、定期聚會　　課後安心、輔導　　通學路徑、接送

咖啡建築工坊　　　孩子的戶外書屋　　老樹爺爺散步道

◢ 配置計畫與活動整合

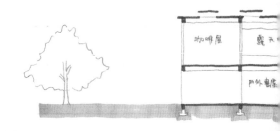

作品提供／南榮華建築師

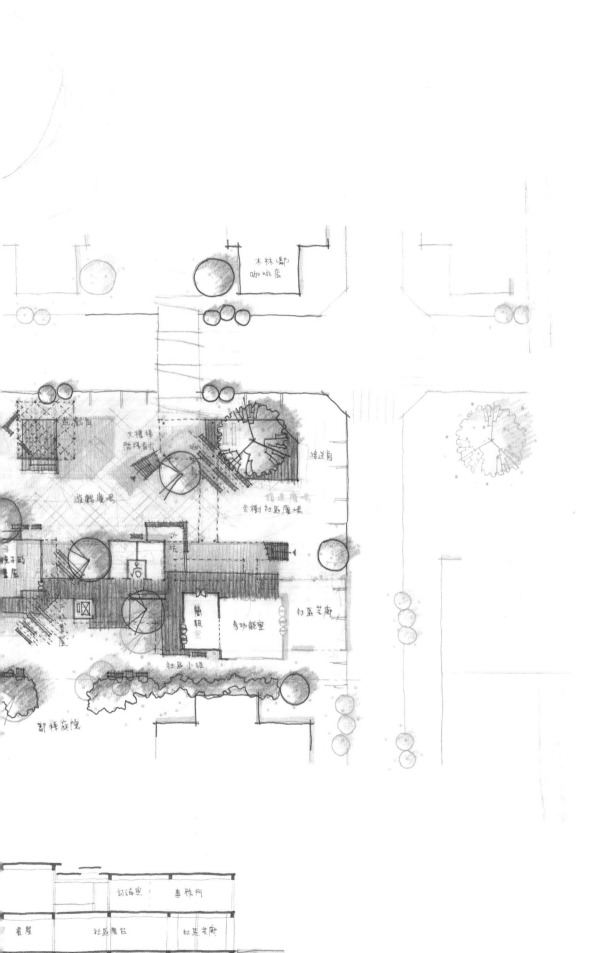

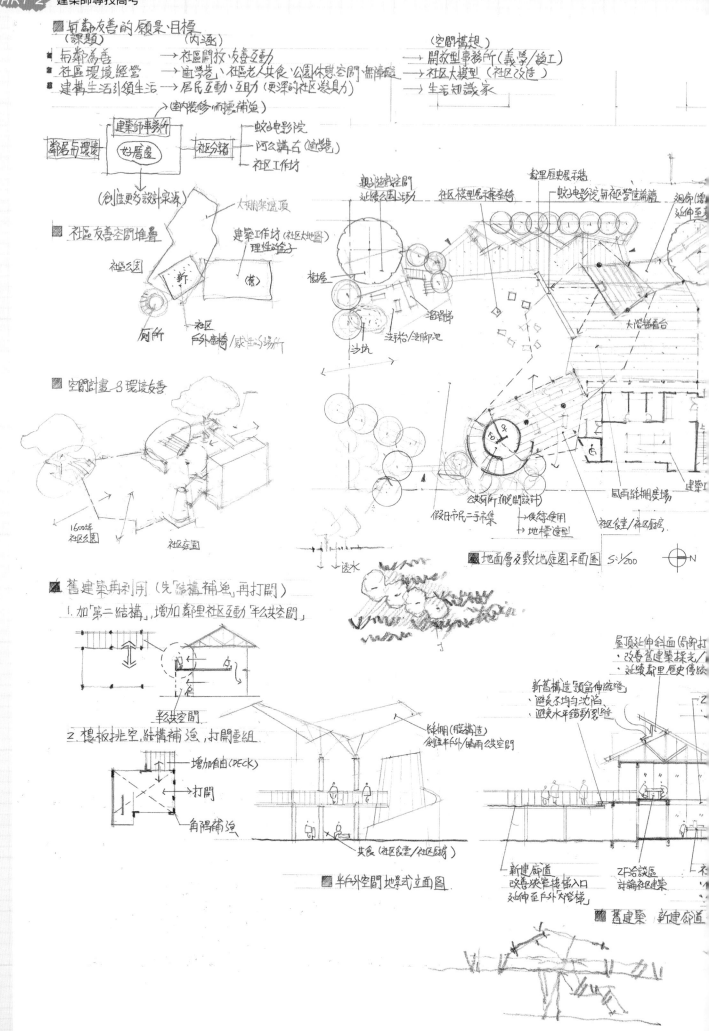

舊城核心的綠寶石

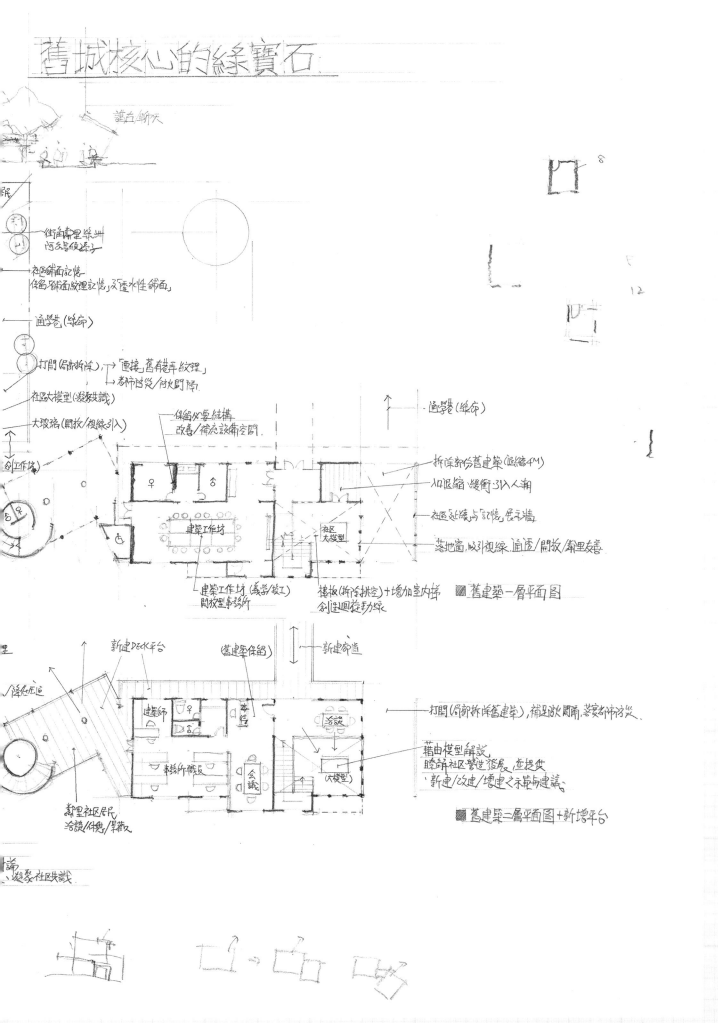

懷古論天

街角都里綠洲
阿久嬤後院子

社區鋪面記憶
保留「鋪面紋理記憶」及透水性鋪面

通學巷（綠帶）

打開（局部拆除）→ 「連接」舊巷弄紋理
老街防災／防火間隔
社區大模型（凝聚共識）

大玻璃（開放/視線引入）

創工作坊

通學巷（綠帶）

保留必要結構
改善/補充設備空間

建築工作坊

社區大模型

建築工作坊（義學/設工）
開放型事務所

樓板（拆合挑空）+增加室內梯
創造迴遊動線

拆除部分舊建築（退縮4M）
加退縮，緩衝引入人潮

社區延續的「記憶」展示牆

落地窗，吸引視線，通透/開放/鄰里友善

■舊建築一層平面圖

新建DECK平台

（舊建築保留）

新建廊道

降低壓迫

建築師

事務所職員

會議

洽談

（大模型）

打開（局部拆除舊建築），補足採光間隔，並考老街防災

藉由模型解說，
瞭解社區營造發展，並提供
新建/改建/增建之未來與建議

都里社區居民
洽談/休憩/駐足

■舊建築二層平面圖+新增平台

凝聚社區共識

ARCHITECTURAL PROGRAM. 空間劇本

☑A. 基地環境. 紋理回應. 軸線解讀

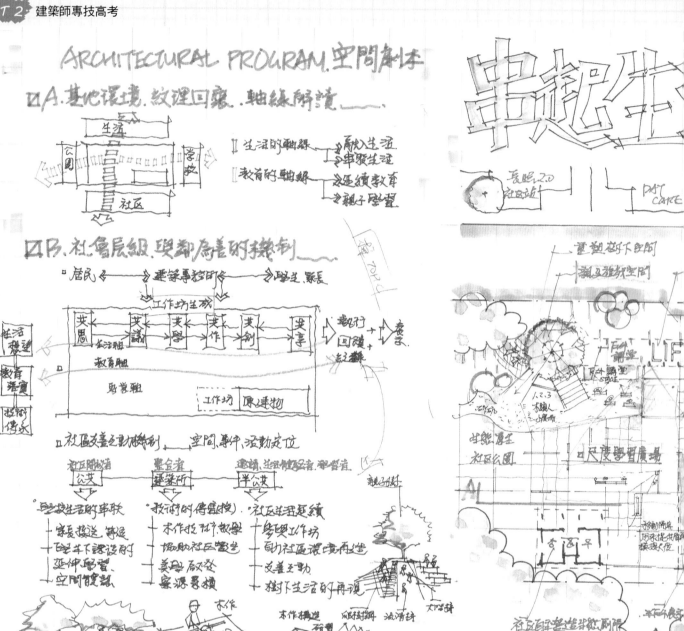

生活 公園 學校 社區

- 生活的軸線 → 融入生活 → 串聚生活
- 教育的軸線 → 延續教育 → 親子學習

☑B. 社會層級. 與都居者的機制

居民 ←→ 建築事務所 ←→ 理事長. 鄰長

性活體驗 / 教育落實 / 技術傳承

工作坊生成
共愚 — 共識 — 共學 — 共作 — 共創 — 共享 → 執行回饋 + 種子

社區共善之動能機制 空間. 事件. 活動定位

社區開放道 公共 / 責任者 建築所 / 連結. 生活體驗者. 學習者 半公共

- 生活的串聯
  - 家長接送. 等候
  - 半年下課後的延伸學習
  - 空間體驗
- 技術的傳承(接)
  - 木作技術. 教學
  - 協助社區營造
  - 美學開發
  - 資源尋頻
- 社區共善延續
  - 參與工作坊
  - 動社區環境再造
  - 共善互動
  - 樹下生活的再現

☑C. 建築師的使命及生活願景

- 目標/願景
  - 具像的 — 落實教育. 生活喚起教育自主營造
  - 抽象的 — 形塑+成美學. 文化劃亮的城市
    - 打造加有文化的歸屬感
- 眾人的空間場所精神
  - ①生活橋梁的建立 — LIFE BRIDGE 串聚老樹生活
  - ②居民自主學習場 — [尺度學習廣場] — 度量術公園
    - [木工坊] — 學習自主營造
    - [展示. 討論�p 堆子] — 居民相互學習
      - 共同討論
    - [自主營造落實] — 公用廁所搭建
      - 遊戲場所搭建

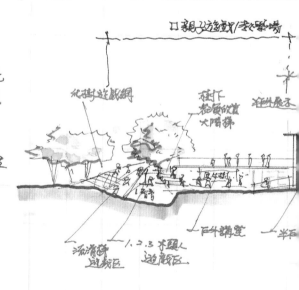

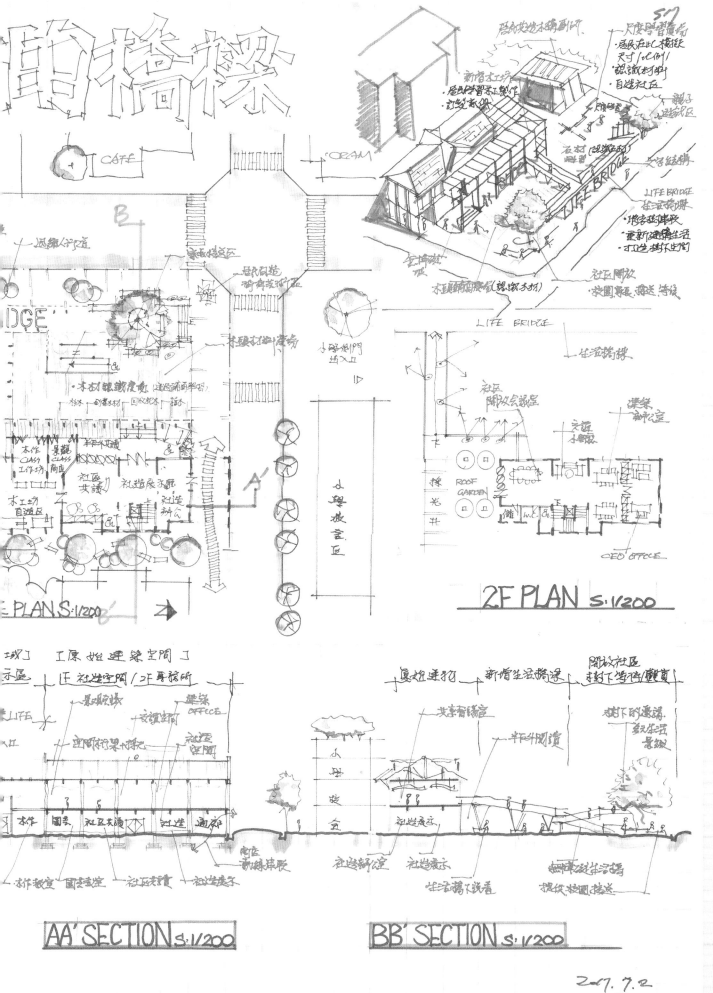

CAFE

ORAM

LIFE BRIDGE

PLAN S:1/200

2F PLAN S:1/200

ROOF GARDEN

CEO OFFICE

AA' SECTION S:1/200

BB' SECTION S:1/200

2017.7.2
R.C

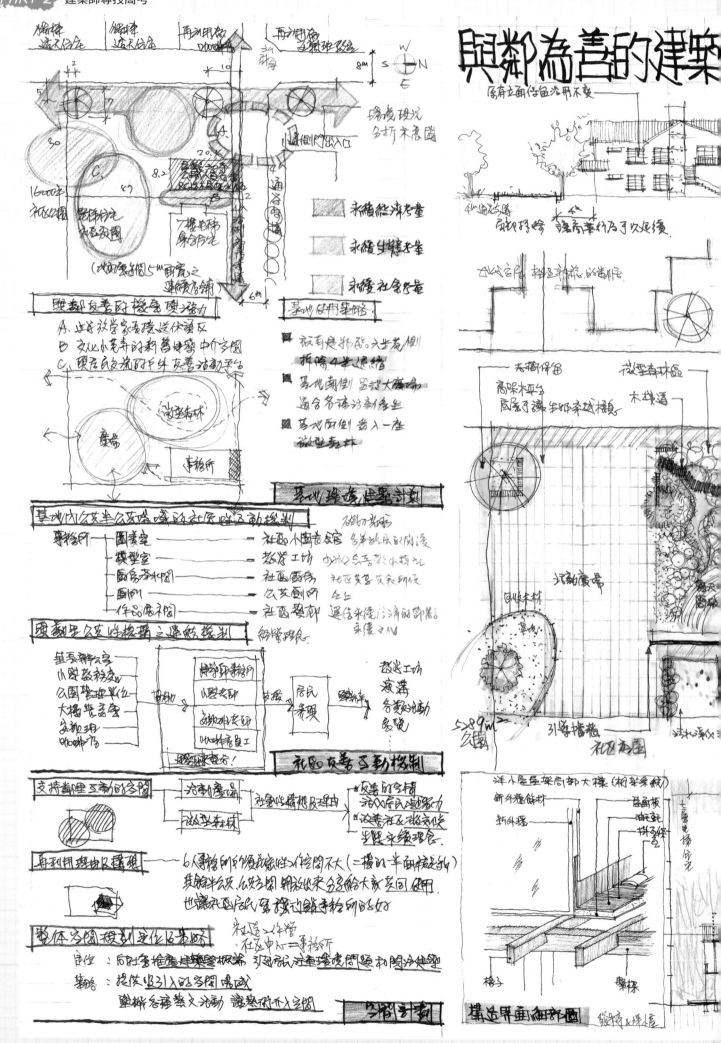

與鄰為善的建築

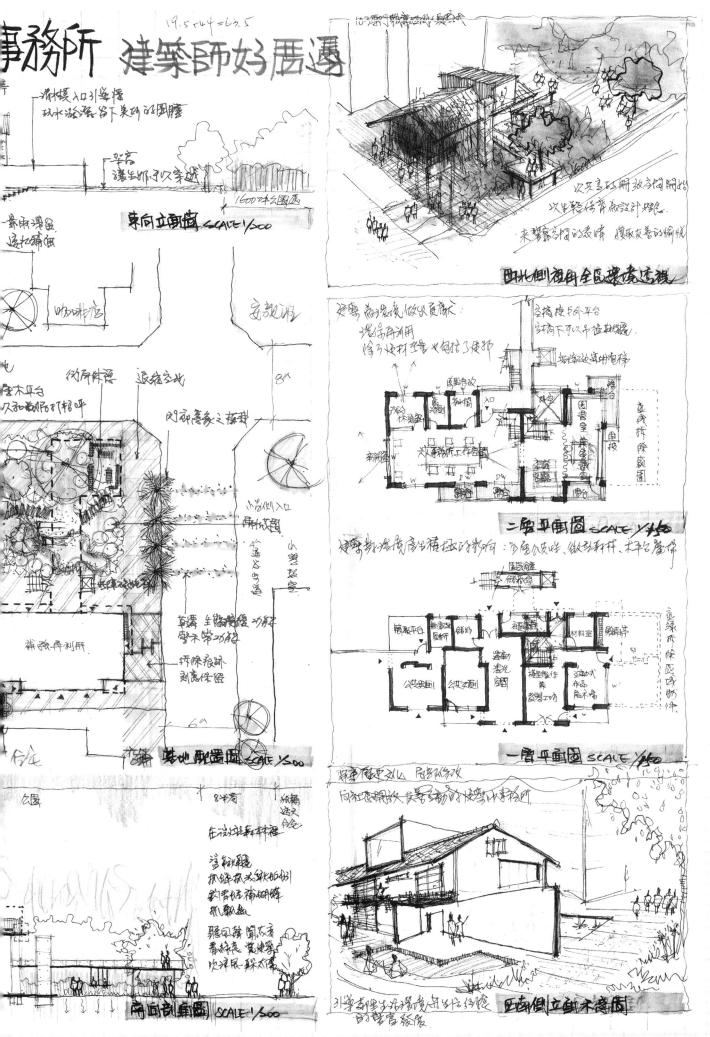

事務所 建築師好厝邊

東向立面圖 SCALE 1/500

西北側視角全區環境透視

基地配置圖 SCALE 1/500

二層平面圖 SCALE 1/150

一層平面圖 SCALE 1/150

南向剖面圖 SCALE 1/500

西南側立面示意圖

生活佐料 與鄰爲善的

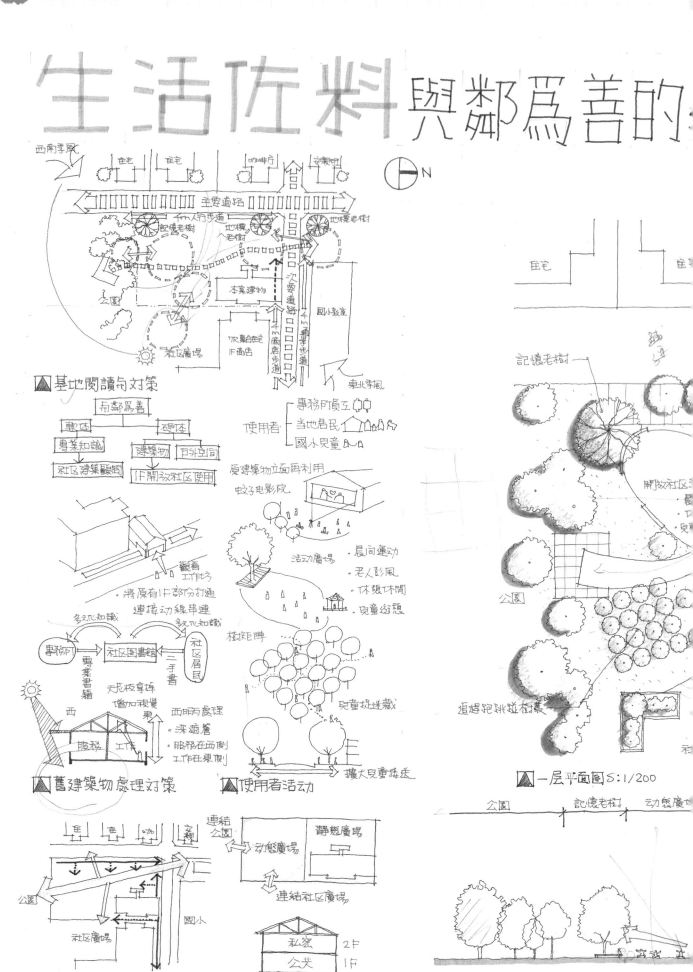

▲基地閱讀与対策

▲舊建築物處理対策

▲使用者活动

▲一层平面图 S:1/200

▲动線計畫

▲分区計畫

▲横向剖面图 S:1/300

築師事務所

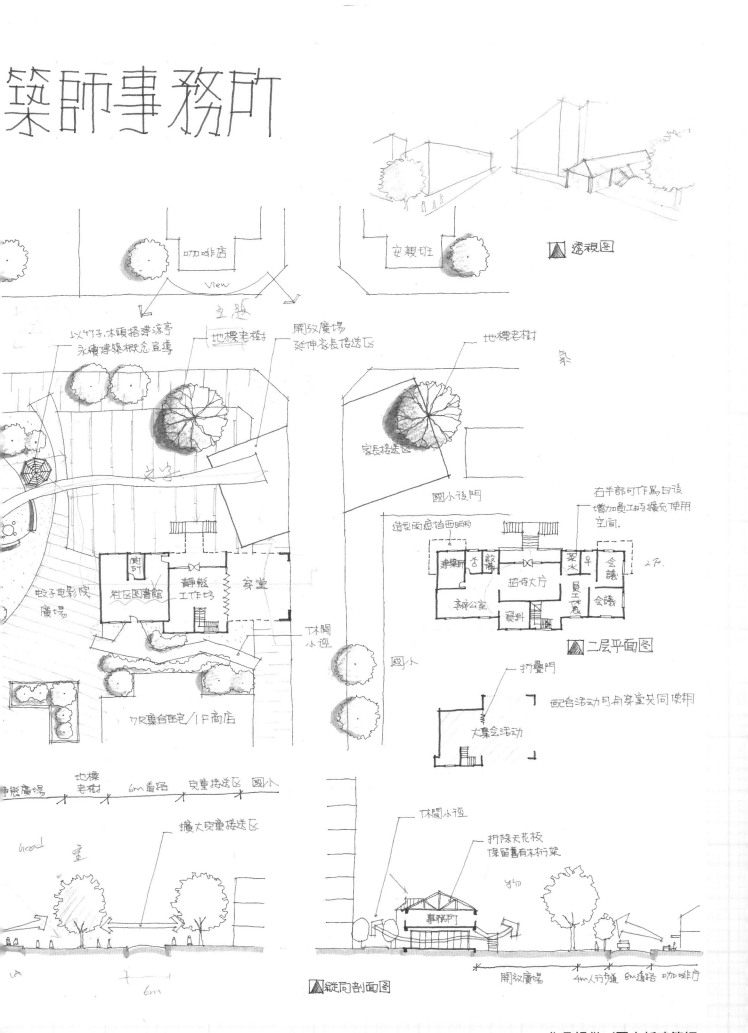

透視圖

以竹子,木頭搭建涼亭
永續建築概念宣導

地標老樹

開放廣場
延伸家長接送區

地標老樹

安親班

右半部可作為日後
增加員工的擴充使用
空間.

造型雨庇擋西曬

國小後門

家長接送區

建築師 設計 主任 茶水 会議
招待大厅 員工休息 会議
辦公室 資料

二层平面图

兒子電影院
廣場

社區圖書館

靜態
工作場

穿堂

休閒
小徑

折疊門

配合活動可與穿堂共同使用

大集会活动

7R集合住宅/1F商店

國小

休態廣場 地標 老樹 6m道路 兒童接送区 國小

擴大兒童接送區

休閒小徑

拆除天花板
保留舊有木行架

事務所

6m

縱向剖面圖

開放廣場 4m人行道 8m道路 咖啡厅

102年專門職業及技術人員高等考試建築師、技師、第二次
食品技師考試暨普通考試不動產經紀人、記帳士考試試題

代號：80160　全三頁
第一頁

等　　別：高等考試
類　　科：建築師
科　　目：建築計畫與設計
考試時間：8 小時

座號：＿＿＿＿＿＿＿＿

※注意：㈠可以使用電子計算器。
　　　　㈡不必抄題，作答時請將試題題號及答案依照順序寫在試卷上，於本試題上作答者，不予計分。

一、題目：都市填充──住商複合使用建築

二、題旨：都市環境的永續發展，理想狀態是長時間裡，以局部新陳代謝的方式，讓建
築物呈有機性的成長。然而短時間內大尺度的開發營建也會發生，結果常造
成對環境紋理及市民集體空間記憶的破壞。
　　　　為了確保集居環境品質的良性發展，個別地塊的營建行為，除了滿足其功能
外，更應扮演在環境成長中一健康基因的角色。

三、基地描述：
　1.本次設計基地位於臺灣某城市內一條次要街道的西側。此街道兩側為地區性商店，
包括了餐飲、服飾、眼鏡行、診所、及超商等。
　2.基地略呈方形，南北兩側為巷道，東臨社區公園，公園外側為街道。基地西面為
一日式的歷史住宅建築，近年修復成為一文學紀念館，並對外開放（見圖1）。
　3.基地面積 1,116 m²，位於住宅區內，使用分區為「住三」（容積率 225%，建蔽率
45%）。「住三」是都市內常見的住宅使用分區，當其基地面臨 8m（含 8m）以
上道路時，底層可以經營服飾、餐飲、書店等（見圖2）。
㈠建築計劃：（30 分）
　　本基地為某公益基金會所有。為提供鄰近地區學生及年輕家庭居住需求，計劃興
建一合宜住商建築，並以較市場為低的租金分租。原則如下：
　1.營造無障礙及綠色生態的建築環境。
　2.基金會受政府委託，同時負責西側文學紀念館之營運。紀念館的戶外空間可以
與本基地整體規劃，並對外開放。
　3.本建築以提供出租單元為主，居住單元類型如下：
　　單身套房（1～2 人），室內實際面積 25 m²～30 m²。
　　家庭 2 房（3～4 人），室內實際面積 60 m²～70 m²。
　　以上兩種住宅單元數量各半。
　4.地面層以商店出租。商店的類型自行擬定，並檢討與住宅空間的使用關係。
　5.建築總面積不可超過法定容積（及依法規規定免計之相關面積）。為了環境品
質，容積亦可不全數使用，但以不少於法定容積之 80% 為原則。
　6.建築總樓地板面積除淨空間（室內空間）需求外，應合理判斷粗面積（公共空
間）的比例及數量。

（請接第二頁）

102年專門職業及技術人員高等考試建築師、技師、第二次
食品技師考試暨普通考試不動產經紀人、記帳士考試試題

代號：80160
全三頁
第二頁

等　　別：高等考試
類　　科：建築師
科　　目：建築計畫與設計

7.基地內提供機車 20 輛，汽車 10 輛的停車需求。

根據以上題旨、基地描述、及計劃原則，請撰寫建築計劃書。內容包括目標願景、基地分析、設計策略、空間概要（面積及屬性說明）、及營運管理。文字不超過 1,500 字，並可輔以圖像表達。

㈡建築設計：（70 分）

以上面所擬的建築計劃書內容（定性及定量需求），在指定基地內呈現你的設計想法。表達的重點有四：

1.清楚詮釋設計對周邊環境的態度。

2.配置策略：包含基地內開放空間如何對應物理環境，及各種日常活動的需求。

3.對複合住商建築類型的理解：住宅單元室內、外空間的轉換，及結構、水電、空調系統的說明。

4.鄰里概念：界定由公共至私密的領域層級；公共空間應促進居民的交流，以培養守望相助的精神。

基本建築設計圖要求如下：

1.配置圖（含景觀設計）：比例 1/300

2.全區地面層平面圖及重要的其他樓層平面圖：比例 1/200

3.主要立面圖：比例 1/200

4.剖面圖（雙向）：比例 1/200

5.全區以透視圖或等角透視圖表示：比例自訂

6.構造細部詳圖：比例自訂

（請接第三頁）

102年專門職業及技術人員高等考試建築師、技師、第二次
食品技師考試暨普通考試不動產經紀人、記帳士考試試題

代號：80160

等　　別：高等考試
類　　科：建築師
科　　目：建築計畫與設計

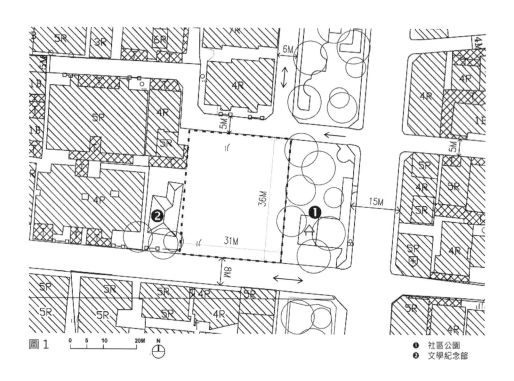

圖1　0　5　10　　　20M　N

❶ 社區公園
❷ 文學紀念館

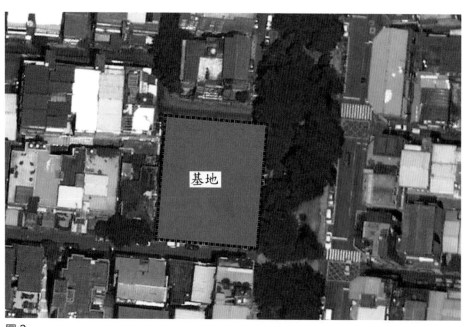

基地

圖2

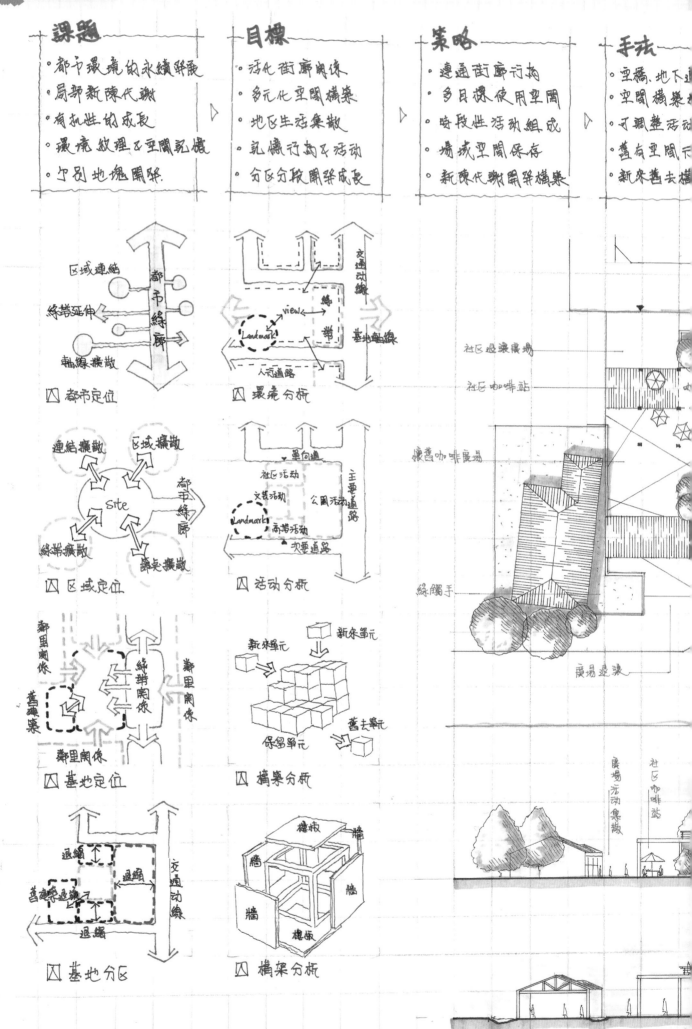

課題
- 都市環境的永續發展
- 局部新陳代謝
- 有機性的成長
- 環境紋理&空間記憶
- 個別地塊開發.

目標
- 活化街廊關係
- 多元化空間構築
- 地區生活聚散
- 記憶行為&活動
- 分區分段開發成長

策略
- 連通街廊行為
- 多目標使用空間
- 時段性活動組成
- 場域空間保存
- 新陳代謝開發構築

手法
- 空橋、地下道
- 空間構築
- 可調整活動
- 舊有空間元
- 新來舊去構築

▢ 都市定位

▢ 環境分析

▢ 區域定位

▢ 活动分析

▢ 基地定位

▢ 構築分析

▢ 基地分區

▢ 構築分析

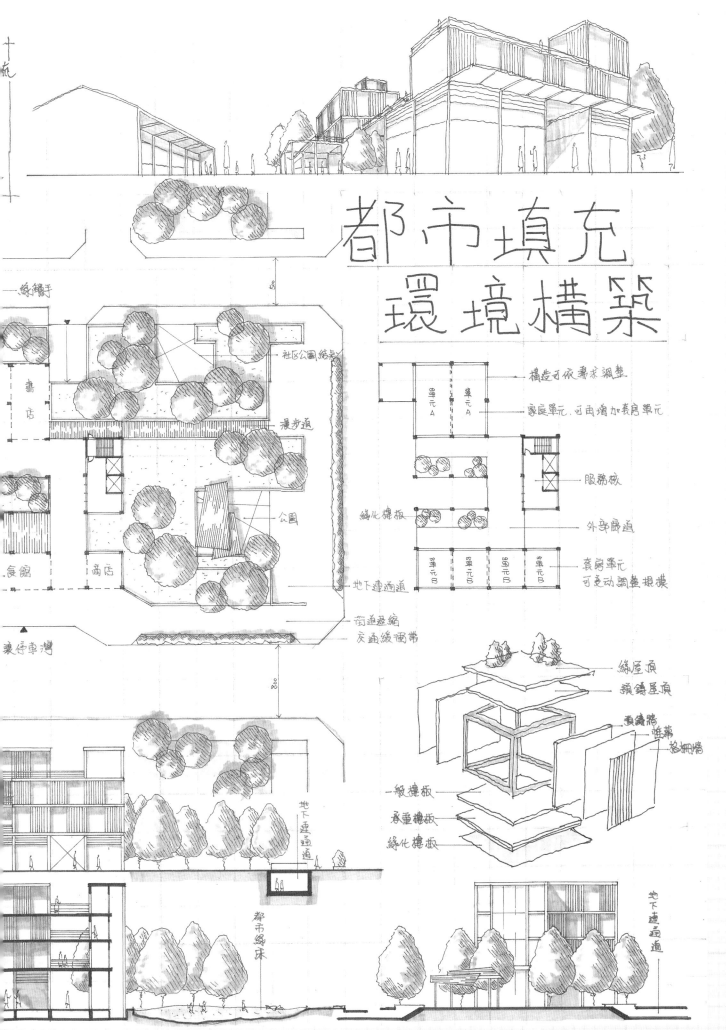

都市填充
環境構築

社區公園綠帶
漫步道
公園
地下連通道
街道退縮
交通緩衝帶
綠離牆
書店
食館
商店
象停車灣

構造才依需求調整
家庭單元.可再增加套房單元
單元A 單元A
服務核
綠化樓板
外部廊道
套房單元
可更動調整規模
單元B 單元B 單元B 單元B

綠屋頂
預鑄屋頂
預鑄牆
桂葉
格柵牆
一般樓板
承重樓板
綠化樓板

地下連通道
都市綠床
地下連通

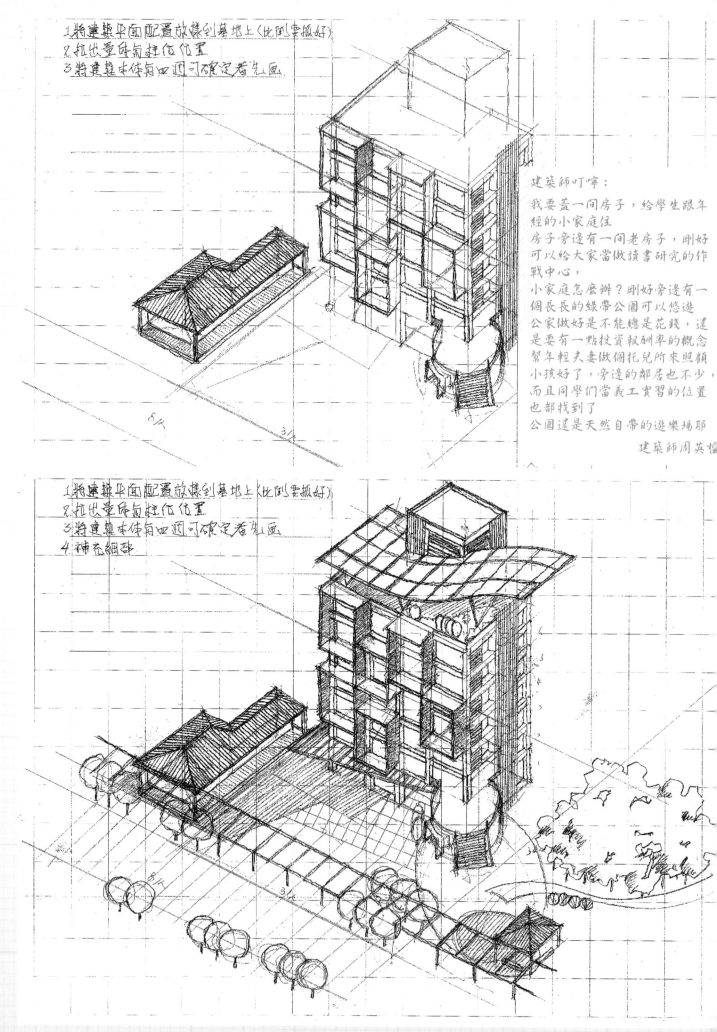

1.將建築平面配置放樣到基地上（比例要抓好）
2.拉出量體的建位位置
3.將建築本体有四週可碓定者先畫

建築師叮嚀：

我要蓋一間房子，給學生跟年
經的小家庭住
房子旁邊有一間老房子，剛好
可以給大家當做讀書研究的作
戰中心，
小家庭怎麼辦？剛好旁邊有一
個長長的綠帶公園可以悠遊
公家做好是不能總是花錢，還
是要有一點投資報酬率的概念
幫年輕夫妻做個托兒所來照顧
小孩好了，旁邊的鄰居也不少，
而且同學們當義工實習的位置
也都找到了
公園還是天然自帶的遊樂場耶
　　　　　建築師周英捷

1.將建築平面配置放樣到基地上（比例要抓好）
2.拉出量體的建位位置
3.將建築本体有四週可碓定者先畫
4.補充細部

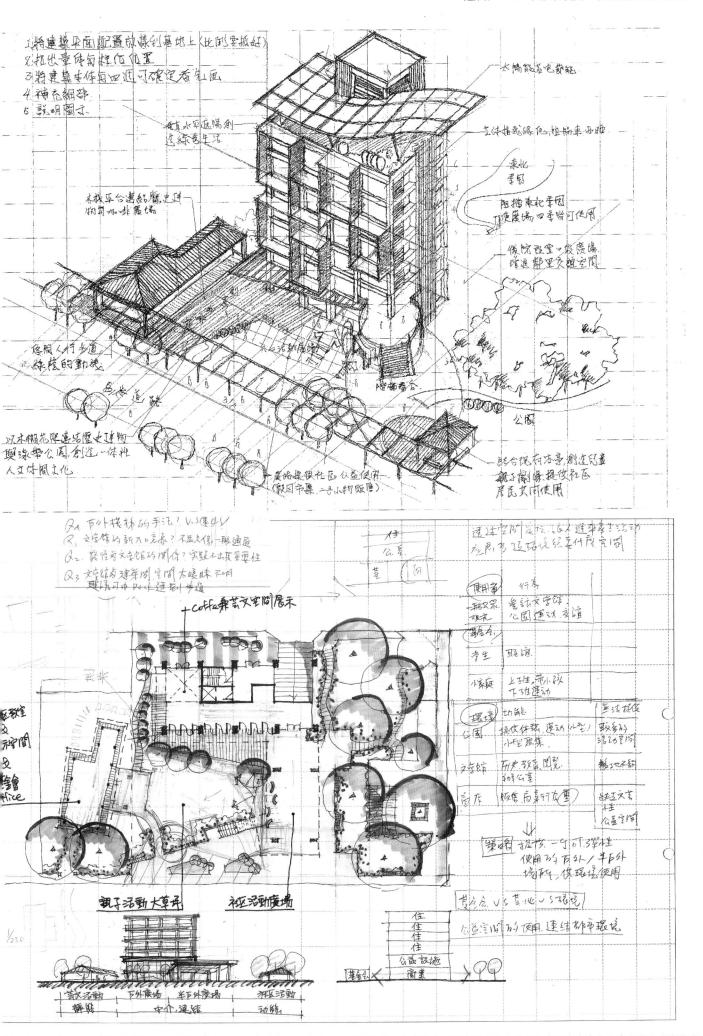

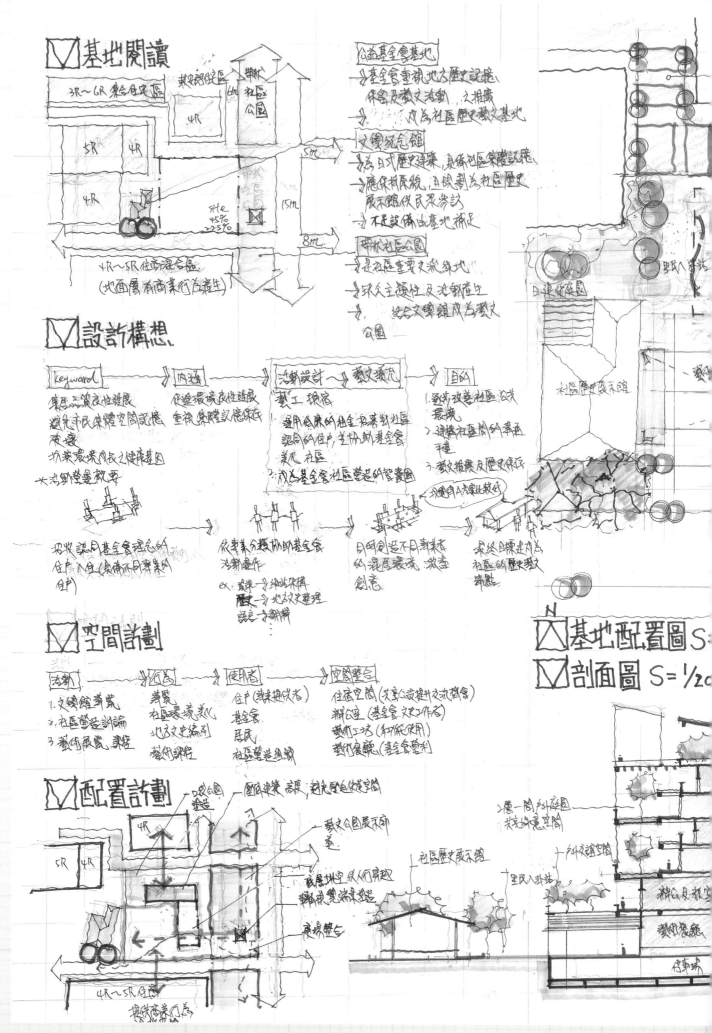

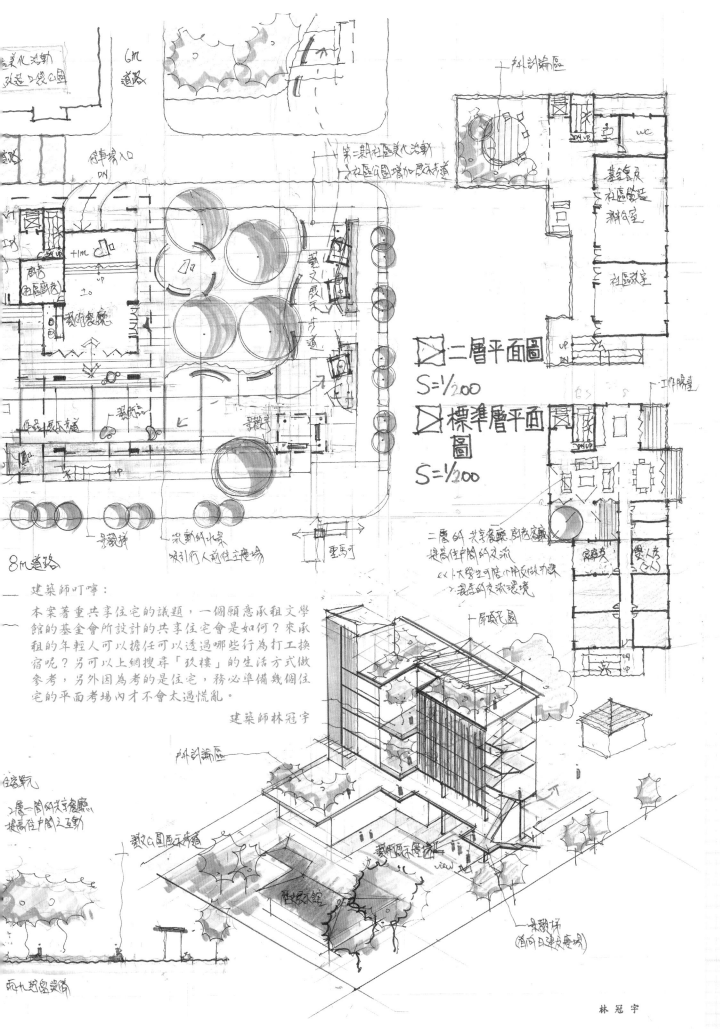

建築師叮嚀：

本案著重共享住宅的議題，一個願意承租文學館的基金會所設計的共享住宅會是如何？來承租的年輕人可以擔任可以透過哪些行為打工換宿呢？另可以上網搜尋「玖樓」的生活方式做參考，另外因為考的是住宅，務必準備幾個住宅的平面考場內才不會太過慌亂。

建築師林冠宇

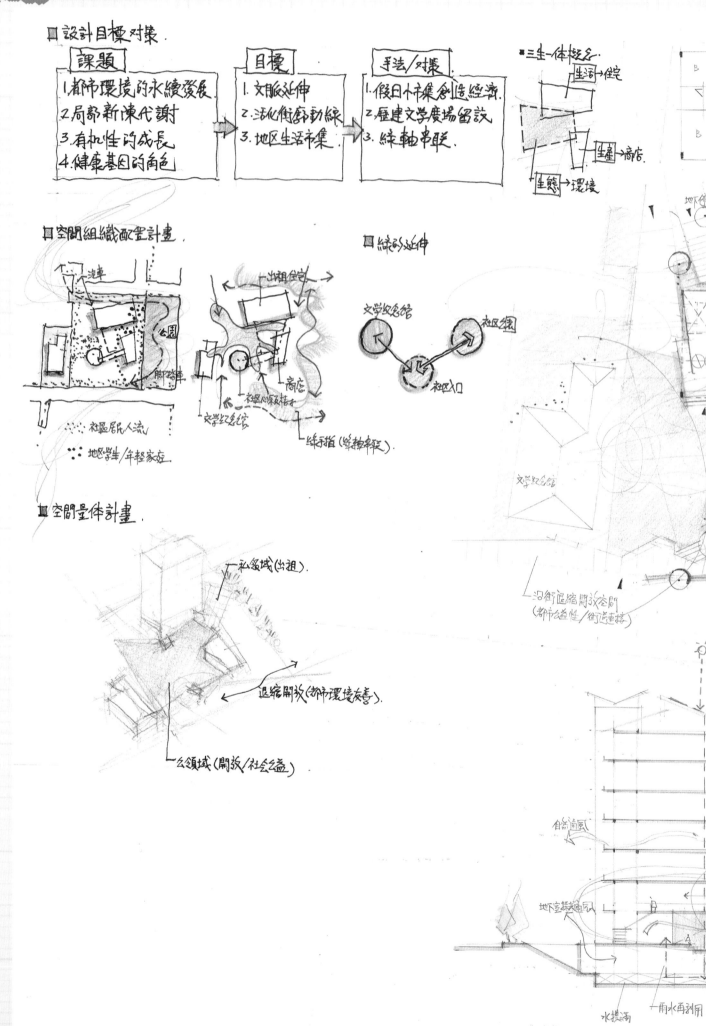

■ 設計目標 对象.

課題		目標		手法/对象
1.都市環境的永續發展.	→	1.文脈延伸	→	1.假日小市集創造經濟.
2.局部新陳代謝		2.活化街廓動線		2.歷建文學廣場留設.
3.有机性的成長		3.地区生活市集.		3.綠軸串聯.
4.健康基因的角色				

■ 三生一体軽重.
生活→住宅
生態→環境
生屋→商店

■ 空間組織配置計畫.
汽車
公園
社區居民人流
地区學生/年輕家庭

出租住宅
商店
社區心源及活才
文学紀念館
綠手指(綠軸串聯).

■ 綠的延伸
文学收金館
社区綠
社区入口

文学紅色館

沿街退縮開放空間
(都市公益性/街道連接)

■ 空間量体計畫.
私密域(出租).
退縮開放(都市環境友善).
公領域(開放/社会公益)

自然通風
地下室採光通風
水撲満
雨水再利用

作品提供／張勝朝建築師

■ 標準層平面圖 1/300

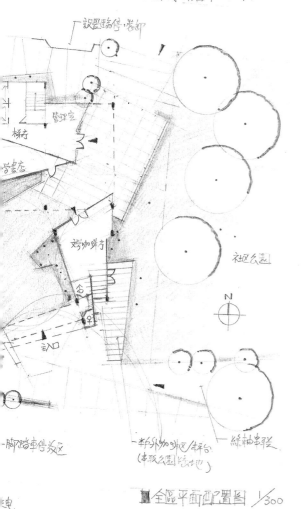

─設置臨停、卸卻

管理室

梯方

營書店

文号咖啡方

出入口

脚踏車停放区

社区公園

N

─綠軸串聯

半外咖啡区／半平台
(串聯公園綠地)

■ 全區平面配置圖 1/300

連

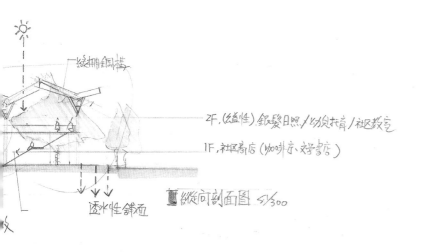

場的錄处(生態跳島)

─綠棚鋼構

2F.(認性)銀髮日照／幼兒托育／社区教室

1F.社区商店(咖啡方、文学書店)

■ 縱向剖面圖 S1/300

透水性舖面

建築師叮嚀：

核心議題(是閱卷老師想要看見的)

／找到設計面向的主軸

／都市紋理的珍惜

／歷史元素建築處理的態度

／維生系統(經營管理)

／市民的記憶(歷史情節)

建築師張勝朝

作品提供／張勝朝建築師 217

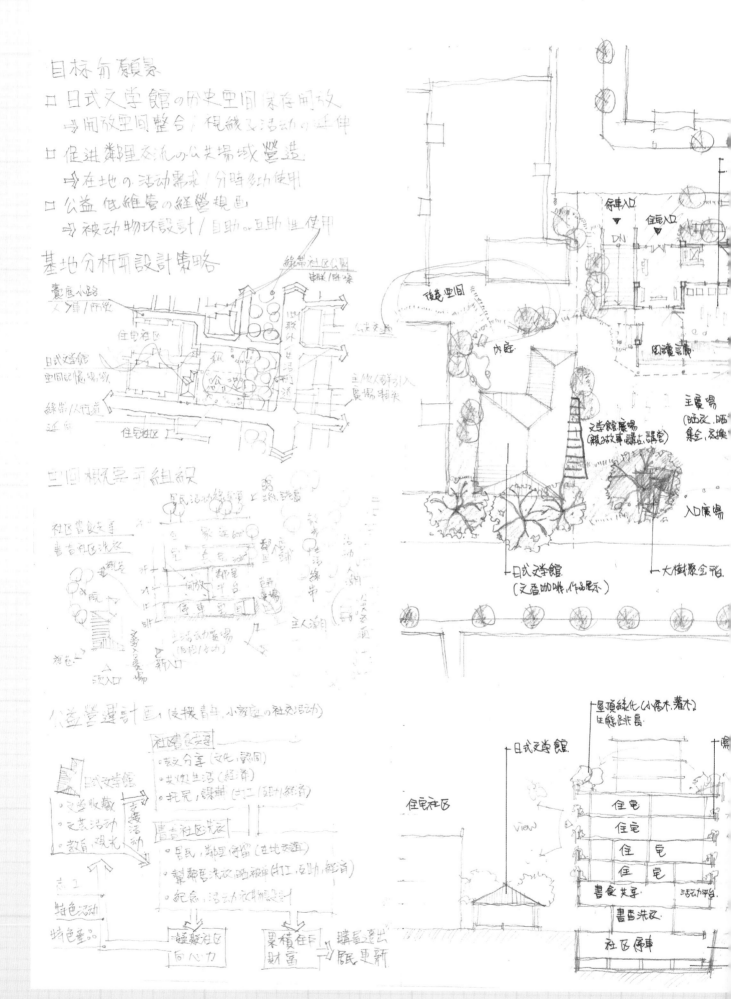

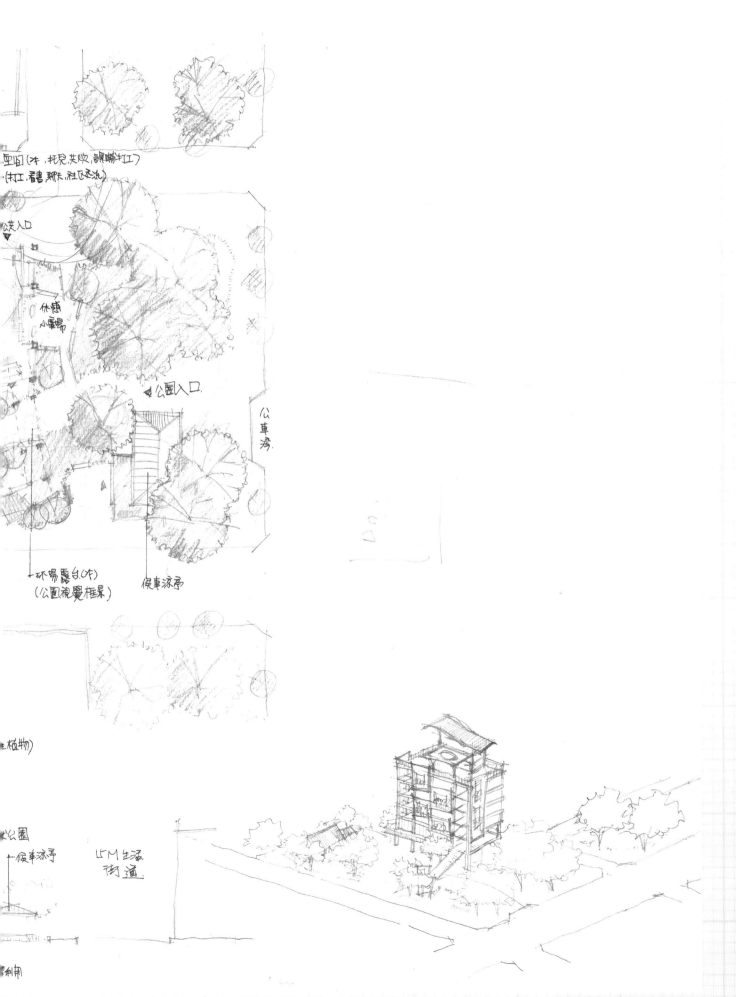

社團(汴, 托兒, 共收, 課輔社工)
(社工, 看書, 聊天, 社區交流)

公共入口

休憩
小廣場

公園入口

公車灣

环場露台.(休)
(公園視覺框景)

候車涼亭

植物)

公園

候車涼亭

45M生活
街道

利用

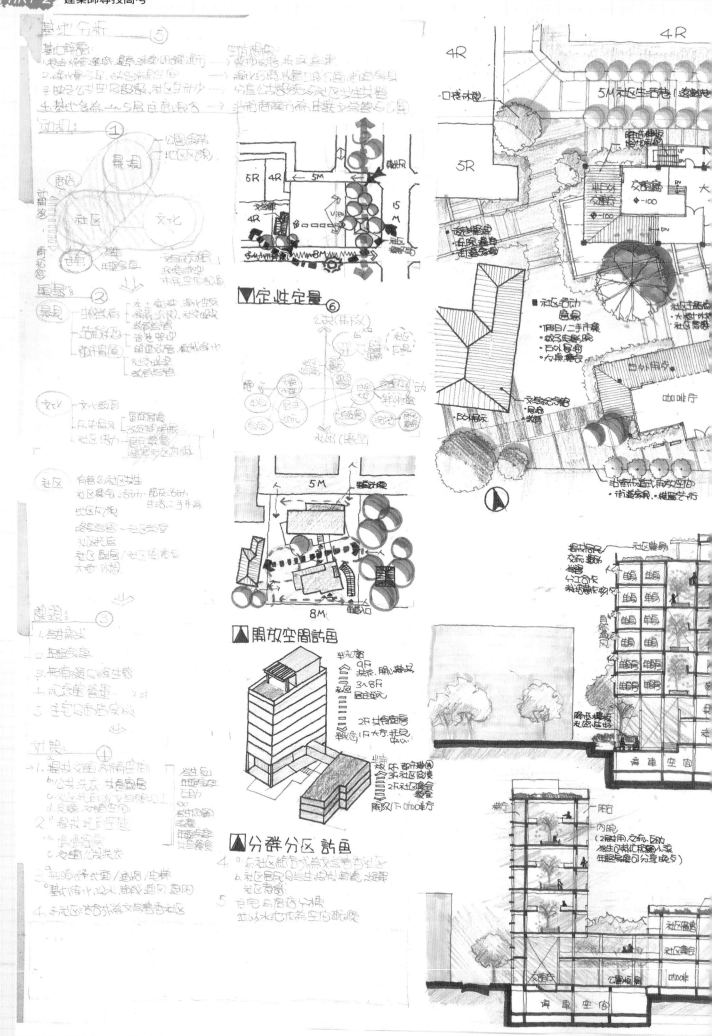

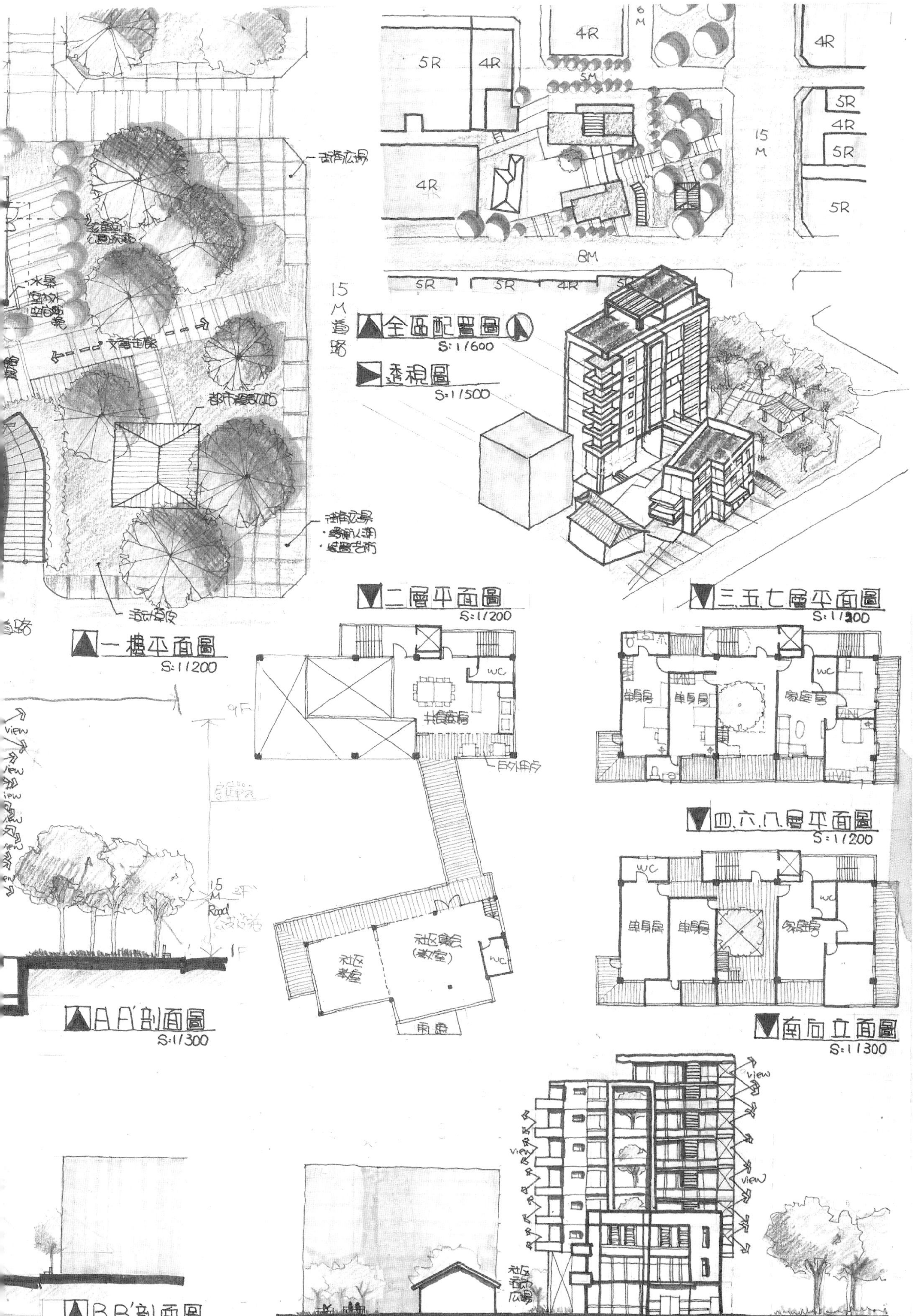

▲全區配置圖
S:1/600

▶透視圖
S:1/500

15M 道路

8M

4R 5R 4R 6M 4R
5R 4R 5M 15M 5R 4R 5R
4R 5R

5R 5R 4R

▲一樓平面圖
S:1/200

▼二層平面圖
S:1/200

共食廚房
wc
戶外座位

9F

▼三、五、七層平面圖
S:1/200

單身房 單身房 家庭房 wc

▼四、六、八層平面圖
S:1/200

wc 單身房 單身房 家庭房 wc

社區教室 社區集會（教室） wc
雨房

▲AA'剖面圖
S:1/300

15M Road
1F

view view view view

▼南向立面圖
S:1/300

view view
社區藝廊廣場

▲BB'剖面圖
S:1/300

陳又伊

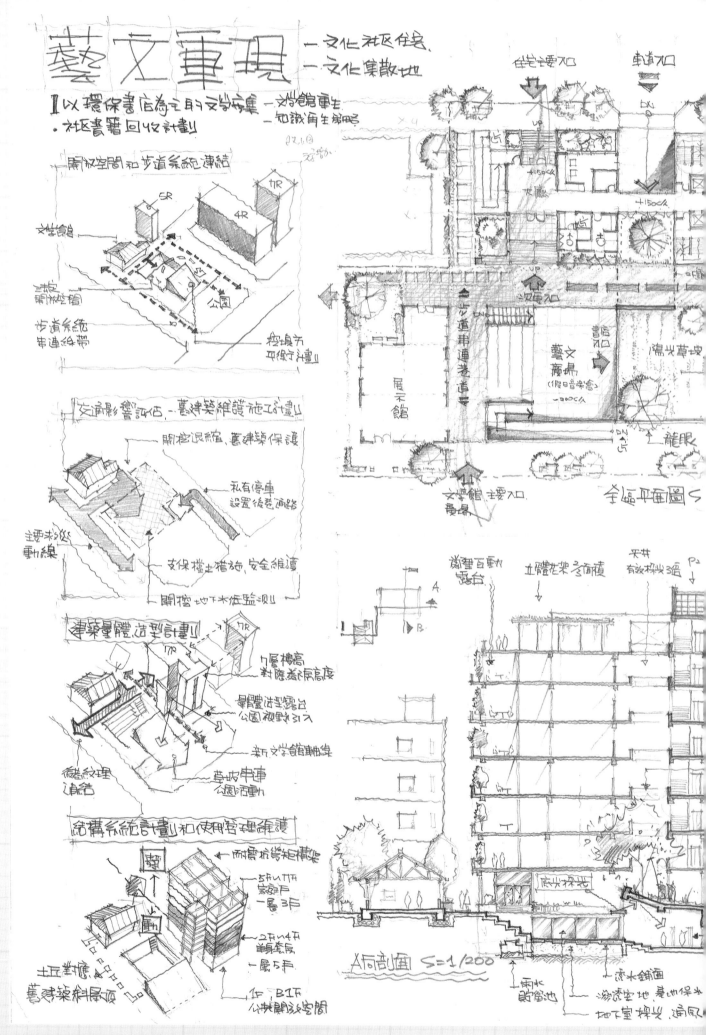

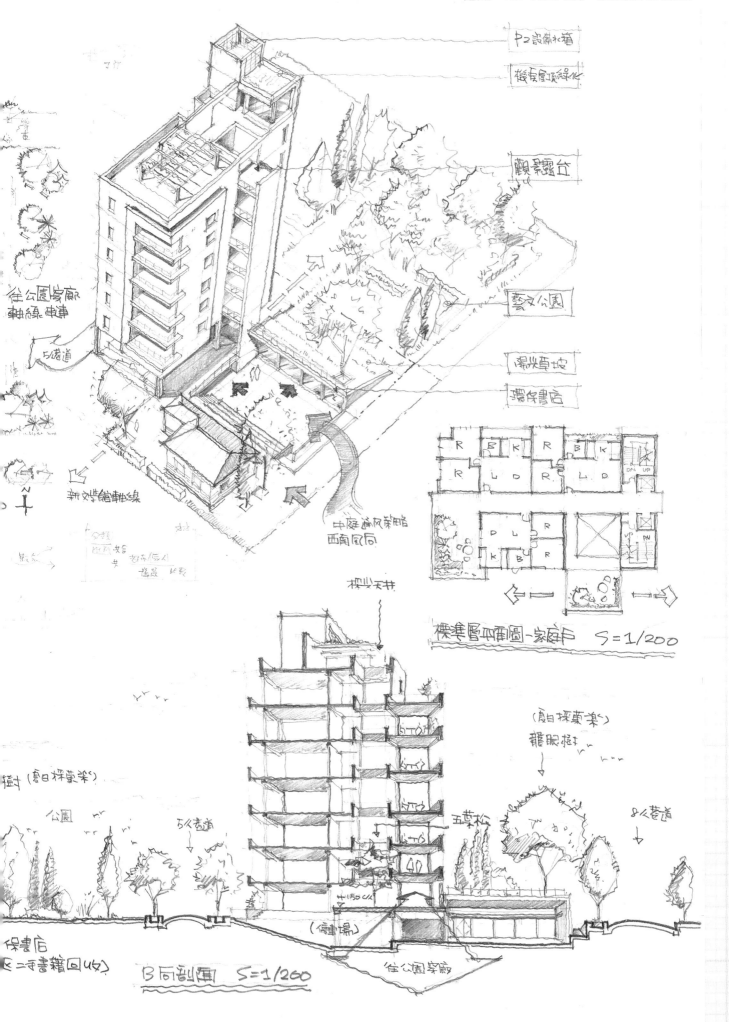

標準層平面圖─家庭戶　S=1/200

B 向剖面　S=1/200

101年專門職業及技術人員高等考試建築師、技師、第2次　　代號：80160　全四頁
食品技師考試暨普通考試不動產經紀人、記帳士考試試題　　　　　　　　第一頁

等　　別：高等考試
類　　科：建築師
科　　目：建築計畫與設計
考試時間：8小時　　　　　　　　　　　　　　　　座號：＿＿＿＿＿＿＿

※注意：㈠可以使用電子計算器。
　　　　㈡不必抄題，作答時請將試題題號及答案依照順序寫在試卷上，於本試題上作答者，不予計分。

一、規劃設計題目：「歷史建築保存再利用與活動中心增建」規劃設計。

二、規劃設計概述：
　　本活動中心增建案的基地位處舊市區，目前該區人口數約達 8000 多人，基地範圍
　　內既有一棟經當地市政府指定之歷史建築，該建築物經調查推測約建成於 1930 年
　　代，主要為一混凝土加強磚造，屋架為鋼桁架之大跨距構造物（詳附圖），曾為地
　　方居民臨時集會與避難所，具有地方歷史意義，目前已完成建築物修復工程。今因
　　該建築所在附近環境現況多為低樓層之騎樓式零售店鋪住宅，中高齡居住人口偏高，
　　公共設施環境資源如小型公園或綠地、停車場、室內外多用途使用活動空間等均有
　　所不足，當地區公所擬依《都市計畫公共設施用地多目標使用辦法》為提供居民一
　　處聚會及休閒活動遊憩之場所，並帶入創意活動與歷史建築保存空間結合，因此，
　　擬公開徵求一項符合居民使用需求且具創意之地方性社區公共空間設施使用之計畫，
　　同時保存歷史建築再利用為主體並增建活動中心之建築設計。

三、基地相關資料及法規：
　　1.地權管理：區公所。
　　2.基地面積：3000m^2（基地及現況說明如附圖）。
　　3.使用分區：公共設施用地。
　　4.建築法規：建蔽率為 60%（含保留之歷史建築），基地開挖率為 70%，容積率為
　　　　　　　　 200%。

四、基本建築計畫說明：
　　1.興建依據：都市計畫公共設施用地多目標使用辦法。
　　2.興建面積：鑑於實際預算之限，增建供社區居民活動使用之建築空間面積以
　　　　　　　　 1200m^2 為上限（含地下室使用面積）。
　　3.空間需求（面積自訂）：
　　　⑴可供約 150 人使用之室內（或外）多功能集會空間，及其他與當地社區居民特
　　　　質所需之相關空間需求（相關空間如聲控室、管理室、儲藏室、梯間、走廊、
　　　　廁所等面積依法規自訂之）。
　　　⑵小汽車停車數 20 部。
　　　⑶戶外景觀及活動空間規劃設計。
　　4.該基地內歷史建築及老樹均需保留（歷史建築長向兩側柱間之窗、牆及門可配合
　　　實際使用做適當改變），並須與其他自擬增建之空間需求，整併為一完整之建築
　　　計畫書，並以建築設計之方式完整呈現，以求整體都市環境空間之和諧。

（請接第二頁）

101年專門職業及技術人員高等考試建築師、技師、第2次
食品技師考試暨普通考試不動產經紀人、記帳士考試試題

代號：80160　全四頁
第二頁

等　　　別：高等考試
類　　　科：建築師
科　　　目：建築計畫與設計

五、建築計畫書內容基本要求如下（請參考前述之各項說明）：（30分）
　　1. 環境課題：說明對基地背景環境資料之認知及可能遭遇之規劃設計課題與解決對
　　　　策。
　　2. 規劃準則：說明基地內保留之歷史建築物與增建之新建築量體配置及周邊景觀整
　　　　體計畫之準則。
　　3. 空間概要：說明增建供居民使用之室內外活動空間與歷史建築再利用之空間使用
　　　　計畫（含各空間面積及簡要之使用屬性說明）。
　　4. 設計構想：說明建築配置規劃與設計構想。
　　5. 執行計畫：簡要說明監造計畫所需注意重點事項。

六、建築設計圖基本要求如下：（70分）
　　1. 配置圖（含景觀設計）：比例 1/400
　　2. 平面圖：比例 1/200
　　3. 主要立面圖：比例 1/200
　　4. 剖面圖：比例 1/200（至少二向）
　　5. 透視圖：表現建築與環境、人與空間的關係。
　　6. 細部圖：表現歷史建築與增建空間之間的構築細部。（數量及內容自行決定）

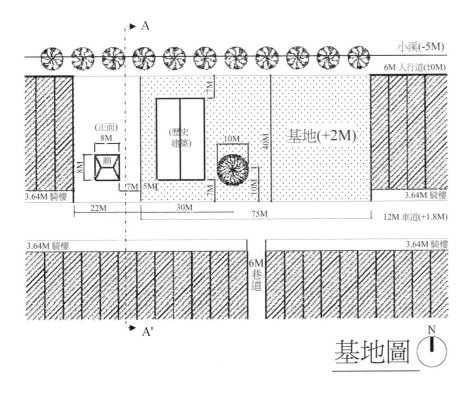

基地圖

（請接第三頁）

101年專門職業及技術人員高等考試建築師、技師、第2次
食品技師考試暨普通考試不動產經紀人、記帳士考試試題　　代號：80160　全四頁
第三頁

等　　別：高等考試
類　　科：建築師
科　　目：建築計畫與設計

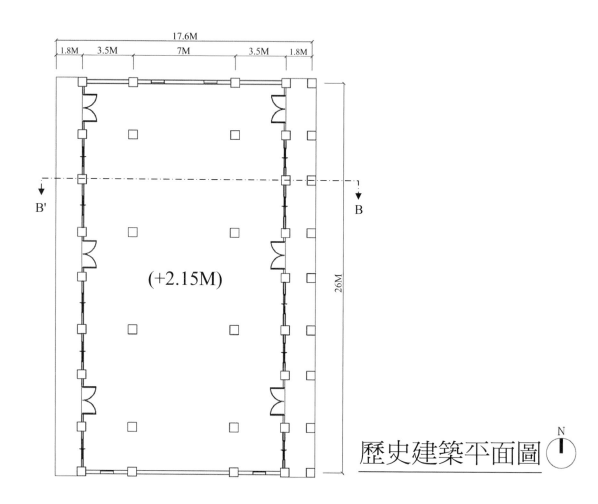

歷史建築平面圖

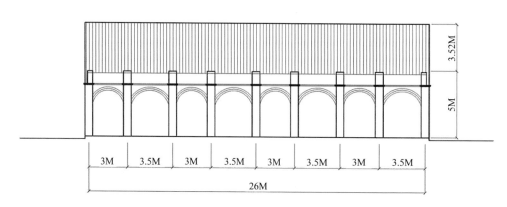

歷史建築東向立面圖

（請接第四頁）

等　　別：高等考試
類　　科：建築師
科　　目：建築計畫與設計

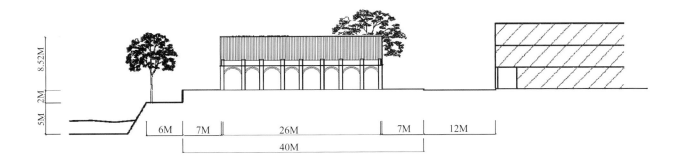

A - A'剖面圖

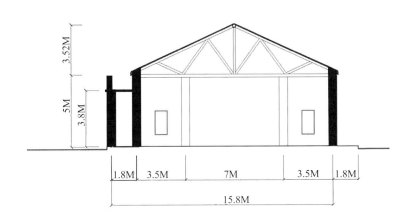

歷史建築 B - B'剖面圖

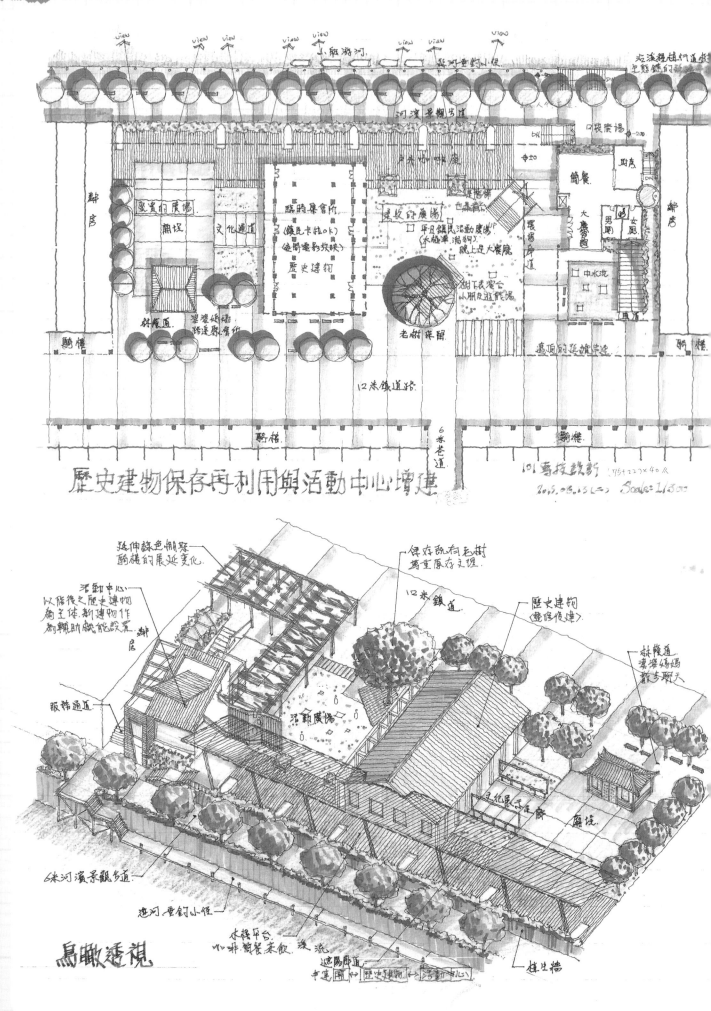

歷史建物保存再利用與活動中心增建

鳥瞰透視

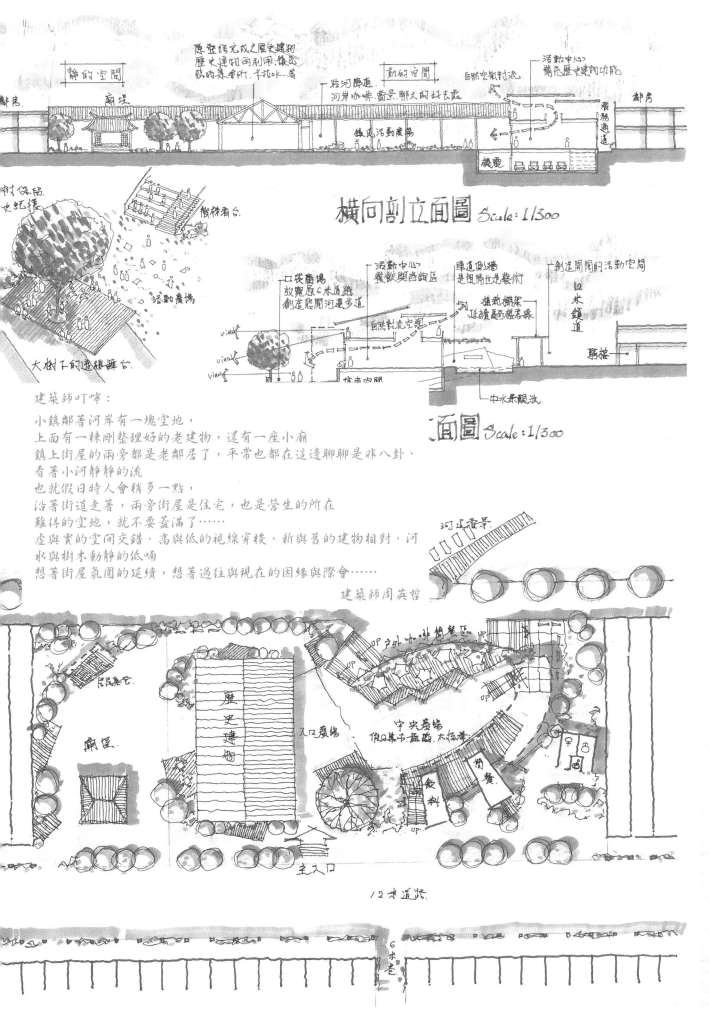

橫向剖立面圖 Scale: 1/300

靜的空間　廟堂

原整修完成之歷史建物
歷史建物再利用，鎮民
臨時集會所、卡拉OK...等

沿河廊道
河岸咖啡、賞景、聊天的好去處

動的空間

自然空氣對流

活動中心
補充歷史建物功能

都房

都房

緩坡活動廣場

服務通道

機電

村保固
火記樣

階梯看台

活動廣場

大樹下的還想舞台

民廣場
放寬原6米道路
創造悠閒河邊步道

view

view

view

信息空間

活動中心
餐飲與咨詢區

車道側牆
是圍牆也是藝術

植栽棚架
延續歷商樹老朱

中水景觀流

創造開闊的活動空間

12
米
鎮
道

聯接

面圖 Scale: 1/300

河底香景

建築師叮嚀：

小鎮鄰著河岸有一塊空地，
上面有一棟剛整理好的老建物，還有一座小廟
鎮上街屋的兩旁都是老鄰居了，平常也都在這邊聊聊是非八卦、
看著小河靜靜的流
也就假日時人會稍多一點，
沿著街道走著，兩旁街屋是住宅，也是營生的所在
難得的空地，就不要蓋滿了……
虛與實的空間交錯、高與低的視線穿梭、新與舊的建物相對、河
水與樹木動的低喃
想著街屋氛圍的延續，想著過往與現在的因緣與際會……

建築師周英哲

民集合

廟堂

歷史建物

入口廣場

戶外咖啡情景區

UP

UP

UP

中央廣場
假日集市舞蹈、太極拳

餐飲

簡養

UP

主入口

12米道路

6米老

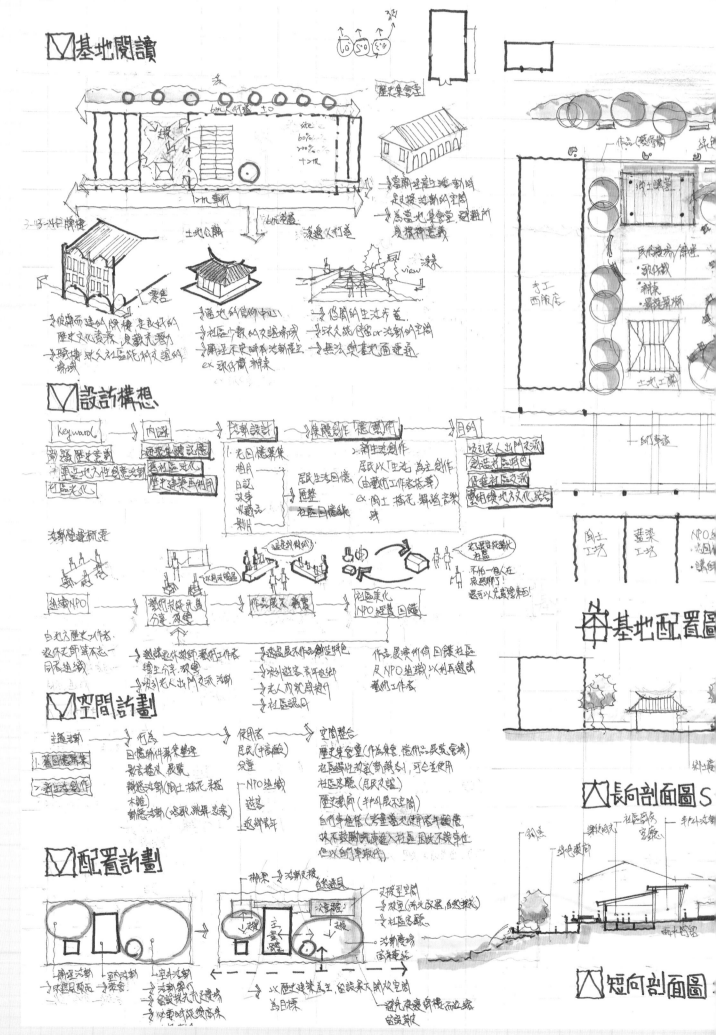

技憶生活埕

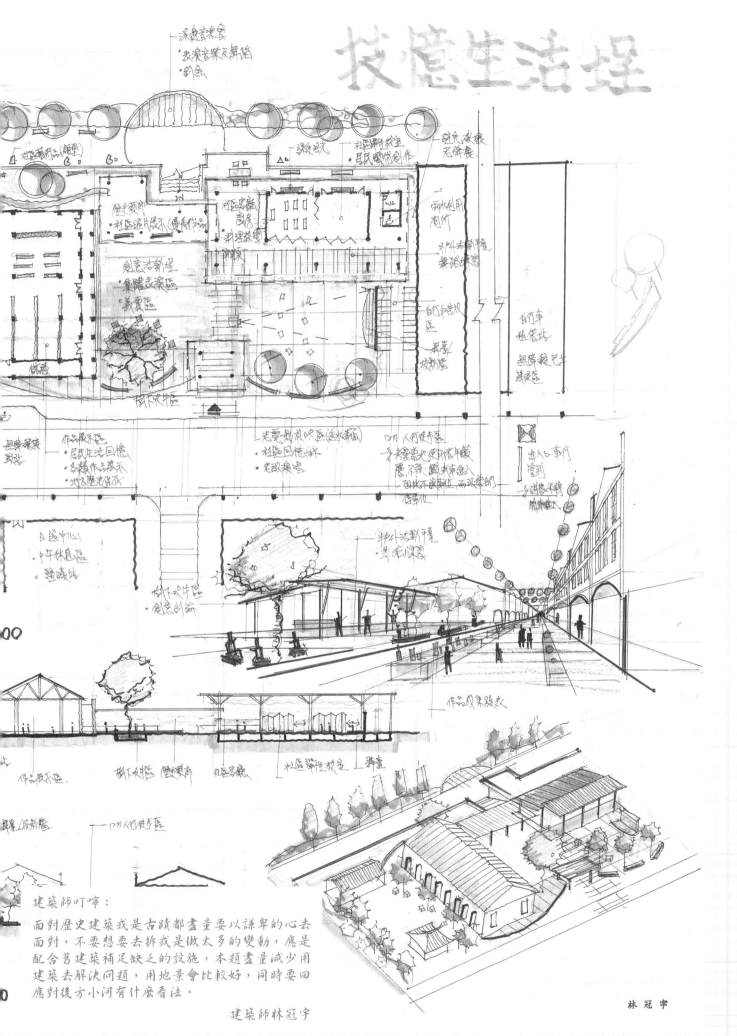

建築師叮嚀：

面對歷史建築或是古蹟都盡量要以謙卑的心去面對，不要想要去拆或是做太多的變動，應是配合舊建築補足缺之的設施，本題盡量減少用建築去解決問題，用地景會比較好，同時要回應對後方小河有什麼看法。

建築師林冠宇

作品提供／林冠宇建築師

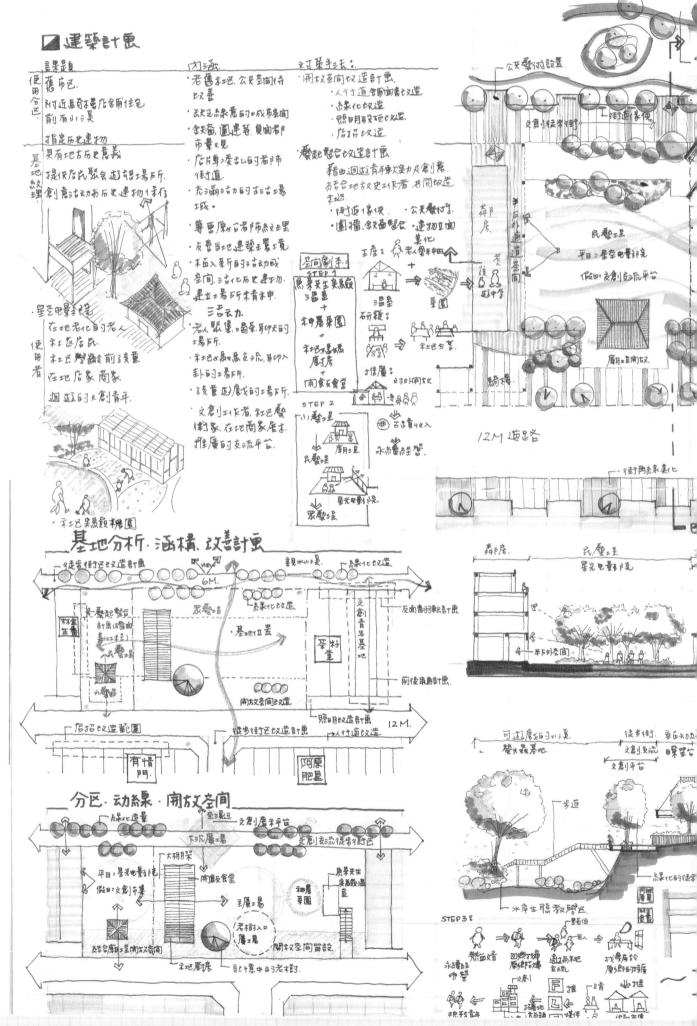

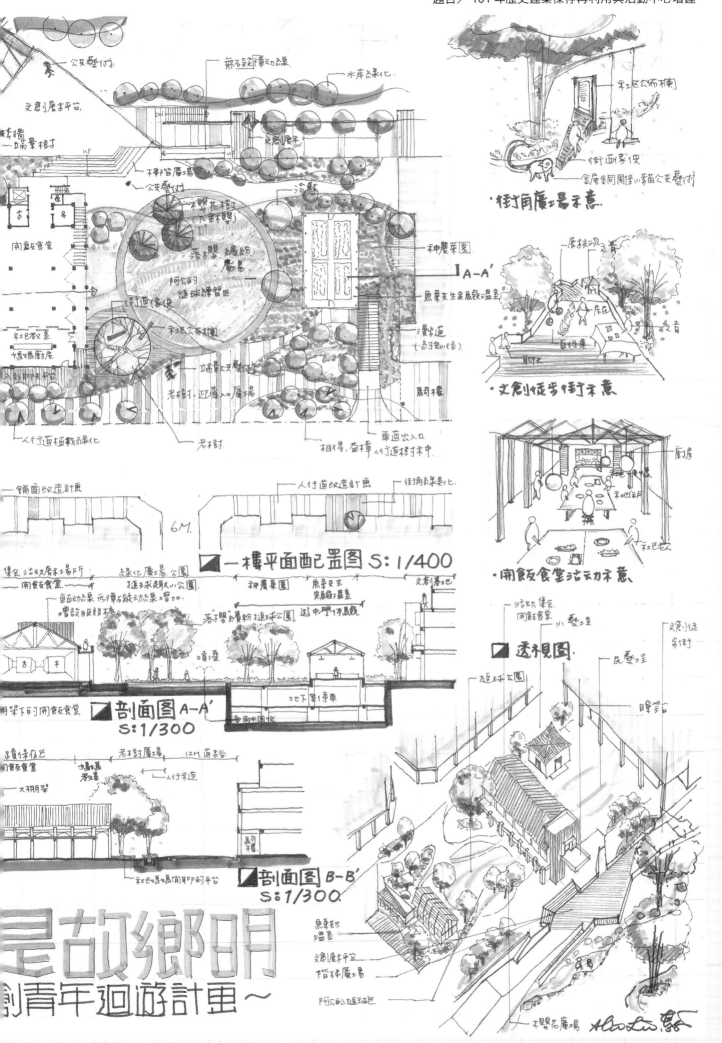

一樓平面配置圖 S:1/400

剖面圖 A-A'
S:1/300

剖面圖 B-B'
S:1/300

是故鄉明
剖青年迴游計畫～

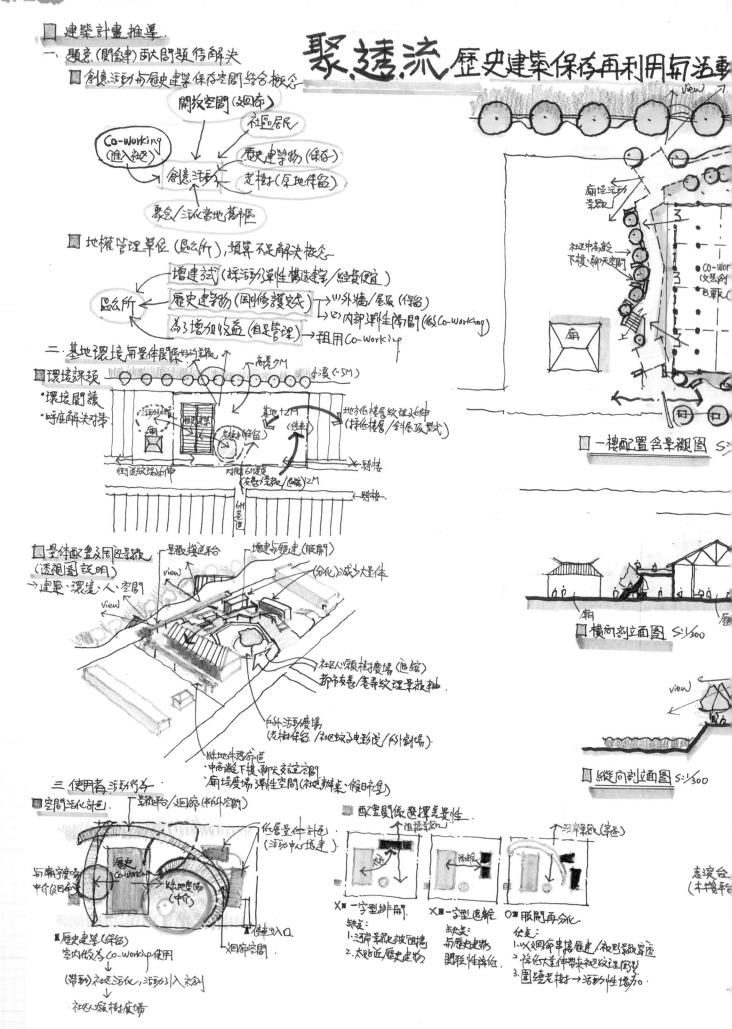

聚.達.流 歷史建築保存再利用与活事

■ 建築計畫推導.
一、題意(關鍵車)歐大問題佮解决.
　■ 創意活動与歷史建築保存空間結合概念.
　　開放空間(迴廊)
　　　社區居民
　Co-working
　(推入社區)
　　　歷史建築物(保存)
　　創意活動
　　　老樹才(原地保留)
　　聚合/活化當地舊市區
　■ 地權管理單位(區公所),頭昏不足解决概念.
　　增建試(採活動彈性構造物/經費便宜)
　區公所 — 歷史建築物(剛修護完成) → ⑴外牆/屋頂(保留)
　　　　　　　　　　　　　　　　　⑵內部彈性隔間(做Co-working)
　　為了增加收益(自足管理) → 租用Co-working
二、基地環境与量体關係好的筆攝.
　■環境課題　高差2M　小溪(-5M)
　・環境關護
　・呼應解决对策　基地+2M (保留)　地方低樓層紋理延伸(採低樓層/斜屋頂型式)
　　街道紋理延伸　老樹才保留　对挥6M強度(友善樓梯/退縮)2M　騎樓
　　　　　　　　　　　　　　　　　　6M巷道　騎樓

　■量体配置及周辺景觀(透視圖說明)
　→建築・環境・人・空間
　view　view
　　　景觀棧進給台　增建与歷建(眺閣)
　　　(分化)以減少大量体
　　　社區心須挥持廣場(壓縮)
　　　都市友善/老尋紋理景觀軸.
　　　戶外活動廣場(老樹保留/社區蚊子電影院/戶外劇場)
　　　採地生態分區
　　　・中高齡下棋・聊天交誼空間
　　　・廟埕廣場彈性空間(社區辦桌/假日市集)

三、使用者活動行为.
　■空間活化計畫.
　　露平台/迴廊　增平台/迴廊(半外空間)
　　低層量体計造(活动中心增建)
　局廟宇廣場中心(迴廊)　歷史Co-working　綠地廣場(中介)　停車出入口　迴廊空間
　■歷史建築(保留)
　　室內做为Co-working使用
　　(帶動)社區活化/活动引入交創
　　社區人須挥持廣場

　■配置關係選擇气妄性　推捨數
　X■一字型排開　X■一字型遠雜　O■眺閣再分化
　缺乏:　　　　　　缺乏:　　　　　　优点:
　1.过渡景觀与圍墙　与歷史建物　1.以迴廊串接歷建/視野景觀穿透
　2.太貼近歷史建物　關聯性降低　2.降低大量体帶來社区紋理衝突
　　　　　　　　　　　　　　　　3.圍繞老樹才→活動性場所.

　■一樓配置含景觀圖 S:__
　廟埕活動景觀　社區中高齡下棋・聊天空間　CO-Wor(文藝創)B單元
　廟

　■橫向剖立面圖 S:1/300　廟

　■縱向剖立面圖 S:1/300　view

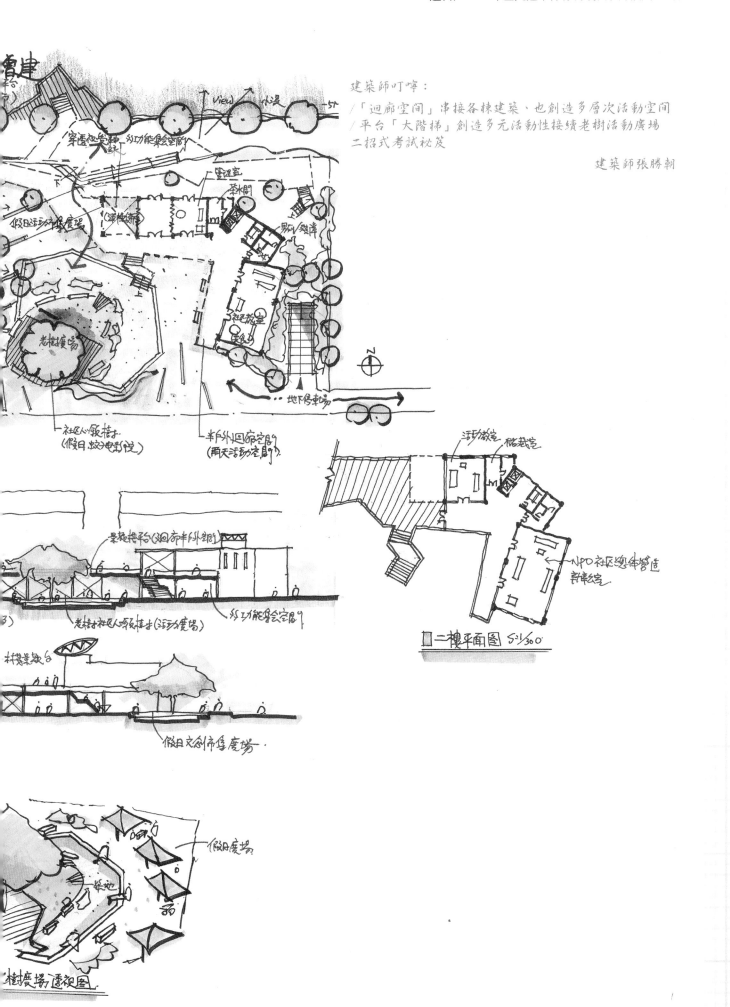

建築師叮嚀：
/「迴廊空間」串接各棟建築、也創造多層次活動空間
/平台「大階梯」創造多元活動性接續老樹活動廣場
二招式考試祕笈

建築師張勝朝

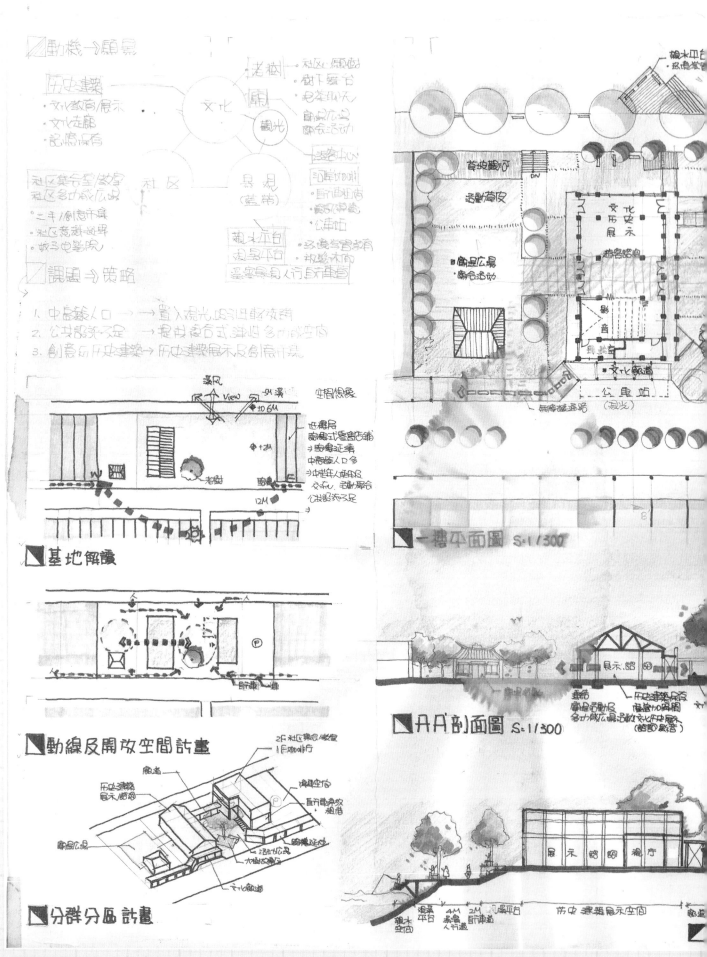

動機→願景

歷史建築
・文化教育/展示
・文化走廊
・記憶保存

社區集會室/教室
社區多功能廣場
・二手/創意市集
・社區意識凝聚
・故事電影院

文化
觀光

社區

景觀
(藍綠)

基地解讀

動線及開放空間計畫

分群分區計畫

一層平面圖 S:1/300

A A'剖面圖 S:1/300

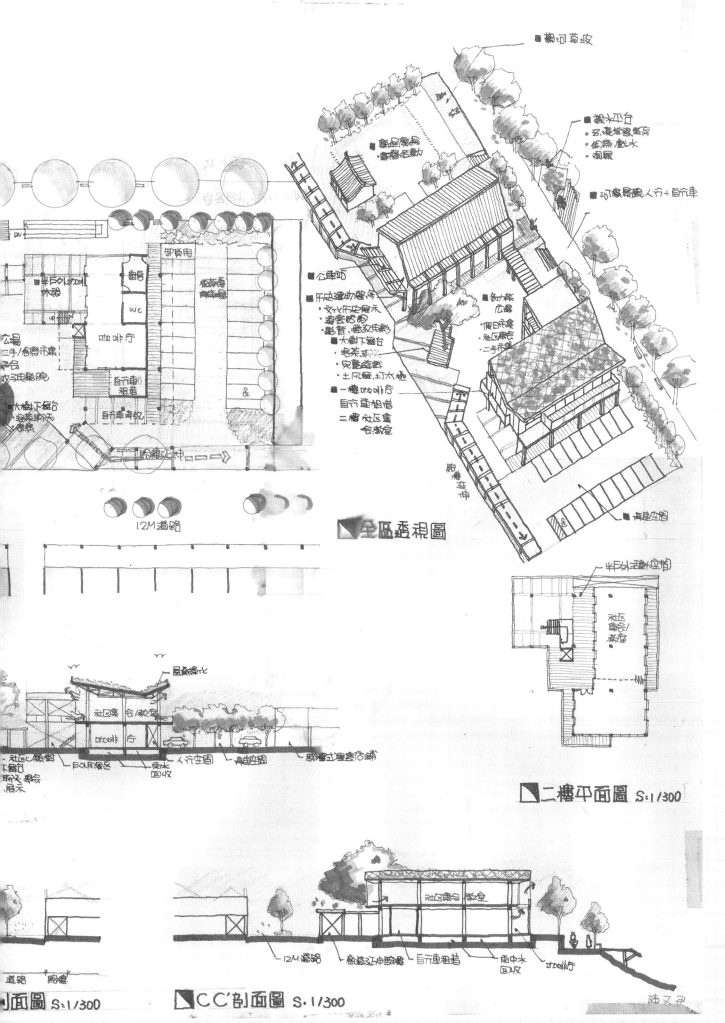

■櫻河草坡

■親水平台
・多層巡覽環繞
・金魚戲水
・涼亭

■河緣景觀人行＋自行車

■公車站

■歷史建物廣場
・文化所史展示
・遊客諮詢
・影音、產品展售

■大樹下舞台
・泡茶可歇
・兒童遊戲
・土風舞、打太極

■一樓咖啡廳
自行車租借
二樓社區集
會教室

半戶外活動空間

社區集會/教室

二手/創意市集
老伯

大樹下舞台
採茶可歇

咖啡廳

wc

自行車商店
租借

12M道路

全區透視圖

多功能廣場
・假日市集
・社區集會
・二手市集

停車空間

半戶外活動空間

社区集会/教室

二樓平面圖 S:1/300

風景綠化

社区集会/教室

咖啡厅

社區集會廣場
戶外用餐區
雨水回收
展示

人行空間

騎樓式商店

社区集会/教室

12M道路 騎樓式中庭院 自行車租借 雨中水 咖啡厅
回收

道路 騎樓

面圖 S:1/300   **CC'剖面圖** S:1/300

陳又伊

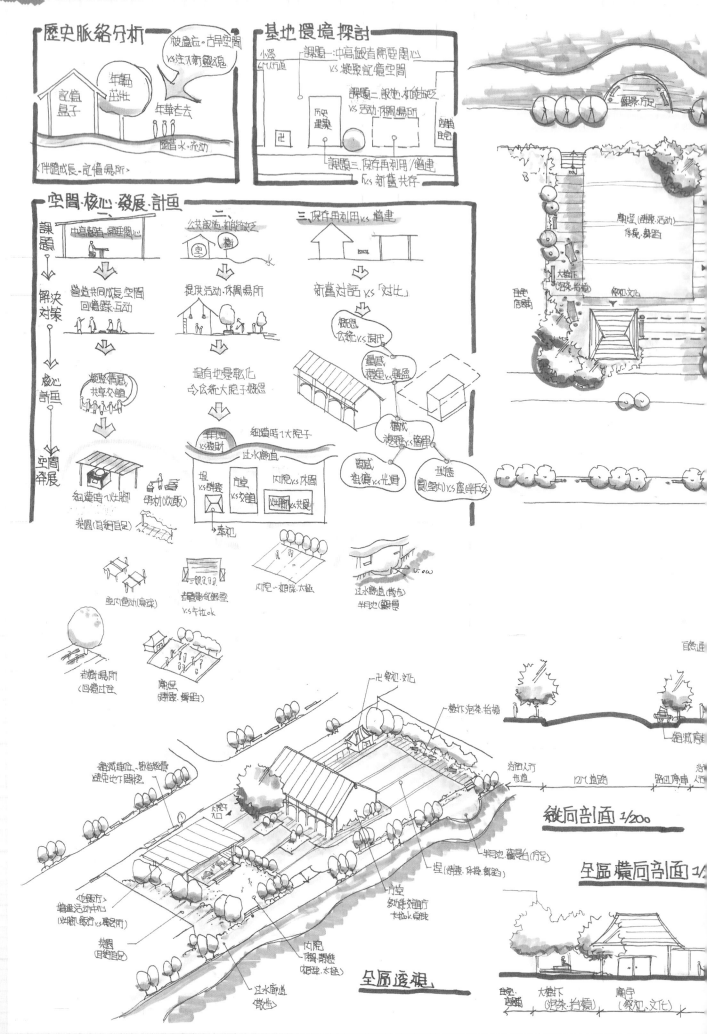

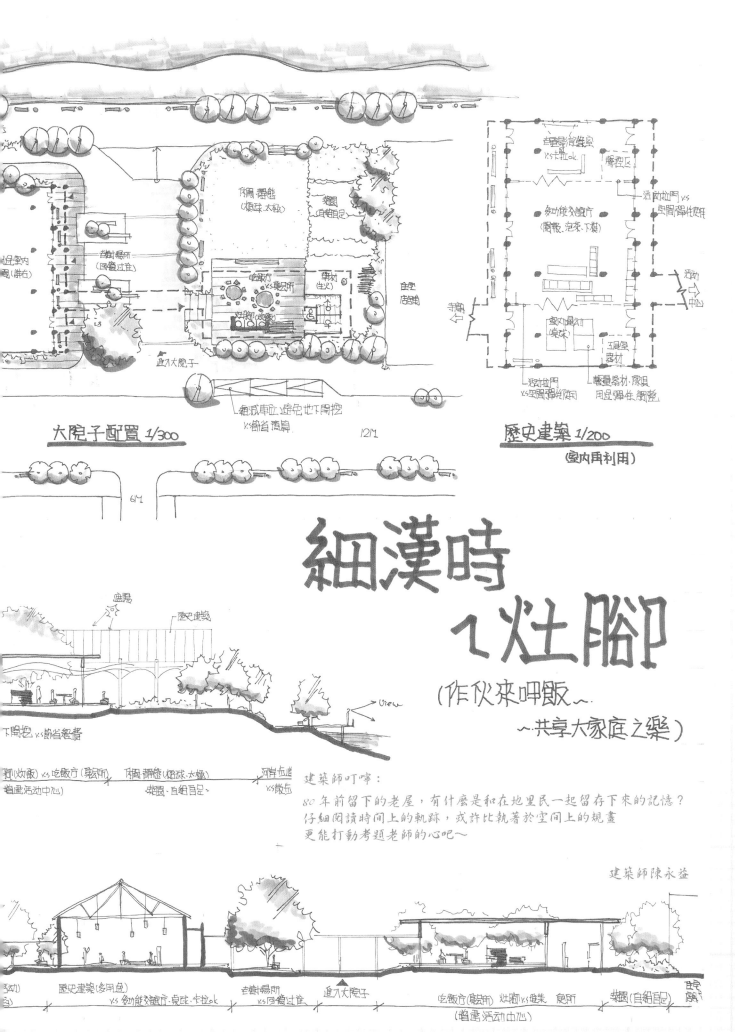

大院子配置 1/300

歷史建築 1/200
(室內再利用)

細漢時
ㄟ灶腳
(作伙來呷飯～
～共享大家庭之樂)

建築師叮嚀：

80 年前留下的老屋，有什麼是和在地里民一起留存下來的記憶？
仔細閱讀時間上的軌跡，或許比執著於空間上的規畫
更能打動考題老師的心吧～

建築師陳永益

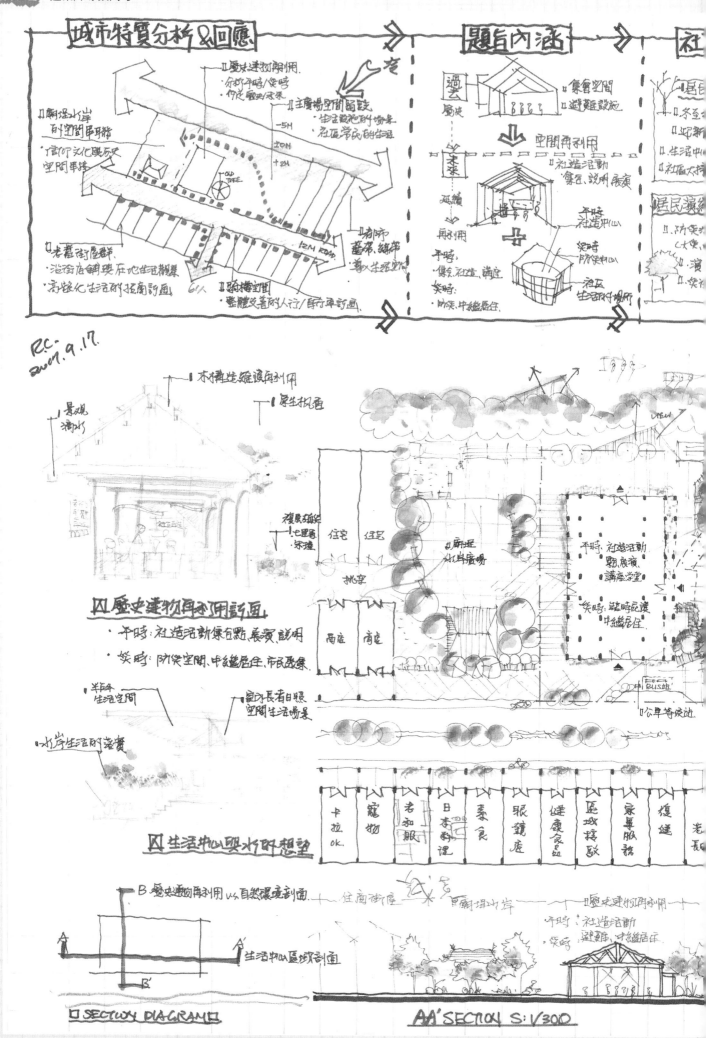

城市特質分析&回應

□廟埕水岸
配置的串聯
·信仰文化歷史
空間串接

□老舊街屋群
·沿街店鋪與在地生活鄰接
·高稠化生活的拓寬計畫

□歷史建物再利用
·分期平時/災時
·何在歷史/未來

□主廣場空間鋪設
·生活設施的場景
·社區學民的生活

□街市蔬果、編織
·導入生活動能

□騎樓空間
·整體改善的人行/自行車計畫

□12M ROAD

題后內涵

過去 歷史

現在 未來

延續 再利用

□集會空間
□避難設施

空間再利用
·社造活動
·集會、說明展演

平時 社造活心
災時 防災中心

平時:集會、社造、消座
災時:防災、中繼居住

社區生活的場所

RC.
2009.9.17.

□景觀
澹水

木構生維護再利用
屋生拱重

復層功能
七里再
宋建

□歷史建物再利用計畫
·平時:社造活動保有點、展演、說明
·災時:防災空間、中繼居住、市民聚集

半戶外
生活空間

室內長者日照
空間生活場景

□水岸生活的落實

□生活中心與水的想望

B歷史建物再利用vs自然環境剖面

生活中心區域剖面

□ SECTION DIAGRAM □

住宅 住宅
挑享
居庭 商店

□廟埕
水岸廣場

平時:社造活動
題、展演、講座學堂

災時:疏時花護
中繼居住

□公車等候站

卡拉OK | 寵物 | 老永服 | 日永料理 | 素食 | 眼鏡店 | 健康食品 | 區域援啟 | 家專服務 | 復延 | 老長

住商街屋   □廟埕山岸   歷史建物再利用
平時:社造活動
災時:避難、中繼居住

AA' SECTION S:1/300

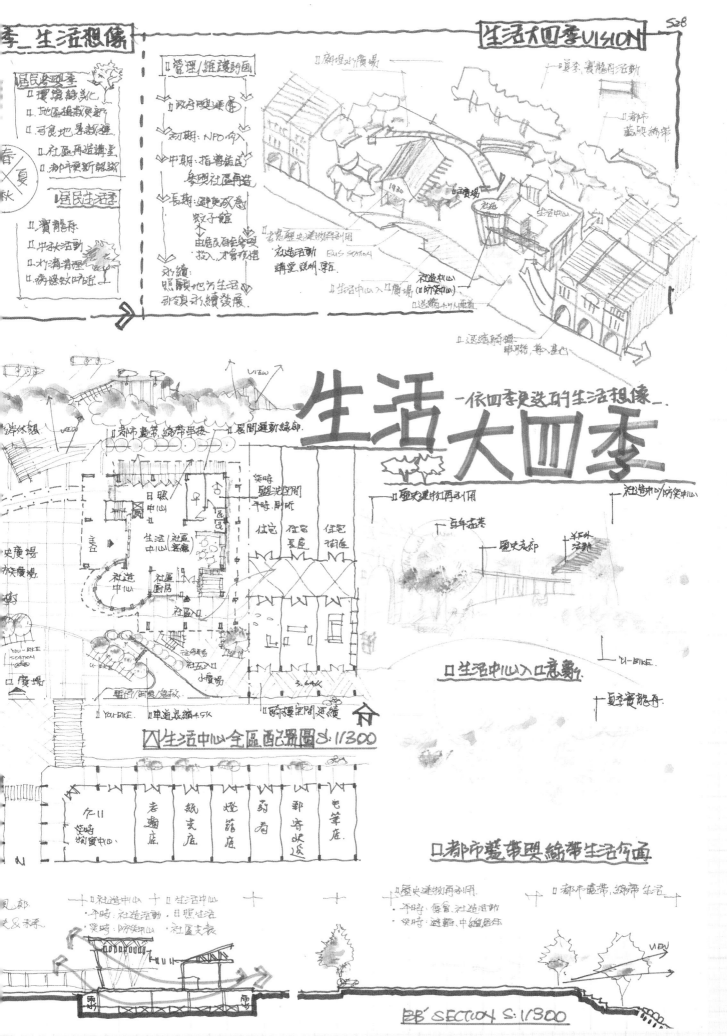

生活大四季 —依四季更迭的生活想像—

□生活中心全區配置圖 S:1/300

□都市藍帶與綠帶生活計畫

□生活中心入口意象

BB' SECTION S:1/300

☑基地環境紋理

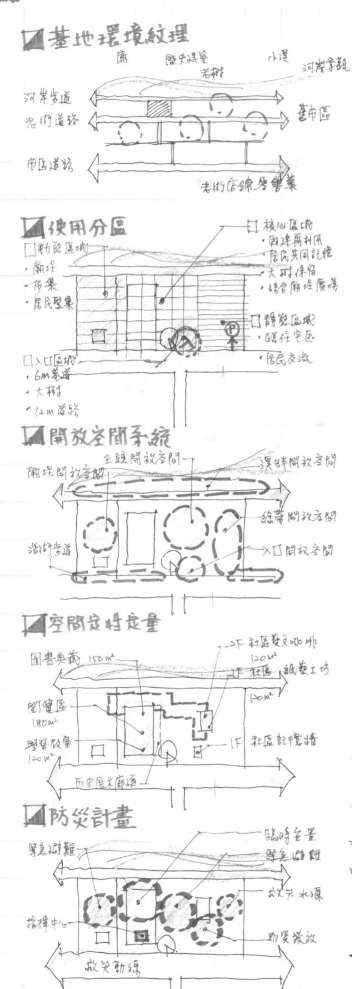

廊　　歷史建築　　小溪
　　　　老樹　　河岸景觀
河岸步道
老街道路　　　　　　　舊市區
市區道路
　老街店鋪學書業

☑使用分區

☑活動區域
・廟埕
・市集
・居民聚集

☑入口區域
・6m巷道
・大樹
・12m道路

☑核心區域
・國建再利用
・居民共同記憶
・大樹保留
・結合廟埕廣場

☑靜態區域
・鄰住宅區
・居民交流

☑開放空間系統

主題開放空間
廟埕開放空間　　　　溪畔開放空間
　　　　　　　　　　綠帶開放空間
沿街步道　　　　　　入口開放空間

☑空間定時定量

圖書典藏 150m²
　　　　　　　2F 社區藝文中心 120m²
閱覽區 180m²　　1F 社區 紙藝工坊 120m²
學習教室 120m²　　1F 社區記憶牆
　　　歷史屋末廊道

☑防災計畫

緊急避難
　　　　　　臨時安置
　　　　　　緊急避難
指揮中心　　　　消防水源
　　　　　　物資援救
　救災動線

記憶．再生

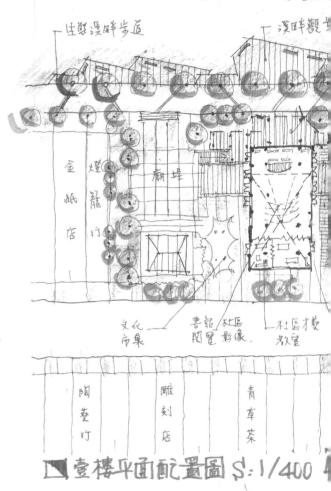

生態溪畔步道　　　　溪畔觀景
金紙店　　廟埕　　燈籠行
文化市集　　書記　　社區　　社區才藝教室
　　　　　閱覽影像
陶藝行　　雕刻店　　青草茶

☑壹樓平面配置圖 S:1/400

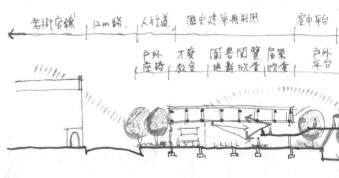

老街店鋪　12m路　人行道　歷史建築再利用　室外平台
戶外座椅　才藝教室　圖書閱覽地影欣賞　屋架改裝　戶外平台

☑A-A' 剖面圖 S:1/400

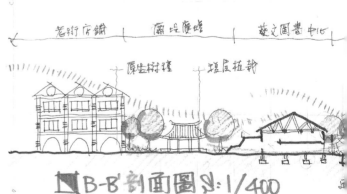

老街店鋪　　廟埕廣場　　藝文圖書中心
原生樹種　　培成植栽

☑B-B' 剖面圖 S:1/400

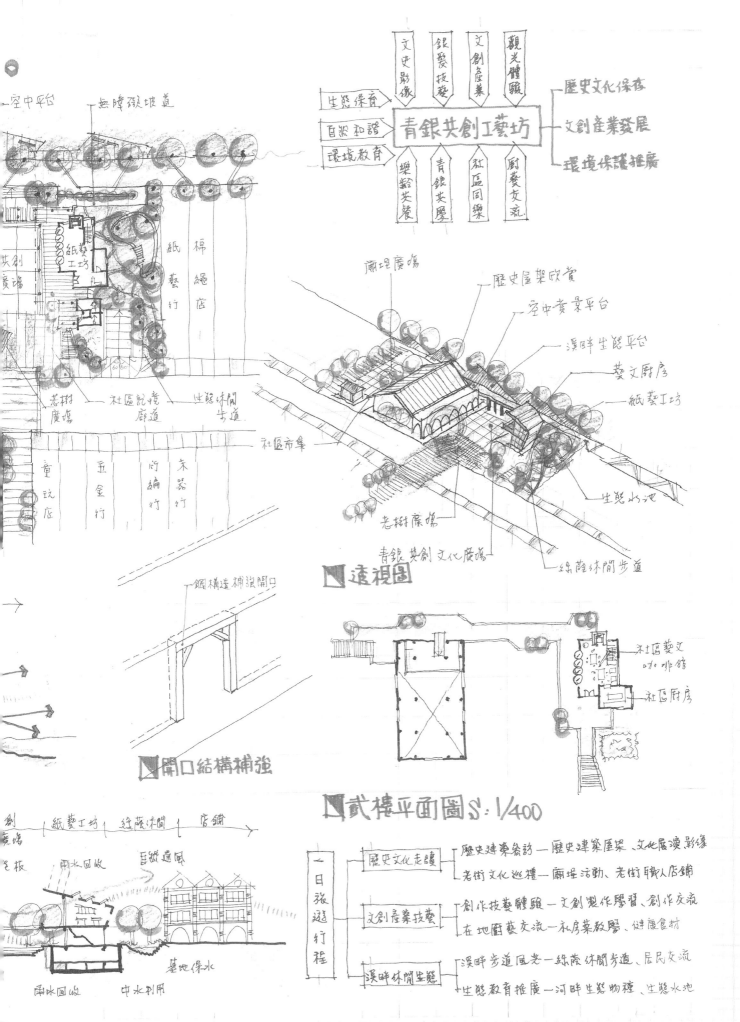

空中平台
無障礙坡道

文史影像　銀髮技藝　文創產業　觀光體驗

生態保育　青銀共創工藝坊　歷史文化保存
產業和諧　　　　　　　　文創產業發展
環境教育　樂齡共餐　青銀共學　社區同樂　廚藝交流　環境保護推廣

共創廣場
紙藝工坊
棉繩店
紙藝行

老樹廣場　社區記憶廊道　生態休閒步道

童玩店　五金行　竹編行　木器行

社區市集

廟埕廣場　歷史屋架欣賞　空中賞景平台　溪畔生態平台　藝文廚房　紙藝工坊

老樹廣場

青銀共創文化廣場　生態水池　綠蔭休閒步道

N 遠視圖

鋼構造補強開口

社區藝文咖啡館
社區廚房

N 開口結構補強

N 貳樓平面圖 S：1/400

共創廣場　紙藝工坊　綠蔭休閒　店鋪

雨水回收　自然通風

基地保水

雨水回收　中水利用

一日旅遊行程

歷史文化走讀　歷史建築參訪－歷史建築屋架、文化展演影像
　　　　　　　老街文化巡禮－廟埕活動、老街職人店鋪

文創產業技藝　創作技藝體驗－文創製作學習、創作交流
　　　　　　　在地廚藝交流－私房菜教學、健康食材

溪畔休閒生態　溪畔步道風光－綠蔭休閒步道、居民交流
　　　　　　　生態教育推廣－河畔生態物種、生態水池

生活佐料記憶加味

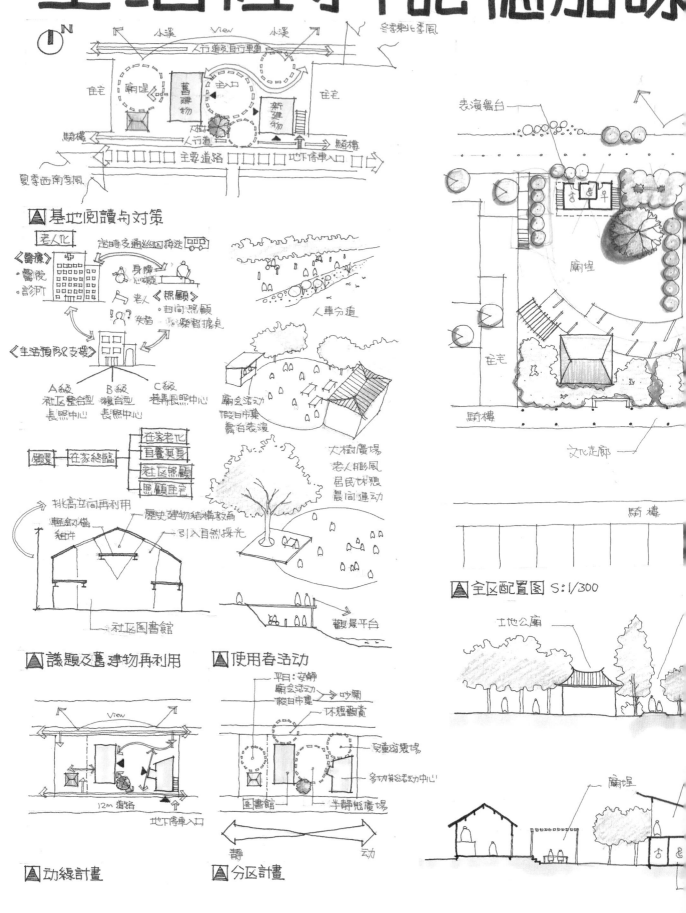

基地閱讀與對策

議題及舊建物再利用

使用者活動

動線計畫

分區計畫

全區配置圖 S:1/300

幸福上桌

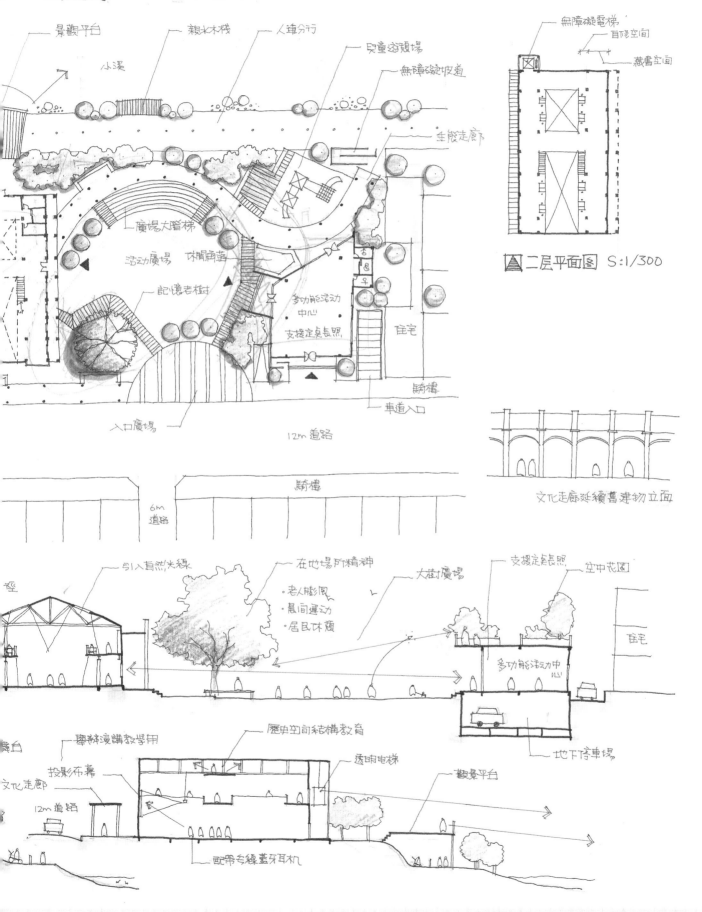

景觀平台
小溪
親水木棧
人車分行
兒童遊戲場
無障礙坡道
生態走廊

無障礙電梯
自修空間
藏書空間

廣場大階梯
活動廣場
休閒角落
記憶老樹
多功能活動中心
支援定桌長照
住宅

入口廣場
12m 道路
車道入口
騎樓

二層平面圖 S:1/300

騎樓
6m 道路

文化走廊延續舊建物立面

引入自然光線
在地場所精神
・老人跳舞
・晨間運動
・居民休憩
大荒埕廣場
支援定桌長照
空中花園
住宅
多功能活動中心
地下停車場

舞台
舉辦演講教學用
歷史空間結構教育
透明電梯
觀景平台
投影布幕
文化走廊
12m 道路
配帶專線藍牙耳機

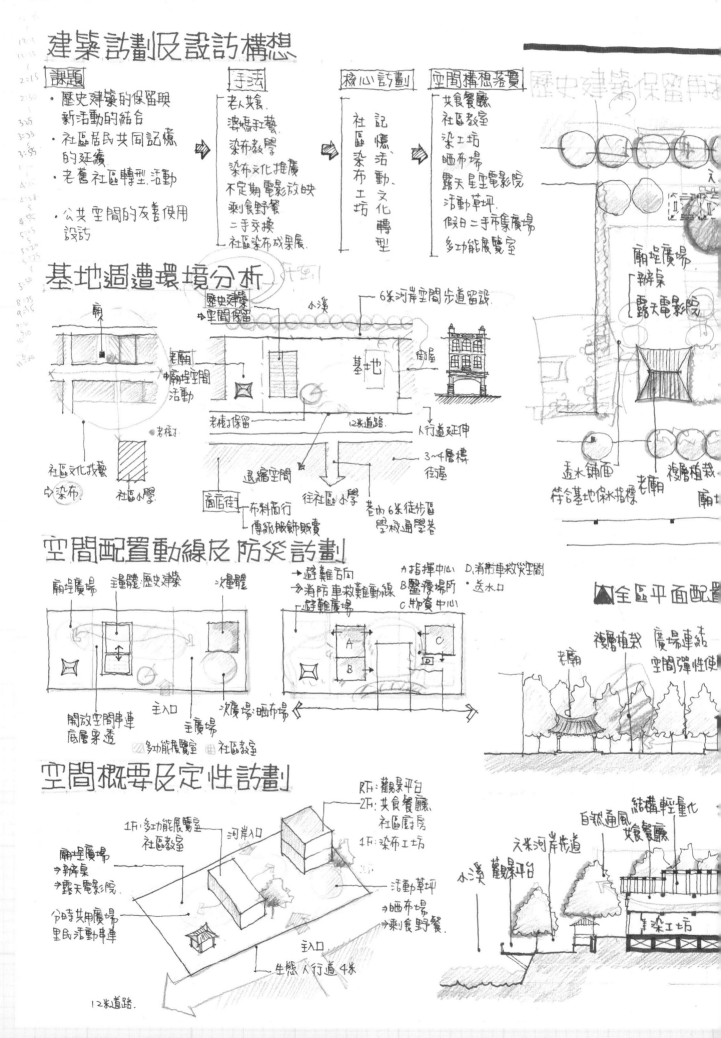

建築計劃及設計構想

課題
- 歷史建築的保留與新活動的結合
- 社區居民共同記憶的延續
- 老舊社區轉型活動
- 公共空間的友善使用設計

手法
- 老人共食
- 婆媽手藝
- 染布教學
- 染布文化推廣
- 不定期電影放映
- 剩食野餐
- 二手交換
- 社區染布成果展

核心計劃
社區染布工坊

記憶活動、文化轉型

空間構想落實
- 共食餐廳
- 社區教室
- 染工坊
- 晒布場
- 露天星空電影院
- 活動草坪
- 假日二手市集廣場
- 多功能展覽室

歷史建築保留再利

基地週遭環境分析

- 廟
- 歷史建築⇒空間保留
- 老廟⇒廟埕空間活動
- 社區文化技藝⇒染布
- 老榕樹
- 社區小學
- 小溪
- 6米河岸空間步道留設
- 基地
- 街屋
- 退縮空間
- 商店住
  - 布料商行
  - 傳統服飾販賣
- 往社區小學
- 12米道路
- 人行道延伸
- 3~4層樓住屋
- 巷內6米徒步區 學校通學巷
- 老榕樹保留

廟埕廣場
- 辦桌
- 露天電影院

- 透水鋪面 符合基地保水指標
- 複層植栽
- 老廟
- 廟

空間配置動線及防災計劃

- 廟埕廣場
- 主量體·歷史建築
- 次量體
- 開放空間供車 底層穿透
- 主入口
- 主廣場
- 次廣場·晒布場
- 多功能展覽室·社區教室

- →避難方向
- ⇒消防車救難動線
- ⊙避難廣場
- A.指揮中心 B.醫療場所 C.物資中心
- D.消防車救災圈 ·送水口

全區平面配置

- 老廟
- 複層植栽
- 廣場車結 空間彈性使

空間概要及定性計劃

- 廟埕廣場
  - ⇒辦桌
  - ⇒露天電影院
- 分時共用廣場 里民活動供車
- 12米道路
- 1F:多功能展覽室 社區教室
- 河岸入口
- RF:觀景平台
- 2F:共食餐廳、社區廚房
- 1F:染布工坊
- 活動草坪
  - ⇒晒布場
  - ⇒剩食野餐
- 主入口
- 生態人行道4米

- 六米河岸步道
- 小溪
- 觀景平台
- 自然通風⇒共食餐廳
- 結構輕量化⇒共食餐廳
- 染工坊

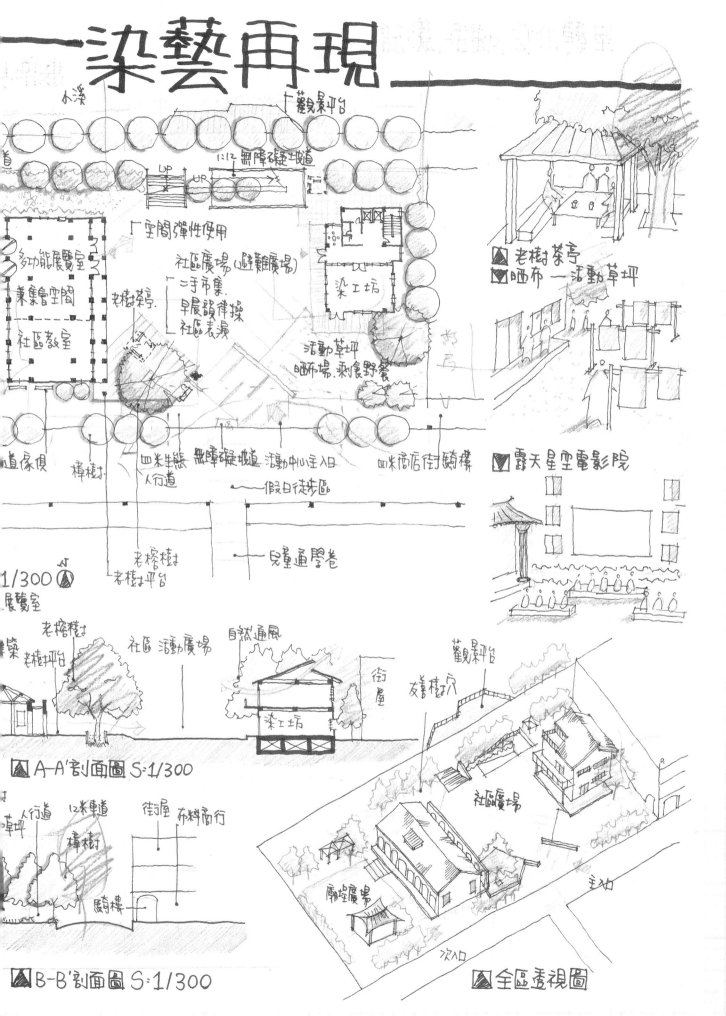

染藝再現

小溪
觀景平台
1:12 無障礙坡道
UP UR

空間彈性使用
社區廣場(避難廣場)
二手市集
早晨韻律操
社區表演

多功能展覽室
兼集會空間
社區教室

老樹茶亭

染工坊

郵局

活動草坪
晒布場、剩食野餐

老樹茶亭
晒布一活動草坪

道傢俱
樟樹
四米生態 無障礙坡道 活動中心主入口 四米商店街騎樓
人行道
假日徒步區

露天星空電影院

兒童通學巷

1/300
展覽室
老榕樹 老樹平台

老榕樹
老樹坪台
建築

社區 活動廣場
自然通風
街屋

觀景平台
友善樓房

社區廣場

A-A'剖面圖 S:1/300

人行道 12米車道 街屋 布料商行
草坪
樟樹
騎樓

森工坊

廟埕廣場

次入口 主入口

B-B'剖面圖 S:1/300

全區透視圖

作品提供／李偉甄建築師

100年專門職業及技術人員高等考試建築師、技師、第2次
食品技師考試暨普通考試不動產經紀人、記帳士考試試題　代號：80160　全一張（正面）

等　　別：高等考試

類　　科：建築師

科　　目：建築計畫與設計

考試時間：8小時　　　　　　　　　　　　　座號：＿＿＿＿＿＿

※注意：㈠可以使用電子計算器。

　　　　㈡不必抄題，作答時請將試題題號及答案依照順序寫在試卷上，於本試題上作答者，不予計分。

一、題目：共生的兒童圖書館與鄰里公園

二、題旨：

　　　　隨著少子化的趨勢，都會地區的兒童教育已日益受到各方重視。除幼稚園與小學等正規教育場所外，都市兒童圖書館已成為另一種重要的社區教育資源。如何讓十二歲以下之兒童在親子共學與樂的整體環境中獲得知識，乃此館設置之宗旨。

三、用途與需求：

　　㈠新一代的圖書館在當代資訊化、數位化的影響下，已由傳統的以閱覽為主的學習活動，延伸並轉化為「遊中學」的理念，並結合人文、科技與自然來展現一種多元學習的空間與環境。由於此基地緊鄰一座鄰里公園，如何將此鄰里公園納為新一代圖書館的學習環境，亦是另一個重要的課題。

　　㈡空間需求：

　　　1. 圖書閱覽空間（約占總樓地板面積的 1/5）

　　　2. 親子遊戲空間（約占總樓地板面積的 1/10）

　　　3. 展演多功能空間（約占總樓地板面積的 3/20）

　　　4. 親子研習空間（約占總樓地板面積的 3/20）

　　　5. 行政管理空間（約占總樓地板面積的 1/10）

　　　6. 其他空間：配合上述空間所必需之公共空間，如大廳、走廊、通道、斜坡、樓梯、電梯、公用廁所、置物間等。（約占總樓地板面積的 3/10）

　　　7. 戶外空間

　　　8. 地下法定停車空間

四、基地與環境：

　　㈠基地位於都市住宅區內，西鄰一座鄰里公園（35m×65m），其餘三面臨接道路，東鄰 12m 寬道路，南與北各鄰 8m 寬道路。兒童圖書館基地大小為東西 65m、南北 65m，其建蔽率為 40%，容積率為 120%。

　　㈡基地沿街面皆需留設 3.5m 深之騎樓地。

五、計畫與設計表達：

　　㈠建築計畫部分：（30分）

　　　　　建築計畫之工作即是將使用者的各種意圖，配予適合的空間單元與大小，再將這些空間單元，組織成為一個有序的整體空間。因此，這樣的空間形態和結構，事實上即為了容納意圖所延伸的「活動與行為」、「用途」或「機能」。換言之，此在將抽象化的意圖轉為適宜的概念性空間。

（請接背面）

100年專門職業及技術人員高等考試建築師、技師、第2次
食品技師考試暨普通考試不動產經紀人、記帳士考試試題　　代號：80160　全一張（背面）

等　　別：高等考試
類　　科：建築師
科　　目：建築計畫與設計

　　使用者的有序組織因而必然與其空間組織相互吻合，而組織化的空間就具有該有序組織所含有的意義，空間的組織如社會文化的內部組織一樣，可視為由具有獨特角色（或地位）的空間單元和其間的關係所構成的整體，其所具有的機能，在於滿足某種意圖所延伸的特定「活動與行為」或「用途」。

　　各空間單元之間的關係就是這個整體的內部結構網路，它決定了某種「活動與行為」或「用途」在整體中的空間位置與彼此的聯繫關係。確定角色與關係是組織空間時必然的過程，亦即空間如何組合或分化，而後如何產生關係。

　　根據上述之題旨、用途需求與基地環境等條件，請以文字陳述與概念圖，依下列各項要求，將自己所形成之理念轉化為設計定性與定量條件，以作為下階段建築設計之基礎。

1. 基地環境分析
2. 空間定性與定量分析
3. 規劃目標與構想
4. 設計課題與準則

㈡建築設計部分：

　　依上述所研擬之建築計畫各項活動與行為、空間類型與空間量，配合題旨及基地環境，以自己所構思之設計理念與原則，進行空間組織與構築造型等設計操作，藉由下列圖面清晰地表達出完整之設計方案。

1. 配置圖（1/300）及各層樓平面圖（1/200）。（40分）
2. 主要剖面及各向立面圖（1/200）、特殊構造細部詳圖（比例自訂）和重點說明、空間構想與造型圖。（30分）

六、基地示意圖：

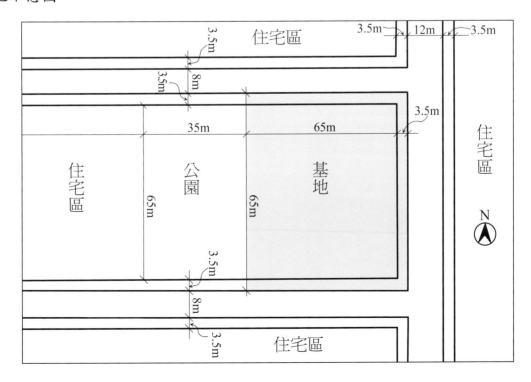

小小夢想家 共生兒童圖

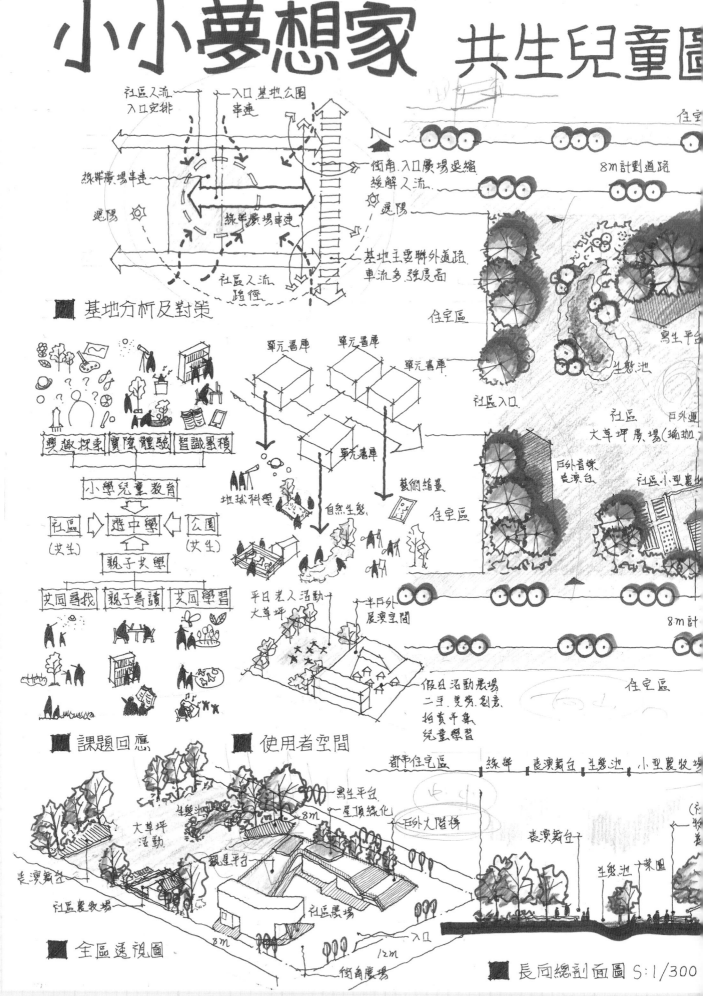

■ 基地分析及對策

社區人流入口安排
入口基地公園串連
綠帶廣場串連
遮陽
綠帶廣場串連
社區人流路徑
街角入口廣場退縮緩解人流
遮陽
基地主要聯外道路車流多強度高
住宅區

8m計劃道路
住宅區
寫生平台
生態池
社區入口
社區大草坪廣場(瑜珈) 戶外運動
戶外音樂長演台
社區小型農
住宅區

■ 課題回應　　■ 使用者空間

興趣探索 實際體驗 智識累積
小學兒童教育
社區(女生) → 遊中學 ← 公園(女生)
親子共學
共同尋找 親子尋讀 共同學習

單元書庫　單元書庫
單元書庫
單元書庫
地球科學　自然生態
藝術繪畫
住宅區

平日老人活動大草坪
半戶外展演空間
假日活動廣場
二手、義賣、創意拍賣平台
兒童學習

8m計
住宅區

■ 全區透視圖

寫生平台
屋頂綠化
戶外大階梯
大草坪活動
生態池
8m
觀景平台
社區廣場
長演舞台
社區農牧場
入口
8m
12m
街角廣場

都市住宅區　綠帶　長演舞台　生態池　小型農牧場
長演舞台
生態池
菜園

■ 長向總剖面圖 S:1/300

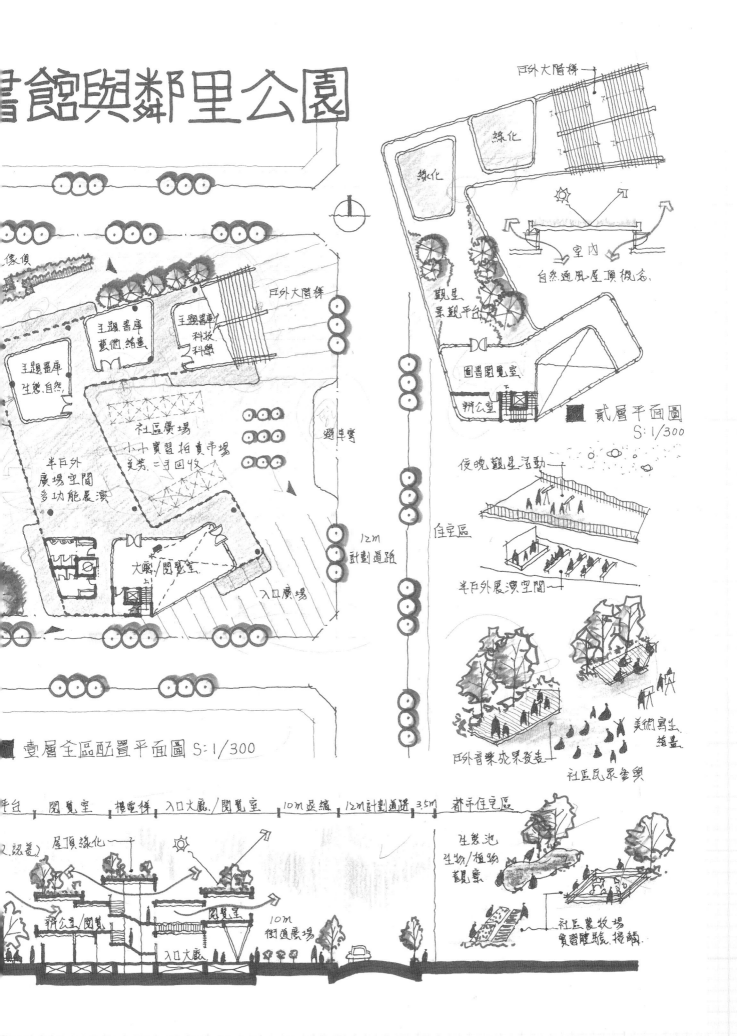

書館與鄰里公園

戶外大階梯

綠化

綠化

自然通風屋頂概念

室內

觀星景觀平台

圖書閱覽室

辦公室

貳層平面圖
S：1/300

傢俱

主題書庫
藝術．繪畫

主題書庫
科技．科學

戶外大階梯

主題書庫
生態．自然

社區廣場
小小實習拍賣市場
義勞．二手回收

半戶外廣場空間
多功能展演

迴車彎

12m
計劃道路

大廳/閱覽室

入口廣場

壹層全區配置平面圖 S：1/300

傍晚觀星活動

住宅區

半戶外展演空間

美術寫生．造景

戶外音樂成果發表

社區民眾參與

平台　閱覽室　樓電梯　入口大廳/閱覽室　10m退縮　12m計劃通道　3.5m　鄰手住宅區

屋頂綠化

辦公室/閱覽

閱覽室

入口大廳

10m
街道廣場

生態池
生物/植物觀察

社區農牧場
實習體驗．撮觴

作品提供／吳明家建築師

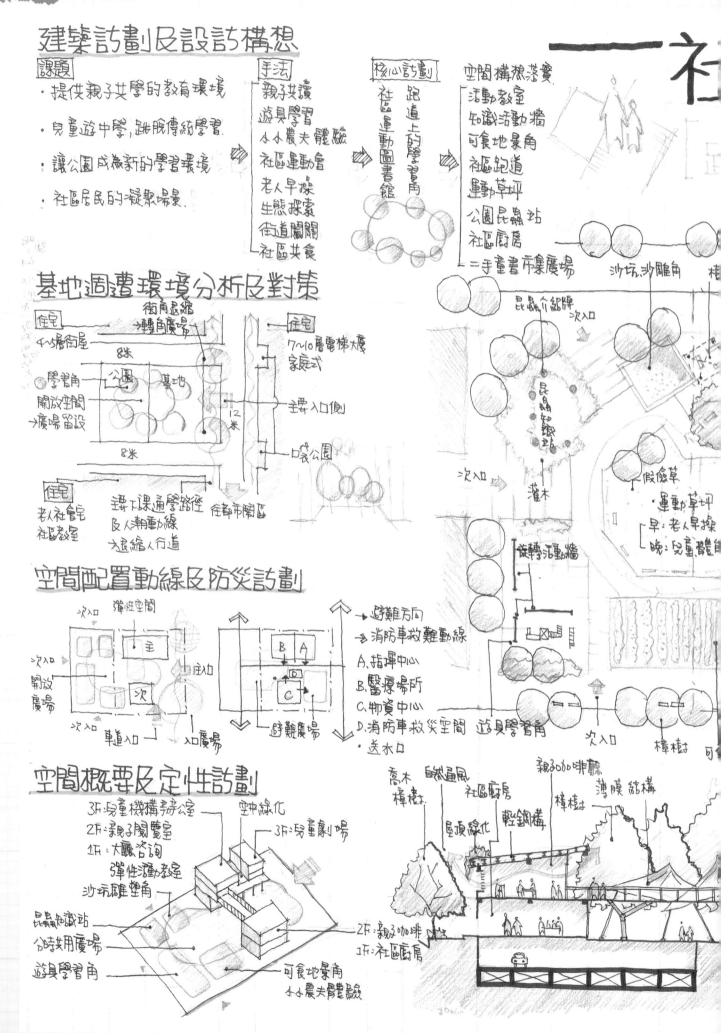

建築計劃及設計構想

課題
- 提供親子共學的教育環境
- 兒童遊中學,跳脫傳統學習
- 讓公園成為新的學習環境
- 社區居民的凝聚場景

手法
- 親子共讀
- 遊具學習
- 小小農夫體驗
- 社區運動會
- 老人早操
- 生態探索
- 街道闖關
- 社區共食

核心計劃
- 跑道上的學習角
- 跑道運動圖書館

空間構想落實
- 活動教室
- 知識活動牆
- 可食地景角
- 社區跑道
- 運動草坪
- 公園昆蟲站
- 社區廚房
- 二手童書市集廣場

一社

基地週遭環境分析及對策

住宅
4~5層街屋
公園 基地
8米
12米
8米
- 學習角
- 開放空間
- 廣場留設
- 街角退縮→轉角廣場

住宅
- 7~10層電梯樓 家庭式
- 主要入口側
- 口袋公園

住宅
老人社會宅
社區教室
- 地下課通學路徑 及人車動線
- 大退縮人行道
- 往都市鬧區

昆蟲介紹牌 次入口
次入口
假儀草
運動草坪
早:老人早操
晚:兒童體
次入口
灌木
旋轉活動牆

空間配置動線及防災計劃

次入口 彈性空間
次入口 主
開放廣場 次
次入口 車道入口 入口廣場

B A
D
C
遊難廣場

→避難方向
→消防車救難動線
A.指揮中心
B.醫療場所
C.物資中心
D.消防車救災空間
- 送水口

遊具學習角
次入口 樟樹

空間概要及定性計劃

3F:兒童機構辦公室 — 空中綠化
2F:親子閱覽室 — 3F:兒童劇場
1F:大廳諮詢
彈性活動教室
沙坑雕塑角
昆蟲站
分時用廣場
遊具學習角

2F:親子咖啡
1F:社區廚房
可食地景角
小小農夫體驗

喬木 樟樹
自然通風
社區廚房
屋頂綠化
輕鋼構
親子咖啡廳
樟樹
薄膜結構

區運動圖書館

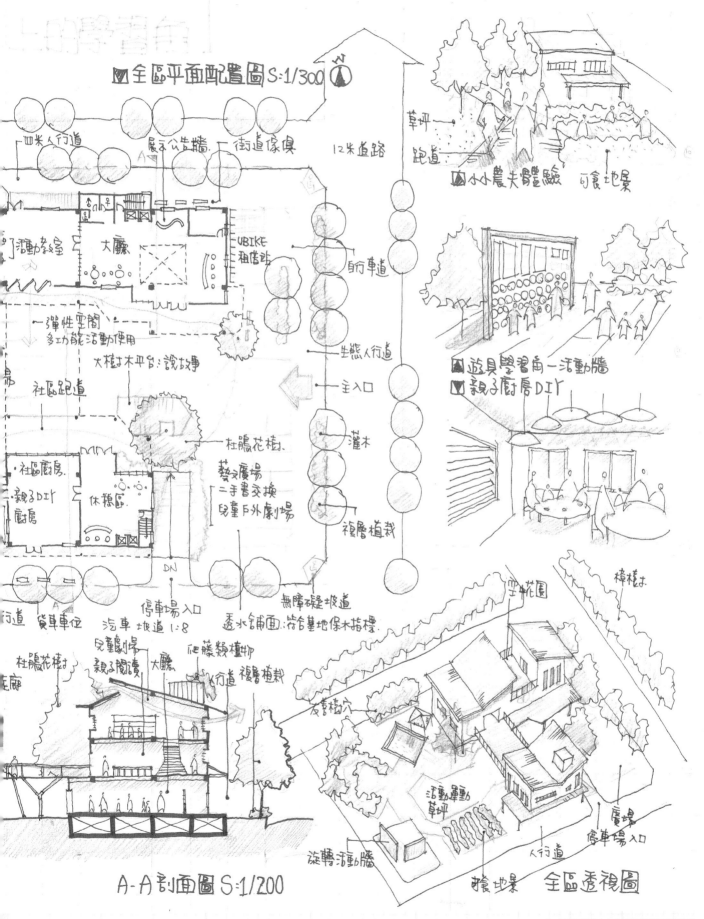

☑全區平面配置圖 S:1/300

四米人行道　展示公告牆　街道傢俱　12米道路

草坪 跑道

☑小小農夫體驗　可食地景

自行車道

生態人行道

主入口

灌木

複層植栽

☑遊具學習角一活動牆
☑親子廚房DIY

活動教室　大廳　UBIKE租借站

一彈性空間一多功能活動使用

大積木平台：說故事

社區跑道

社區廚房
親子DIY廚房

休憩區

杜鵑花樹
藝文廣場
二手書交換
兒童戶外劇場

DN

停車場入口

汽車坡道1:8

無障礙坡道

透水舖面 結合基地保木指標

行道　貨車車位

兒童劇場　爬藤類植物
親子閱讀　大廳　人行道　複層植栽
杜鵑花樹
廊

空中花園

樟樹林

愛書樹穴

活動草坪

廣場

停車場入口

旋轉滑梯

A-A剖面圖 S:1/200

人行道

綠地景　全區透視圖

作品提供／李偉甄建築師

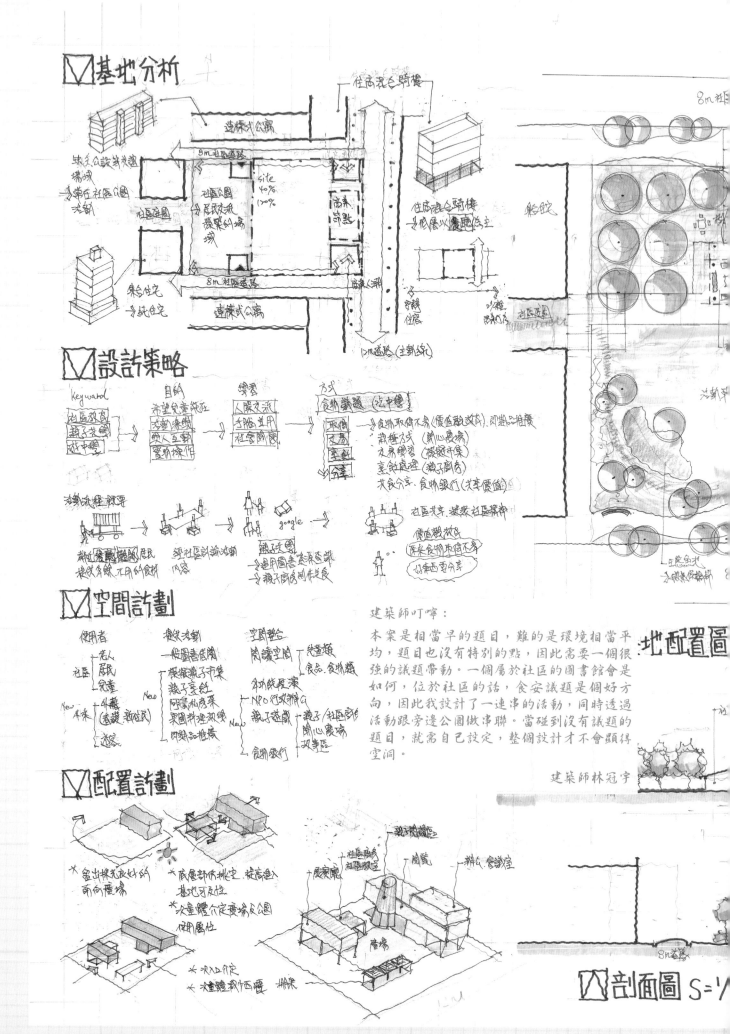

☑ 基地分析

住商混合騎樓

連棟式公寓

8m社區道路

site 40% 120%

社區公園
居民交流聚集的場域

住商混合騎樓
底層以便利店為主

8m社區道路

連棟式公寓

車行道路（主動線）

☑ 設計策略

Keyword
社區教育
親子共學
食安議題

目的
希望兒童能在活動學習
人際互動
愛物操作

學習
人際交流
手腦並用
社交開放

方式
食物議題（泛中餐）
取得
交易
烹煮
分享

食物取得不易（價值觀改變）即期品推廣
栽種方式（開心農場）
交易轉賣（假想市集）
烹飪處理（親子廚房）
共食分享·食物銀行（共享價值）

google

社區共享·凝聚社區關係

價值觀教育
原來食物來得不易
好東西要分享

☑ 空間計劃

使用者
老人
社區 居民
兒童
New 4年（老農 新住民）

提供活動
一般圖書區閱
模擬親子市集
親子烹飪
阿嬤私房菜
果園林坊知識
週期性活動
食物銀行

空間整合
閱讀空間
共書類
食品·食物類
多功能展演
NPO行政辦公
親子遊戲閱
親子/社區交流
開心農場
故事區
食物銀行

建築師叮嚀：

本案是相當早的題目，難的是環境相當平均，題目也沒有特別的點，因此需要一個很強的議題帶動。一個屬於社區的圖書館會是如何，位於社區的話，食安議題是個好方向，因此我設計了一連串的活動，同時透過活動跟旁邊公園做串聯。當碰到沒有議題的題目，就需自己設定，整個設計才不會顯得空洞。

建築師林冠宇

☑ 地配置圖

☑ 配置計劃

* 爭取採光良好的面向廣場
* 底層部份挑出·抬高進入 基地可及性
* 大量體介定廣場及公園 使用屬性
* 求入口介定
* 大量體我作西遮

社區廚房
社區教室
故事屋
閱覽
耕作·會議室
廣場

☑ 剖面圖 S=1/

8m道路

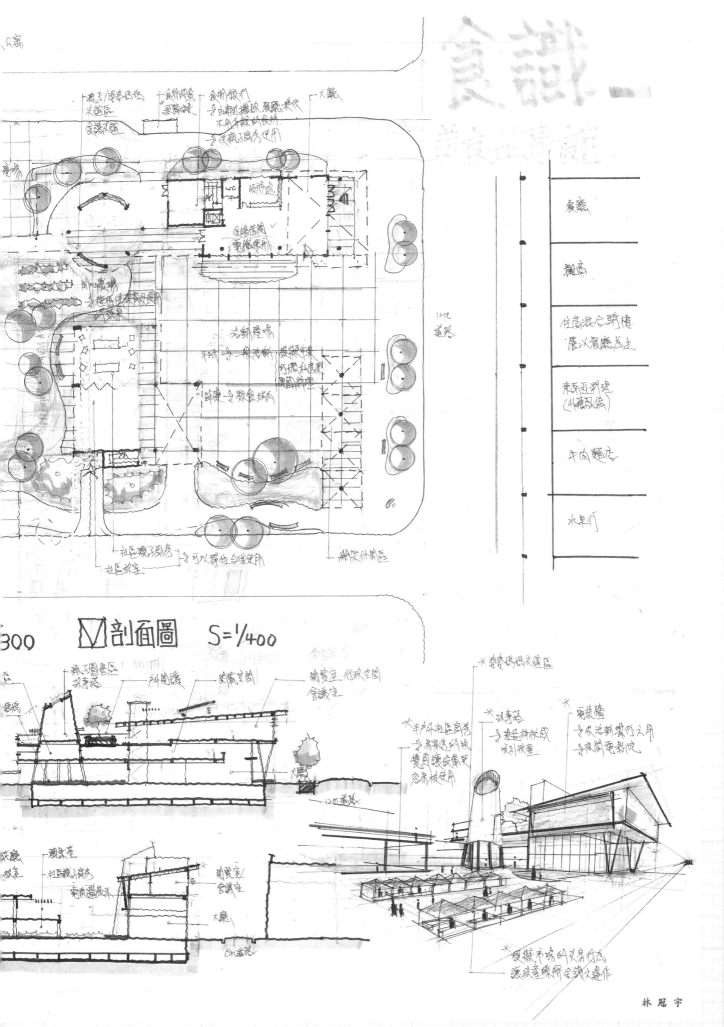

剖面圖　S=1/400

林冠宇

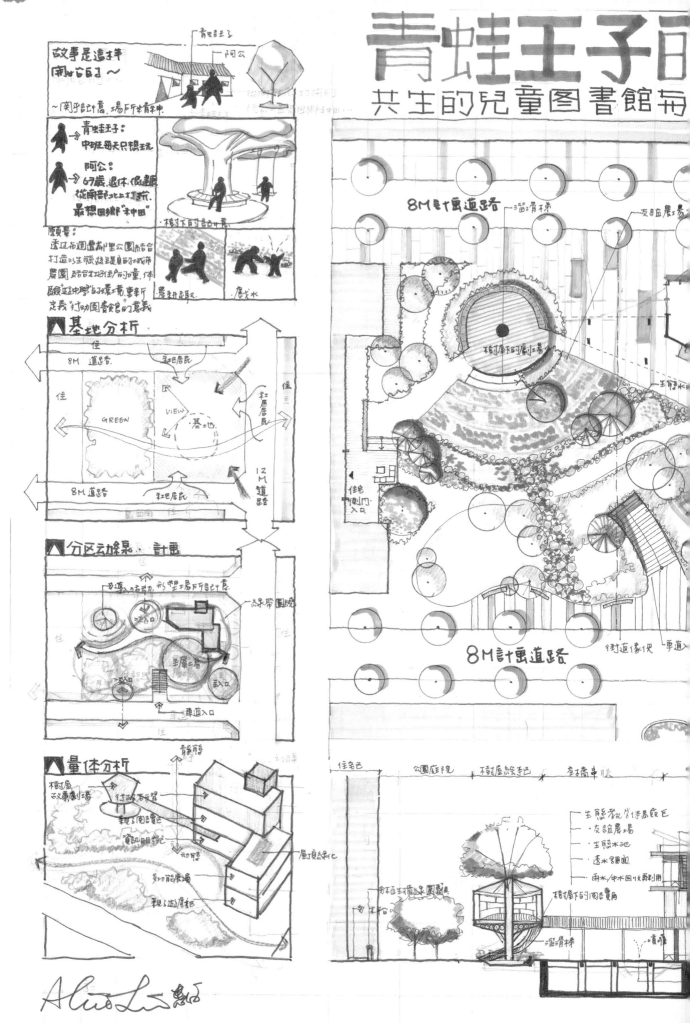

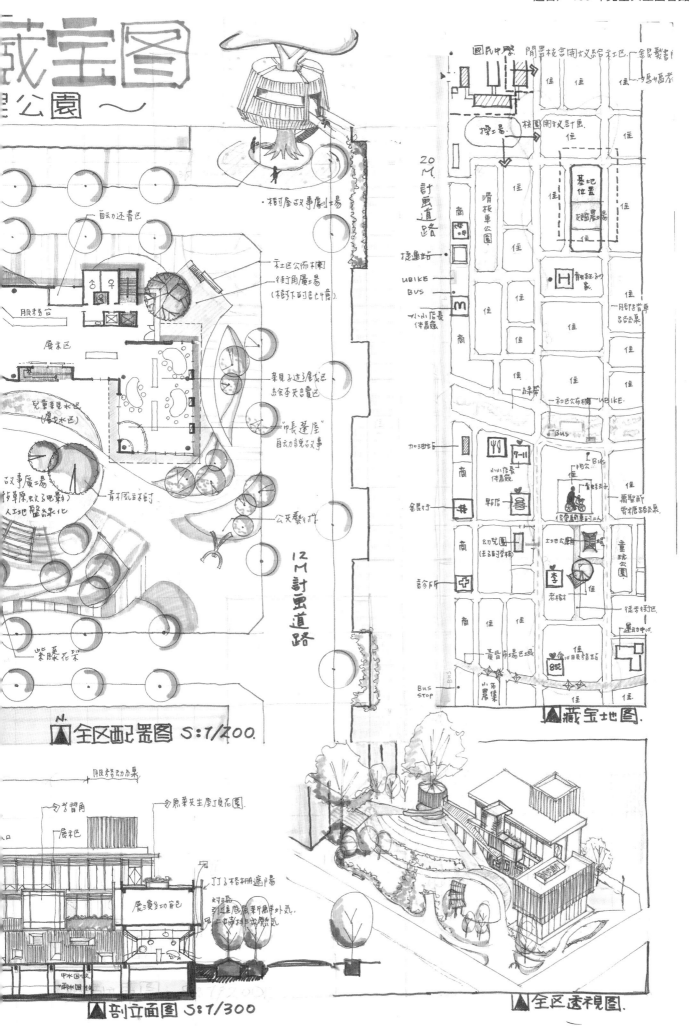

藏宝图
～公園～

- 自动还书区
- 树下屋故事剧場
- 社区公佈栏
- 街角廣場（樹下的記憶情）
- 服务台
- 展示区
- 親子遊戏廣区
- 絵本天天賣区
- 兒童親水区（展文水区）
- "中長蓬座" 自动力說故事
- 故事廣場 放草原吹之电影 人工地盤綠化
- 靑竹風主科亭
- 公天藝科社
- 紫藤花架

N 全区配置圖 S:1/200

剖立面圖 S:1/300

藏宝地图

- 國民中學
- 閒置校舍閒改造给社区
- 銀髮部
- 操場
- 校園閒放計画
- 住
- 滑板車公園
- 商
- 捷運站
- UBIKE BUS
- 小小店長体鼠
- 基地盦
- 延甲區廣場
- 社区公佈栏 UBIKE
- 加油站
- 7-11
- 銀行
- 早餐店
- 診所
- 幼兒園（主る討習樹）
- 工地公廈
- 李 老樹村
- 童玩公園
- 徵孝街区
- 運动中心
- 昙最市場区域
- Bus stop
- 小布農集

藏宝地图

全区透视圖

作品提供／林惠儀建築師

☑ 基地環境分析

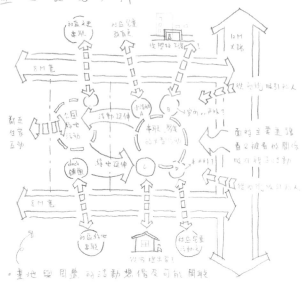

• 基地與周邊的活動想像盡可能開放

☑ 設計課題與對策、規劃構想

課題：圖書館與公園共生，
利用公園綠帶與建築空間的
環境優化。

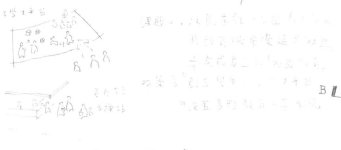

☑ 空間定性定量與配置計畫

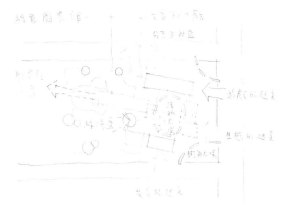

綠意書店

與社區共生的公園型圖書館

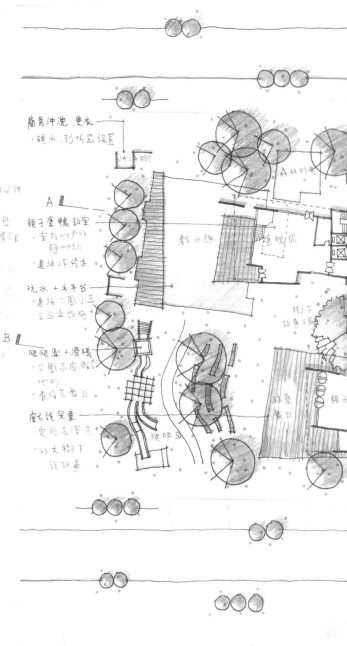

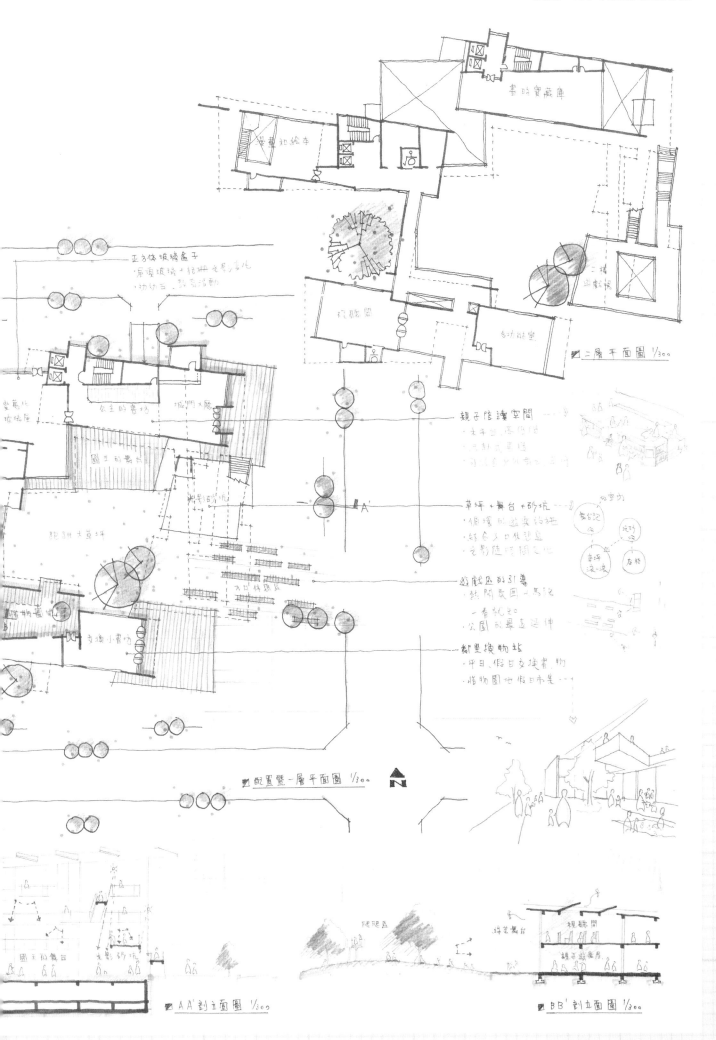

書的寶藏庫

漫畫和繪本

正方體玻璃盒子
・屋頂玻璃＋招牌 光影變化
・動力石、故意活動

投影閣

多功能教室

■ 二層平面圖 1/300

愛藝化
玻璃屋

公主的劇場

城門大廳

國王的書房

光影石的屋

跑跳大草坪

隨物藏

交換小書坊

親子陰讀空間
・未平台、虛性化
・自動式書櫃
・可設全 小間包

草坪＋舞台＋砂坑
・循環形遊戲的狂
・好急人口收集區
・光影隨時間之化

遊戲區的引導
・熱鬧氛圍山馬路
・一看就知
・公園故暴直延伸

鄰里換物址
・平日、假日交換書物
・植物園也假日市集

A'

入口休憩區

■ 配置暨一層平面圖 1/300 N

國王的劇場
光影 砂坑

爬爬區

舞台觀台

視聽閣

親子遊戲層

■ AA' 剖立面圖 1/300

■ BB' 剖立面圖 1/300

作品提供／南榮華建築師

■規劃目標与構想.

1. 創造親子活動學習的教育平台 [寓教於樂]

2. 兒童圖書館亦為兒童遊樂園 [多元學習]

3. 鄰里公園亦為都市生態棲息地 [生態教育]

寓教於樂：從遊戲中學習.

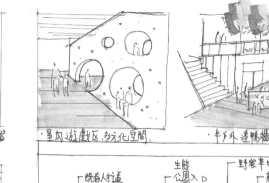

·室內遊戲区.多元化空間.   ·半戶外透鴨牆

■基地環境分析.

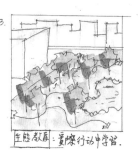

多元學習：從團體生活中學習.

生態教育：實際行動中學習.

■設計課題与準則.

課題：居民可輕易到達公園
對策：設置較綠線及入口廣場

課題：街角人潮匯集處.
對策：留設街角廣場.

課題：臨主要道路人流大
對策：留設6m帶狀開放空間

課題：主入口為东北季風錯開
對策：設置於東南側並設置
入口廣場退縮留業人流.

課題：人潮導引.疏學導引.
對策：設置班馬線.公共藝例及景觀
植栽.

課題：防止西晒.生態複層
對策：大量種植原生樹種
並減少硬化舖面.

課題：与鄰里公園分佈開放空間
對策：留設換心廣場連結鄰里公園

課題：阻擋東北季風及主要道路噪音
對策：量体配置退縮種植複層植栽.

課題：引進西南季風与陽光
對策：設置生態水池調節微氣候

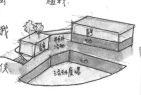

■使用者分析_空間屬性表量.

使用者	活動行為	空間場域	空間屬性面積
親子	1. 遊戲競賽	⇒ 室內外遊戲空間	閱覽空間 ≒ 1000m²
	2. 繪本導讀	⇒ 說故事大講堂	遊戲空間 ≒ 500m²
	3. 生態學習	⇒ 生態水池	多功能空間 ≒ 250m²
	4. 戶外野餐	⇒ 戶外大草坪	親子空間 ≒ 250m²
	5. 種植樹木	⇒ 原生種親子種植拓	行政空間 ≒ 500m²
社区居民	1. 聚会間聊	⇒ 半戶外迴廊	其它空間 ≒ 1500m²
	2. 運動伸展	⇒ 運動廣場	
	3. 休憩放鬆	⇒ 樹下納涼区	基地面積 ≒ 4225m²
	4. 課外閱讀	⇒ 圖書閱覽区	建蔽率40% ≒ 1690m²
	5. 里民聚会	⇒ 社区活動教室	容積率120% ≒ 5070m²
孩童	1. 跑跑跳跳	⇒ 大樓梯 大跳檻	開放空間50% ≒ 2002m²
	2. 塗鴉繪畫	⇒ 塗鴉牆	5070÷200(停車位檢核)
	3. 戶外遊戲	⇒ 戶外大草坪	≒25位 ≒26位法定車位
	4. 閱讀靜享	⇒ 兒童閱覽室	

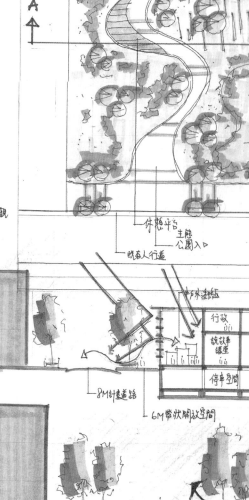

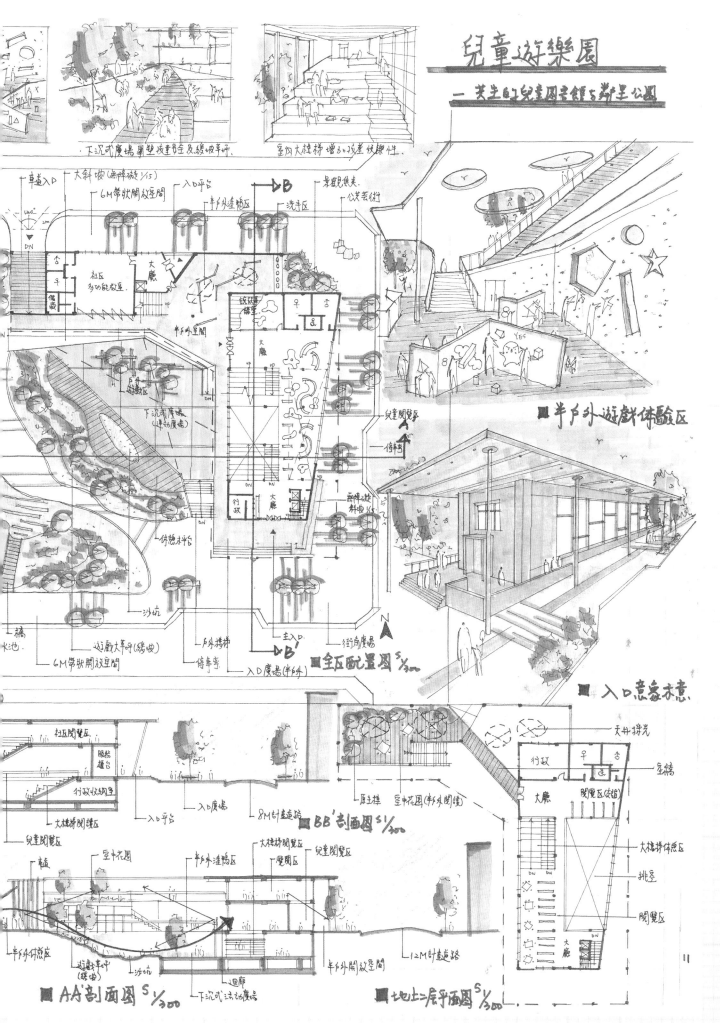

兒童遊樂園

一 共生的兒童圖書館与鄰里公園

下沉式廣場圍塑連童聲及緩坡草坪.

室內大樓梯 增加高程差 娛樂性.

半戶外遊戲体驗区

入口意象示意.

全区配置図 S½₀₀

BB'剖面図 S½₀₀

AA'剖面図 S½₀₀

地上二層平面図 S½₀₀

樹味行动图書館

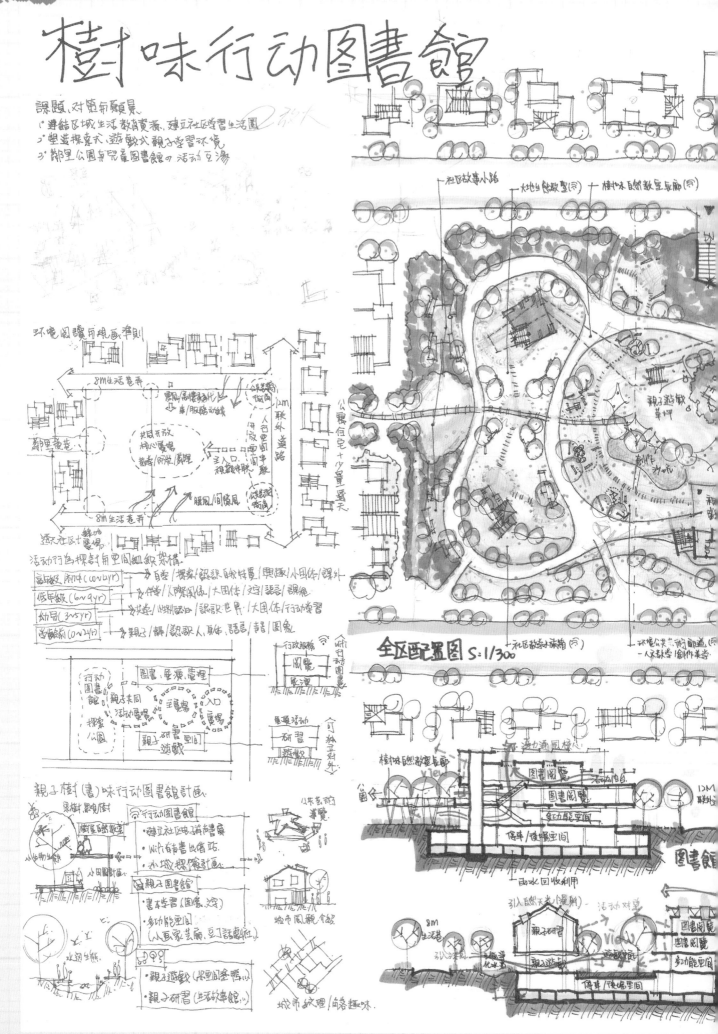

課題、對策與願景

1. 連結區域生活教育資源、建立社區學習生活圈
2. 塑造探索式、遊戲式親子學習環境
3. 鄰里公園兒童圖書館の活動互溶

環境閱讀布規画準則

活動行為探討與空間組織架構

高年級 開朗(10~14yr)	→ 自學/探索/訊息自我特質/興趣/小團体/課外
低年級 (6~9yr)	→ 伴學/人際關係/大團体/說/語言/觀查
幼兒(3~5yr)	→ 玩樂/小地認知/訊識/世界/大團体/行動學習
學齡前(0~2yr)	→ 親子/聽/認歌人/肢体/語言/語/圖象

親子樹(書)味行动圖書館計画

行动圖書館
- 建立社區電子書書庫
- WiFi有書可借下載站
- 小城探索計画

親子圖書館
- 書在學習(圖象/文字)
- 多功能空间(小瓦家芸廊、皇丁話劇社)
- 親子遊戲(果園金果)
- 親子研書(生活的導館)

城市紋理/街卷趣味

全区配置図 S=1/300

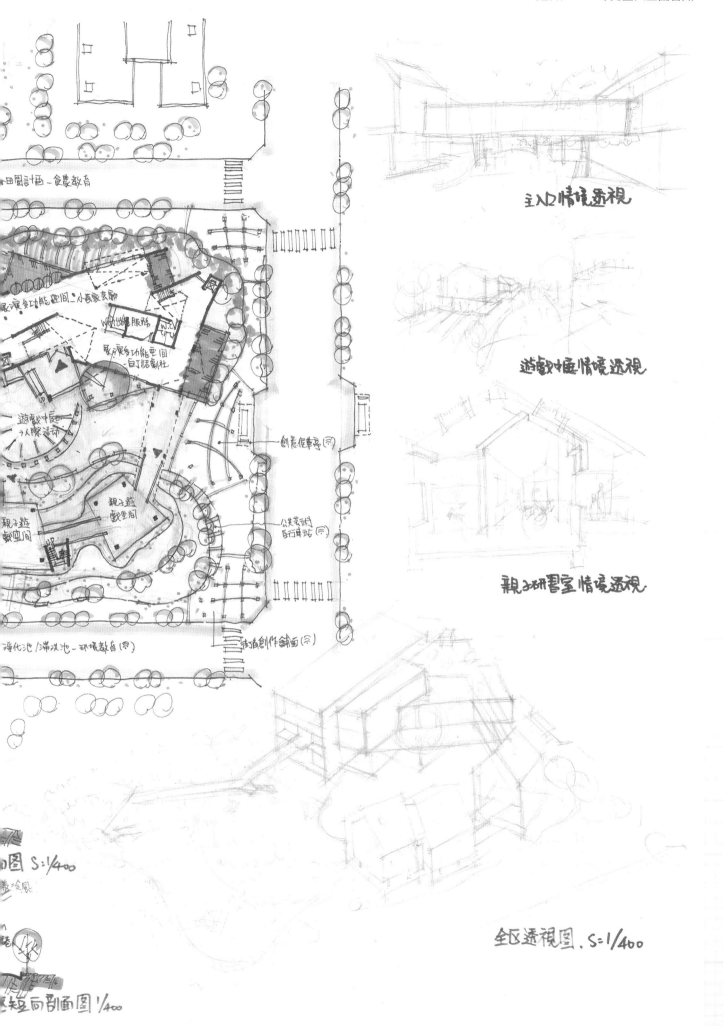

田園計畫－食農教育

眾展多功能空間－小農家美術館

Wit地網服務站　W.C
W.C

眾展多功能空間－自行話劇社

遊戲中庭－人際活動

親子遊戲空間

親子遊戲空間

創意借車亭(同)

公共藝術自行車站(同)

街角創作舖面(同)

淨化池/滯洪池－環境教育(同)

主入口情境透視

遊戲中庭情境透視

親子研習室情境透視

圖 S:1/400

短向剖面圖 1/400

全區透視圖．S:1/400

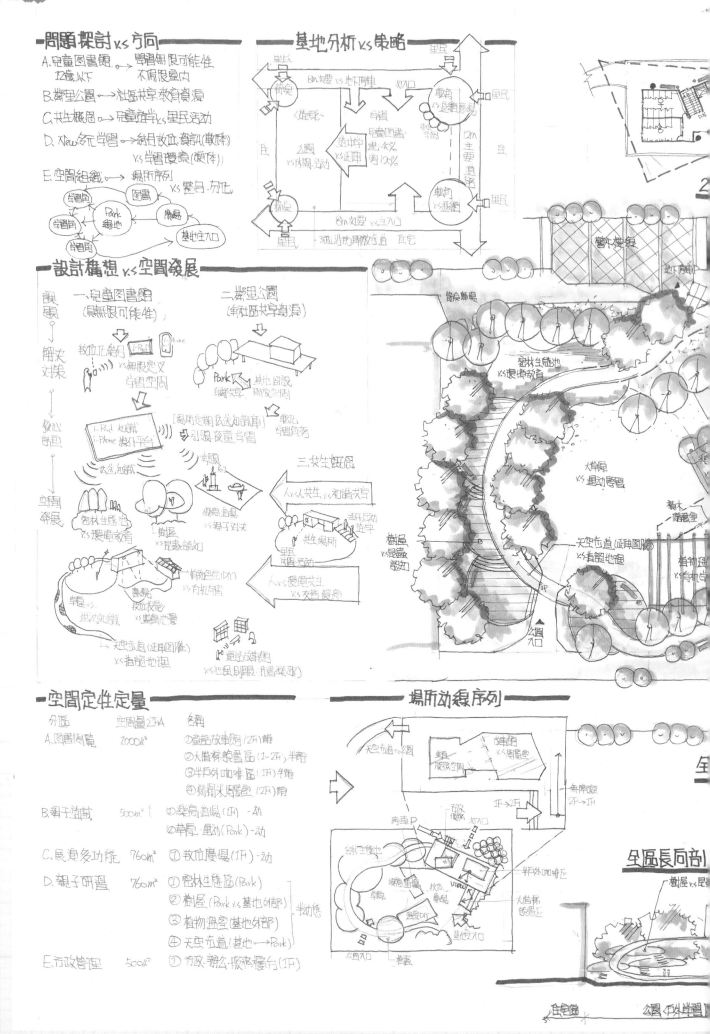

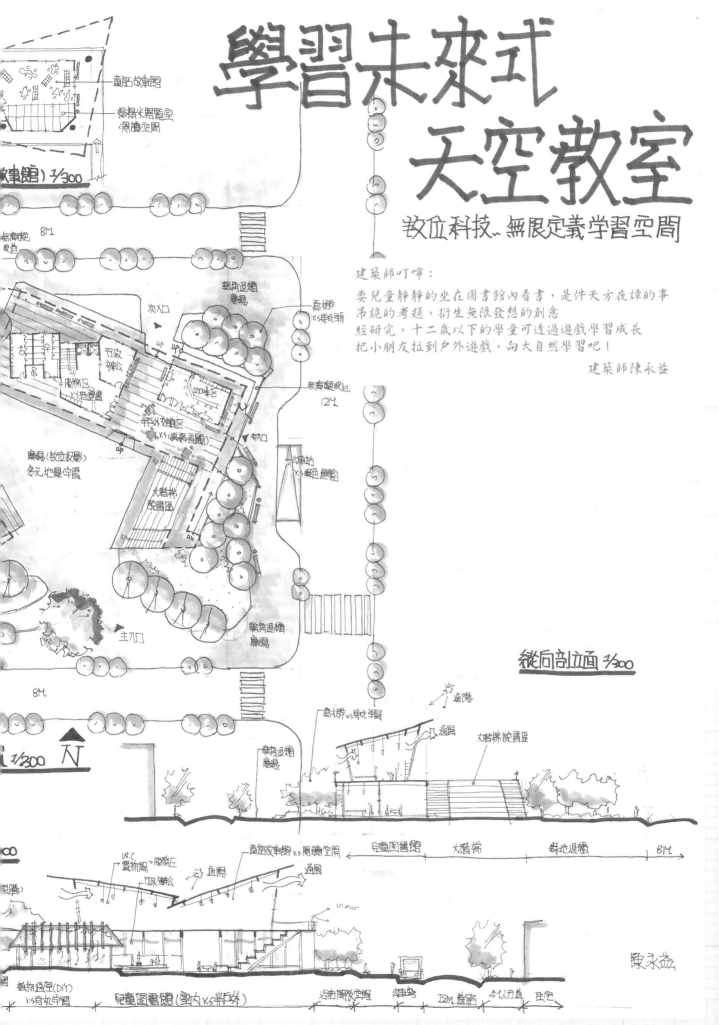

學習未來式 天空教室
數位科技˙無限定義學習空間

建築師叮嚀：

要兒童靜靜的坐在圖書館內看書，是件天方夜譚的事
吊詭的考題，衍生無限發想的創意
經研究，十二歲以下的學童可透過遊戲學習成長
把小朋友拉到戶外遊戲，向大自然學習吧！

建築師陳永益

縱向剖立面 1/300

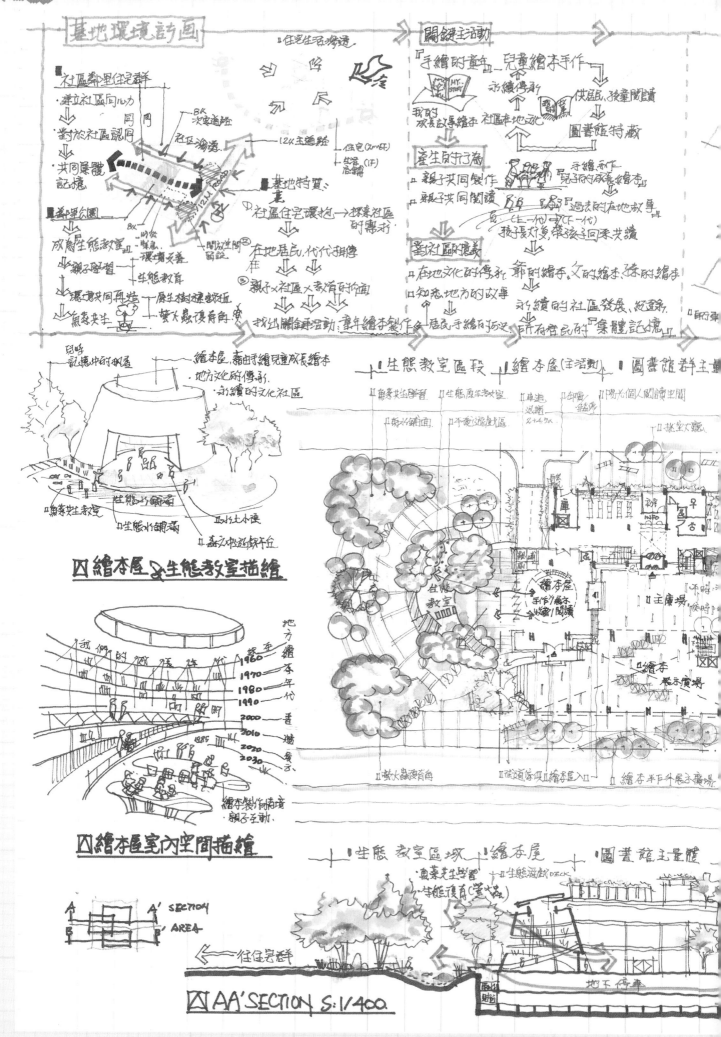

基地環境計畫

關鍵主活動

繪本屋、生態教室描繪

繪本屋室內空間描繪

AA' SECTION S: 1/400.

S27

空間／動線序列｜ 分群分區 ｜ → ｜ 社區的文化傳承願景

□底層／局部挑空
□廣場串接社區

・延續的童年繪本產出
・中間體魂，場所精神所在

繪本屋(2F)
圖書館(不主量體)G層
生態教室

圖書館主量體
繪本屋(空間靈魂)
生態教室
兒童展演多功能廳
・繪本發表演說
・繪本作家講堂
半戶外繪本展示場

社區入口
掛牆閱讀
公車停靠
主入口
退縮12米，原生喬木綠帶

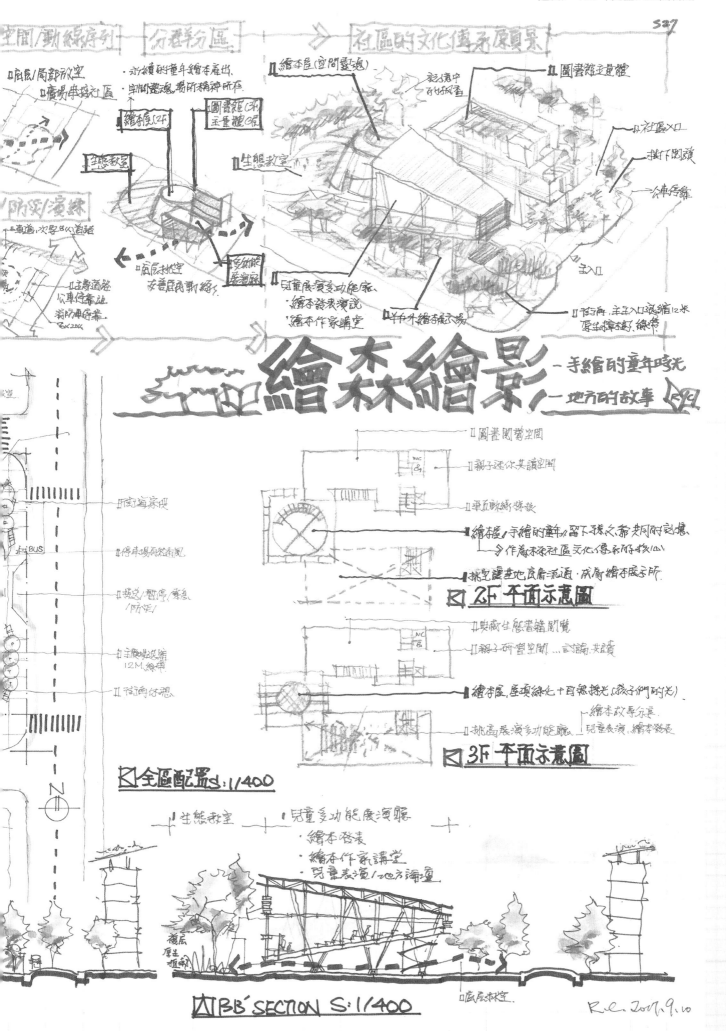

防災／演練

・車道／次要B公道路
・主要道路
以車停靠站
消防車停等
8x20t

底層挑空
安善居民動線

繪森繪影 —手繪的童年時光
—地方的故事

圖書閱覽空間
親子迷你共讀空間
平面聯絡樓梯
繪本屋/手繪的童年，留下祖之希望附記憶
→作為未來社區文化傳承存核心
挑空讓基地底層流通，成為繪本展示所

□ 2F 平面示意圖

典藏生態書籍閱覽
親子研習空間 … 討論、共讀
繪本屋，屋頂綠化＋自然採光(孩子們的光)
繪本故事展長／兒童表演，繪本發表
挑高展演多功能廳

□ 3F 平面示意圖

□宮海家俠
□停車場研然通風
□授交/暫停/緊急/防災/
□主要退縮12M綠帶
□社區休憩

接BUS

□ 全區配置 S:1/400

生態教室　兒童多功能展演廳
・繪本發表
・繪本作家講堂
・兒童表演／地方論壇

藏層 原生植栽

□底層挑空

BB' SECTION S:1/400

R.C. 2017.9.10

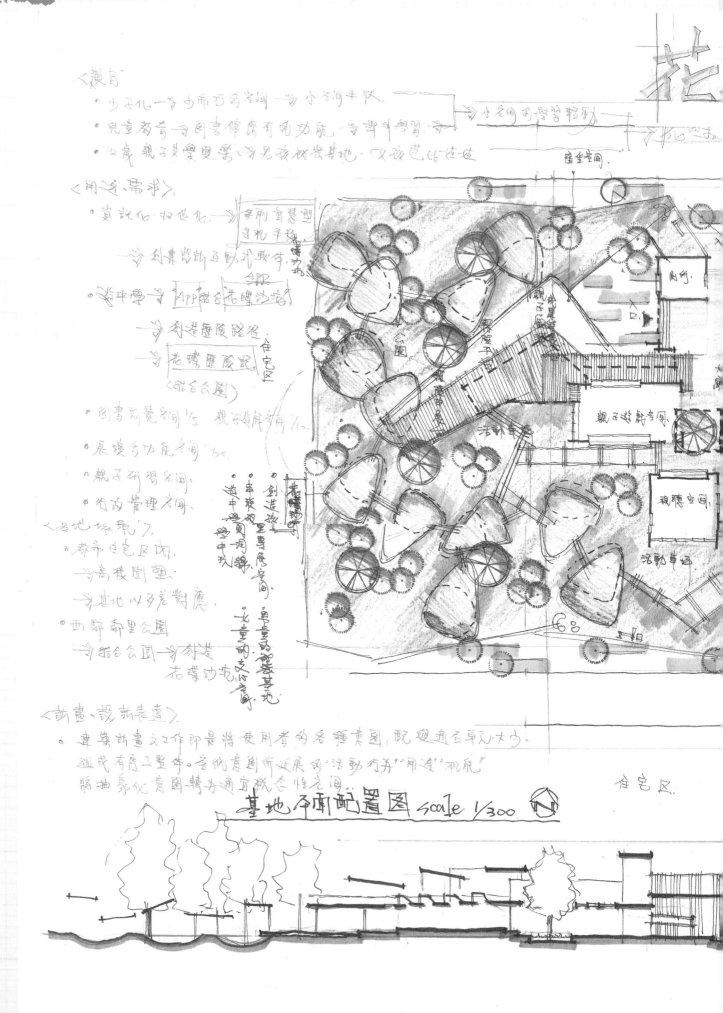

基地平面配置圖 scale 1/300

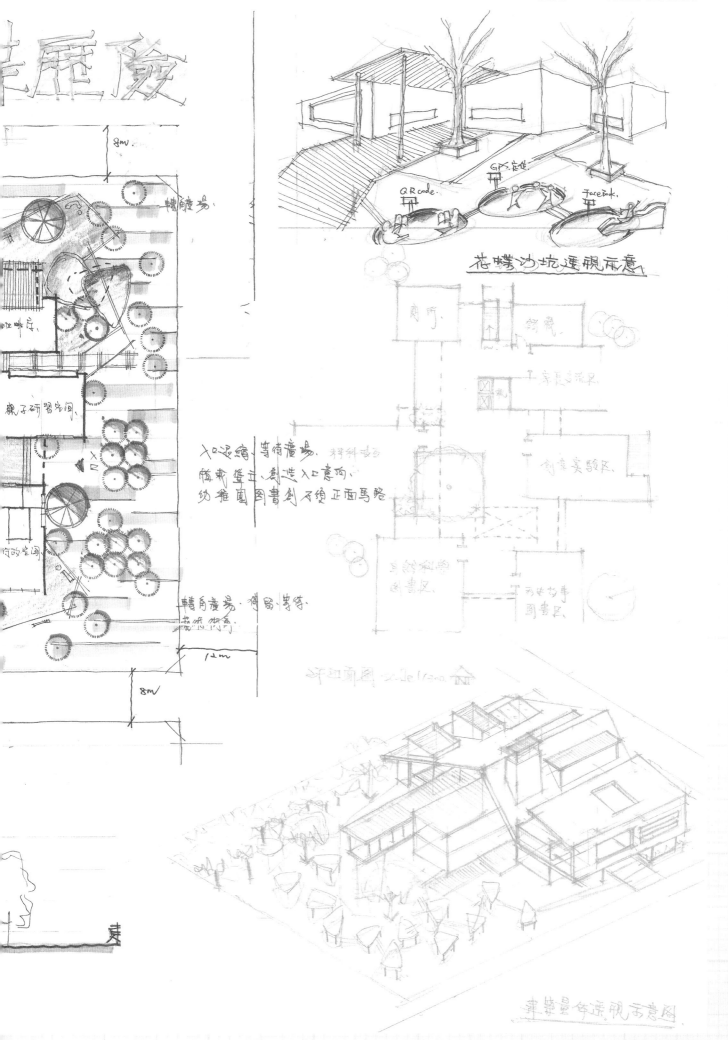

花蝶沙坑透視示意

QR code. GPS定位. facebook.

入口退縮，等待廣場，斜斜放多
腹地筆直，創造入口意向，
幼稚園圖書創不鄰正面馬路

轉角廣場，得留等待
光彩特意

平面圖 scale 1/300

建築量體遠視示意圖

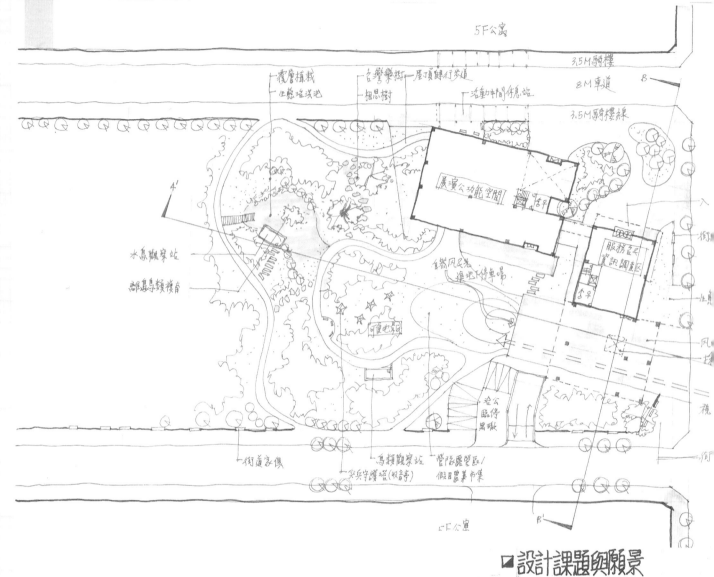

■設計課題與願景

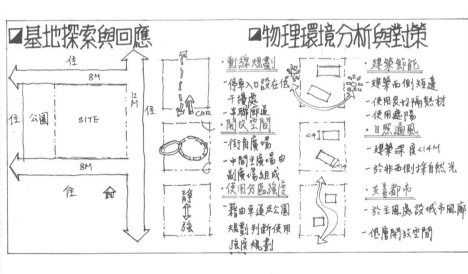

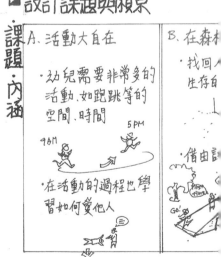

課題‧內涵

A. 活動大自在

‧幼兒需要非常多的活動,如跑跳等的空間、時間 5PM

‧在活動的過程也學習如何愛他人

B. 在森林⋯

‧找回⋯生存自⋯

‧借由⋯

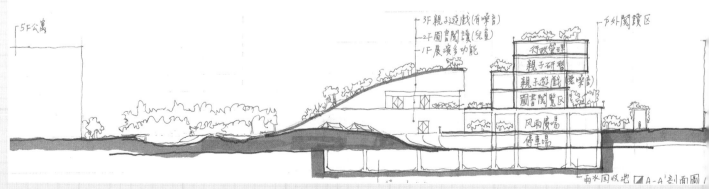

六感新體驗 共生的兒童圖書館與鄰里公園

SO2

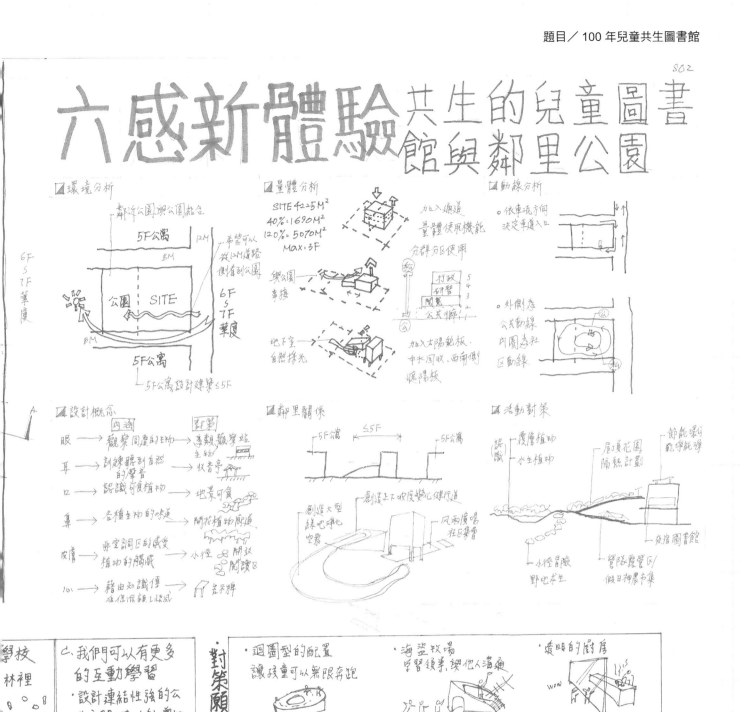

☑環境分析

- 鄰近公園與公園結合
- 5F公寓
- 12M
- 8M
- 希望可以從12M道路側接到公園
- 6F~7F華廈
- 公園 SITE
- 8M
- 5F公寓
- 5F公寓設計建築≤5F
- 6F~7F華廈

☑量體分析

- SITE 4225M²
- 40%:1690M²
- 120%:5070M²
- Max:3F
- 加入通道 量體使用機能 分群分區使用
- 與公園串接
- 地下室 自然採光
- 加入太陽能板 中水回收 西南側遮陽板
- 行政研習/閱覽/公共服務 5/4/3/2/1

☑動線分析

- 依車流方向決定車道入口
- 外側為公共動線 內圈為社區動線

☑設計概念

	內涵		對策
眼	→	觀察周圍的生物	→ 鳥類觀察站生物
耳	→	訓練聽到自然的聲音	→ 收音亭
口	→	認識有食植物	→ 地景可食
鼻	→	各種生物的味道	→ 開花植物廊道
皮膚	→	非空調區感受植物的觸感	→ 小徑開放閱讀區
心	→	藉由知識傳播保護生態上感	→ 告示牌

☑鄰里關係

- 5F館
- ≤5F
- 5F公寓
- 創造大型綠地基地空蹟
- 高塔上下收度軟化健行道
- 風雨廣場社區集會

☑活動對策

- 認識
  - 喬層植物
  - 水生植物
- 屋頂花園隔熱計劃
- 節能照明轉換能源
- 水徑冒險野地求生
- 營隊露營/假日神農市集
- 夜宿圖書館

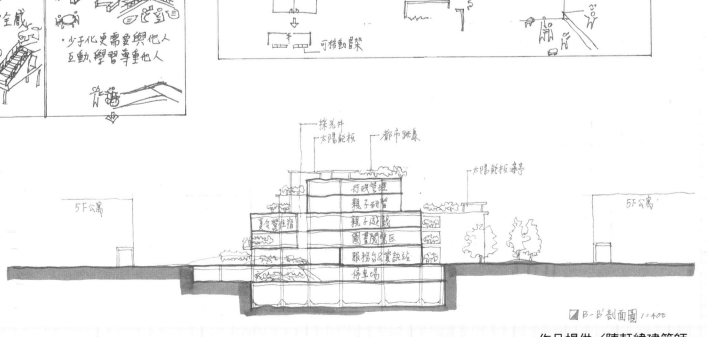

- 學技林裡
- 安全藏

4. 我們可以有更多的互動學習
- 設計連結性強的公共空間,使活動增加
- 少子化更需要與他人互動學習尊重他人

對策願景

- 迴圓型的配置讓孩童可以無限奔跑
- 界線交疊使孩童可探索 → 可移動書架
- 海盜牧場 學習鎮果與他人溝通
- 學習角/躲藏角
- 愛明的廚房 wow
- 和其他家長互動的空間

- 採光井
- 太陽能板
- 都市跳泉
- 太陽能板涼亭

- 5F公寓
- 行政管理
- 親子研習
- 親子遊戲
- 美食體育
- 圖書閱覽區
- 服務&資訊站
- 停車場
- 5F公寓

☑B-B'剖面圖1:400

作品提供／陳軒緯建築師

271

基地環境解讀

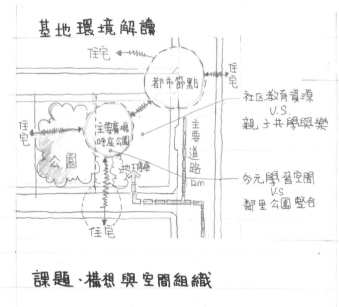

課題·構想與空間組織

一. 社區教育資源 V.S 親子共學與樂

☑ 共學經濟
- 由社區專業父母擔任講師安排親子活動與親子課程
- 社區互助,減輕經濟壓力,並取代安親班的制式教育

▶ 共學社團活動室
▶ 親子教室
▶ 親子廣場
  - 假日園遊會
  - 社區義賣
  - 親子園慶

☑ 社區耆老傳承 (生活教育·文化傳承)
- 由在地耆老駐臭,傳授傳統文化·工藝等技能
- 生活教育·在地文化傳承

營造共同成長的感动時晄

▶ 手作童玩教室
▶ 童話廣場
▶ 樹下講古
▶ 親子話劇場 (2F)

文化傳承
- 遊中學

二. 多元學習空間 V.S 鄰里公園整合

☑ 生態圖書館
- 給鄰里公園多目標使用,做為生態圖書館
- 以密林·生態水池等生態工法建構自然農法之生態菜園供居民使用,降低傳統公園之維護成本

▶ 溫室-菜圃教室
▶ 回收紙箱遊樂場 (室內兒童遊樂場)
▶ 環境劇場
▶ 綠色休憩站-淺林
▶ 生態菜園·生態水域

生態菜園
- 做中學

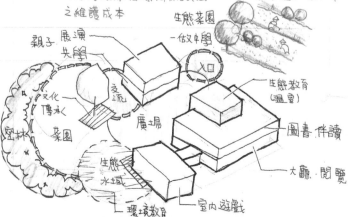

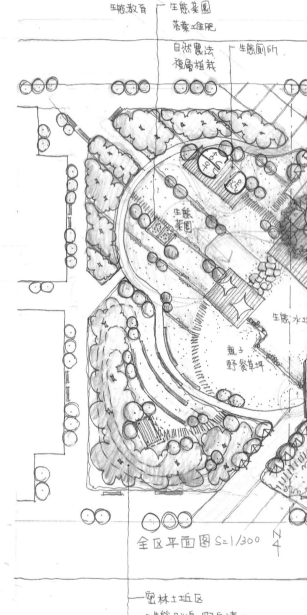

全区平面图 S=1/300 N

一. 密林土坵区
▷ 生態跳島·野鳥棲地
▷ 土方平衡
▷ 維護住宅區私密性
▷ 為生態菜園建立良好環境

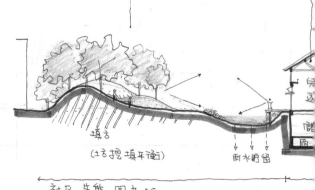

社区 生態 圖書館

填方
(土方挖填平衡)

窗外的圖書館

森林溪田小菜

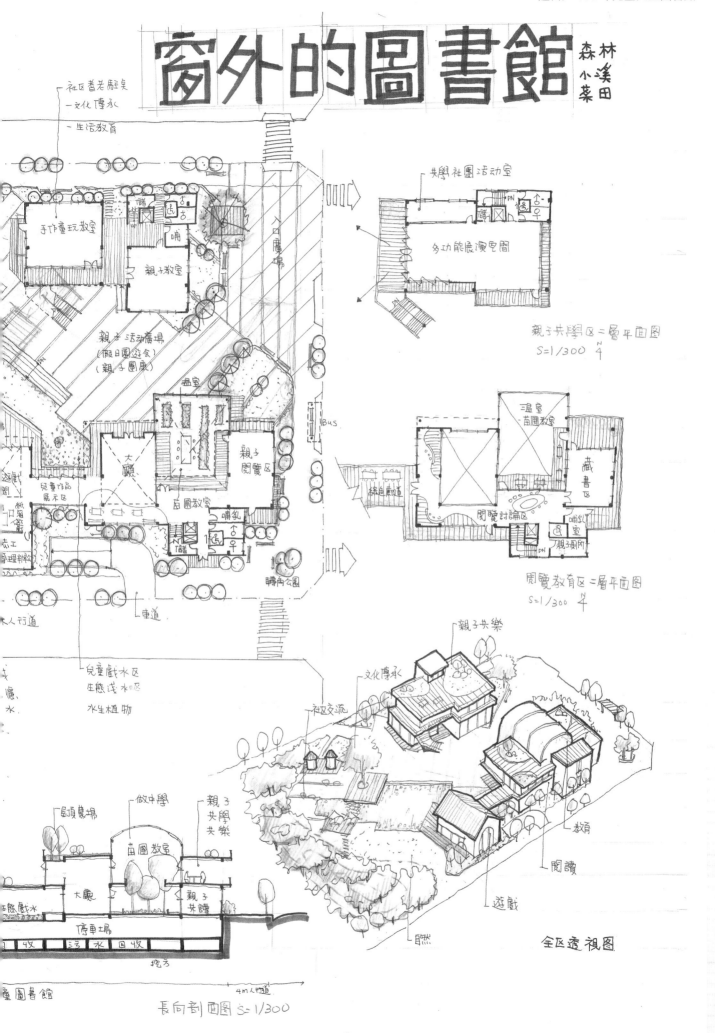

社區耆老駐足
文化傳承
生活教育

手作童玩教室

唱

親子教室

親子活動廣場
（假日園遊會）
（親子圍爐）

入口廣場

溫室

大廳

親子閱覽區

苗圃教室

兒童作品展示區

哺乳

Bus

志工管理辦公

車道

行人行道

兒童戲水區及
生態淺水區
水生植物

停雨公園

共學社團活動室

多功能展演空間

親子共學區二層平面圖
S=1/300

溫室
苗圃教室

藏書區

綠色廊道

閱覽討論區

哺乳室

親子廁所

閱覽教育區二層平面圖
S=1/300

親子共樂

文化傳承

社交流

教育

閱讀

遊戲

自然

全區透視圖

屋頂農場

做中學

親子共學共樂

苗圃教室

大廳

親子共讀

玩戲水

停車場

污水回收

挖方

兒童圖書館

4m人行道

長向剖面圖 S=1/300

99年專門職業及技術人員高等考試建築師、技師
考試暨普通考試不動產經紀人、記帳士考試試題

代號：80160　全一張
（正面）

等　　別：高等考試
類　　科：建築師
科　　目：建築計畫與設計
考試時間：8 小時

座號：＿＿＿＿＿＿

※注意：㈠禁止使用電子計算器。
　　　　㈡不必抄題，作答時請將試題題號及答案依照順序寫在試卷上，於本試題上作答者，不予計分。

一、題目：小學「加一」

二、題旨：全球暖化的環境變遷，少子化的社會變遷，皆對都市小學之建築內涵有一定
　　　　　的影響。做為一種實驗性的構想，將封閉的小學校園開放，鼓勵與社區共用
　　　　　部分空間與設施，也因此學習共同治理的新觀念，不但提昇空間效能，強化
　　　　　學校與家庭的關係，也是邁向「緊湊」都市的實踐，為減少碳足跡做出應有
　　　　　的貢獻。
　　　　　「加一」是指在給予的基地範圍內，除了小學之外，另外再設置一項空間內
　　　　　容：可以是建築物，或戶外空間。其用途亦不限，住宅、商用、社教、藝文
　　　　　或任何其他使用，只要具有充分的說服力，能對基地及週邊環境有正面的效
　　　　　應。其形式與規模得自行決定。

三、基地概述：（附圖）
　　　　　本設計基地為附圖中粗線界定之範圍。原為一般民宅使用。基地所在之街廓
　　　　　為臺灣二、三級都市的一般空間結構，有沿街的商店，以及診所、郵局、小
　　　　　市場等生活機能。街廓內有巷道通往住家鄰里，以及信仰空間，其中包含土
　　　　　地公（小廟）與另一規模較大之廟。如圖標示。

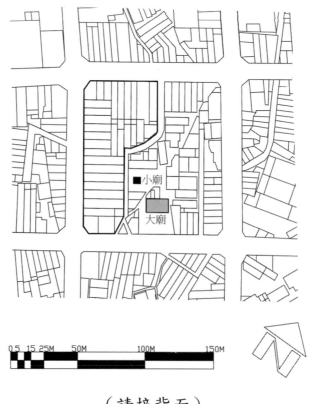

（請接背面）

99年專門職業及技術人員高等考試建築師、技師
考試暨普通考試不動產經紀人、記帳士考試試題

代號：80160
全一張
（背面）

等　　別：高等考試
類　　科：建築師
科　　目：建築計畫與設計

四、空間需求：

(一)疊合小學：指空間使用及管理與社區疊合

1. 學生教室：一至六年級，每年級一班，每班約三十人。座位可彈性安排，亦應考慮兩間教室可合併。

2. 特殊教室：4-5 間，供電腦、美勞、音樂、生物等教學使用。

3. 圖書及閱覽展示空間：200-250 m^2。

4. 多功能集會堂：450-500 m^2。

5. 教師及行政空間：供 12-15 名教師及 5-8 名行政人員使用，包含辦公、會議、休息、接待等空間。此區不提供社區使用。

6. 設施空間：包括儲藏、清潔（垃圾）、機械、廁所，以及停車等。其數量及規模應自行做合理的判斷。

其他有意義的空間可自行設定。較公共或通用性質的空間應接近地面層。空間組織安排必須考慮社區共用的方便性。由於不設校園圍牆，亦應注意建築物的安全管理問題。

(二)「加一」：指小學之外，在基地中另外附加的一項空間內容。

此一附加項目雖然可以是任何形式、任何規模及任何使用，但必須以充分的圖說呈現其對環境脈絡具體的價值與貢獻。

五、圖說要求：

(一)建築計劃（比例尺自行決定）：（30分）

1. 基地與週邊環境分析，包括物理環境、交通人行、開放空間等。

2. 法規檢討與量體分布策略。

3. 空間定性與定量分析。

4. 其他有意義之相關圖說。

(二)建築設計（比例尺自行決定）：（70分）

1. 全區配置圖。

2. 全區地面層平面圖。

3. 重要空間之其他樓層平面圖。

4. 重要空間之剖面及立面圖。

5. 其他有意義之相關圖說。

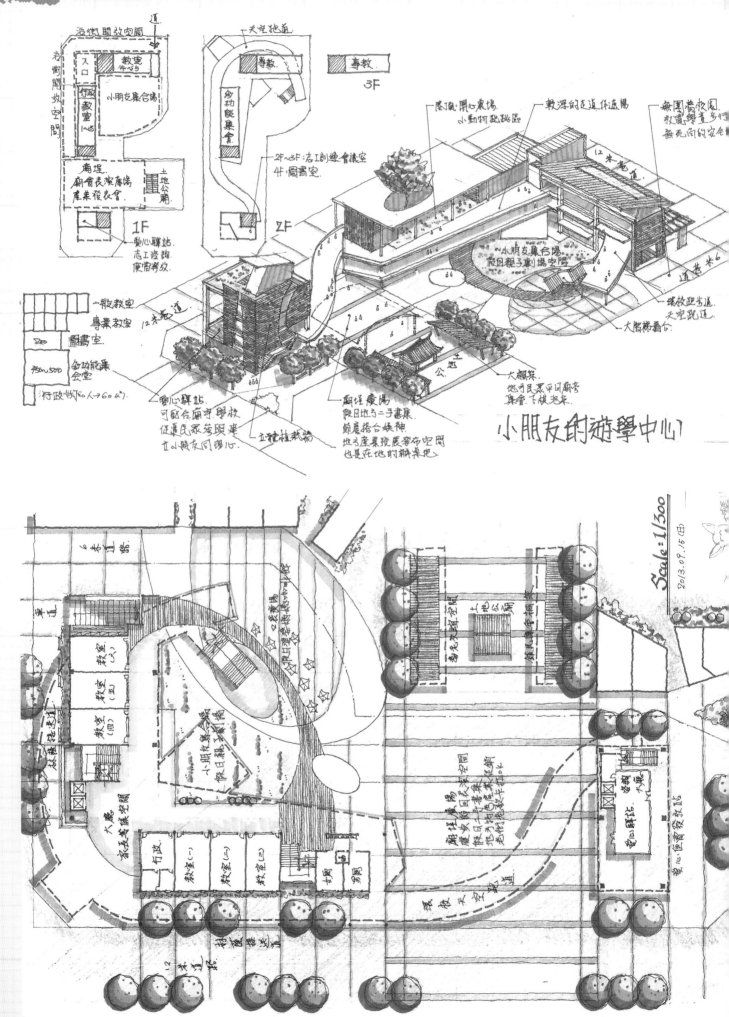

小朋友的遊學中心

Scale:1/300

2013.09.16(日)

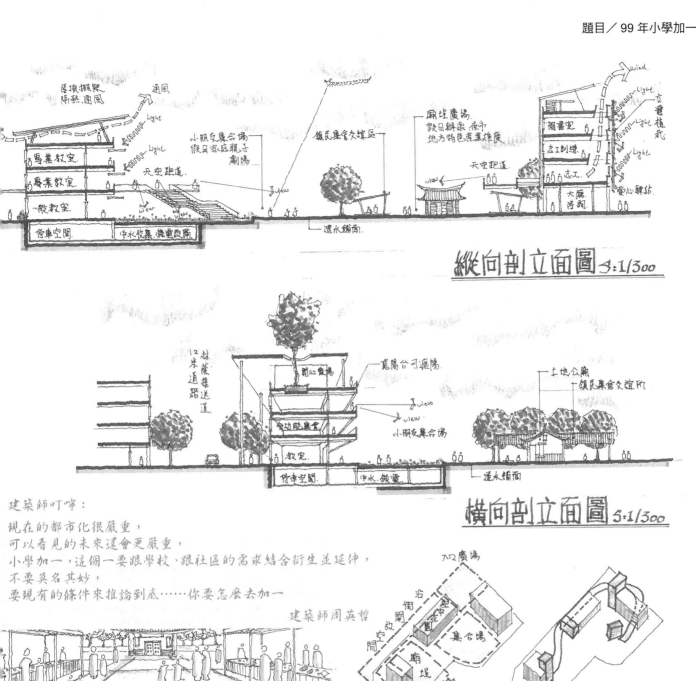

屋頂棚架 隔熱通風
通風
鎮民集會交誼區
廟埕廣場 假日辦桌、夜市 地為特色商業維度
專業教室
專業教室
一般教室
小朋友集合場 假日家庭親子劇場
天空跑道 view
圖書室
志工訓練
志工 愛心驛站
停車空間 中水收集、進電設備
遮水鋪面
天空跑道 view
大廳 活動
12株綠傘送道
廟陽台可遮陽
上地公廟
鎮民集會交誼所
開心農場
多功能集會
小朋友集合場
教室
停車空間 中水、機電
遮水鋪面

縱向剖立面圖 S：1/300

橫向剖立面圖 S：1/300

建築師叮嚀：

現在的都市化很嚴重，

可以看見的未來還會更嚴重，

小學加一，這個一要跟學校、跟社區的需求結合衍生並延伸，

不要莫名其妙，

要現有的條件來推論到底……你要怎麼去加一

建築師周英哲

假日的廟埕是在地的交誼中心

愛心驛站是小朋友學習人生的課程

開放的校園無死角.安全的空間

加口廣場
沿街空間開放
圖書室
集合場
廟埕

開放空間訪劃

動線行進計劃

街屋紋理的延續與轉化

· 舊街區攤擠的環境需要足夠的空地.
· 以人本家為中心,將縣直生態鏈擴展到週邊

基地的都市紋理

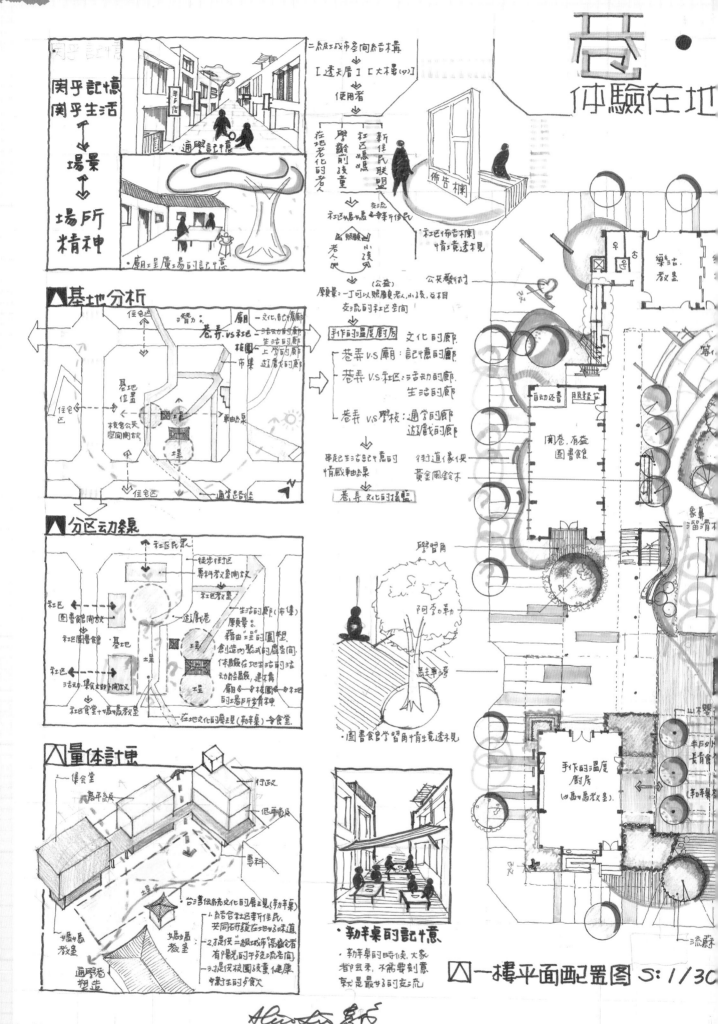

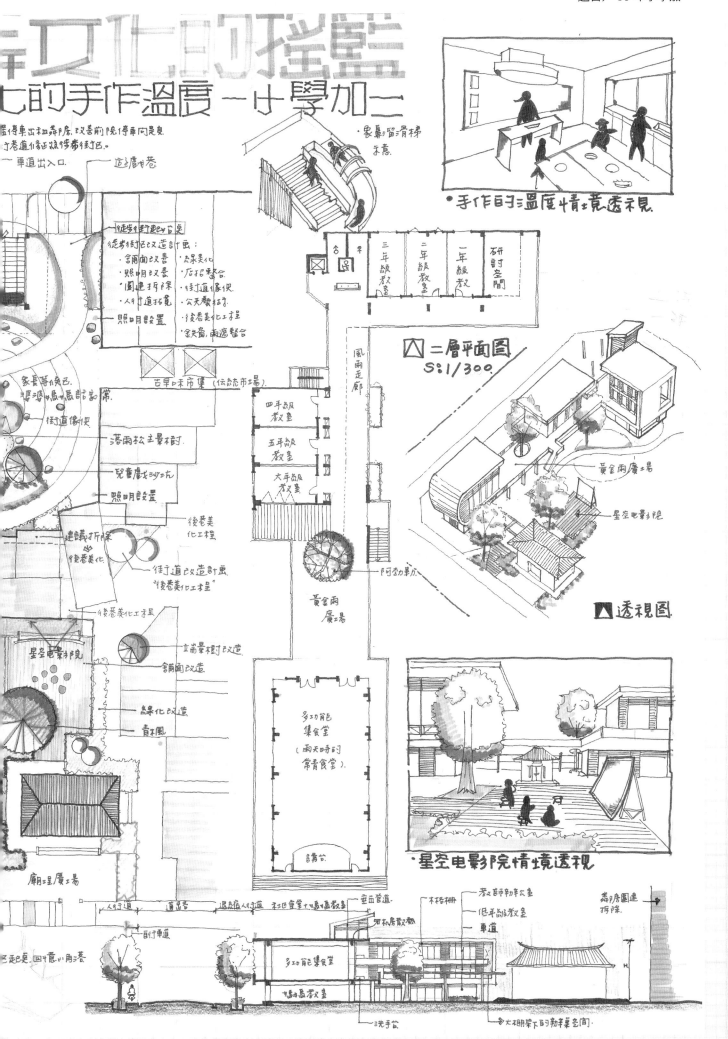

手工化的搖籃
化的手作溫度 一什學加二

・象鼻溜滑梯示意.

・手作的溫度情境透視.

徒步街區改造計畫
徒步街區改造計畫:
・舖面改善   ・景觀美化
・照明改善   ・店招整合
・圍牆拆除   ・街道傢俱
・人行道拓寬   ・公共藝術
─照明設置   ・後巷美化工程
            ・鐵窗,雨遮整合

家長等候區.

古早味市集 (傳統市場).

街道傢俱.

潛雨松主景樹.

兒童遊戲沙坑.

照明設置.

後巷美化化工程.

建議打拆除案 後巷美化.

街道改造計畫. 後巷美化工程.

後巷美化工程.

立面景樹改造. 舖面改造.

星空電影院.

綠化改造. 青木風.

廟埕廣場.

二層平面圖
S:1/300.

黃金雨廣場

星空電影院

阿勃車庫

黃金雨廣場

透視圖

多功能 集會堂 (雨天時的 常青食堂).

講台.

・星空電影院情境透視

人行道. 直店舖. 退縮區人行道. 社區會堂+半戶外教室. 垂直車道. 木格柵. 老校師勤草公室. 教房圍牆拆除. 低平層教室. 車道. 知和房散熱. 亜面車道.

自行車道.

多功能集會堂

此起是, 回憶小角落. 場陽熊教室. 洗手箱. 大棚架下的勃車空間.

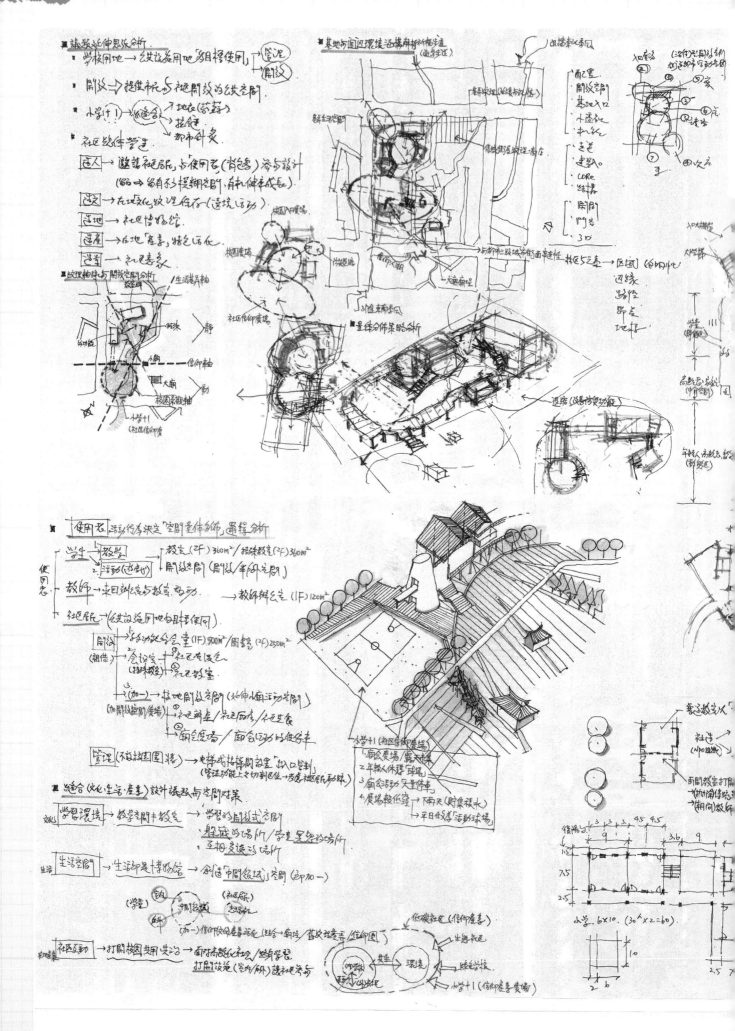

縫合 社區共生的小學

小學＋信仰廣場

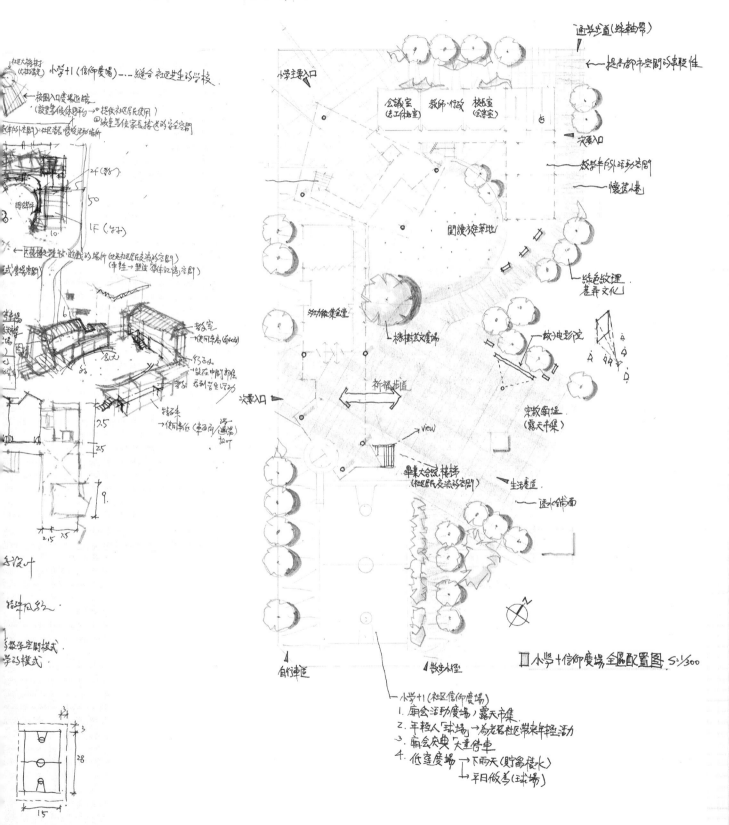

小學＋信仰廣場 全區配置圖 S：1/300

小學＋1（社區信仰廣場）
1. 廟會活動廣場，露天市集
2. 年輕人「球場」→為老舊社區帶來年輕活力
3. 廟會兼做「大量停車」
4. 低窪廣場 →下雨天（貯留積水）
　　　　　→平日做為（球場）

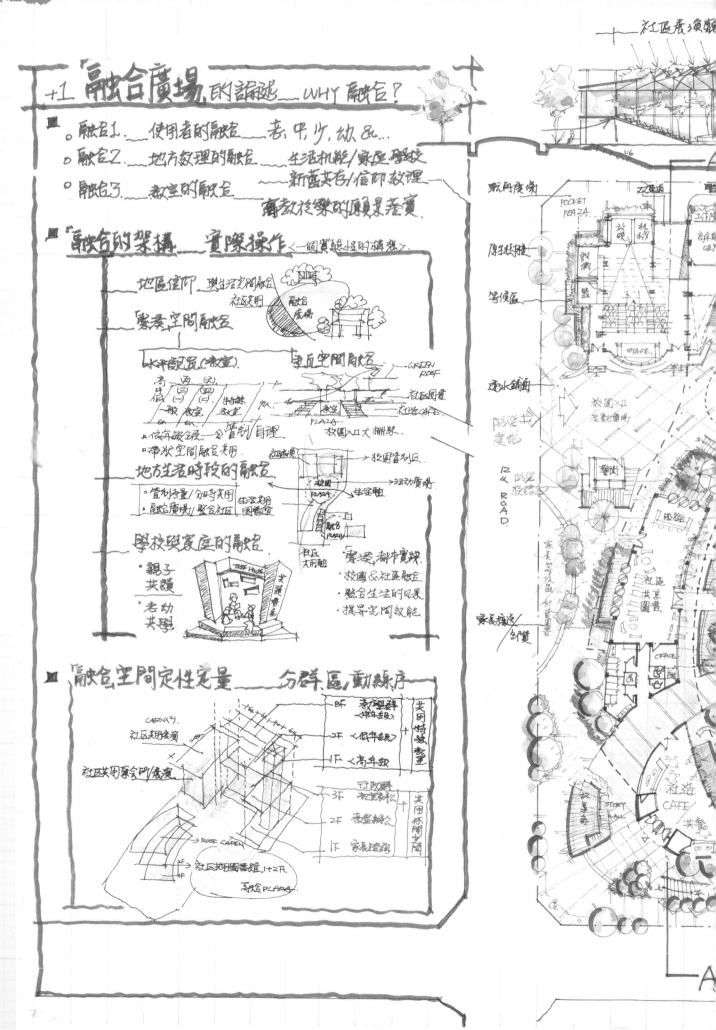

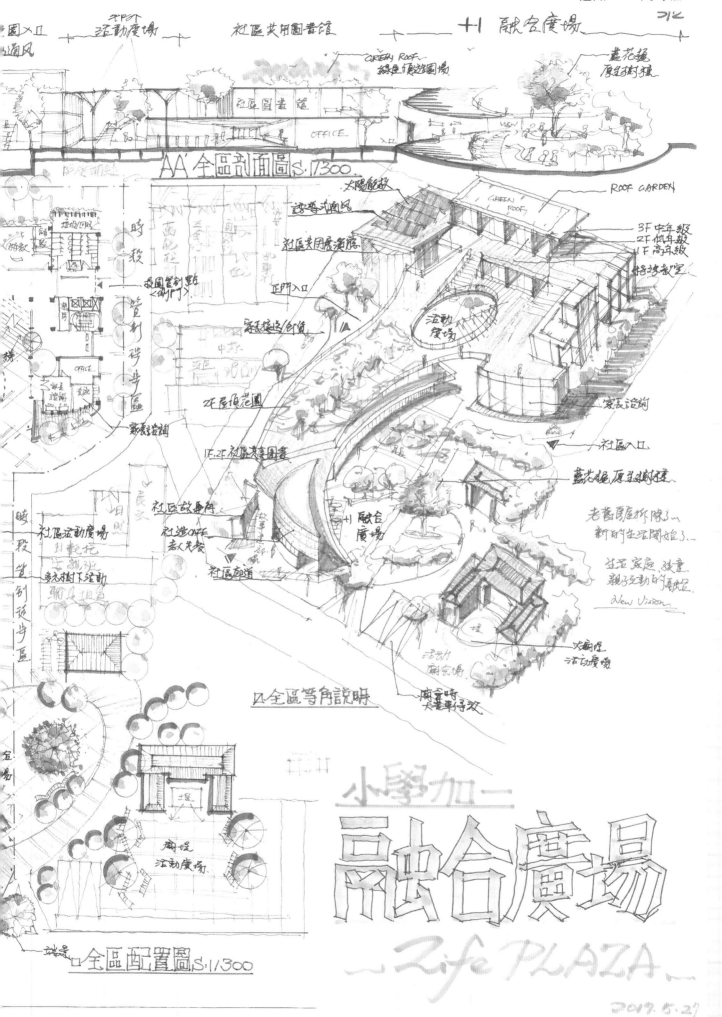

園入口
通風

活動廣場

社區共用圖書館

+1 融合廣場

GREEN ROOF
綠建屋頂遊園場

盆花攤
原生樹種

社區圖書道

OFFICE

AA' 全區剖面圖 S.1/300

ROOF GARDEN

太陽能板
誘導通風
社區共用展演廳
正門入口
家長接送/卸貨
2F屋頂花園
1F.2F社區共讀圖書
社區故事館
社造CAFE 老人共餐
社區廊道

活動廣場

3F中年級
2F低年級
1F高年級
特殊教室

家長諮詢

社區入口

盆花攤 原生樹種

老舊房屋拆除…
新的生活開始…

注重家庭、孩童
親子互動的場域
New Vision

+1 融合廣場

時段
管制行動廣場

社區活動廣場
平時遛花
受榕樹下運動
聊具招料

廟會時
大量車停放

全區等角說明

廟會時
大量車停放

活動
廣場

大廟埕
活動廣場

時段
管制行動廣場

廟埕
活動廣場

全區配置圖 S:1/300

小學加一
融合廣場
~Life PLAZA~

2017.5.27
RC.

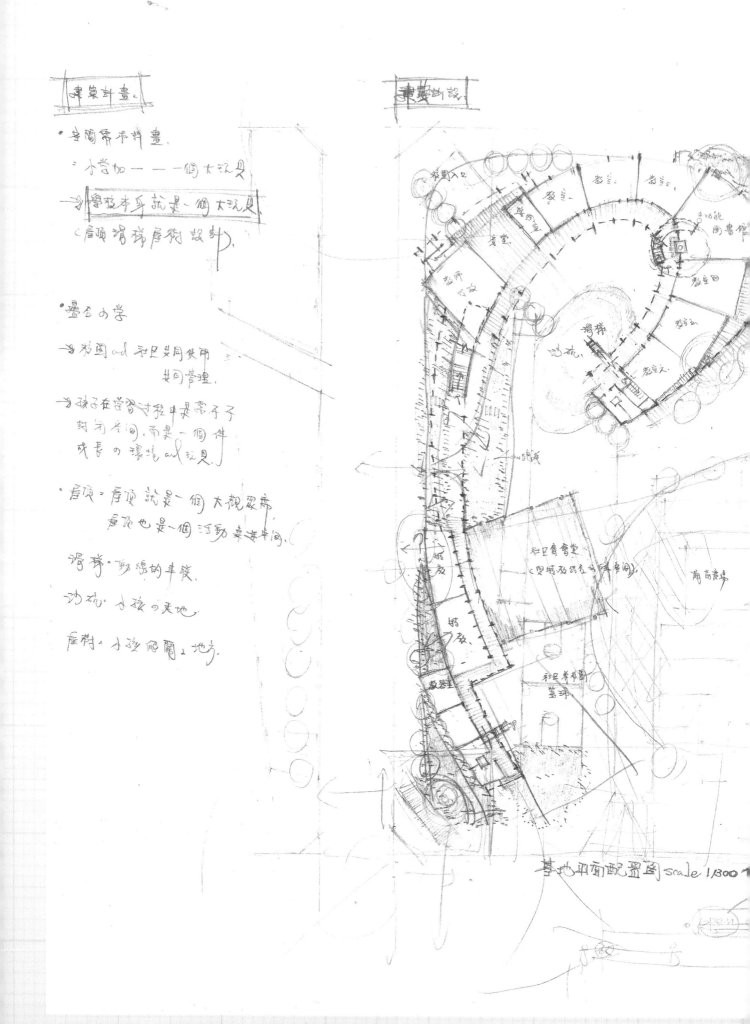

建築計畫：

• 幸福常不計畫.

　= 小學加 一一一 個 大玩具

　→ 學校本身就是一個大玩具

　（屋頂滑梯序列設計）.

• 疊石小學

　→ 校園 and 社區共同使用
　　　　　　　　共同管理.

　→ 孩子在學習過程中是需不子
　　封閉空間, 而是一個件
　　成長 的 環境 and 玩具.

• 屋頂：屋頂就是一個大觀眾席
　　　　　屋頂也是一個活動表演空間.

滑梯：戲緣的年段.

沙坑：小孩 の 天地.

屋樹：小孩爬爾 . 地方.

建築計設

基地平面配置圖 scale 1/300

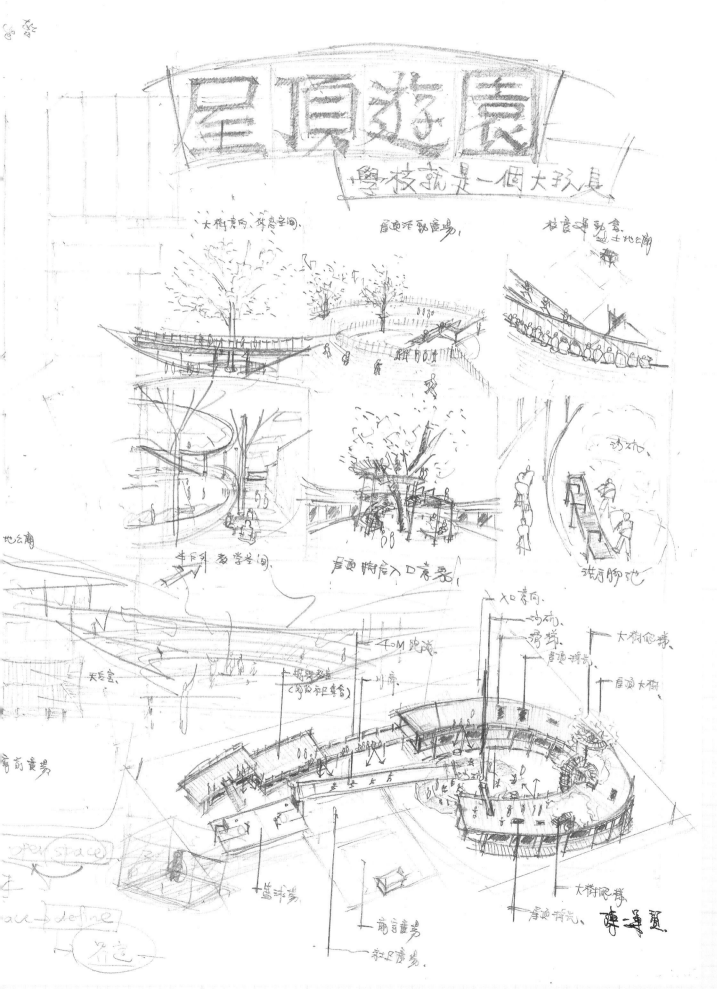

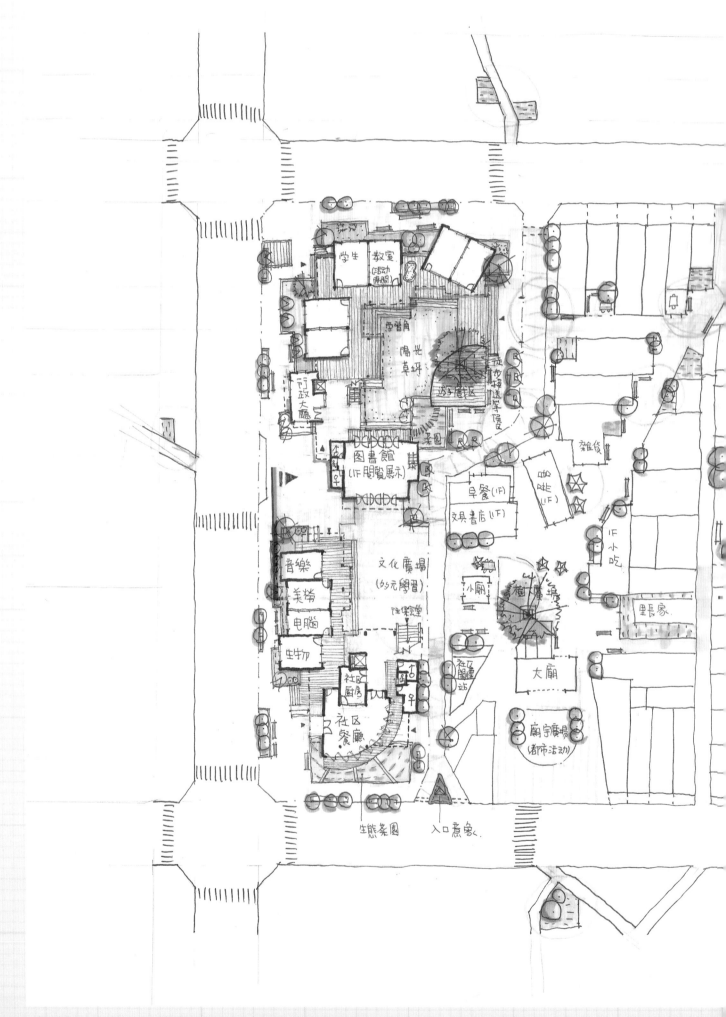

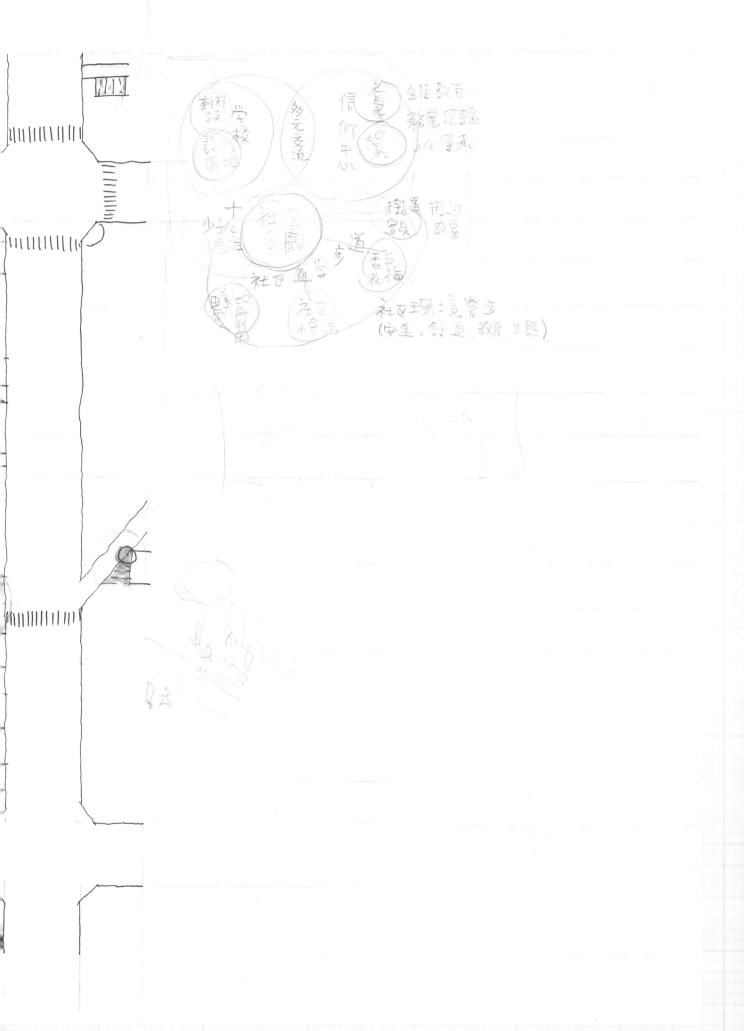

代號：80160
頁次：4－1

98年專門職業及技術人員高等考試建築師、技師、消防設備師考試、普通考試不動產經紀人、記帳士、第二次消防設備士考試暨特種考試語言治療師考試試題

等　　別：高等考試
類　　科：建築師
科　　目：建築計畫與設計
考試時間：8 小時　　　　　　　　　　　座號：＿＿＿＿＿＿＿

※注意：㈠禁止使用電子計算器。
　　　　㈡不必抄題，作答時請將試題題號及答案依照順序寫在試卷上，於本試題上作答者，不予計分。

題旨：

建築是一項整合技術、功能與美觀的專業，但這種專業所追求的並非是放諸四海皆準的公理或標準方案，而是要在真實環境中去爭取實現對社會友善且有益的新構想。換句話說，建築師除應具備基本專業素養外，更應具有面對真實世界的誠懇態度，對於社會普遍的生活方式以及環境形態應予以高度關注，並且應秉持以此專業作為一項社會性抱負的使命感，為整體社會轉型或改革奉獻一份力量。

自從上世紀九○年代以來，台灣各地皆明顯出現比以前更開放、更親民的公共空間，為茁長中的民主開放的新公民社會揭開新的空間願景。這些涵蓋公私部門的公共空間作品展現出一種新企圖心，不以移植國際流行形式為滿足，也不閉門造車而套招了事，而是深入地方環境問題、思考新可能性、從中摸索新的空間機會，因此而產生更貼切於台灣豐饒生活經驗的建築空間形式。

近年來台灣也在外銷導向的經濟發展模式外，開始關切內需發展，並且提倡「庶民經濟」，建築應也屬於真正的庶民經濟的火車頭產業之一，而且也將應該是庶民經濟發展的落實結果。因此，建築師應從自身所在的真實生活中了解庶民習性，從中淬煉基本設計素養，並在專業實踐過程中去形塑新的真實生活場景。

題目：建築設計作為一種善意的公共行動

基地描述：

1. 本次設計基地並非一塊空地，也非傳統設定的一宗基地，而是指包涵既有建築物、植栽、公共設施在內的整體三度空間，涵蓋指定區全部加上毗鄰的自行設定區所形成的範圍。
2. 指定區如照片所示，顯示出台灣二級城市非常普遍的狀況。
3. 自行設定區約等同於指定區大小，其區內之特性、地形、水文、植被、都市化程度請由應試者自行假設，以台灣既有地形地貌氣候為限，能更貼近台灣多樣性的地景，並與既有的指定區密切相連、共存，形成有意圖的組合關係。

指定區基地照片

一、建築計畫（30 分）

上述基地所顯示的是台灣都市中到處可見的發展狀況，位於集居生活區邊緣。這種集居生活形成台灣都市中混質錯落的環境景觀，其中反映出住商合一、生活便利、視覺景觀雜亂、放任開發…等特色，這是台灣本色，它們是問題、但也是機會，有時覺得很醜陋、但又感受到其間的活力，為了能提出對此環境真實條件有所因應與提升的設計方案，應先進行一項深入到真實生活的建築計畫工作。

A、空間解讀

根據個人生活經驗來閱讀基地照片，歸納出基地的各種環境特色，這是發展設計構想的核心憑藉，有助於釐清與界定設計問題之基調為何。請對基地內的街道、街角、巷弄、入口、天空線（或天際線）、街道立面、店面、住家、地景、植栽…等生活環境因素，以及整體地區特色、可能的公共與私密的界限、生活路徑的走向等狀況，整理出你個人的理解與詮釋。

B、空間想像

建築計畫中的課題分析與構想研擬並非套公式、光憑臆測而來，必須對基地深刻了解後浮現新的想像，這新的空間想像中才會蘊含適切的設計課題與構想。本題目中所要求的「自行設定區」之設定、以及它與「指定區」的組合方式，必然反應出你對「指定區」的解讀結果，以及延續、調整或對照「指定區」特質之想像，請就「自行設定區」的設定條件及其與「指定區」之組合方式，有系統地詳述你的環境空間想像為何。

（針對以上 A、B 問題之回答，請以平面、立面、剖面及透視等簡圖輔助表現，比例自訂。）

C、建築計畫書

指定區原為都市邊緣之集居區，由於週邊地區的持續發展且有特殊機緣將成為廣義的文化活動集中區。請提出 10 年後的願景，以指定區與自行設定區為範圍，服務人口數約 3,000 人，戶數約 1,200 戶，居民組成多為中等收入及中等教育程度，少比例為低收入戶，須滿足以下 1~6 項公共活動需求。至於第 7 項「其它」部分可擇 2 種以上作為維持足夠人口數的指標性背景。如有利於環境品質，以上空間可分時共用，但請簡述其營運方式。未納入設計之既有房舍可仍維持住宅使用。

1.展演	‧調整出二個可提供聚集 50-200 人之廣義劇場（一可蔽雨、一為露天）。
2.社交	‧十個以上 2-10 人可相約停留、又有特色的環境。（例如：平日可供學生男男女女約會、行動不便者及其照顧人員休憩，觀望都市活動、假日可讓外勞聚集）。
3.遊戲及體育	‧形式不拘，可供親子活動使用。
4.知識	‧書店、文化市集、閱讀空間及成人終身學習場所。
5.生態生產	‧與水有關或與耕種有關的空間。
6.交通	‧自行車、機車相關設施。
7.其它	‧廟宇、教會、衛生所、商店、產業、小工廠、資源回收、住宅、辦公、鄉鎮市公所規模之行政服務窗口（含警政、戶政、地政、稅務等機關）…等。

請根據以上建議之需求及你所提出之未來願景，製作一份足以介入並改善真實生活環境、且提升生活經驗品質之建築計畫書，包括目標願景、設計策略、生活想像、營運管理及各種空間定性、定量條件之掌握，並合理假設未來經營主體為何種機構或機制。此計畫書必須與前述之空間解讀與空間想像部分能前後相連貫，並成為建築設計部分的知識基礎。

請注意，此建築計畫書要求的重點在於：
1. 對台灣都市混質紋理的轉化創意。
2. 對鄰里生活性空間經驗之理解。
3. 對地方空間尺度與活動模式之掌握。
4. 對人性環境品質的關注。

代號：80160
頁次：4-3

另根據 2008 年內政部統計資料，以下全國性指標數據僅供參考：

1. 育齡婦女一般生育率為 3.1%（10 年前為 4.3%）。
2. 60 歲以上人口占總人口數之比例為 14.4%（10 年前為 11.6%）。
3. 歸化為本國人者計 13,231 人，其中外籍配偶占 12,984 人（10 年前僅 3,617 人）。
4. 近五年有偶離婚率為 11-12%，全年離婚對數 10 年來增加 50%左右。

二、建築設計（70 分）

A、行動準則

1. 建築設計作為一種善意的公共行動，從原有的社區尺度、質感來汲取養分，以漸進的行動，開創美好的環境價值，設計反應計畫書中對生活的看法，改造都市基礎設施，提供市民扮演不同角色的可能。
2. 為追求積極的公共利益，土地使用管制及法規得從寬、善意解釋。
3. 少用混凝土而以植栽、磚、石、木、紙、竹、輕鋼構或再生材料為主，如有不足才輔以型鋼及少量 RC 構築。

B、設計基地

指定區範圍如圖 1 所示，其範圍內的建築物可於約 30%以內作必要之拆除。且設計方案必須有部分位在指定區內。（既有住宅 A、B、C、D 標示僅為使圖 1 與照片易於對照，並無特殊意涵）。

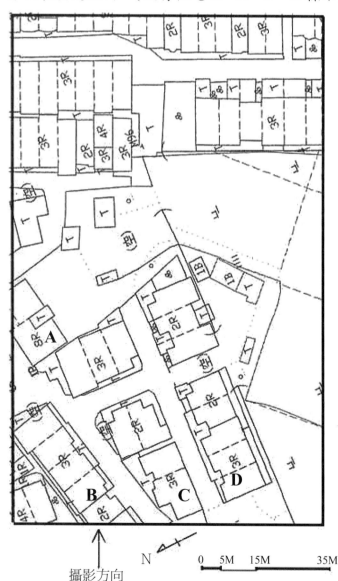

圖 1 指定區現況配置圖 約 1/1000
以圖示比例尺為準

N

0　5M　15M　35M

攝影方向

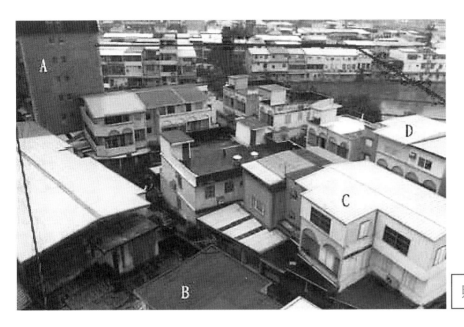

照片1 紅線中概略標示指定區範圍

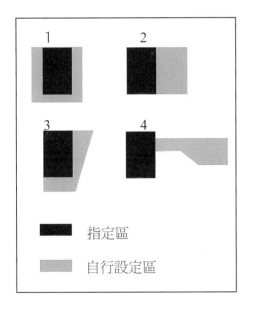

■ 指定區
▬ 自行設定區

圖2 設計基地的組合可能是任何形狀，舉例說明如圖。請自行設定，並清楚描述。總大小約為指定區的二倍

C、表現法規定

請在有限的篇幅下，模擬呈現你以上所提建築計畫書中所描述的實質空間。作答以能夠清晰闡述環境態度為要，有勇氣提出看法，有誠意溝通，繪圖技法與完整度不是重點，不必拘泥於刻板的答題方式。

1. 全區以等角透視或透視等表示（比例自訂）。

2. 系列文化地景長向剖面（比例自訂，位置請標示）。
   （上述1,2項可互相協調說明，期望能看出改造前後的差異，以及未來調整的可能性。例如：
   10年20年後的發展、不同季節的不同情境）。

3. 擇一具代表性空間，能表達設計思想，繪製構造性大剖面透視圖或構造性大剖面等角透視圖（1/50或更大，內容必須接天、接地。意即至少須表達一般所稱屋頂以及與地面接觸部分關係，重複性構造可用斷線省略）。能表現出本次設計材料哲學、材料間轉換以及對空間秩序、氣候、人文、美學、與既有建築關係提出設計回應。

4. 能表達公共性、時空發展、設計動人之處的大區塊平面圖，比例自訂（剖開往下看的高程自選，位置請標示清楚，以闡明室內外空間關係，包括開口、樓梯等）。

5. 請至少以一處設計行動超越現行建築及都市相關法規的解釋習慣。並請闡述其價值及對未來其它環境可能構成的啟發。

基地環境分析及分區計劃 ———— 以農換

┌指定區
三~四層街屋

住宅區 鐵皮屋加蓋 → 屋頂花園
水田區 傳統人力種植方式 → 結合科技技術
果園區 傳統經營方式 → 多元觀光果園
農舍區 舊農舍空間過多 → 閒置空間再利用
人口現象 農民及人口高齡化 → 青年人口返鄉

┌濕室果園
└戶外果園
環道路

建築計劃及設計構想

課題 ·青年人口外移　　·社區公共空間不足　　·在地產業的沒落
　　　農民高齡化　　　　　　　　　　　　　　　傳統農業危機

對策 ·募集青年人口返鄉　·舊農舍改造再利用　·果園觀光活動
　　　·培訓青年農民　　　成為特色民宿　　　·農夫生活體驗

核心 十年後社區定位　青農下田耕種　觀光活動課程　協助社區營造
計劃　　　　　　　　　　　　　　　帶領 教學
以農
換宿

公共 展演→水田上劇場　社交→口袋公園,老樹泡茶亭　遊戲→水果球收,果醬製作
活動
計劃

知識-農業學習工作坊　生態生產-小農產品販賣　交通-人行道,自行車道系統

營運計劃　社區發展協會 招集→ 外地青年志工 以農 「農耕生活體驗」
　　　　　　　　　　　　　　　返鄉在地青年 換宿 果園觀光活動

老農民組織

社區民眾使用 ← 回饋社區公共設施 ← 賺取收入

民宿
休憩區
老農舍暨
劇場展演
社區公車站
社區發展
協會
民宿
街角廣場
(社交)
老農舍改造
[空間]
鄰村休...
以農換宿
-青年農.
木構造茶亭
老...
社...
橘子樹
觀光果...

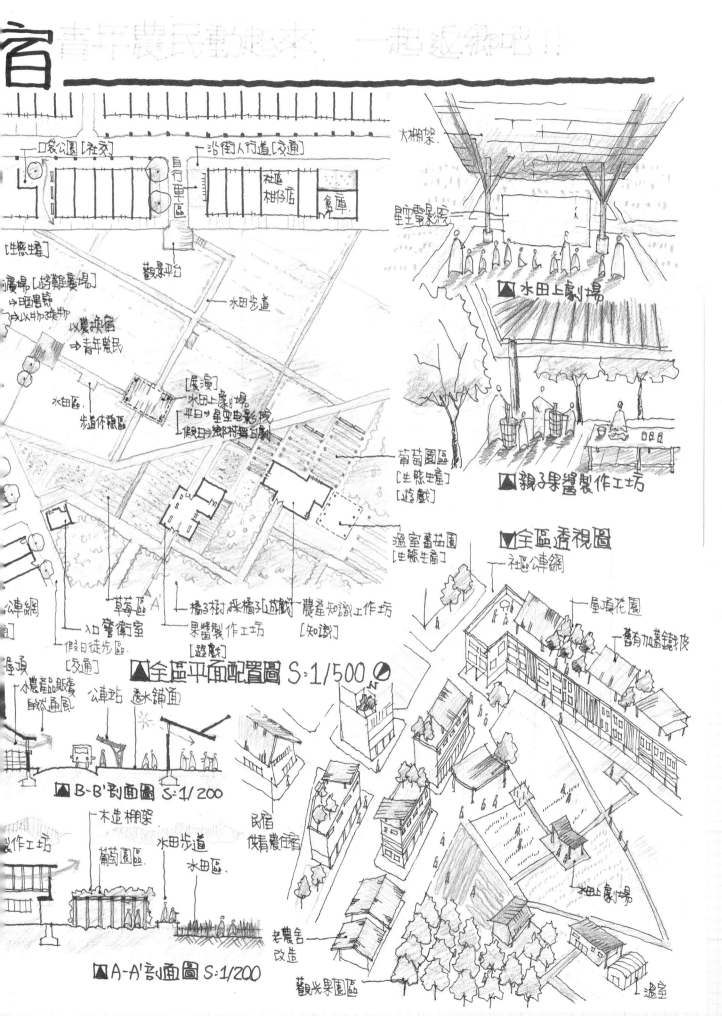

官 青年農民動起來，一起返鄉吧！

口袋公園[社交]　沿街人行道[交通]
自行車區
社區柑仔店
糧庫
[生態牆]
觀景平台
廣場[遊難廣場]
假日跳蚤　水田步道
以物易物
以農換宿
→青年農民
水田區
步道休憩區
[展演]
水田上劇場
平日→星空電影院
假日→鄉村舞台劇
公車網
草莓區A'　橘子樹採橘孔成戲
入口警衛室　果醬製作工坊
假日徒步區　[遊戲]
[交通]
小農產品販賣
自然通風
公車站　透水鋪面

▲全區平面配置圖 S：1/500

▲B-B'剖面圖 S：1/200

製作工坊
葡萄園區　水田步道
木造棚架　水田區
老農舍改造
▲A-A'剖面圖 S：1/200

大棚架
壁空電影院
▲水田上劇場
葡萄園區[生態生產][遊戲]
▲親子果醬製作工坊
溫室蕃茄園[生態生產]

▼全區透視圖
社區公車網
屋頂花園
舊有加蓋鐵皮
民宿
伴青農住宿
水田上劇場
觀光果園區　老農舍改造　溫室

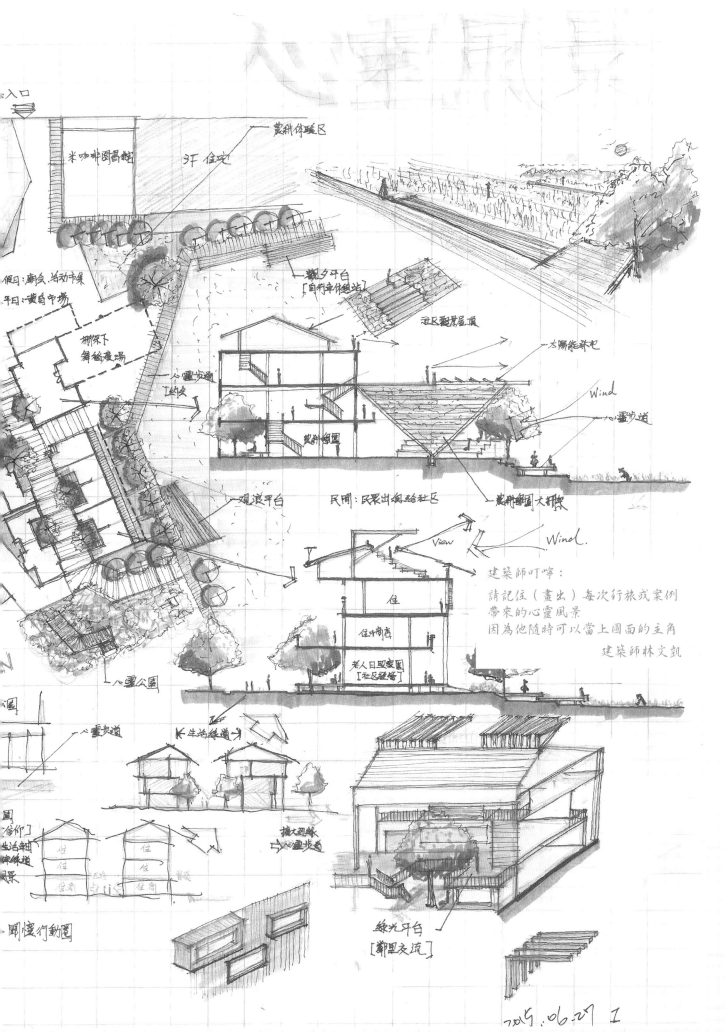

入口

米咖啡圖書館

3F 住宅

農耕休閒區

假日：廟會、活動市集
平日：黃昏市場

棚架下
舞蹈廣場

心靈步道
[約交]

觀夕平台
[自行車休憩站]

社區觀景屋頂

太陽能板

Wind

心靈步道

觀浪平台

民間：民眾出網給社區

農耕園圃大棚架

心靈公園

心靈步道

生活綠道

View

Wind.

住

住+商店

老人日間家園
[社區健檢]

建築師叮嚀：
請記住（畫出）每次行旅或案例
帶來的心靈風景
因為他隨時可以當上圖面的主角
　　　　　建築師林文凱

關懷行動圈

綠光平台
[鄰里交流]

2015.06.27 I

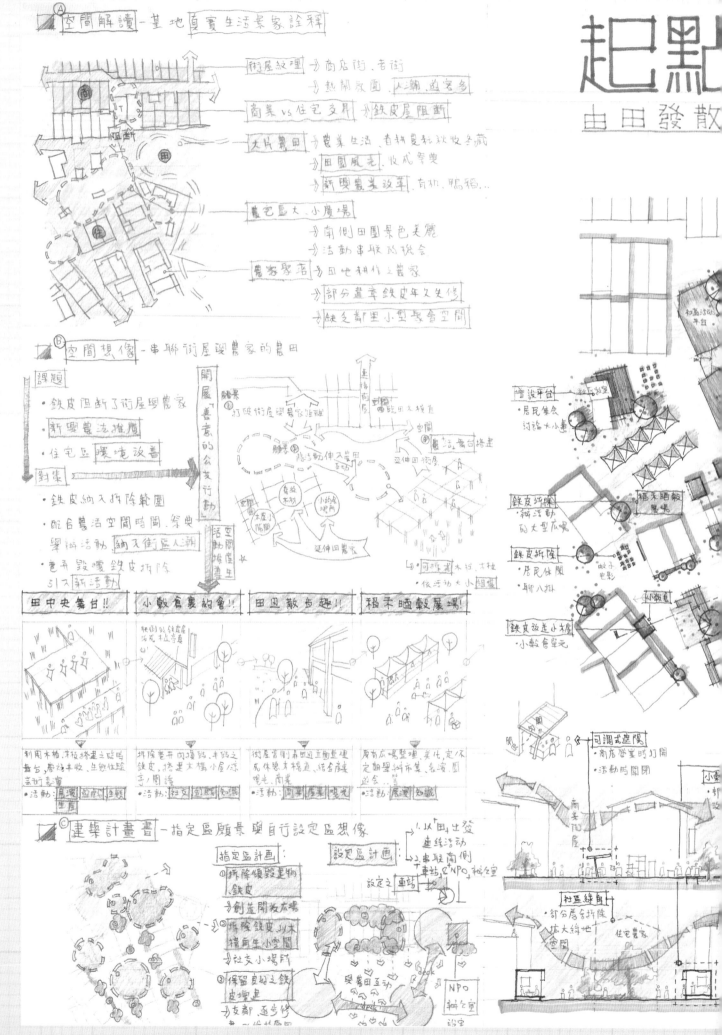

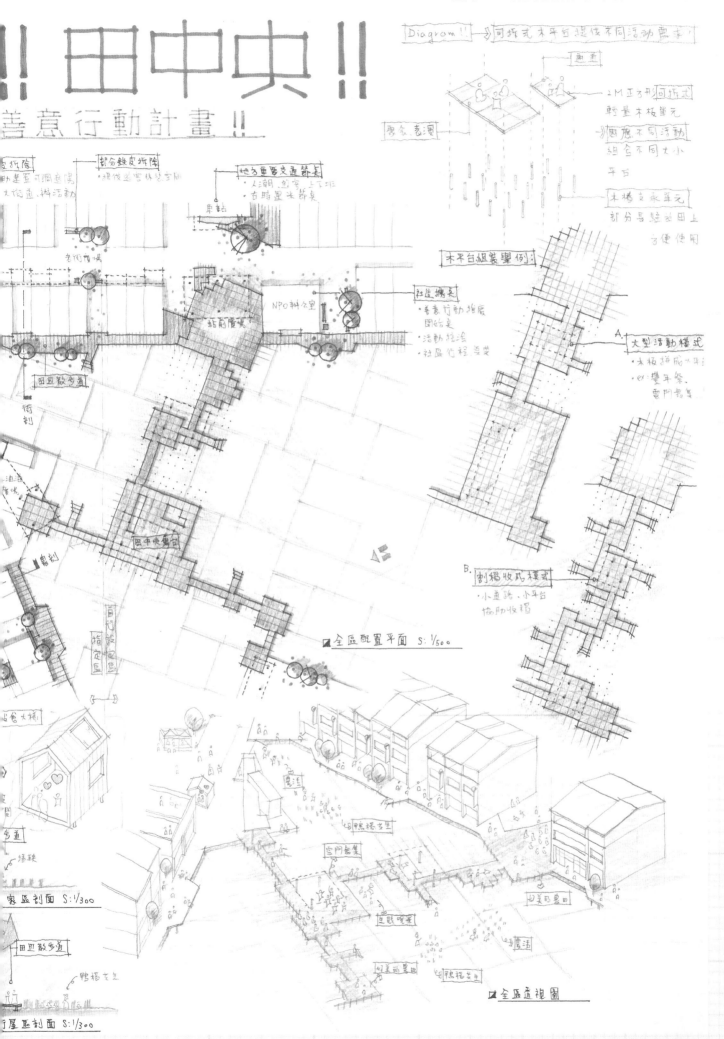

!! 田中央 !!
善意行動計畫 !!

Diagram!! → 可拆式木平台提供不同活動需求

全區配置平面 S:1/500

全區透視圖

作品提供／南榮華建築師　297

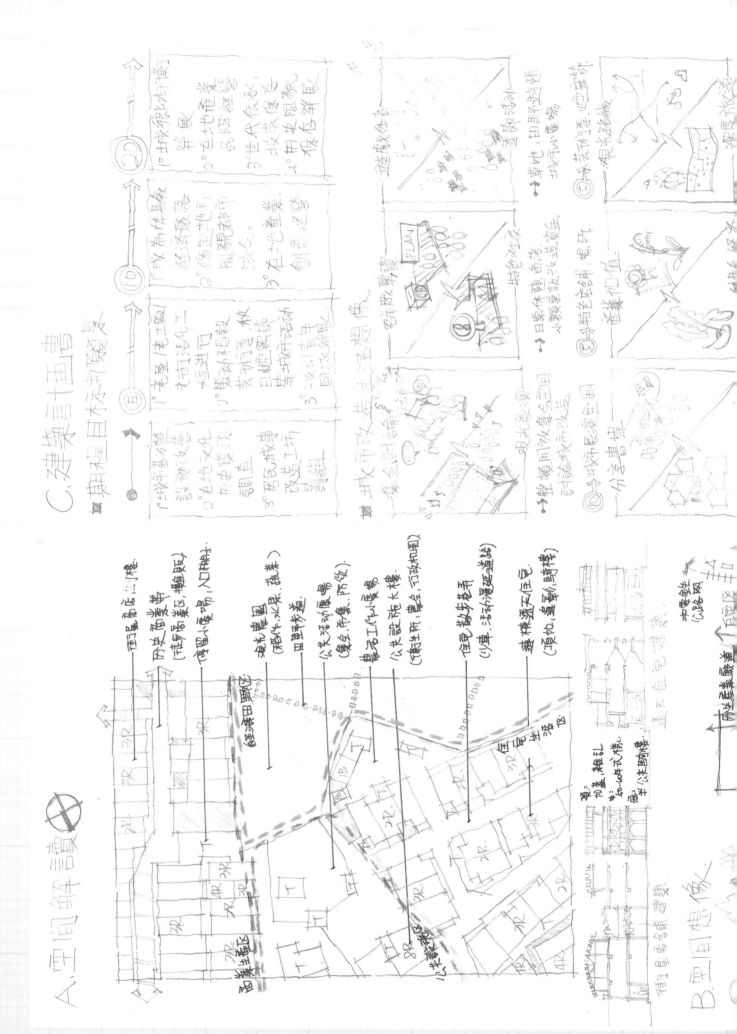

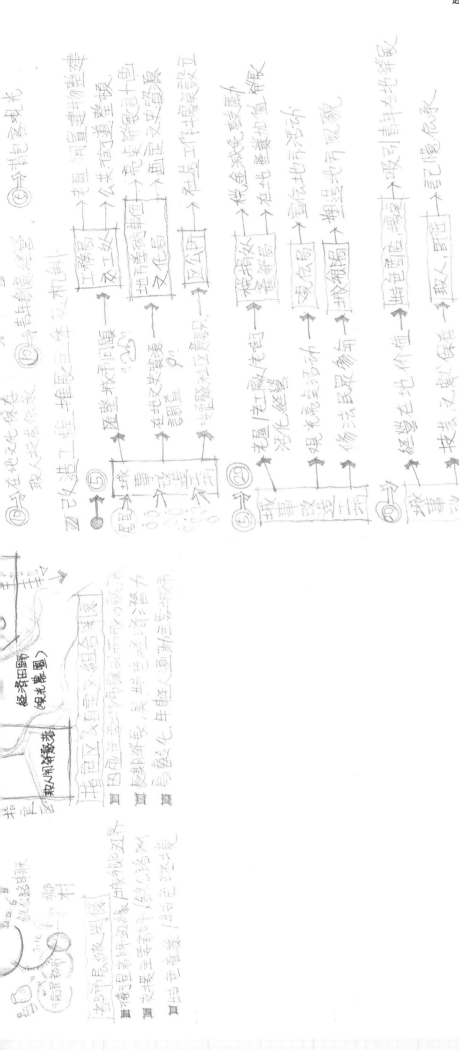

作品提供／許哲緯建築師

社區記憶 青銀田樂

基地分析

設計議題 & 使用者

都市角落整合:

年長者:

年幼者:

空間策略

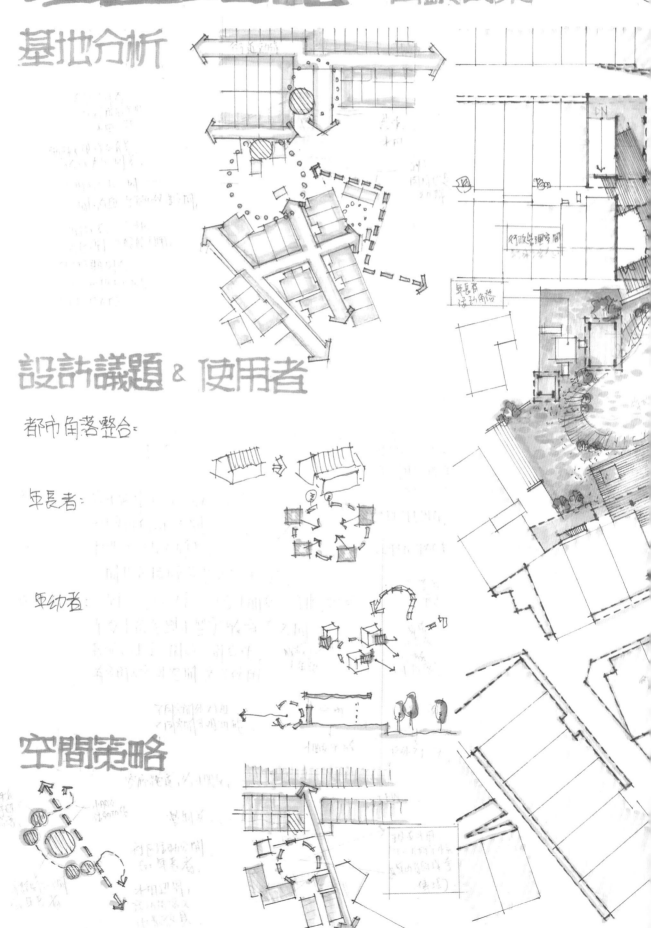

SCALE 1/400

兒童圖書館

SEC

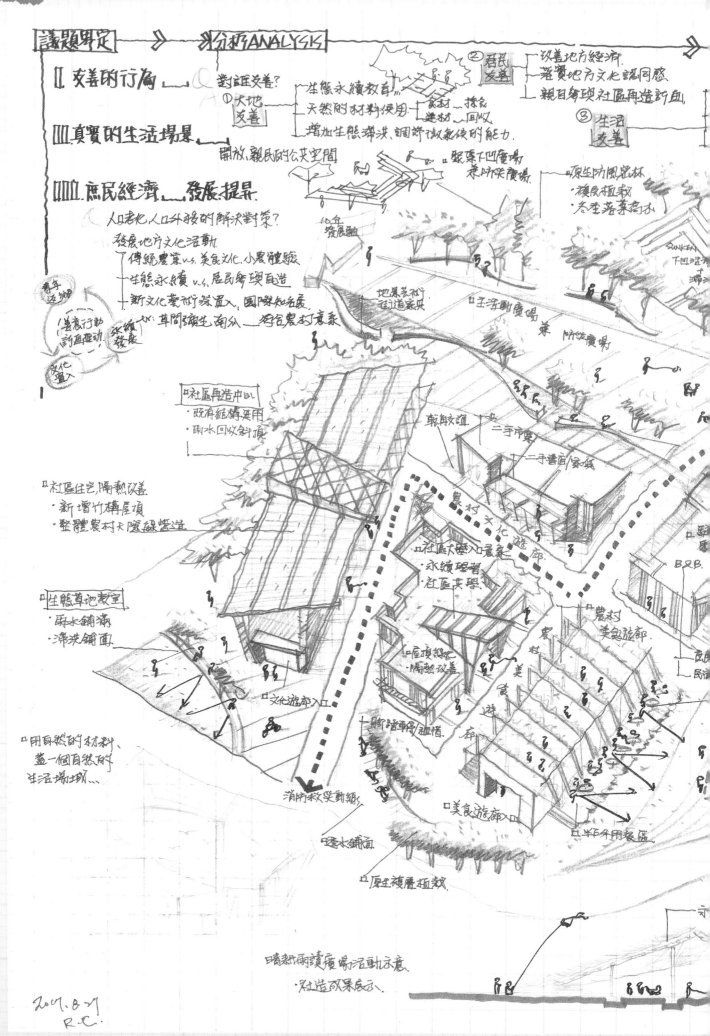

議題界定 ➤ 分析 ANALYSIS

Ⅱ. 友善的行為 ── 對誰友善?
① 大地友善
　・生態永續教育...
　・天然的材料使用 ── 食材、採食、進材、回收
　・增加生態滯洪、調節微氣候的能力.

② 居民友善
　・改善地方經濟.
　・落實地方文化認同感.
　・親自參與社區再造計畫.

③ 生活友善

Ⅲ. 真實的生活場景
　開放、親民的公共空間

Ⅳ. 庶民經濟 ── 發展提昇
　人口老化人口外移的解決對策?
　發展地方文化活動
　├ 傳統農業 v.s. 美食文化, 小農體驗
　├ 生態永續 v.s. 居民參與再造
　└ 新文化藝術的添置, 國際級知名展.
　心: 草間彌生, 南瓜 ── 將包農村的意象.

青年返鄉 / 善農行動計畫活動 / 永續發展 / 文化添入

□社區再造中心
　・既有結構延用
　・雨水回收斜頂

Ⅱ村區住宅隔熱改善
　・新增竹構屋頂
　・整體農村大隔綠營造

□生態草地教室
　・雨水鋪滿
　・滯洪鋪面

□用自然的材料、蓋一個自然的生活場域...

□文化遊廊入口
□消防救災動線
□透水鋪面

10年發展軸
地景藝術 / 社道家具
載角交誼
二手市集
二手書店/家具
原生防風常杯
・複層栽植
・冬委落葉喬木
SUNKEN 下凹活動 / 滯洪
生活動廣場
階梯式廣場

農村文化遊廊
□社區大學入口意象
　・永續理者
　・社區美學
□屋頂綠化
　・隔熱改善
B&B
農村美食遊廊
民宿
□腳踏車停/租借
□美食遊廊入口
□原生複層栽植
□半戶外用餐區

□晴起閱讀廣場活動示意
　・社造成果展示

2014.8.21
R.C.

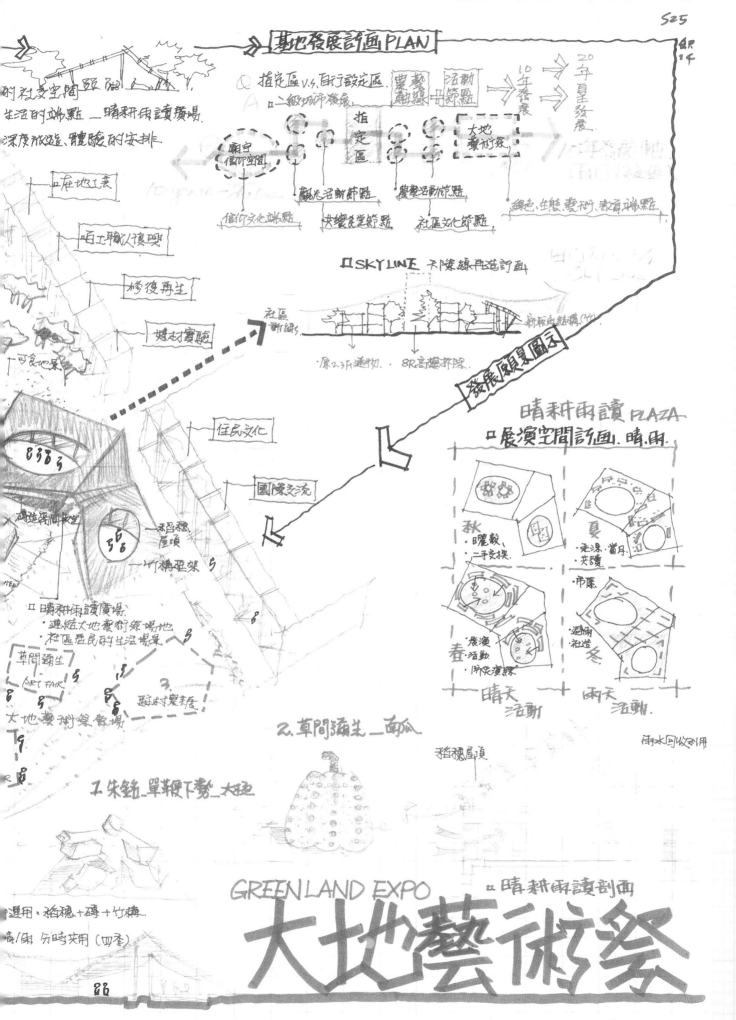

GREEN LAND EXPO

大地藝術祭

97年專門職業及技術人員高等考試建築師、技師考試暨普通考試記帳士考試、97年第二次
專門職業及技術人員高等暨普通考試消防設備人員考試、普通考試不動產經紀人考試試題　代號：80160

等　　別：高等考試
類　　科：建築師
科　　目：建築計畫與設計
考試時間：8小時　　　　　　　　　　　　　　　　座號：＿＿＿＿＿＿

※注意：㈠不必抄題，作答時請將試題題號及答案依照順序寫在試卷上，於本試題上作答者，不予計分。
　　　　㈡可以使用電子計算器，但需詳列解答過程。

一、題旨：
　　某知名具優良企業形象及品牌之跨國企業集團，其關係企業遍及 10 餘國。設於台
　　灣之總部領導階層，擬於適宜地區設置"員工渡假"之服務據點，來鼓勵各關係企
　　業休假之員工攜眷來此渡假，以調適身心健康與活力，並利用此場所定期由各關係
　　企業之管理與研發部門選派幹部參與創意活動研習，以提升企業整體競爭力。基此，
　　企業總部決策擬由台灣先試辦再推廣至國外，進而會同各部門主管研訂下列之用途
　　需求及基地環境說明擬委請建築師您據此執行"員工渡假中心"之設計。

二、用途需求：
　　㈠本渡假中心之空間氣氛及量體塑形，除配合基地及周圍環境外，應能體現本集團
　　　之企業形象或品牌意象（此形象或意象需自擬）。
　　㈡空間需求：
　　　1.渡假小屋：為既有 1 樓磚造斜屋頂構造，具二房一廳附餐廚之家庭式小屋共 30
　　　　棟分布於竹園中，稍作整修即可全部作為渡假小屋之用，不含於本設計範圍，惟
　　　　需考慮與新建有關空間之連繫動線。
　　　2.學員住宿：每期 5 天，研習學員20 名，2 人 1 間（含衛浴），30 m² ／間，共10 間。
　　　3.研習空間：
　　　　(1)研習教室：供專家演講或上課，容納 20 人 1 間，48 m²。
　　　　(2)創意工作室：供學員創作之作業空間，2 人 1 組共 10 間，每間 18 m²。
　　　　(3)作品研討室：學員創作成果陳列、發表與討論之用 10 組 1 間，60 m²。
　　　　(4)器材準備室：創作材料及器材存放整理之用，1 間 24 m²。
　　　　(5)講師辦公室：供演講創作專家辦公與休息之用 2 間，每間 24 m²。
　　　4.交誼空間：提供渡假員工及研習學員休憩、交流之場所，包括大廳、閱報雜誌、
　　　　交談、橋棋及附設自助式冷熱飲空間，依空間配置適量自擬。
　　　5.娛樂空間：提供所有住宿人員休息、娛樂活動之場所，包含乒乓桌 2 台（48 m²）、
　　　　撞球枱 2 台（36 m²）、孩童遊戲室（36 m²）、健身房（含 SPA）90 m² 等。
　　　6.餐廳空間：提供 4 人 15 桌、6 人 5 桌及 10 人 3 桌共 120 人同時用餐之用，其
　　　　餐式早餐中式自助式，午、晚餐合菜式，餐廳面積自擬，廚房面積約為餐廳面
　　　　積之 1/3 計。
　　　7.行政管理：主任室 1 間（36 m²），會計、出納、總務各 1 人合用辦公室 1 間
　　　　（36 m²），管理室（管理員 2 人、工友 1 人）（24 m²）及櫃枱服務員 2 人。
　　　8.其他空間：配合主空間以外所需附屬空間及公共服務空間，如：走廊、通道、
　　　　斜坡、樓梯、電梯、公用廁所、置物間及室外設施與活動等。

（請接第二頁）

等　　別：高等考試

類　　科：建築師

科　　目：建築計畫與設計

三、基地環境：

　　㈠本基地（如基地圖）位於北、中、南區域（由設計人自選定之）海拔 500 公尺之台地，區位選定後應於建築計畫中彙整並確定自然氣候環境之基本資料，以供設計之參據。

　　㈡企業總部所持有基地屬都市計畫風景區（建蔽率 20%、容積率 60%）總面積約 2.1 公頃（圖中虛線範圍），東邊與北邊均為廣大竹林，並延伸入基地東北側（竹園內有 30 棟渡假小屋），僅剩 0.42 公頃空曠地，位於基地西南角作為本案實際基地。

　　㈢基地北側臨 5 m 風景區之健行步道（往東北方向最遠可達高山登山口），於中段可通往不同景點及遊客服務中心，可讓遊客有 60 分鐘、120 分鐘、3 小時與 5 小時等不同路程之選擇。

　　㈣基地西側臨 8 m 社區道路，並與社區停車場為鄰，因而本基地可免設大小客車的停車空間，惟需預留乘客及物料上下裝卸空間。位於停車場之西側則為約 200 戶之社區，絕大部分均為磚牆雙斜水泥瓦 2 層以下房舍，沿街商店林立，各項生活所需均相當齊全。

　　㈤基地南側臨 12 m 社區道路，向東延伸即為通往山區之 6 m 產業道路皆可到達各景點。道路以南均為茶園，且於西南方向可觀賞夕陽，晚上可見山腳下都市燈景，視野相當不錯。

四、計畫與設計成果表達：

　　依前人立論得知，建築計畫學是一種專門研析人類生活來建立建築知識，與建構建築設計基本理論的學問。建築計畫即是以科學的方法將生活現象加以分析，建立基本資料與數據，並將生活行為法則歸納成設計準則，及將業主（使用者）需求，轉成設計條件，再確認其可行性分析後彙整，以作為操作建築設計的依據，因此可以說：「計畫是尋找課題，設計是解決問題」。

　　㈠建築計畫部分：（40 分）

　　　　基於上述立論並配合前面題旨、需求及基地環境說明，請以文字陳述或概念圖針對下列各項，將之轉成設計條件，以利建築設計之操作。

　　　1.規劃目標與構想：依需求如何將企業形象或品牌意象來凸顯本設計方案的目標，設計者應予 "具象" 表明，並提出適宜可行之構想概念。

　　　2.基地與環境分析：依基地環境說明，應先確認本基地區位之自然氣候環境及基地特性分析彙整基本資料以供設計操作之參考。

　　　3.空間定性與定量：依業主（使用者）所提空間需求，在空間質與量尚未完全確定，請以餐廳空間為例，進行定性定量分析後，依此經驗，再將全部空間之量與質及空間組織加以確認，做為設計之依據。

　　　4.設計課題與準則：依題旨、需求及基地環境說明內容之研判，擬依那幾項課題納入設計來操作者，並確定其設計準則。

（請接第三頁）

97年專門職業及技術人員高等考試建築師、技師考試暨普通考試記帳士考試、97年第二次
專門職業及技術人員高等暨普通考試消防設備人員考試、普通考試不動產經紀人考試試題　代號：80160　全三頁
第三頁

等　　別：高等考試
類　　科：建築師
科　　目：建築計畫與設計

　　㈡建築設計部分：（60分）
　　　　依上述所提建築計畫之各項內容並配合題旨、需求及基地環境說明進行設計操作，
　　　　並藉由下列圖說來表達完整之設計方案與意匠。
　　　　1.配置圖1/200（含地面層平面、室外空間及景觀設施等）。
　　　　2.其他各樓層平面、主要剖面及各向立面圖1/200。
　　　　3.主要空間構造細部詳圖繪製及重點說明。
　　　　4.特殊空間構想或建築造型之透視圖。

五、基地圖：

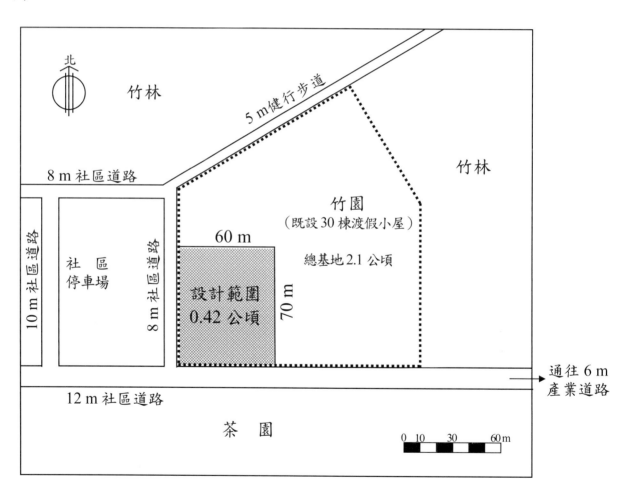

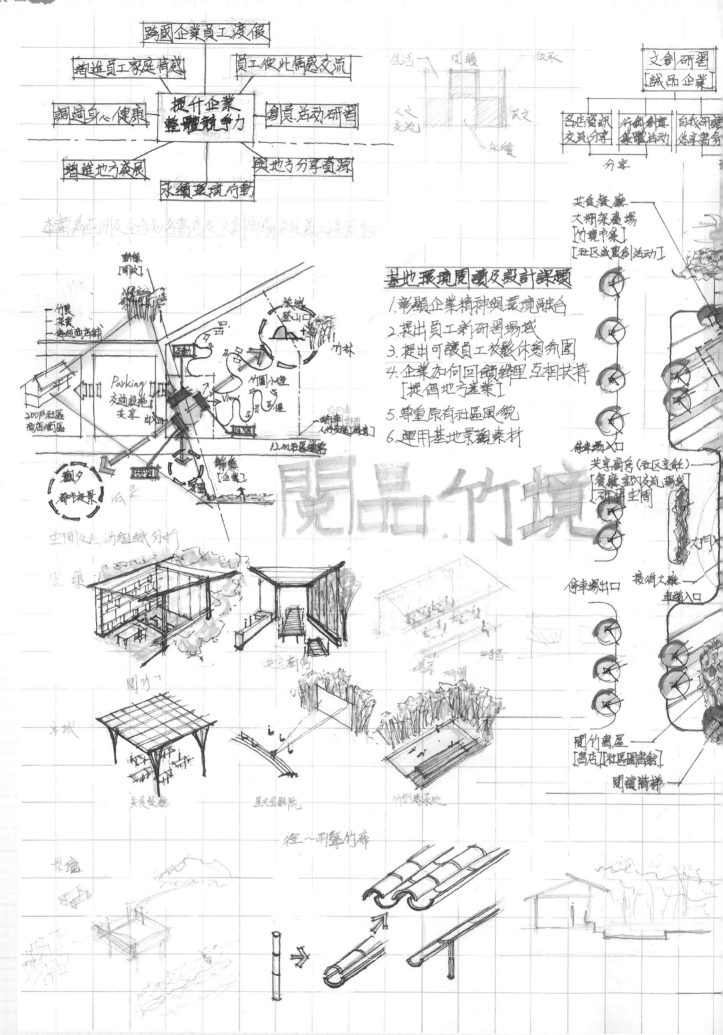

閱品竹境

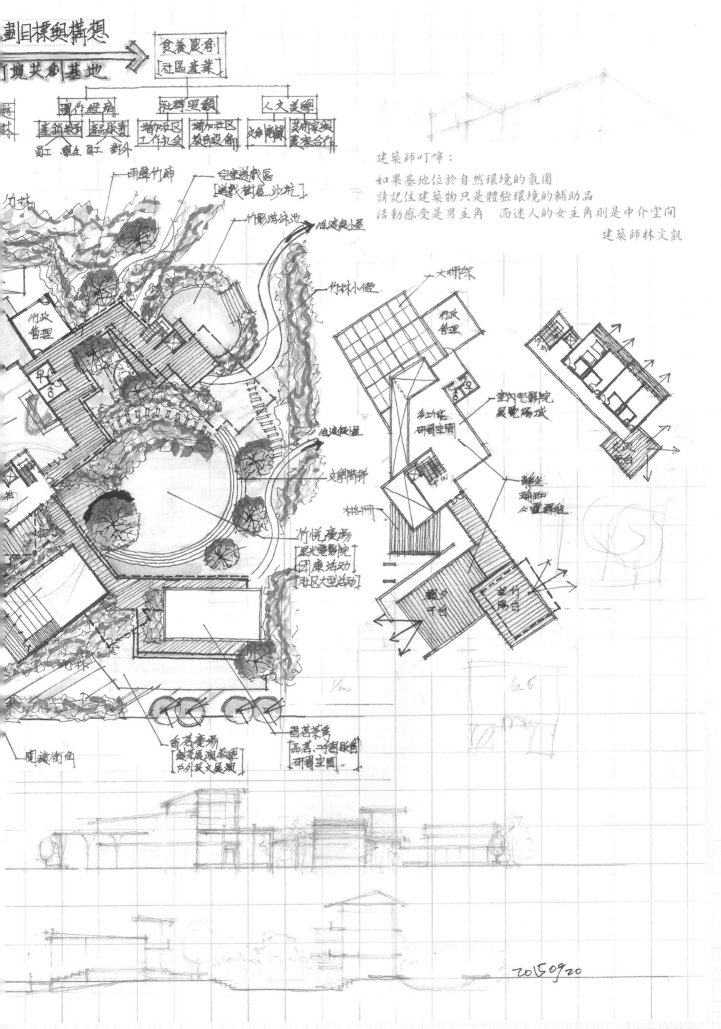

建築師叮嚀：

如果基地位於自然環境的氛圍
請記住建築物只是體驗環境的輔助品
活動感受是男主角　而迷人的女主角則是中介空間

建築師林文凱

□ 基地分析 vs. 環境探索：

□ 設計目標 vs. 使用者介定：

□ 建築量體 vs. 空間層級：

□ 開放空間之探討：

建築師叮嚀：

(1) 應友善對待登山客在基地周遭的活動。

(2) 利用友善鄰里方式來型塑企業形象，
　　以達到地域性建築的意圖。

(3) 建材的選用可應用基地周遭的資源，反
　　饋在企業形象上（回收、再生、健康）。

建築師林星岳

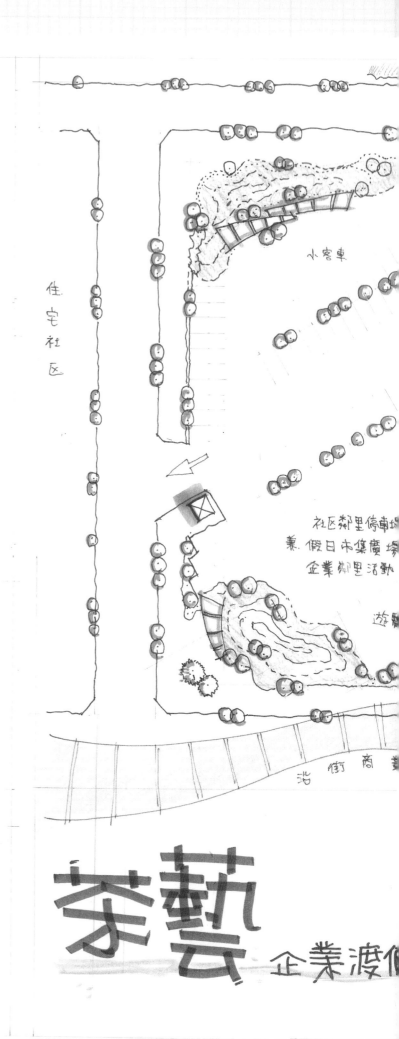

住宅社區

小客車

社區鄰里停車場
兼 假日市集廣場
企業鄰里活動

遊

沿 街 商業

茶藝 企業渡假

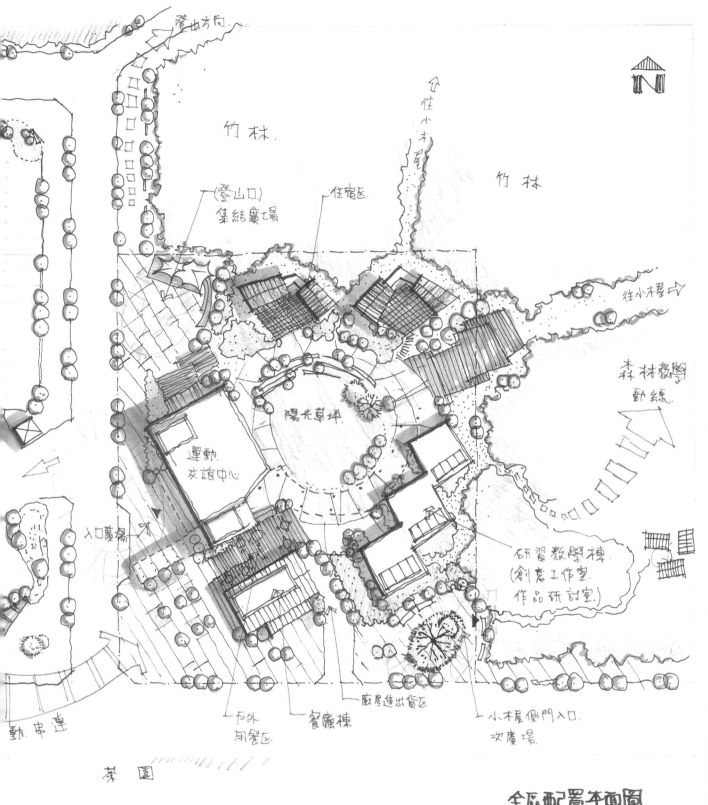

登山方向

竹 林

住小木屋

竹 林

N

(登山口)
集結廣場

住宿區

往小楫口

森林教學
動線

陽光草坪

運動
友誼中心

入口廣場

研習教學棟
(創意工作室
作品研討室)

動車道

戶外
用餐區

餐廳棟

廚房進出貨區

小楫側門入口
次廣場

茶 園

全區配置平面圖
S:1/400

key:

■ 建材應用：竹子.

■ 基地內活動：划船. 泡腳玩水. 看夕陽.

■ 企業設定：茶藝館. 藝品店. 較佳.

■ 空間：登山口節奏. 可供企業形象の塑造 (泡藝)
　　　　　　　　　　　　　　　　　　　　(藝品觀價)

川設計.

7年建築設計

2019.5.5

基地環境分析

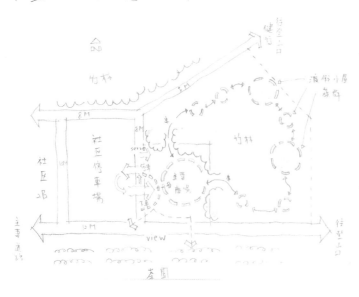

品牌意象與設計概念

LOGO → 1×2 可以為基地經營特質大則量体
　　　　　之立體変化，小又交流的空間

MADE FOR ALL → 永續的經營理念 → 平價、大眾化、簡約

LIFE WEAR → 生活化的個性實踐
　　　　　　 生活機能導向智慧型

T恤DIY親子教室活動化

→ UNIQLO的永續服裝實驗坊

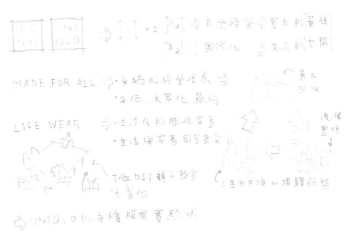

概念發想與配置計畫

LOGO意象轉換

主量体區：大的量体實構活動空間

主活動區：小的量体圍塑活動廣場

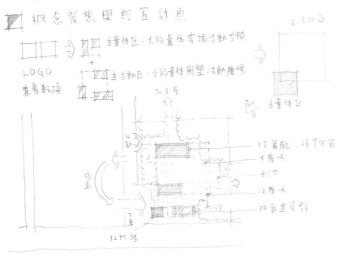

竹我衣
UNIQLO研習暨員工渡假中心

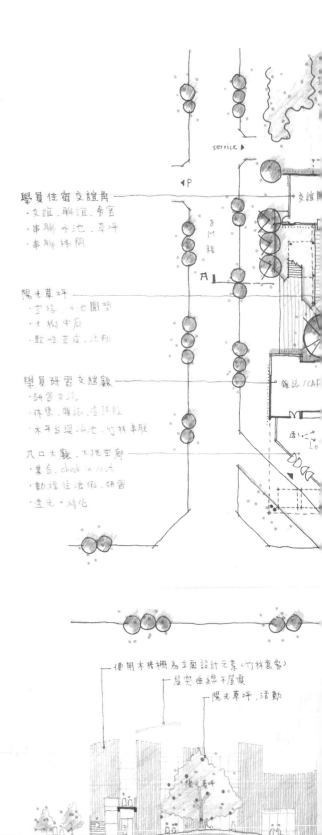

學員住宿交誼角
・交誼、聯誼、角室
・串聯水池、草坪
・串聯林間

陽光草坪
・空橋、中庭圍塑
・大樹中庭
・軟性草皮、活動

學員研習交誼廳
・研習交流
・休憩、雜誌、咖啡廳
・木平台與水池、竹林串聯

入口大廳、大挑空廊
・集合、check in / out
・動線住活假、研習
・透光+綠化

使用木格柵為立面設計元素（竹林意象）
層突曲線形木屋頂
陽光草坪、活動

空橋+水池

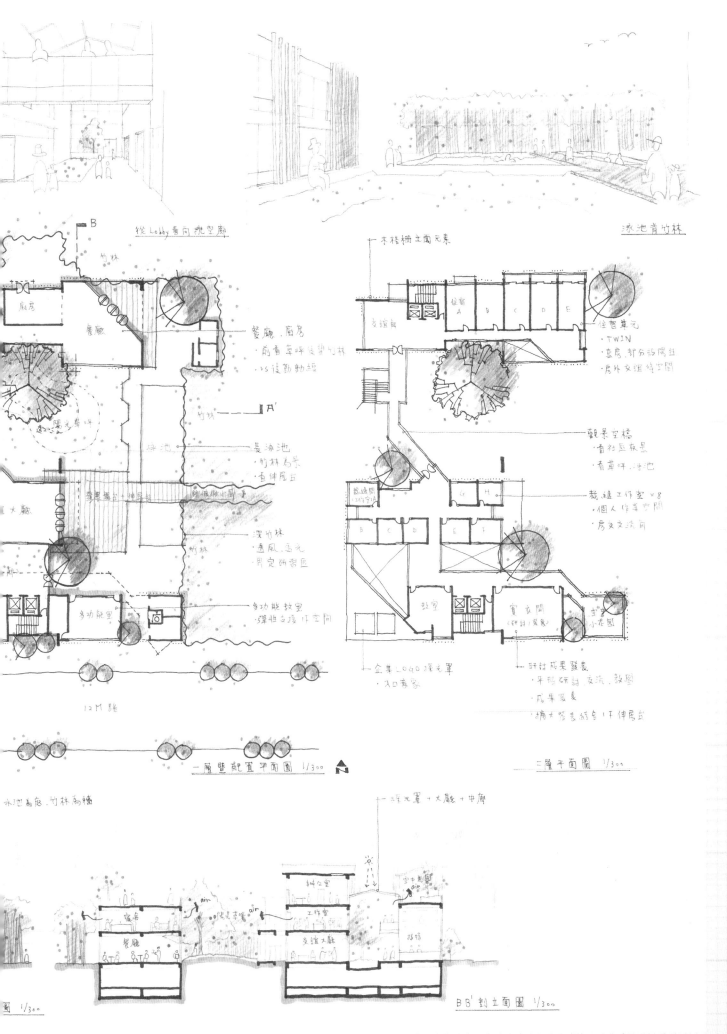

從 Lobby 看向挑空廊

泳池背竹林

木格柵立面元素

B

竹林

廚房

餐廳

餐廳. 廚房
· 前看草坪後望竹林
· vs 後勤動線

A'

竹林

長泳池
· 竹林為景
· 可伸展台

大廳

發展舞台 伸展台

深竹林
· 遮風. 遮光
· 界定所對區

多功能教室
· 彈性支援工作空間

多功能教室

12M 隔

一層暨配置平面圖 1/300

N

住宿單元
· TWIN
· 套房. 部分有陽台
· 房外交誼時空間

支援區

住宿 A B C D E

觀景空橋
· 看荷庭底景
· 看草坪, 浮池

裁縫工作室 ×8
· 個人作業空間
· 房交交流間

藏境間 (30分)

G H

B C D E F

教室

更衣間 (研討／發表)

小花園

企業 LOGO 透光罩
· 入口意象

研討成果發表
· 平時研討 交流. 教學
· 成果發表
· 擴大營運結合 1F 伸展台

二層平面圖 1/300

水池為底. 竹林為牆

一樓透光罩 + 大廳 + 中廊

辦公室

宿舍

餐廳

工作室

支援大廳

接待

air

air

air

空中觀景

BB' 剖立面圖 1/300

1/300

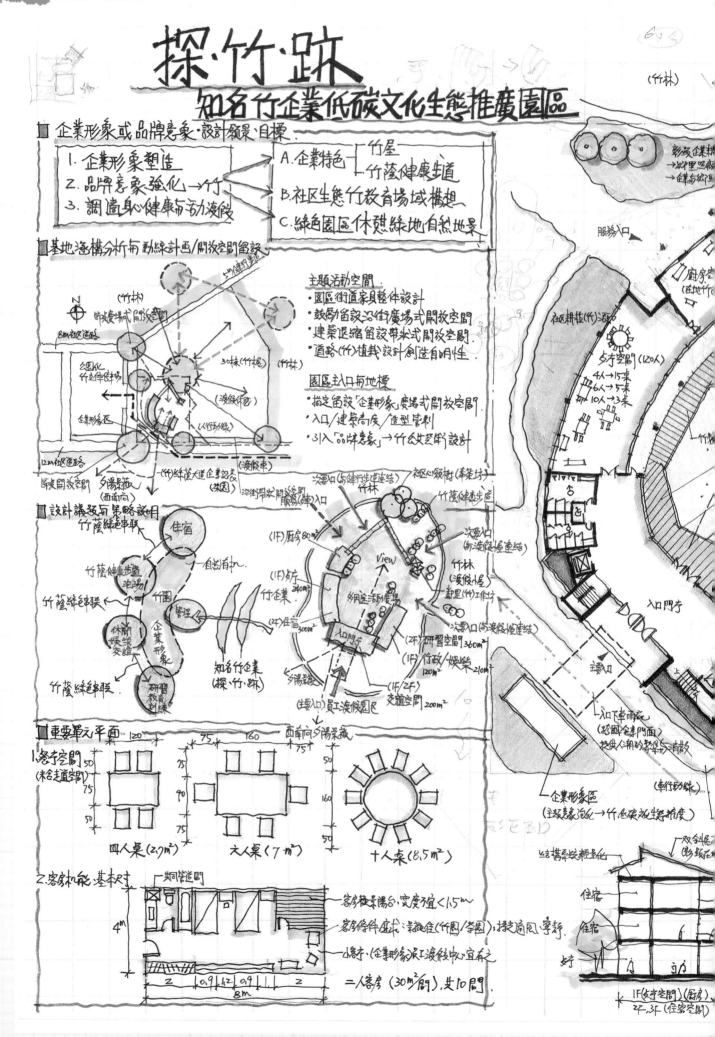

探·竹·跡
知名竹企業低碳文化生態推廣園區

■ 企業形象或品牌意象·設計願景·目標

1. 企業形象塑造
2. 品牌意象強化→竹
3. 調適身心健康而動渡假

A. 企業特色─竹屋／竹蔭健康步道
B. 社區生態竹教育場域構想
C. 綠色園區休憩綠地自然地景

■ 基地海構分析而動線計畫/開放空間留設

主題活動空間:
● 園區街道家具整体設計
● 鼓勵留設沿街廣場式開放空間
● 建築退縮留設帶狀式開放空間
● 道路(竹)植栽設計創造自明性

園區主入口與地標
● 指定留設「企業形象」廣場式開放空間
● 入口/建築高度/造型景制
● 引入「品牌意象」→竹公文藝術設計

■ 設計議題與策略說明 竹蔭綠色串聯

● 住宿
● 竹蔭健康步道 泡湯
● 竹蔭綠色串聯
● 休閒娛樂交誼
● 竹蔭綠色串聯
● 研習教育訓練
● 自然有机
● 竹圍
● 管理
● 企業形象
● 知名竹企業 (探·竹·跡)

(竹)廚房 80㎡
(1F)厨 240㎡
竹企業
(2F)住宿 300㎡
(2F)研習空間 360㎡
(1F)行政/娛樂 120㎡ 210㎡
(1F/2F) 交誼空間 200㎡

■ 重要單元平面

1. 餐� 空間 (結合走道空間)

四人桌(2.7㎡)   大人桌(7㎡)   十人桌(8.5㎡)

2. 客房机能·基本尺寸

客房藏景陽台·寬度不宜<1.5m
客房條件要求:景观佳(竹園/茶園),採光通風·寧靜
小客廳·(企業形象)員工渡假中心宜有之
二人客房(30㎡/間),共10間

夕陽西曬(西南向)
主要入口(與健行步道連絡) 次要入口(與渡假小屋連絡)
核心領材(奉築坊) 竹蔭健康步道
竹林
View
多用途活動廣場
次要入口(與渡假小屋連絡)
竹林(渡假小屋) 部里(竹)工作坊
入口門廳

企業形象區
(主題意象活化→竹低碳減量生態推廣)

入口下車再依(於國企業門面)提供心情的寧靜與悠閒

車行動線

住宿 住宿 住宿

1F(好客空間)(廚房)
2F·3F(住家空間)

建築師叮嚀：

靜靜地走在每個空間的裡裡外外
山風是徐徐吹進來，視覺是延伸出去
每個空間映入眼簾的是不同山野景緻
是一棵老樹　是一片竹林
聽此刻的風，緩緩的
員工渡假中心，於是形成
思索尋找……

建築師張勝朝

作品提供／張勝朝建築師

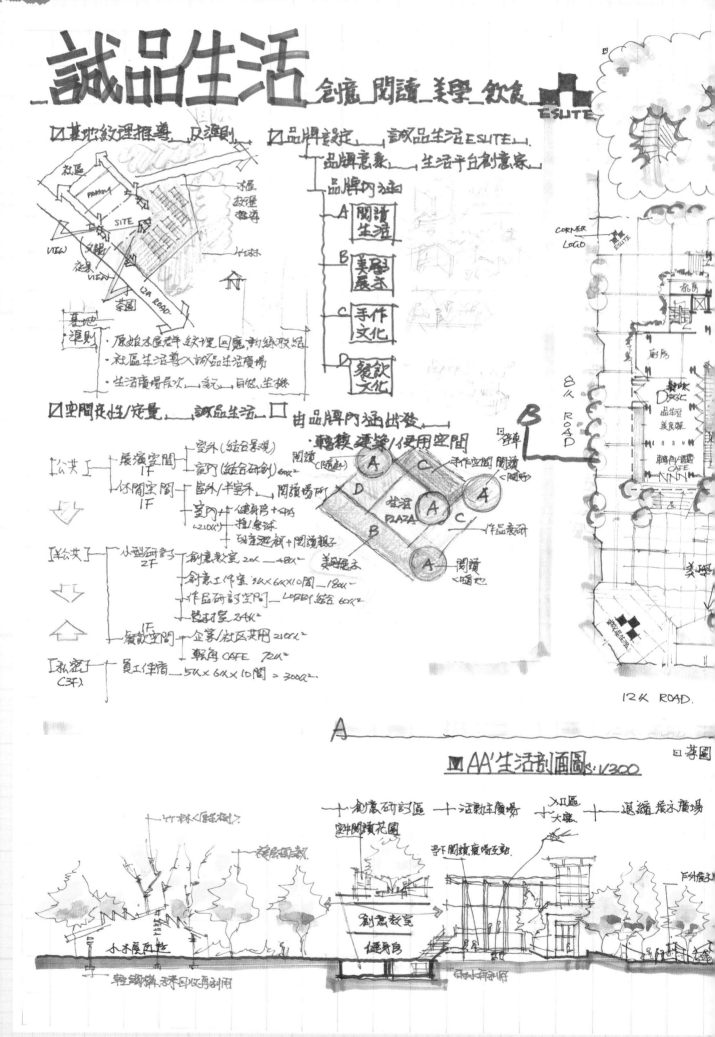

誠品生活 創意 閱讀 美學 飲食 ESLITE

☑基地紋理推導 及準則

☑品牌設定 誠品生活 ESLITE
　品牌意象 生活平台創意家
　品牌內涵

A 閱讀生活

B 美學展示

C 手作文化

D 餐飲文化

☑空間定性/定量 誠品生活 ☐

由品牌內涵出發
・轉換 建築/使用空間
閱讀 C隨處

[公共] — 展演空間 1F — 室外 (結合景觀)
　　　　　　　　　　— 室內 (結合研創) 60x²

　　　 — 休閒空間 1F — 室外/半室外
　　　　　　　　　　— 室內 /健身房+SPA
　　　　　　　　　　　210x² 撞/桌球

[半公共] — 小型研討 2F — 創意教室 20x ~48x²
　　　　　　　　　　　— 創意工作室 3x×6x×10間 180x²
　　　　　　　　　　　— 作品研討空間 LOBBY 結合 60x²
　　　　　　　　　　　— 管才室 36x²

　　　　　 1F — 餐飲空間 — 企業/社區共用 210x²
　　　　　　　　　　　　 — 轉角 CAFE 72x²

[私密] (C3F) — 員工住宿 5x×6x×10間 = 300x²

生活 PLAZA

A 閱讀
A 手作空間 閱讀 <閱西>
D C A A'
B C 作品養研
B 美研棚子
A 閱讀 <暗也>

CORNER LOGO ESLITE

機房

廚房

餐飲 D文化 品生活 美食館

轉創/閱讀 CAFE

美坪

8x ROAD

12x ROAD

☑AA'生活剖面圖 S:1/300

A

日茶園

竹林 <孟樹>
創意研討區
親閱讀花園
活動本廣場
入口區大廳
退縮養永廣場

地下閱讀瘋場互動

創意教室

健身房

小木展示性

輕鋼構 木料回收再利用

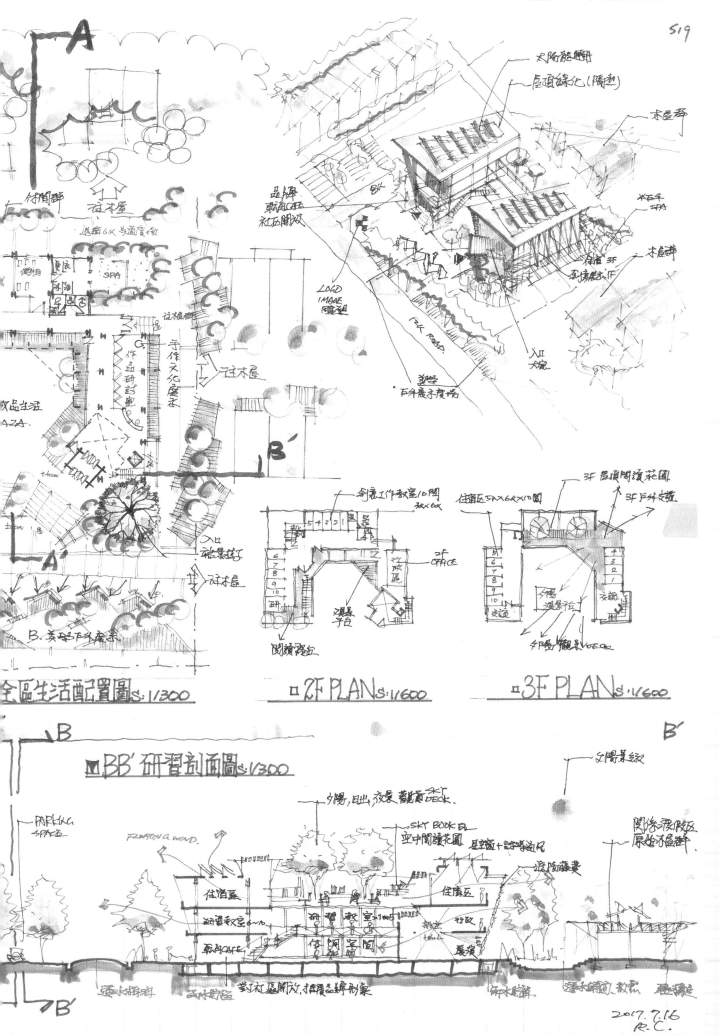

全區生活配置圖 S:1/300

□ 2F PLAN S:1/600

□ 3F PLAN S:1/600

■ BB' 研習剖面圖 S:1/300

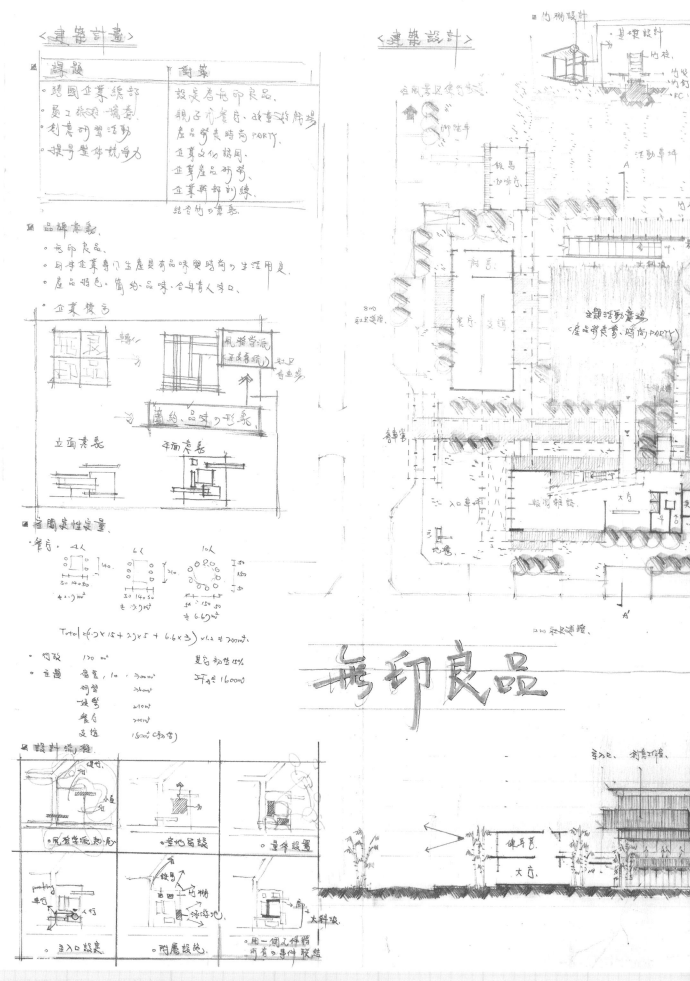

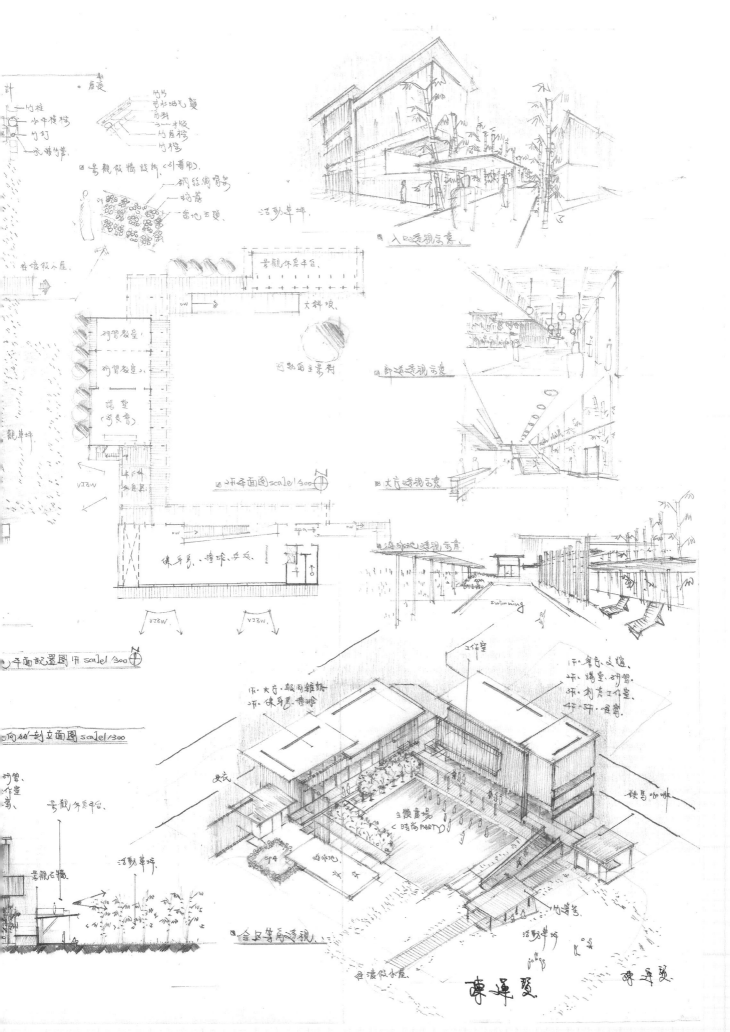

96年專門職業及技術人員高等考試建築師、技師、法醫師考試暨普通考試記帳士考試、96年第
二次專門職業及技術人員高等暨普通考試消防設備人員考試、普通考試不動產經紀人考試試題　代號：80160　全一張（正面）

等　　別：高等考試
類　　科：建築師
科　　目：建築計畫與設計
考試時間：8小時　　　　　　　　　　　　　　　　座號：＿＿＿＿＿＿

※注意：㈠可以使用電子計算器。
　　　　㈡不必抄題，作答時請將試題題號及答案依照順序寫在試卷上，於本試題上作答者，不予計分。

一、題目：社區文史資料館與里民活動中心設計

二、題旨：二十一世紀都市高度發展與擴張的結果，對比出既有都市中老舊社區街道的更新再生與
　永續發展之迫切課題。台灣某都市舊城區有一處發展比較緩慢之沒落街區與舊有社區，現況建
　物老舊且周邊環境條件不佳，公共建設亟待改善。但是，該社區擁有部分日據時代留下之歷史
　建築與部分保存完整之舊街區風貌，雖然並未被指定為必須保存之歷史建物，然而當地居民社
　區意識相當強烈，透過活躍的社團組織及文史工作者多年努力，對於當地文史資料保存亦十分
　完整。最近社區北面帶狀綠地公園預定地上，有一棟紀念性歷史建築被指定為古蹟保護，被視
　為重要之觀光資源，同時隨著都市的發展，社區北面臨三十米交通幹道下方因地下捷運系統通
　過，未來將建設捷運地下車站出口在社區西北向路口。地方政府與當地居民都非常希望藉此契
　機，在兼顧活化社區發展與歷史風貌保存的前提下，特別提供社區範圍內一部分可供建築之公
　有土地，並獲得某民間團體之捐助，擬以創造永續環境與活化社區為目標，徵求社區文史資料
　館與里民活動中心之綜合規劃設計提案。

三、空間與機能基本需求：根據規劃構想，建築總樓地板面積以不超過 2000 平方公尺為原則，空間
　需求項目必須大致符合，空間量體分配及面積比例則可自行斟酌規劃，設計者必須約略估算並
　標示設計提案之大約總樓地板面積，空間量之合理性將納入評量。
　㈠展示空間（約 300 平方公尺）：以當地文化歷史資料及環境變遷資訊展示為主，需考慮合理
　　之動線安排及適切之展示空間機能。
　㈡簡報室或居民學習教室 2 間：可容納 40～60 人之學習活動空間。
　㈢小型會議室 2 間：可容納 20～30 人之工作會議或小型研討活動之使用。
　㈣研討室或工作室 5～8 間：可提供 5～20 人不等之小型研討活動或個人技藝工作室之使用。
　㈤遊客居民休憩或自由交流空間：可規劃輕食區、兒童遊戲場或咖啡座，提供當地居民及外來
　　遊客參觀後休憩或自由交流之場所。
　㈥辦公行政管理空間：行政管理人員約 6 人，部分活動將來會徵求居民義工之協助。
　㈦公共廁所：依實際需求及法規規定規劃適宜之廁所空間，並考慮人性化通用廁所之設計。
　㈧其他創意空間：依規劃構想與題旨要求有關之空間，只要有助於社區活化與再生永續發展，
　　具明確有說服力之構想，均可自行斟酌納入規劃。
　㈨步道、樓梯、坡道、電梯等動線設施需符合無障礙環境需求。
　㈩基地範圍約 60 公尺×60 公尺，周遭環境情況大致如圖所示，社區住宅大多為日據時代到台灣
　　光復初期建造之二、三層連棟斜屋頂公寓，沿街之街屋也大約為同時期之建築形式，頗具特
　　色，社區居民也多數同意保存修建之整體規劃原則。

四、「建築計畫與建築設計」注意事項：
　㈠建築計畫部分應依題旨，透過建築專業的整體計畫構想，利用目前社區有利之發展機會與原
　　有之街區風貌特色，提出社區整體環境改善之具體構想提案，兼顧社區居民必要完整之生活
　　需求，研提建築規劃設計準則及設計構想策略，並具體說明與評估規劃設計方案達成之目標
　　與解決之問題。建築計畫內容必須包括整體環境構想、內外空間計畫與動線組織、基地環境
　　、法規、環境控制與構造系統分析檢討等。

（請接背面）

96年專門職業及技術人員高等考試建築師、技師、法醫師考試暨普通考試記帳士考試、96年第二次專門職業及技術人員高等暨普通考試消防設備人員考試、普通考試不動產經紀人考試試題　　代號：80160　全一張（背面）

等　　　別：高等考試

類　　　科：建築師

科　　　目：建築計畫與設計

㈡建築設計部分必須完整規劃設計社區文史資料展示與里民活動需求之建築，功能除了提供外來遊客或訪客瞭解該社區特色與重要文史資料外，也要提供當地居民一個活動聚會、休閒教育之去處。同時也希望建築設計能落實永續綠建築之理念，盡量規劃自然通風、自然採光設計手法與節水省電構想，以減少日後建築營運維護之能源、資源費用，並作為重要之示範綠建築案例。

㈢建築設計內容須包括汽機車停車場規劃，依法規定總樓地板面積超過 300 平方公尺部分，至少每150 平方公尺設置一輛。

㈣基地為假想之台灣某都市環境，年平均氣溫約 24℃上下，年降雨量豐沛約 2000mm 以上，年降雨天數也大多超過 80 天，日照條件亦佳，年平均日照率 50%以上，相對濕度偏高。夏季以吹東南及西南季風為主偏高溫濕熱，冬季東北季風強烈且寒冷多雨，建物開口宜小心規劃。

五、建築設計方案圖說要求

　㈠建築計畫書部分請以精簡文字論述及概念圖補助說明建議方案與執行策略，具體表達規劃構想與建築計畫整體內容，論述說明文字不宜冗長，概念圖說亦以具體精要為宜。（30 分）

　㈡建築設計部分：（70 分）

　　⑴全區配置圖（含景觀、植栽、動線、戶外活動空間構想之明確表達，比例尺為二百分之一）。

　　⑵建築主要平面圖、立面圖及剖面圖（比例尺為二百分之一）。

　　⑶設計構想、綠建築具體措施、構造方式及未來施工計畫以簡圖重點說明。

　　⑷透視圖（重要空間構想或建築特別造型意匠三度空間呈現）。

六、基地圖

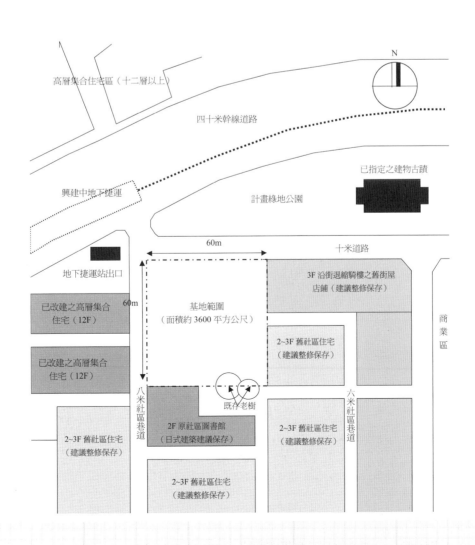

◪ 基地閱讀與活動想像

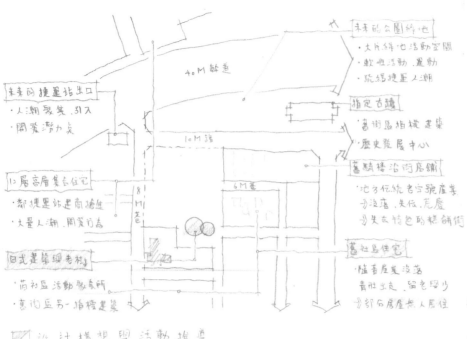

尋找記
產業永續及社區

- 未來的捷運站出口
  · 人潮聚集、引入
  · 開發潛力大

- 12層高層集合住宅
  · 鄰捷運站足商擁進
  · 大量人潮、開發商店

- 日式建築與老樹
  · 前社區活動聚會所
  · 舊街區另一指標建築

- 40M鐵道
- 10M路
- 6M巷

- 未來的公園綠地
  · 大片綠地活動空間
  · 軟性活動、運動
  · 疏緩捷運人潮

- 指定古蹟
  · 舊街區指標建築
  · 歷史發展中心

- 舊騎樓沿街店舖
  · 地方傳統老字號產業
  ⇒ 沒落、失傳、荒廢
  ⇒ 失去特色的糕餅街

- 舊社區住宅
  · 隨著屋宅沒落
    青壯外出、留老幼少
  ⇒ 部分房屋無人居住

◪ 設計構想與活動推導

課題	內涵	活動構想	成果
· 活化社區 1. 騎樓店舖沒落 　失傳、荒廢 2. 舊住宅空置 　環境不佳 · 永續發展	· 軟硬體改善 · 特色庭景轉型輔導 · 閒置舊宅租借再利用 · 地方社團、文史工作者與NPO協作	· 特色行銷 1. 糕餅手作與光工坊&電商 2. 出租補(協)助 ⇒文史工作室 ⇒舊弄故事茶場 · 吃餅話發展 ⇒社區營造再生	· 創造古街特色商舖 ⇒青壯返鄉接班 ⇒永續經營 · 舊社區風貌再造 ⇒舊弄益談 ⇒老樹咖啡 · 舊店舖、住宅保存、重生

◪ 活動設計 ⇒ 空間

隔壁厝足來做餅	舊弄尋寶趣	吃餅話發展	古屋、老樹、覓丫頭

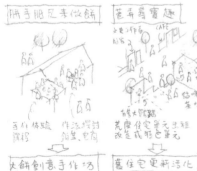

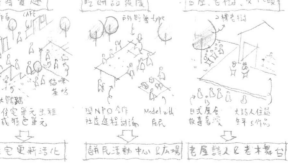

手作體驗　作法探討
課程　　　教室、電商

荒廢房宅重生出租
改造成特色單元

與NPO合作　Model with
社造連程討論　居民

日式屋舍　　老詩人住過
故事嘉機　　年年工作坊

大餅創意手作坊	舊住宅更新活化	鄰民活動中心&廣場	老屋詩人&老木舞台

◪ 配置計畫與活動整合

古蹟串聯、延續騎樓紋理
古蹟故事館、大餅手作
舊弄尋寶 vs 舊住宅招組、更新
日式屋舍詩人古宅 vs 廣場活動
動線&闡區專殿

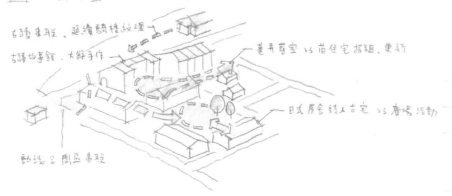

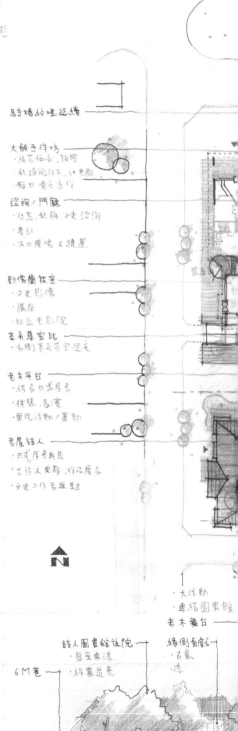

騎樓紋理延續

大餅手作坊
· 技藝傳承、放羅
· 新技術引入、兼電商
· 假日限定手作

諮詢/門廳
· 社區、糕餅、史諮詢
· 索引
· 入口廣場&捷運

影像閱教室
· 文史影像
· 講座
· 社區電影院

舊看尋寶站
· 右側舊看寶室延美

老木平台
· 結合日式房舍
· 休憩、喜讀
· 里民活動、運動

老屋詩人
· 日式房舍再造
· 古人文變移、作況展示
· 文史工作者進駐

↑N

· 大活動
· 串結圖書館
老木舞台

詩人圖書館設院
· 發呆來源
6M巷 · 靜賞造景

緣側面戲
· 古蹟
· 溪

意中的美好滋味

造計畫

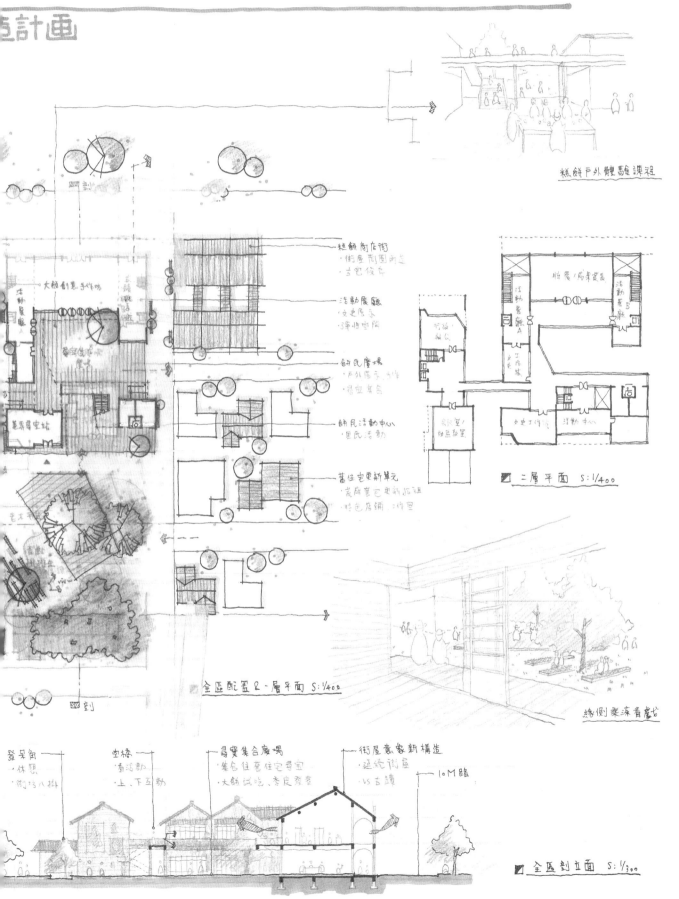

糕餅戶外體驗課程

糕餅商店街
· 街屋前圍塑之
· 古包後之

活動展廳
· 文史展示
· 導咳空間

餅民廣場
· 戶外展示/力作
· 舉空集合

餅民活動中心
· 里民活動

舊住宅更新單元
· 庶府意宅更新拖祖
· 特色店鋪/作里

二層平面 S:1/400

全區配置&一層平面 S:1/400

緣側乘涼看戲古

發呆包
· 休息
· 倒坊八卦

空橋
· 看活動
· 上、下互動

尋寶集合廣場
· 集合住基住宅尋寶
· 大餅試吃/李皮齊室

街屋意象新構造
· 延續街屋
· vs 古蹟

10M 路

全區剖立面 S:1/300

作品提供／南榮華建築師

悠遊記憶之中, 社區憬生活

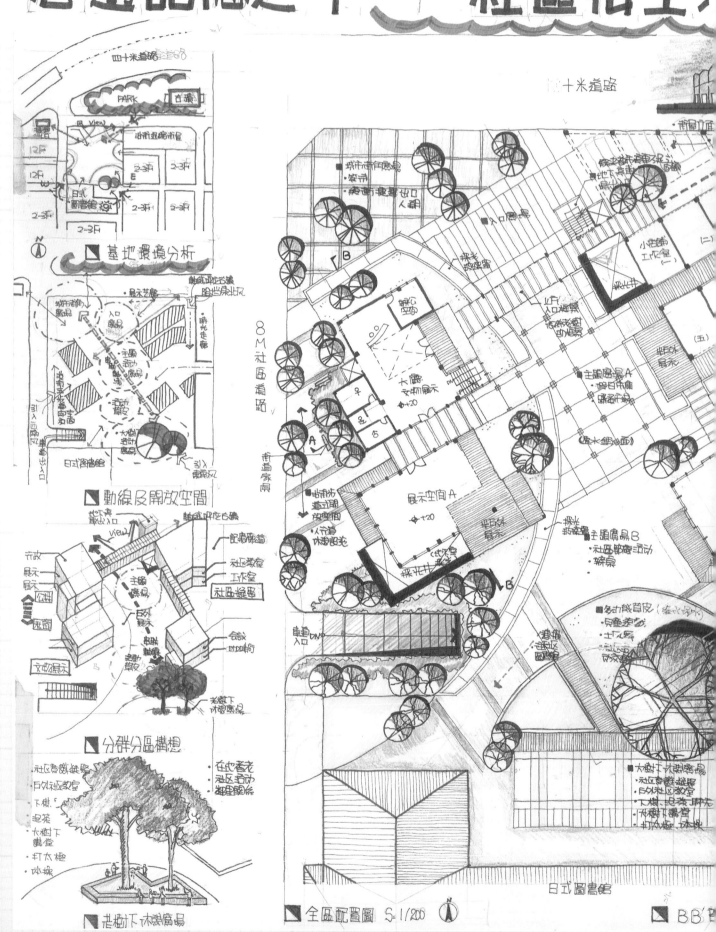

■ 基地環境分析

■ 動線及開放空間

■ 分群分區構想

■ 老樹下休憩廣場

■ 全區配置圖 S:1/200

■ B-B'剖面

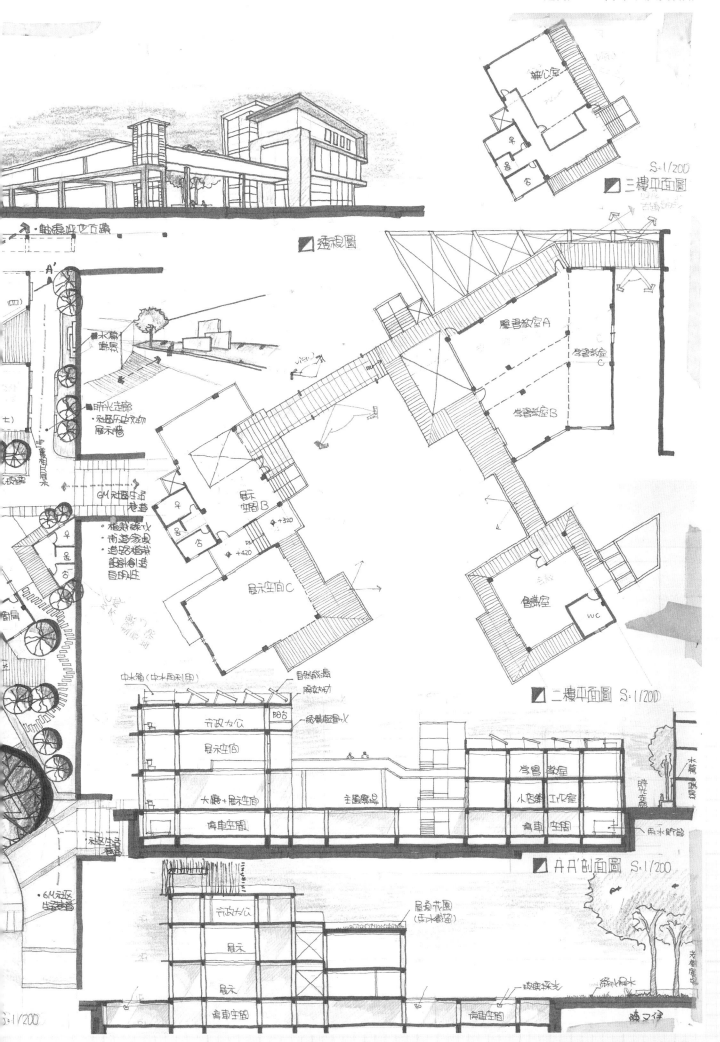

■ 透視圖

■ 三樓平面圖　S・1/200

■ 二樓平面圖　S・1/200

■ A A' 剖面圖　S・1/200

辦公室

樂書教室A

學書教室C

學書教室B

會議室

wc

展示空間B

展示空間C

時光走廊

中水箱(中水再利用)

市政力公

展示空間

大廳+展示空間

停車空間

主圖療品

學書教室

小店鋪 工作室

停車空間

屋頂花園
(床水舞圖)

玻璃採光

市政力公

展示

展示

停車空間

停車空間

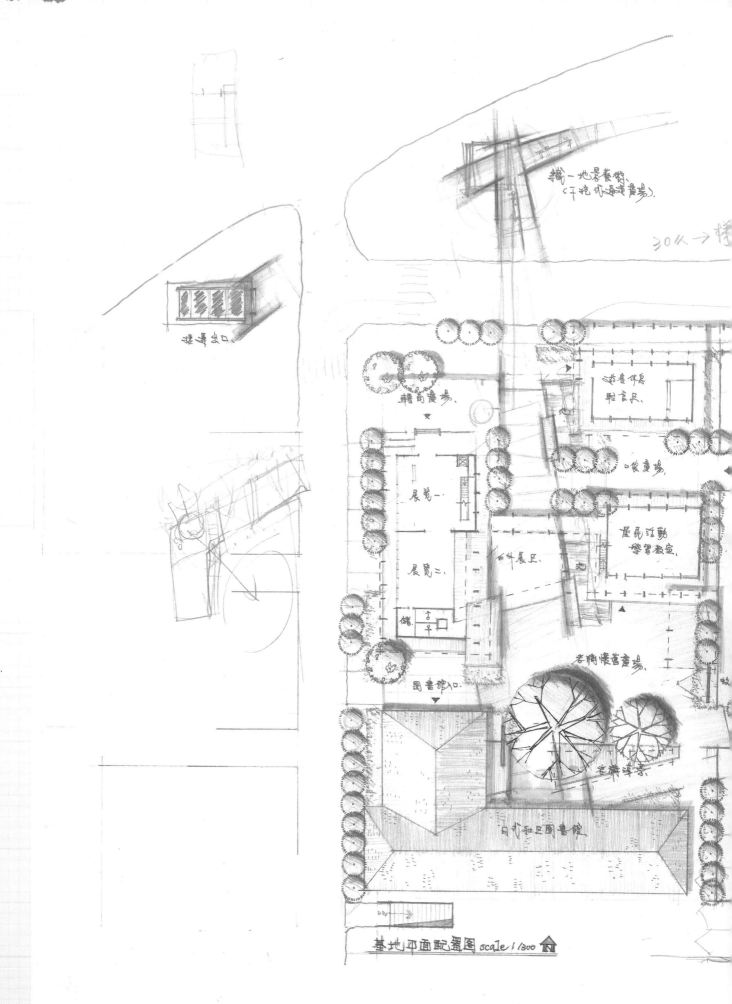

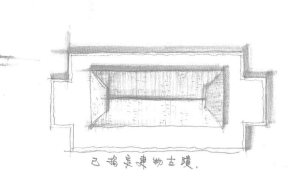

己指定是建物古蹟.

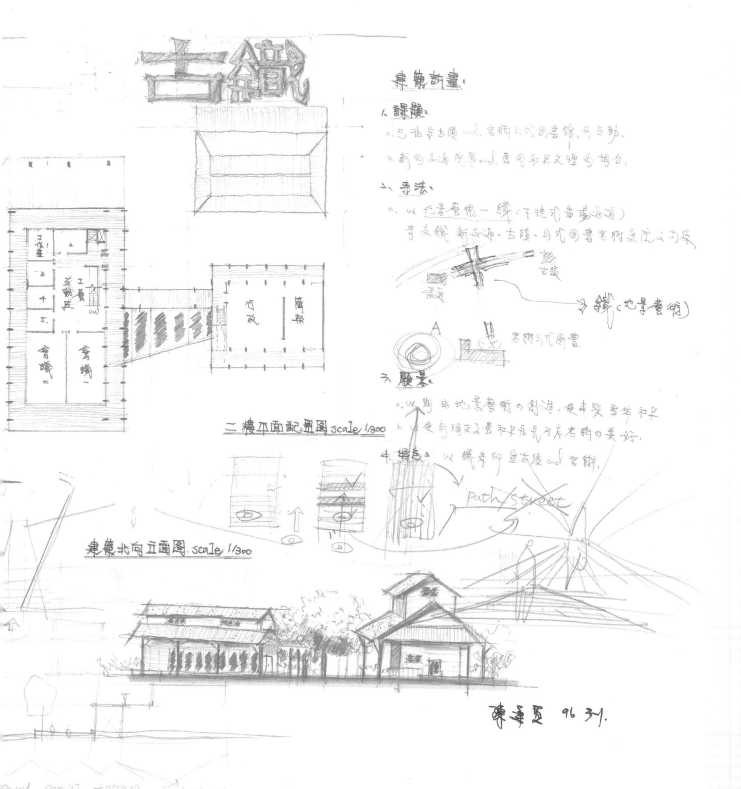

二樓平面配置圖 scale 1/300

建築北向立面圖. scale 1/300

專業計畫:

一、課題:
a. 己指定古蹟 and 老街與式閱書館, 的互動.
b. 新的文意便攜 and 舊的和民文理的 揉合.

二、手法:
a. 以地景藝術—織 (下挖式廣場通道)
    于文織 新交通、古蹟、日式圖書老街戶院公園及
    → 織 (地景藝術)
    老街式閱書

三、願景
a. 以豐富地景藝術の創造, 使老街與書安和民
b. 以 使新明文又舊和民最月方有老街の美好.

四、特色: 以織串聯出古蹟 and 老街.

path/street

陳運賢 96 3/.

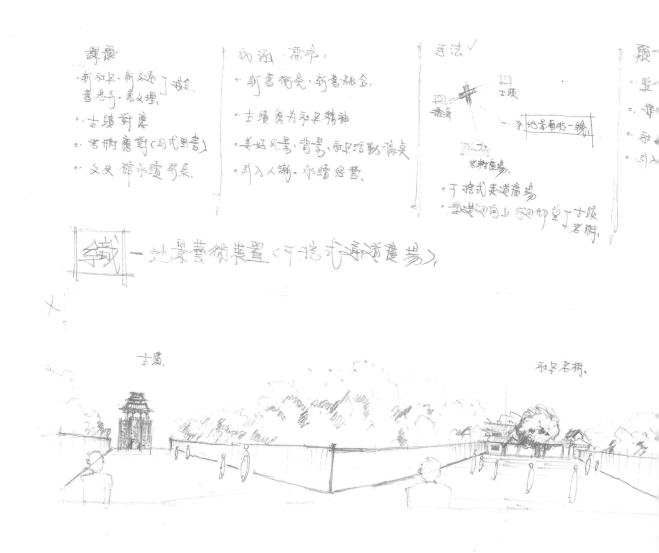

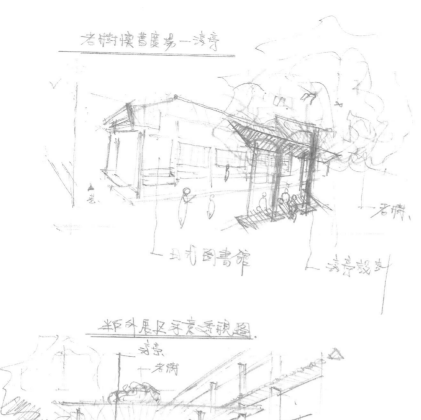

老樹懷舊廣場－涼亭

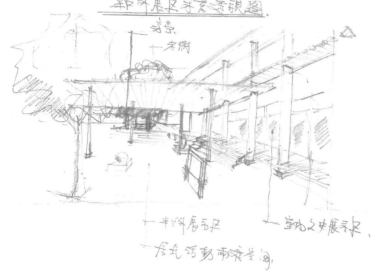

半戶外展示手繪透視圖.

剖面透視圖 scale 1/500

陳運賢 96 3-21

九十三年專門職業及技術人員 高等考試建築師、技師、民間之公證人 暨普通考試不動產經紀人、地政士 考試試題　代號：80160　全一張（正面）

等　　別：高等考試
類　　科：建築師
科　　目：建築計畫與設計
考試時間：八小時　　　　　　　　　　　座號：＿＿＿＿＿＿＿＿

※注意：㈠不必抄題，作答時請將試題題號及答案依照順序寫在試卷上，於本試題上作答者，不予計分。
　　　　㈡可以使用電子計算器。

一、題目：旅遊服務中心

二、緣起與目的：

　　　　觀光局為提昇觀光產業（並與地方產業結合），擬於東海岸某風景區沿線景點興建「旅遊服務中心」。旅遊服務中心全部範圍與本次興建基地範圍（55m×65m）如附圖標示。基地為公共設施用地，建蔽率40%，容積率240%。

　　　　依據觀光統計，預估該風景區景點之旅遊服務中心旺季（夏季）時每天（8:00 am～8:00 pm）約服務2,400人次，淡季（春季與秋季）時每天約服務600人次。全部旅遊人次平均停留約40分鐘。其中短暫停留約占總服務人次二分之一，短暫停留每人次平均約15分鐘；其餘人次停留時間平均約一小時。觀光局期望本旅遊服務中心應能充分提供沿線旅遊資訊服務(服務包括專人面對面資訊提供、靜態與動態旅遊景點展示資訊)、簡易中式餐飲、簡易西式餐飲（中式、西式餐飲空間可合併設計）、地方產業特色推廣與販賣空間（約五個空間單位）、室內外休憩空間與廁所等公共服務空間。

三、「建築計畫與設計」注意事項：
　　㈠建築計畫部分應依題目「緣起與目的」敘述內容提出。建築計畫應包括設計構想或相關設計決策知識、空間計畫與組織、空間需求面積（或容納人數）、基地分析、法規檢討、構造系統、生態環境與建築節約能源、無障礙設施等。
　　㈡建築設計部分應依所提之建築計畫進行設計，並應考量機能、造型、管理、防災等。
　　㈢建築設計內容不包括停車場部分，但設計可依動線需求調整興建基地與停車場之進出口位置。
　　㈣基地氣候資料為年平均氣溫23.5℃、年平均日照率0.483（48.3%）、年平均下雨量1,587㎜、年平均下雨天為82天、年平均相對濕度79.7%。夏季吹東南季風為主，但受太平洋海水調節白天吹海風影響更大，平均氣溫 29.3℃、平均日照率 0.598（59.8%）、平均相對濕度 77.8%。冬季吹東北季風為主，平均氣溫 18.9℃、平均日照率0.426（42.6%）、平均相對濕度80.6%。

四、圖說要求：
　　㈠建築計畫書部分(請列表、圖與文說明)。（40分）
　　㈡建築設計圖部分（60分）
　　　　1.地面層平面配置圖，包括景觀設計及構想（比例尺為二百分之一）。
　　　　2.各層平面圖（若有不同樓層設計應繪製）（比例尺為二百分之一）。
　　　　3.主要剖面與立面圖（比例尺為二百分之一）。
　　　　4.透視圖。

（請接背面）

九十三年專門職業及技術人員高等考試建築師、技師、民間之公證人暨普通考試不動產經紀人、地政士考試試題　代號：80160　全一張（背面）

　等　　別：高等考試
　類　　科：建築師
　科　　目：建築計畫與設計

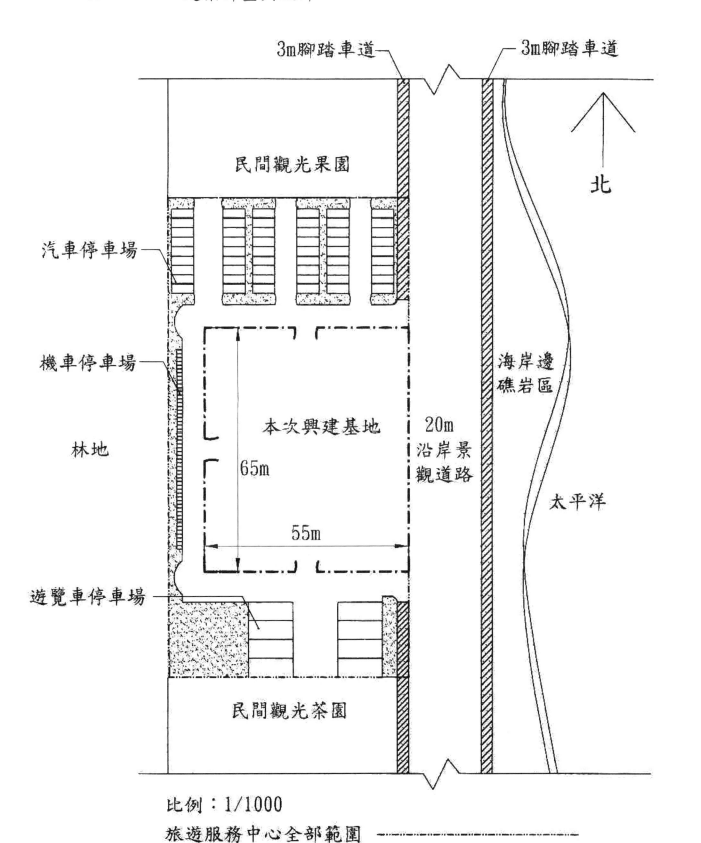

比例：1/1000

旅遊服務中心全部範圍　— — — — —

本次興建基地範圍為：55m×65m　—··—··—

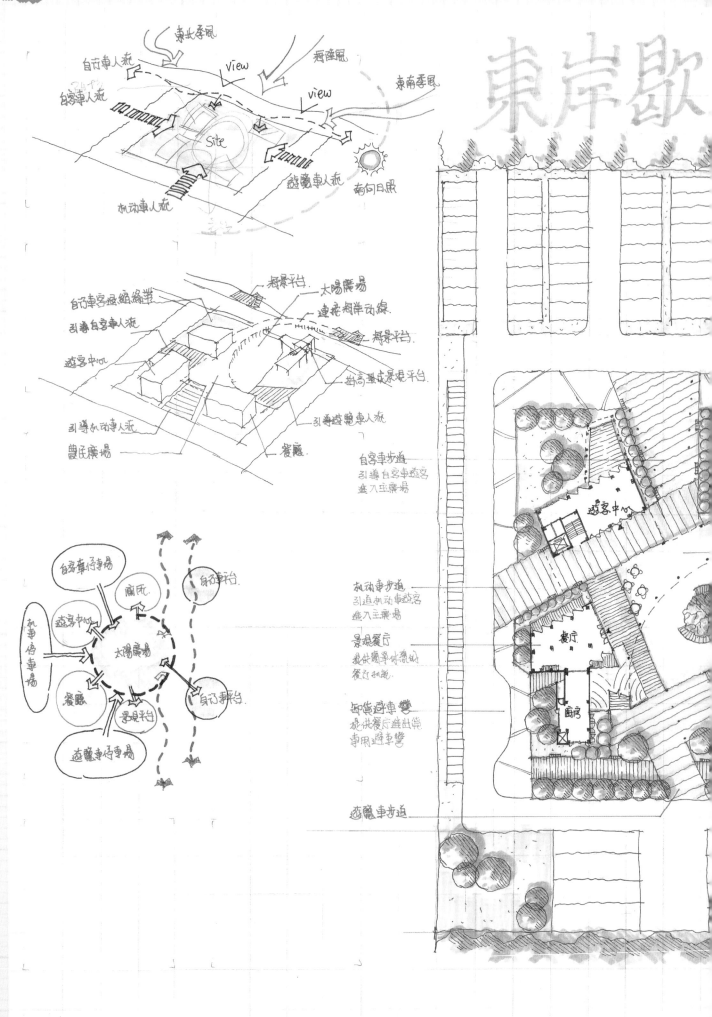

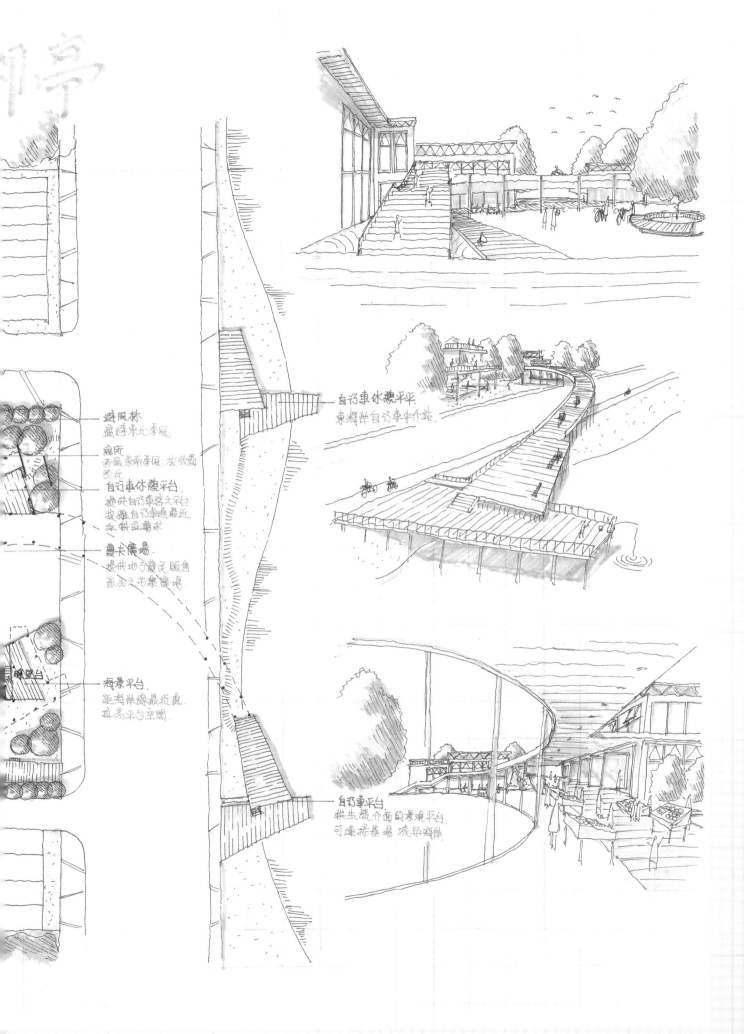

防風林
減緩東北季風

廁所
考量東南季風，故放置於此

自行車休憩平台
提供自行車客之平台，故離自行車道最近，來供此需求

農卡廣場
提供地方農民販售產品之市集廣場

海景平台
距海岸線最近處，抬高平台空間

自行車休憩平台
東河岸自行車中站

自行車平台
供生態介面的景觀平台，可連接基場 域至海岸

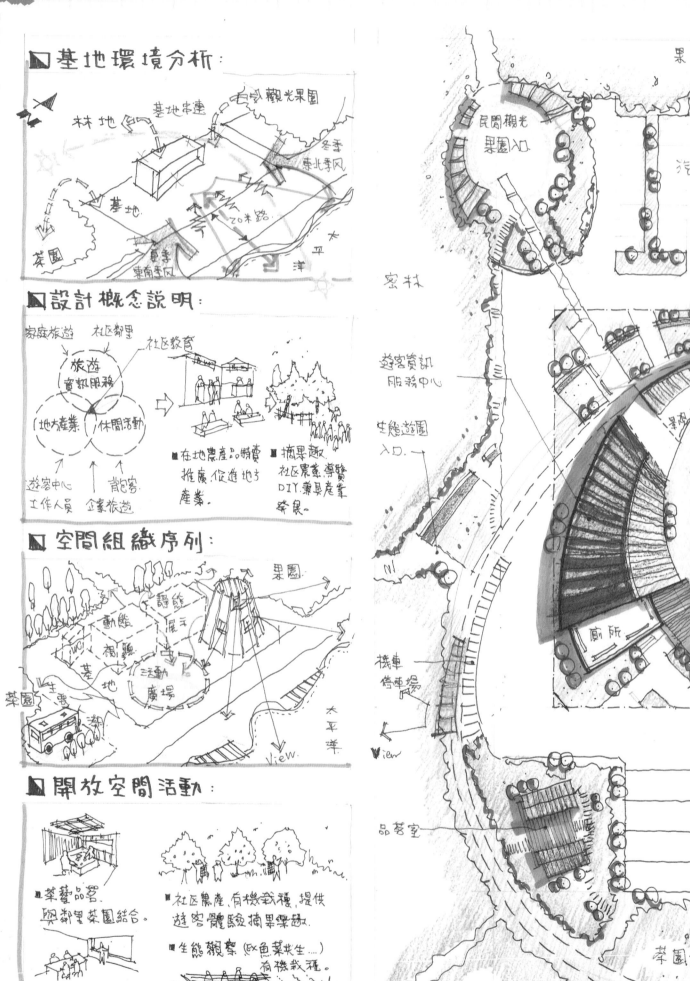

基地環境分析：

設計概念說明：

■在地農產品販賣
推廣，促進地方
產業。

■摘果趣.
社區農業導覽
DIY.兼具產業
發展。

空間組織序列：

開放空間活動：

■茶藝品茗.
與鄰里菜園結合。

■社區農產.有機栽種.提供
遊客體驗摘果樂趣。

■生態觀察(EX魚菜共生....)
有機栽種。

■地方產物DIY.(Ex:果醬製作...)

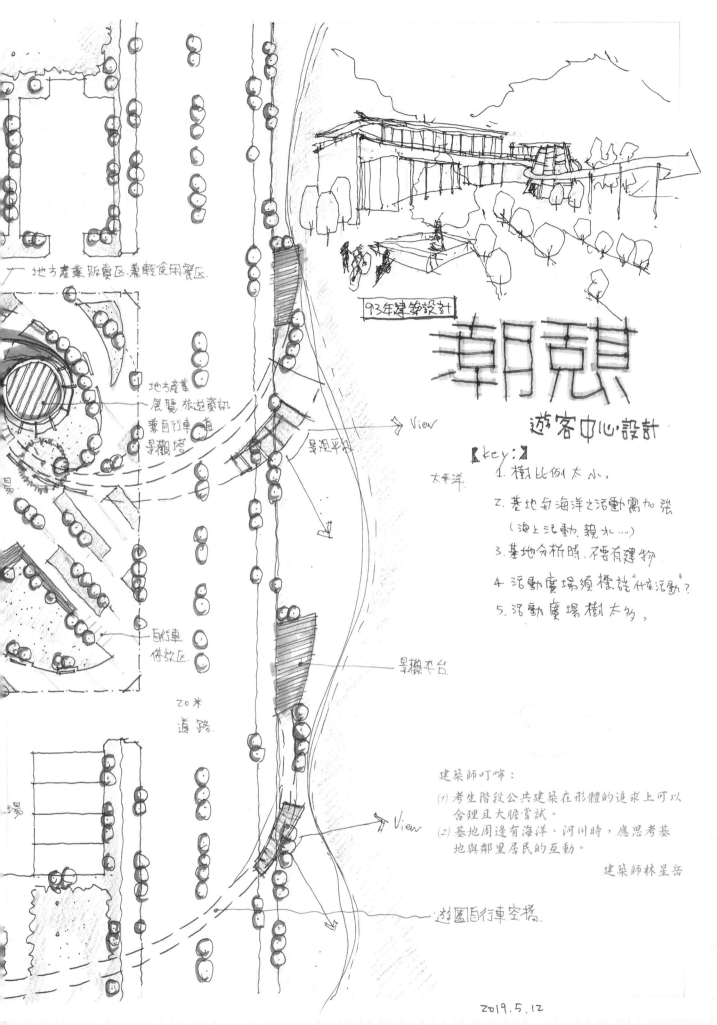

地方產業販賣区.兼輕食用餐区.

地方產業
展覽.旅遊資訊
兼自行車.道
景觀塔.

自行車
停放区

20.米
道路.

景
場

93年建築設計

朝克基

遊客中心設計

【key:】

太平洋

1. 樹比例太小.

2. 基地與海洋之活動需加強
   (海上活動.親水……)

3. 基地分析時.不要有建物

4. 活動廣場須標註"什麼活動"?

5. 活動廣場樹太多.

View

景觀平台

View

景觀平台

建築師叮嚀:

(1) 考生階段公共建築在形體的追求上可以
    合理且大膽嘗試。

(2) 基地周邊有海洋、河川時,應思考基
    地與鄰里居民的互動。

    建築師林星岳

View

遊區自行車空橋.

2019.5.12

◤ 基地環境分析

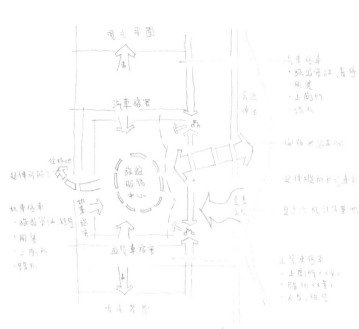

◤ 設計課題與對策

A. 旅遊服務中心基本需求　　　需求對策

- 沿線旅遊資訊
  - a 專人面對面
  - b 靜態 & 動態展示
- 簡易中、西餐
- 室內外休憩
- 廁所
- 購買地方特產

B. 旅遊地方中心核心價值

- 內陸、林地特色介紹
- 當地產業拓展
- 當地文化發展活動舉辦

- 汽車旅客
  - 停留時間長
  - 資訊、用餐、如廁
- 機車旅客
  - 停留時間中
  - 資訊、用餐
  - 賞車、等
  - 停留時間短
  - 購物、廁所

- 沿海自然生態教學
- 觀景、放鬆身心

◤ 配置計畫

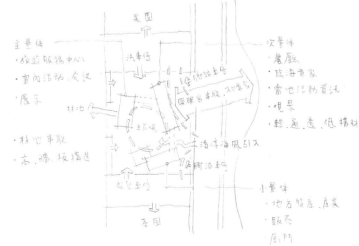

主景體
- 旅遊服務中心
- 室內活動、會議
- 展示
- 林地車取
- 高、塔、坡境造

次景體
- 餐廳
- 臨海看家
- 當地活動資訊
- 觀景
- 輕、通、透、低構材

小景體
- 地方特產、庭美
- 販售
- 廁所

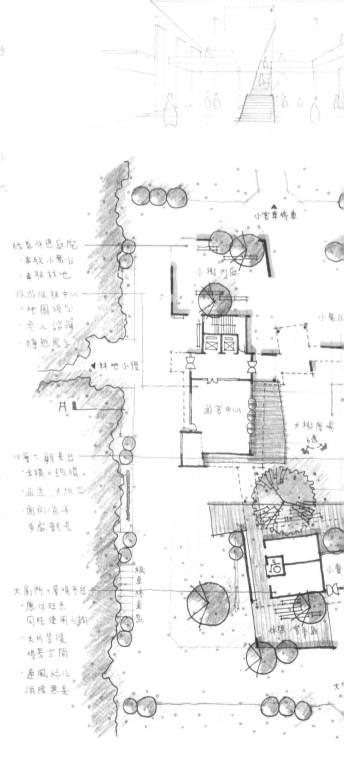

綠意休憩庭院
- 串聯小舞台
- 串聯林地

旅遊服務中心
- 地圖模型
- 專人諮詢
- 靜態展示

◀ 林地小徑

遊客中心

雙層大觀景台
- 木構 + 鋼構
- 量造 大排空
- 面向海洋
  多座觀景

大廁所 + 景觀平台
- 應付旺季
  同時使用之潮
- 大片等候
  觀景空間
- 屏風綠化
  消除臭氣

小賣車停車

小樹內庭

大樹廣場

機車停車區

休憩、等車區

林公室
多功能室
遊客中心

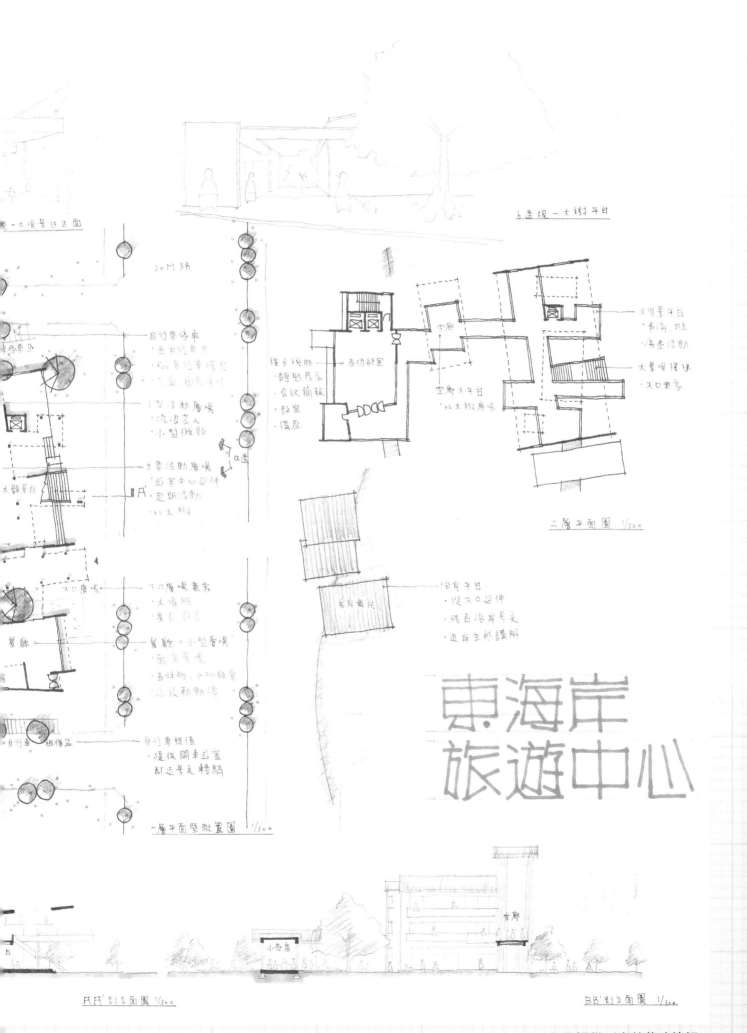

b透視—大樹平台

大觀景平台
・看海、日出
・海景活動
大景觀樓梯
・入口童客

複合機能性
・靜態展示
・会記簡報
・教室
・講座

多功能室

空廊

空廊大平台
・vs大樹廣場

二層平面圖 1/300

20M 路

自行車停車
・近前行車下
・fo1自記車接見
・結
合高甲棚

I型活動廣場
・流浪芝人
・小型攤販

主要活動廣場
・遊客中心延伸
・定期活動
・vs大樹

入口廣場意象
・大渡鄉
・复合、討意

餐廳＋小型賣場
・面海景觀
・吉祥物、小物販賣
・近後勤動場

自行車租借
・提供閒車為客
都近景麦轉騎

沿岸平台
・從入口延伸
・結合沿岸景定
・近岸生態講解

岩岸場合

東海岸
旅遊中心

一層平面暨配置圖 1/300

小壳店

空廊

AA'剖立面圖 1/300

BB'剖立面圖 1/300

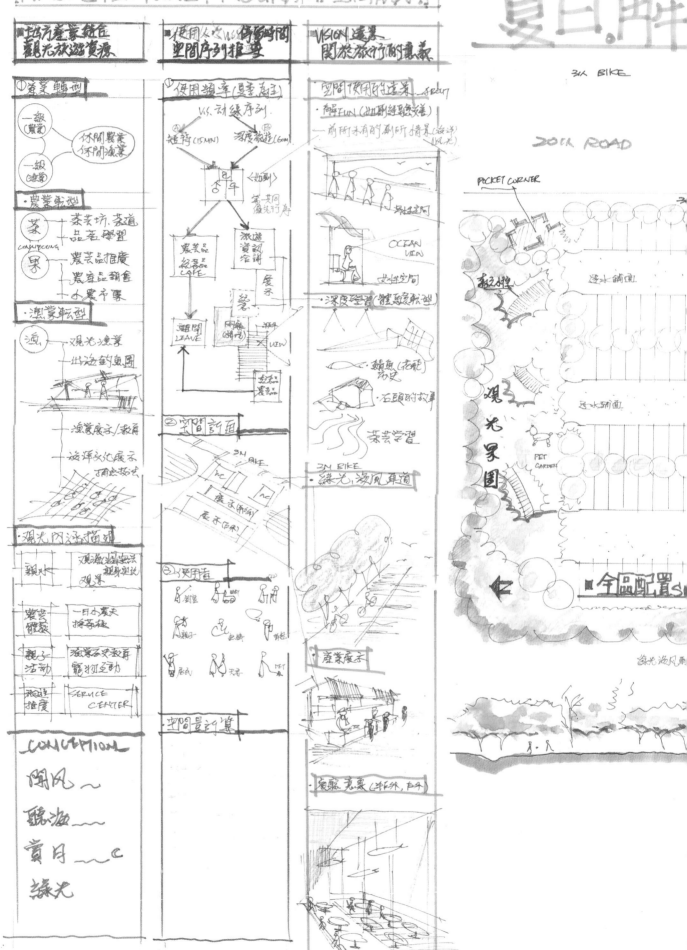

√N之旅 聽海、聞風、賞月、綠光.

3% BIKE ROAD.

3% ROAD

入口意象情境

ENTRANCE

EXTENSION OCEAN VIEW

BIKE PARKING

BUS PARKING

观光茶园

OCEAN PLAZA

OUTDOOR EXPO

活动草坪

MOTOR BIKE / BICYCLE 机車/自行車共用停車 SHARING PARK

□AA'長向剖面透視圖 S:1/300

2007.5.19
R.C.

作品提供／陳軒緯建築師

一、建築計畫

1. 旅遊服務中心

2. 緣起 and 目的：

a. 業主為觀光局，為典型形象。

b. 提昇觀光產業與結合地方產業，
為觀光導覽園。頻裝親介紹。

c. 專海岸為考慮出，融合的設計。

d. 延線�是"服務中心"設計。→ 花車站設計。
→ 蕃薯 七星潭

e. 夏季旺季，為改善景觀，為親月灣。
（如四人次/天）→ 四人次/小時（12小時）
↑ 為停留的60名鐘，為別所、飲食、購物。
→ 購物結合 觀光導覽圖

f. 沿線～～專人面前面。
→ 靜態展示，動態車子。

g. 西九餐飲→面向大海。

h. 地方產業蕃薯股要→七星石，七色沙。

3. 建築概念～設計發想。

意像設計   地方產業光觀
蕃薯   結合中心整合設計 ✓
二星潭、花蓮、導圖   腳踏車道設計 ✓

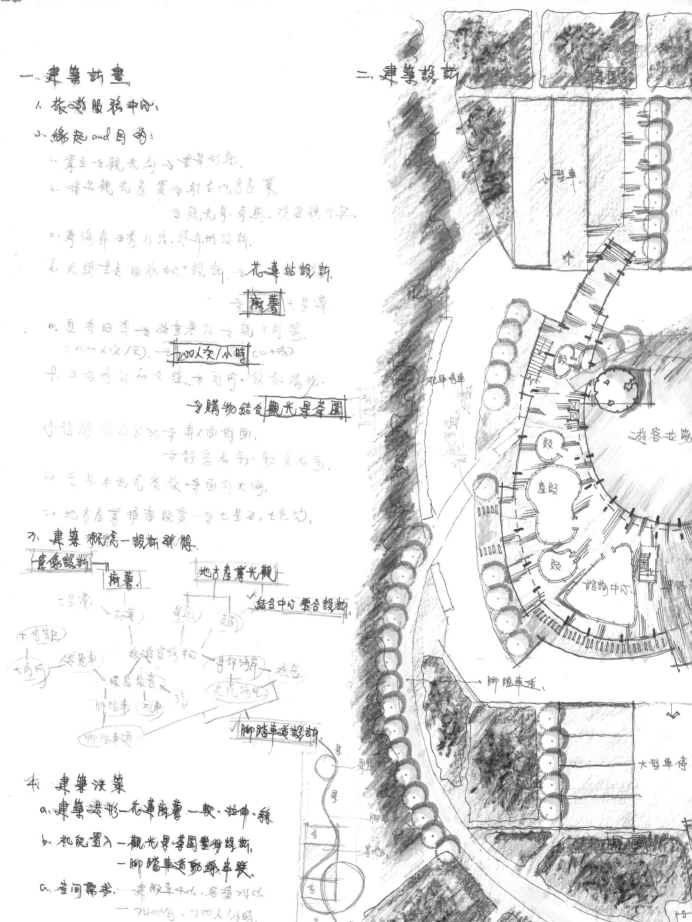

二、建築設計

小型車

花車自車

遊客世臨

諮詢中心

腳踏車道

大型車停

4. 建築決策

a. 建築造形－花車蕃薯－軟、拉伸、緣

b. 机能置入－觀光導覽園靜態設計
－腳踏車道動線車裝

c. 空間需求．建蔽率40%．容積140%
－140%/日、700人/小時
（6台遊覽車）
－500人用餐空間 × 2.5㎡ = 1250㎡
－賣所各空間，12間

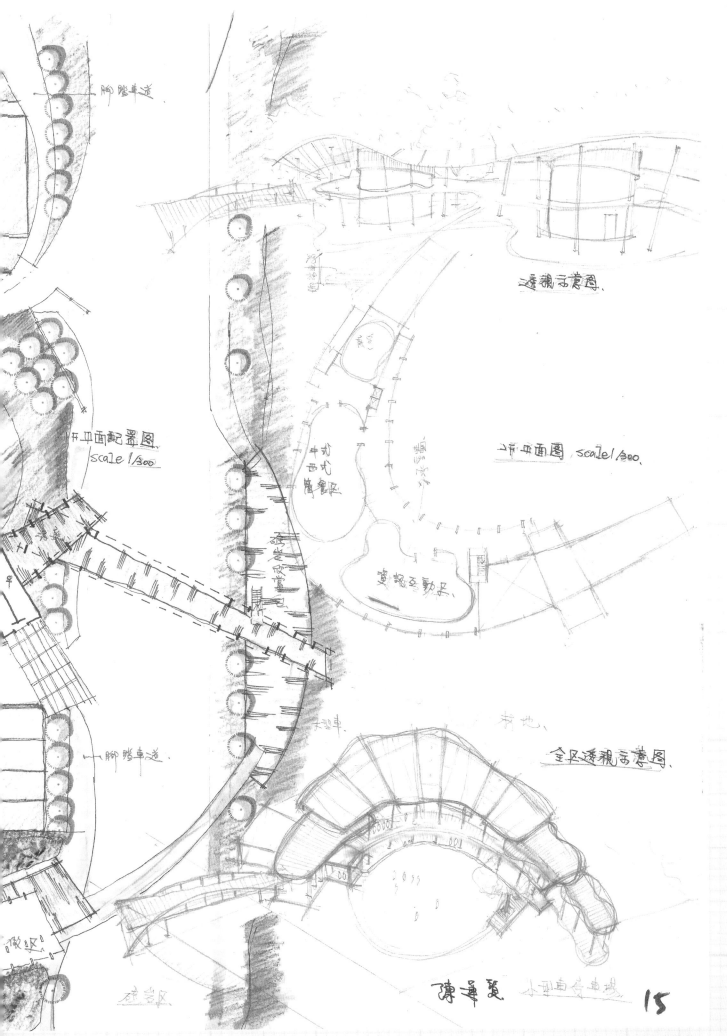

透視示意圖.

平面配置圖.
scale 1/300

二F平面圖. scale 1/300.

資訊互動區.

全區透視示意圖.

腳踏車道.

腳踏車道.

陳運賢

15

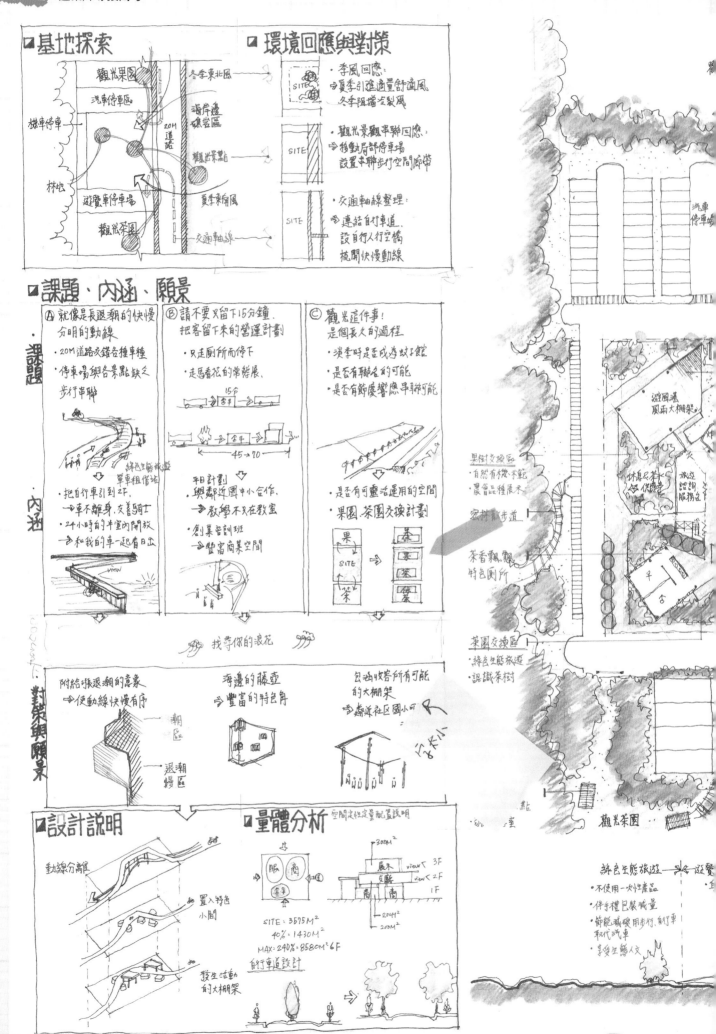

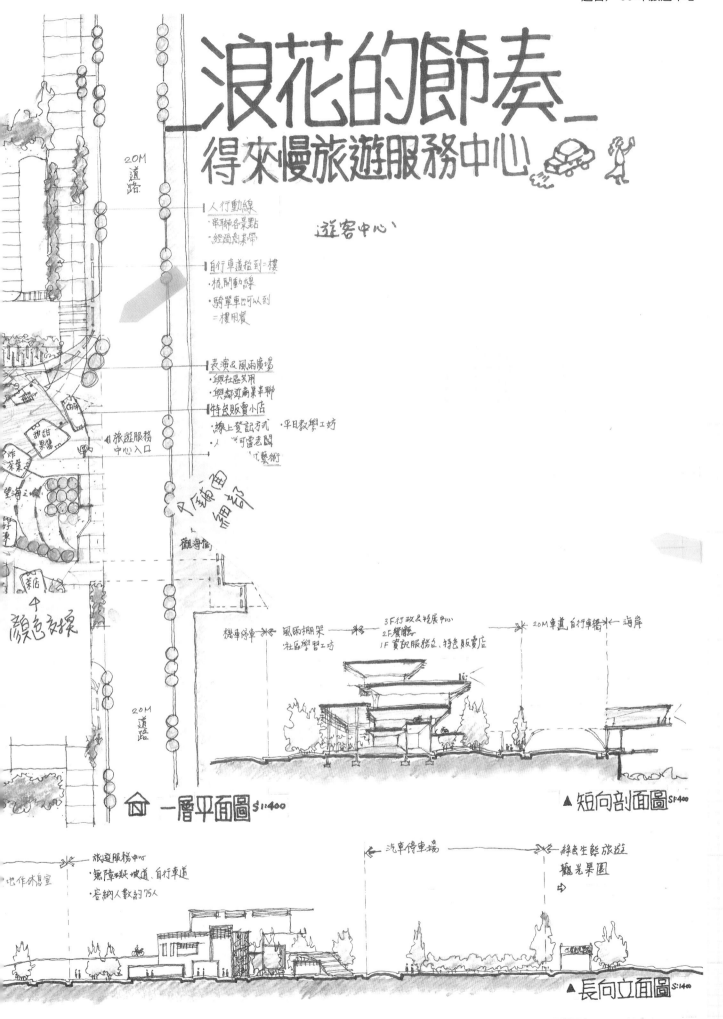

浪花的節奏
得來慢旅遊服務中心

遊客中心

人行動線
· 串聯各景點
· 經過劇菜帶

自行車道拾到二樓
· 梳開動線
· 騎單車也可以到二樓用餐

表演&風雨廣場
· 與社區共用
· 與鄰近商業串聯

特色販賣小店
· 線上登記方式
· 平日教學工坊
· 可當老闆
· 式藝術

旅遊服務中心入口

觀色技樣

20M 道路

一層平面圖 S:1:400

機車停車 → 風雨棚架 社區學習工坊 → 3F行政及拓展中心 2F餐飲 1F資訊服務台、特色販賣店 → 20M車道、自行車道 → 海岸

▲ 短向剖面圖 S:1:400

旅遊服務中心
· 無障礙坡道、自行車道
· 容納人數約75人

汽車停車場 → 綠色生態旅遊 觀光果園

▲ 長向立面圖 S:1:400

作品提供／廖文瑜建築師

設計構想

☑ 分享當地生活與產業文化

☑ 提昇觀光產業在地深耕

☑ 充份提供旅遊、文化與生態資訊

分享、深耕

光觀不是消費環境
而是當地生活文化
的分享。
遊客生心靈生資源
有序的結合讓遊客
充份了解當地文化
與產業的風貌。

設計內涵

☑ 分享：在地農特產品與伴手礼製作與販賣 → 伴手礼販賣區 60m²

：當地居民與產業人員之參與，志工文化導覽 → 志工導覽櫃枱 50m²

休憩處課程與講座：採菜、摘果、水果乾製作、戶外講堂
生活風貌展示、產業文化展示：漂流木創作區、迷你農村體驗區
表演活動、文化交流：環境劇場

☑ 在地深耕：產業文化解說員培訓 ▷ 培訓教室 60m²
當地居民與產業人員參與 ▷ 文化體驗區 60m²×2
文化導覽、藉由當地志工 ·童玩手作
參與、分享深耕在地文化 ·家錢製作
·採菜摘菜體驗

☑ 提供旅遊服務與資訊：專人服務資詢立点 ▷ 互動資詢站 100m²
行程規劃服務 ▷ 文化閱覽休息区 100m²
海岸文化景觀平台 ▷ 海岸觀景平台
easy go 腳踏車租借與維修中心 80m²
志工文化導覽 (自行車步行)
休息、在地特色餐飲 ▷ 餐廳 150m²

臺地分析

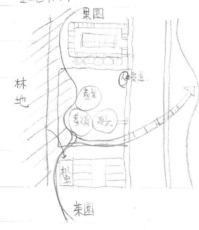

1. 車處、果園、林地與菜園
形成區域綠色生態網絡

2. 設置海岸景觀平台，與綠
色廊道整合放生態觀光
資源

3. 改變停車場之進出口，減少
不必要之車道進入生態廊道
並設置人本交通服務設施

結構系統

無障礙設計

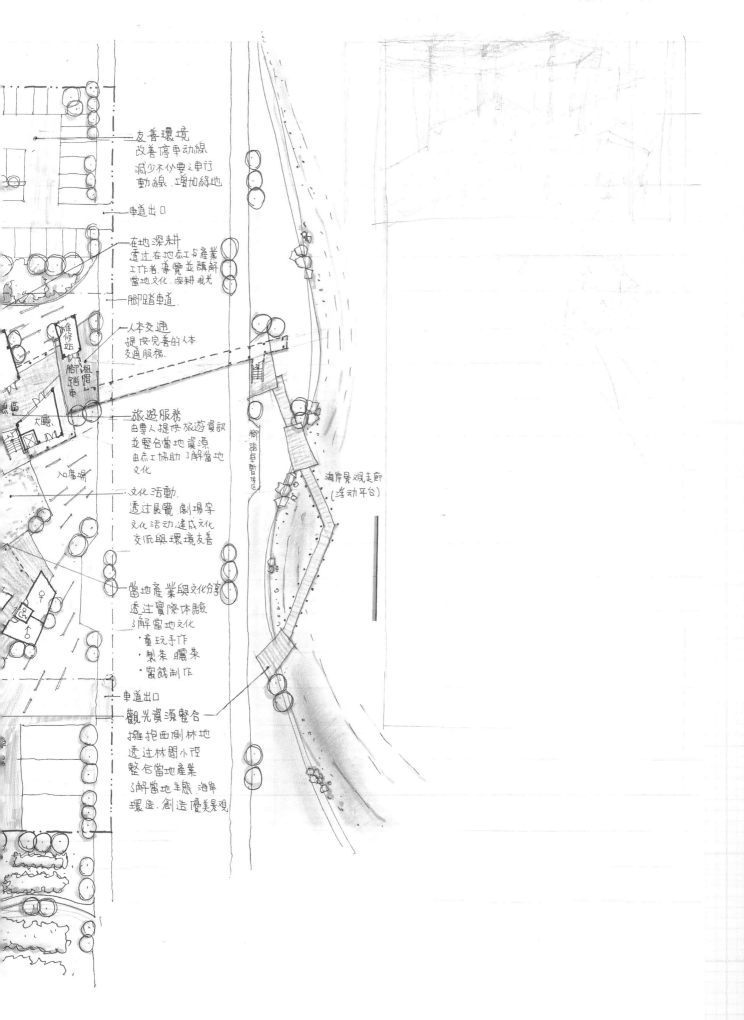

友善環境
改善停車動線
減少不必要之車行
動線.增加綠地

車道出口

在地深耕
透過在地杰工与產業
工作者.導覽並講解
當地文化.深耕觀光

腳踏車道.

人本交通
提供完善的人本
交通服務.

旅遊服務
由專人提供旅遊資訊
並整合當地資源
由杰工協助了解當地
文化

文化活動.
透過展覽.劇場等
文化活動.達成文化
交流與環境友善

當地產業與文化分享
透過實際体驗
了解當地文化
·童玩手作
·製菜.曬菜
·蜜餞制作

車道出口

觀光資源整合
擁抱西側林地
透过林間小徑
整合當地產業
了解當地生態.海岸
環境.創造優美景觀

海岸景觀走廊
(浮动平台)

腳踏車暫停區

聚 觀 ——旅遊服務中心

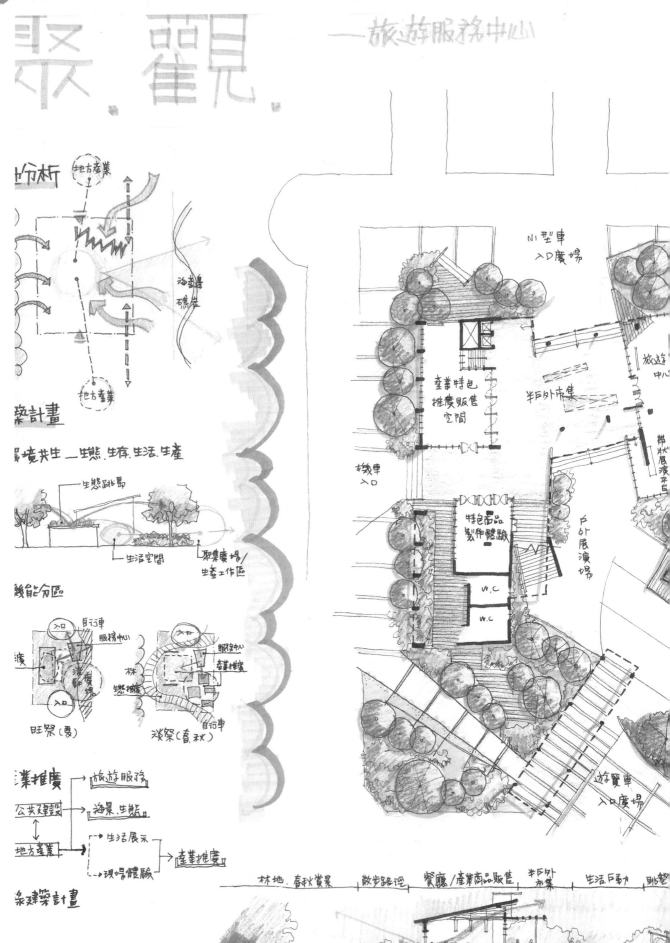

分析

生態跳島

地方產業

海岸礁岩

地方產業

築計畫

環境共生 — 生態.生存.生活.生產

生態跳島

生活空間   聚集廣場/
生產工作區

機能分區

入口
自行車
服務中心
灘
海景廣場
入口

林
生態棲地

照客中心
產業推廣
自行車

旺聚(夏)   淡聚(春.秋)

業推廣 → 旅遊服務
公共建設 → 海景.生態
地方產業 → 生活展示 → 產業推廣
現場體驗 → 產業推廣

築建計畫

N型車
入口廣場

產業特色
推廣販售
空間

半戶外市集

旅遊
中心

帶狀展演平台

機車
入口

特色商品
製作體驗

戶外
展演場

W.C

W.C

遊覽車
入口廣場

林地.春秋賞景 | 散步路徑 | 餐廳/產業商品販售 | 半戶外市集 | 生活互動 | 跳望

作品提供／林詩恬建築師

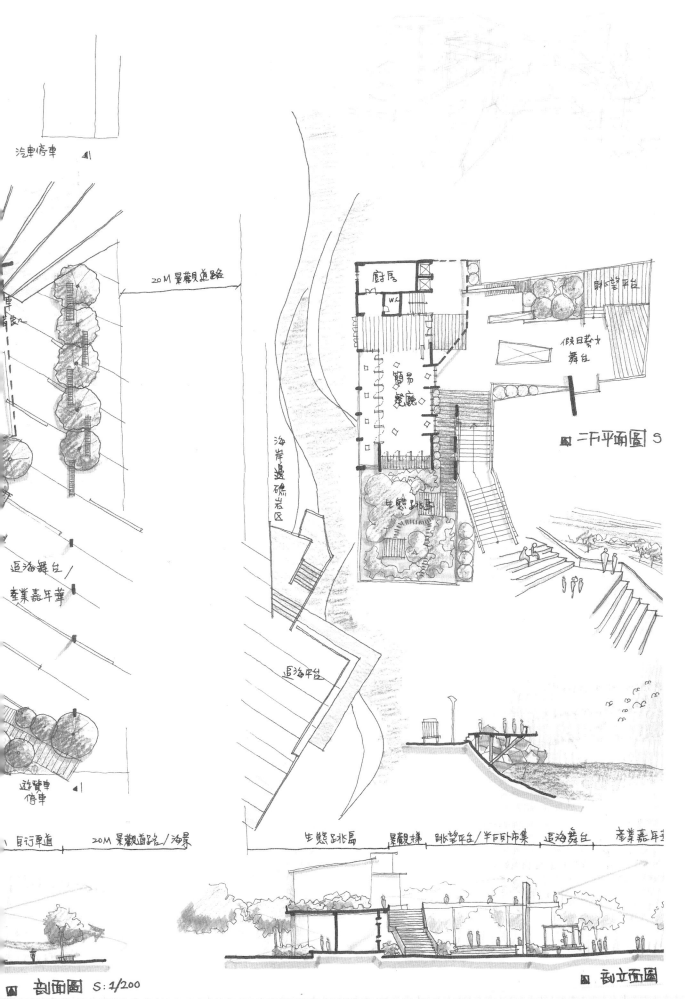

汽車停車

20M景觀道路

車道

海岸邊礁岩區

廚房
w.c
眺望平台

假日藝文
舞台

簡易
餐廳

生態跳島

二F平面圖 S

追浪舞台／
產業嘉年華

追浪平台

遊覽車
停車

自行車道　20M景觀道路／海景　　生態跳島　景觀橋　眺望平台/半日臥市集　追浪舞台　產業嘉年華

剖面圖 S：1/200

剖立面圖

九十二年專門職業及技術人員高等考試建築師、技師、不動產估價師暨普通考試不動產經紀人、地政士 考試試題　代號：80160　全一張
（正面）

等　　別：高等考試
類　　科：建築師
科　　目：建築計畫與設計
考試時間：八小時　　　　　　　　　　　座號：＿＿＿＿＿＿

※注意：㈠不必抄題，作答時請將試題題號及答案依照順序寫在試卷上，於本試題上作答者，不予計分。
　　　　㈡禁止使用電子計算器。

一、題目：城市藝術中心

二、計畫緣起：
　　中部某城市得到一家知名的台高科技公司贊助生代藝術家之創作，並促進國際當代藝術之交流，擬利用市區中的一筆社教用地興建城市藝術中心。該用地建蔽率 50%，容積率 240%，土地面積約 1500 平方公尺。（參見基地概況圖說）

三、計畫內容：
　　本中心預計完成後委由民間的藝術基金會經營，以「視覺藝術」與「表演藝術」為主要對象，最重要的功能有三：
　　㈠提供國內外當代藝術展演使用，包含邀請展與申請展；
　　㈡提供國內外藝術家進駐創作，進駐期限為三個月；
　　㈢提供市民參與藝術相關活動，策動城市藝術節，定期與不定期舉辦講座、論壇、研習、藝術欣賞、以及藝術家工作室開放。

四、空間需求：
　　㈠大小展示空間（600 m²）：大型（400 m²），小型（200 m²）各一間。
　　㈡劇場空間（250 m²）：供劇團排練與表演使用。
　　㈢藝術家工作室（600-800 m²）：供 15 至 20 位藝術家進駐使用。
　　㈣多用途空間（200 m²）：兩間，供各類講座、研習、聚會。
　　㈤藝術圖書資訊區（250 m²）：數位影音、書籍、雜誌之查詢與閱覽。
　　㈥咖啡餐飲區（120 m²）：足以容納 30 至 40 人用餐與交誼。
　　㈦藝文商品區（60 m²）：各類藝文商品之展示與販售。
　　㈧行政辦公區（100 m²）：包含主任室以及 6 至 8 位工作人員。
　　㈨其他自定空間

五、圖說要求：
　　㈠建築計畫部分（40 分）
　　　　依據前述之計畫內容與空間需求，提出較完整的空間計畫。應就本中心之基本功能與空間需求項目進一步探討細部之內容，並以適當的圖面（平面、剖面、或簡圖）顯示重要空間以及整體建築應考量之事項。（例如空間之形式、尺寸、特性、與彼此間之關係）
　　㈡建築設計部分（60 分）
　　　　依據所提之建築計畫進行建築設計。設計圖面應該包含全區配置圖、各層平面圖、重要之剖面圖及立面圖。設計說明應以簡圖與文字表達主要的設計構想以及相關的設計思考，例如基地分析、空間組織、構造系統、造形策略、物環評量、法規檢討等等。圖面之比例尺依需要自行決定，一般以 1/100 與 1/200 為原則，亦可選擇更大或較小之比例尺以為清楚之表達。

請接背面

等　　別：高等考試

類　　科：建築師

科　　目：建築計畫與設計

六、基地概況：

(一)本基地之形狀大致為一直角三角型。臨主要道路之長度約有 60 公尺，短邊約 40
　　公尺，鄰接 6 公尺巷道，斜邊以一條溝渠為界，其間有一排老樹，界外為民地，
　　現有一棟閒置之民宅坐落於田野中。基地附近大多為二至四層的透天厝。

(二)藝術中心的主要出入口設在南邊，面臨 30 公尺的市區道路。

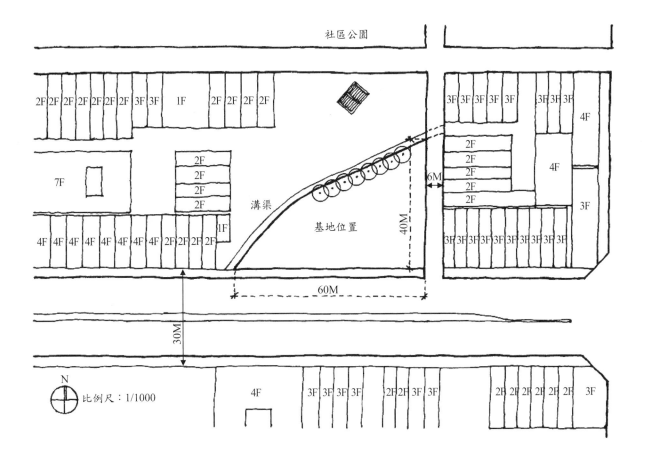

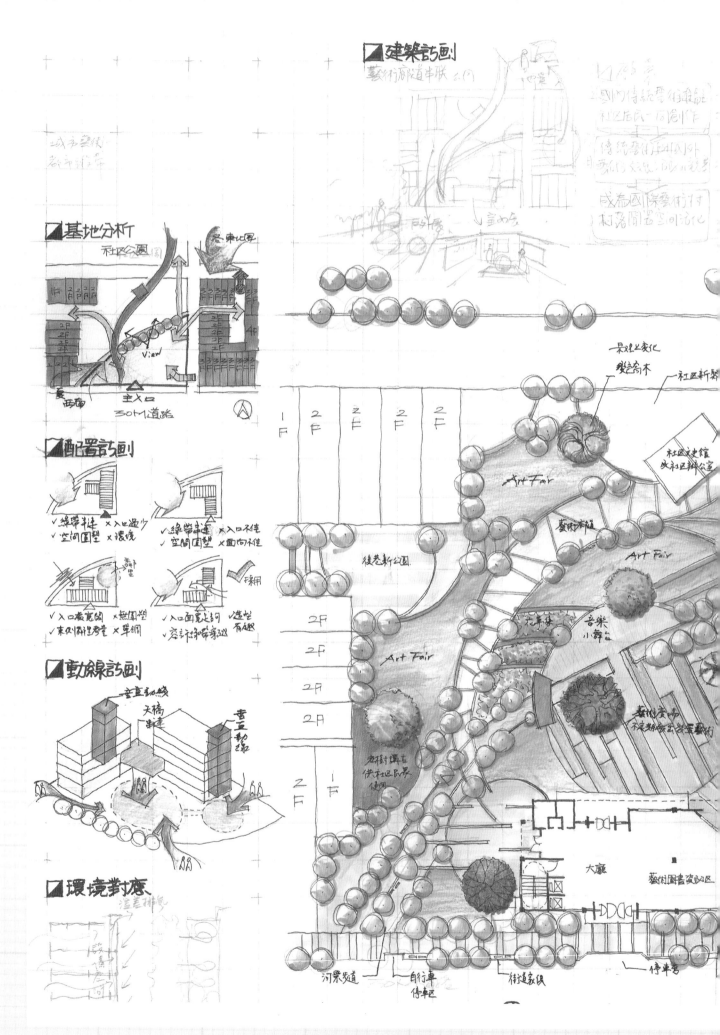

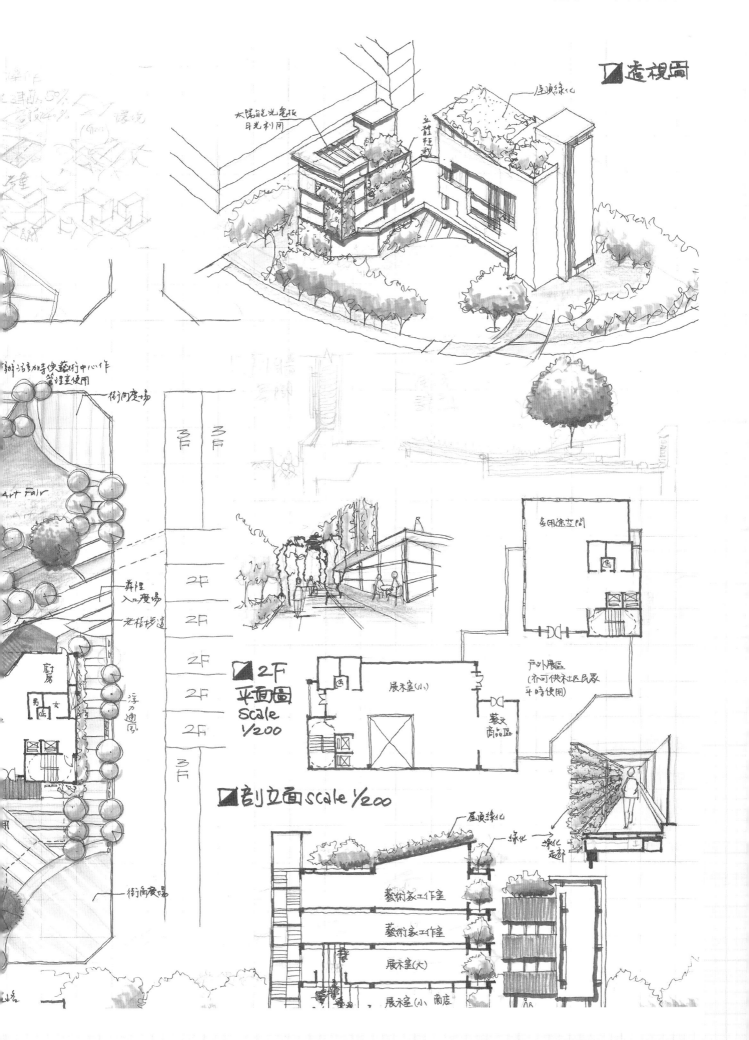

透視圖

太陽能光電板
日光利用

屋頂綠化

立體框栽

辦活動時供藝術中心作
籌備室使用

街角廣場

舞蹈入口廣場

老樹步道

浮力通風

廚房

男廁 女廁

浮力通風

街角廣場

Art Fair

多用途空間

戶外展區
(亦可供社區民眾
平時使用)

展示室(小)

藝文商品區

2F 平面圖 Scale 1/200

剖立面 scale 1/200

屋頂綠化

綠化

綠化走廊

藝術家工作室

藝術家工作室

展示室(大)

展示室(小)、商店

建築計劃

基地解析與對策

92. 城市藝術中心

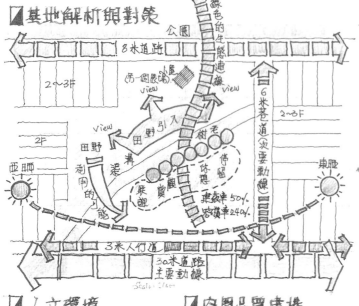

在地民眾 | 藝術的陶冶場 | 友善環境
・休憩、聯誼的生活空間.
・藝術欣賞的就近優勢.
・保留老樹, 老樹是重要資產
・協調不定時租用田野, 使成為另一戶外展演空間.

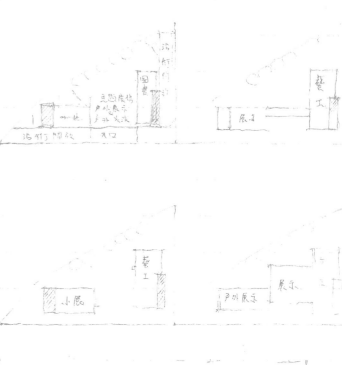

人文環境

藝術家 | 藝術的孵化場
・視覺藝術: 創作與展示.
・表演藝術: 排練與表演.
・國內外藝術家聯誼, 講座論壇, 工作室開放參觀.

行政志工 | 服務的提供者
・社區民眾參與志工活動將藝術融入生活.

空間品質建構

藝術的空間
・專用的藝術表演展示場, 可以提供專門使用.
・建築本身與建築中其他部份空間亦是展示場.

友善建築
・留設較多的戶外, 半戶外空間.
・建築量體應小於4樓.

2013.08.19(一)

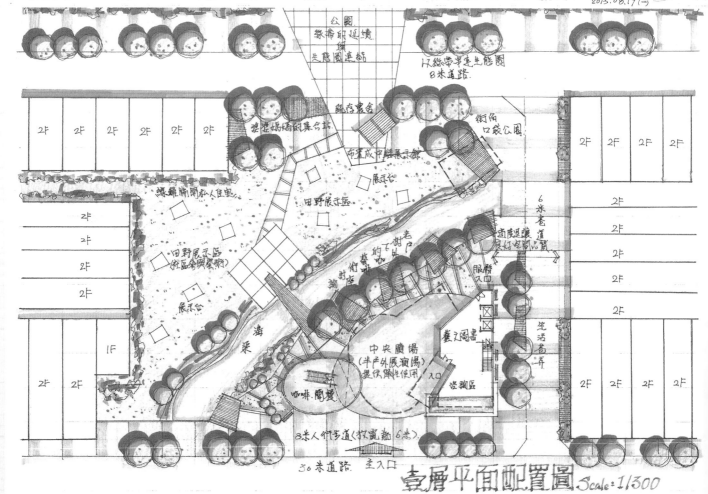

壹層平面配置圖 Scale: 1/300

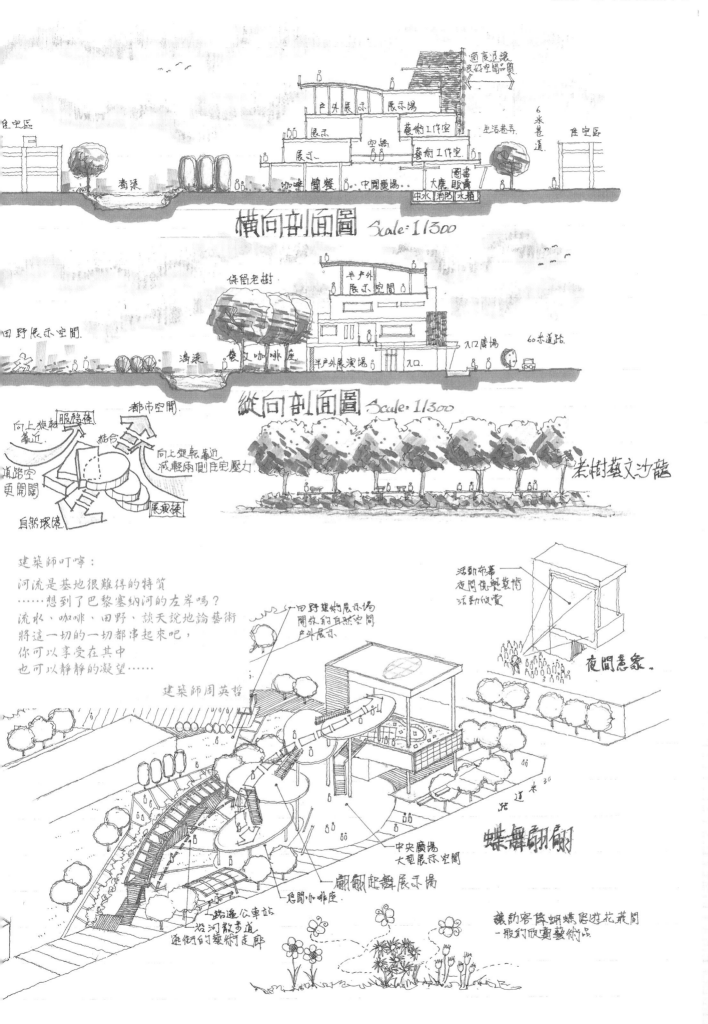

橫向剖面圖 Scale: 1/300

縱向剖面圖 Scale: 1/300

建築師叮嚀：

河流是基地很難得的特質
……想到了巴黎塞納河的左岸嗎？
流水、咖啡、田野、談天說地論藝術
將這一切的一切都串起來吧，
你可以享受在其中
也可以靜靜的凝望……

建築師周英哲

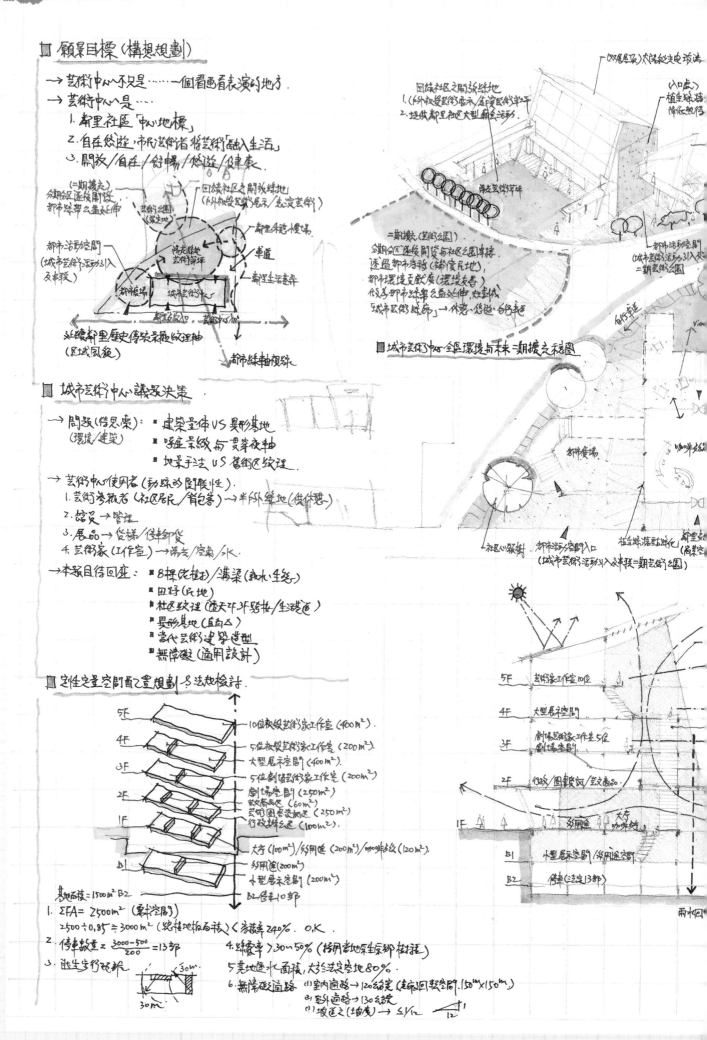

■ 願景目標（構想規劃）

→ 芸術中心不只是……一個看畫看表演的地方.

→ 芸術中心是……
　1. 新里社區「中心地標」.
　2. 自在悠遊, 市民藝術者將芸術「融入生活」.
　3. 開放/自在/舒暢/悠遊/健康.

■ 城市芸術中心議題決策

→ 問題（信息索）：■ 建築量體 vs 異形基地
　（環境/建築）　■ 呼應景緻 vs 貫穿夜軸
　　　　　　　　■ 地景手法 vs 舊街區紋理.

→ 芸術中心使用者（動線的關聯性）
　1. 芸術參觀者（社區居民/背包客）→半戶外綠地（供休憩）
　2. 館員 → 管理
　3. 展品 → 各樓/停車卸貨
　4. 芸術家（工作室）→陽光/空氣/水.

→ 本案目待回應：■ 8棵（老樹）/溝渠（親水生態）
　　　　　　　　■ 田野（民地）
　　　　　　　　■ 社區紋理（還天空平弱報/生態面）
　　　　　　　　■ 異形基地（直角△）
　　　　　　　　■ 當代芸術建築造型
　　　　　　　　■ 無障礙（通用設計）

■ 定性定量空間配置規劃 & 法規檢討

$\Sigma FA = 2500m^2$（累積空間）

$2500 \div 0.85 = 3000m^2$（總樓地板面積）< 容積率240%. O.K.

停車數量 $\ge \dfrac{3000-500}{200} = 13$部

綠覆率 > 30~50%（採用當地原生家鄉植栽）

基地透水面積, 大於法定空地80%.

無障礙通道 ⑴室內通道→120公分（走道迴轉空間 $150^m \times 150^m$）
　　　　　　 ⑵室外通道→130公分
　　　　　　 ⑶坡度之（坡度）→ ≤1/12

老樹有了新夥伴 —— 城市芸術中心設計

地標

大樹子

陽光芸術草坪

view

(玻璃)

幼兒圖室間
(講座/研習/聚會)
(3種性)

區域同饋效辺
延續鄰里歷史恒感單義辺軸

社区休憩(自行車道)

鄰里休憩小廣場

回饋社区之開放綠地
(戶外放映芸術屏幕/表演芸術草坪)

車道入口

N

鄰里生活巷弄

撤里展示空/坡梯
景觀草道梯

入口大庁
(雙向參觀人潮出入)
接侍無障礙空間

鄰里生活休憩巷弄

城市芸術中心入口

樓梯(設置出入口管制)

■ 城市芸術中心全区配置図 S：1/200

view   view

芸術図書資訊区

芸文商品区

行政辨公区
(3種類門)

■ 城市芸術中心2樓与戶外呼應平面図 1/200

話開窗(安適性/開放性/動和性/化衝性)
面向陽光芸術草坪及老樹(与遠端老樹同景観為一体)

(雙層屋頂)
太陽能屋頂(太陽能光電板)

(南向立面)開窗少
降低屋內日曬

室內以赏觀館内之芸術品,同時予以
走戶外(綠地)欣賞志演芸術.

view

芸術中心
地平面恕入口地標

城市芸術中心入

社区放射軸

陽光芸術草坪   生態親水菜溝

(南向正面)開窗少
降低屋內日曬

■ 城市芸術中心(南向正面)立面図 1/300

■ 城市芸術中心建築与環境対控剖面図 S：1/200

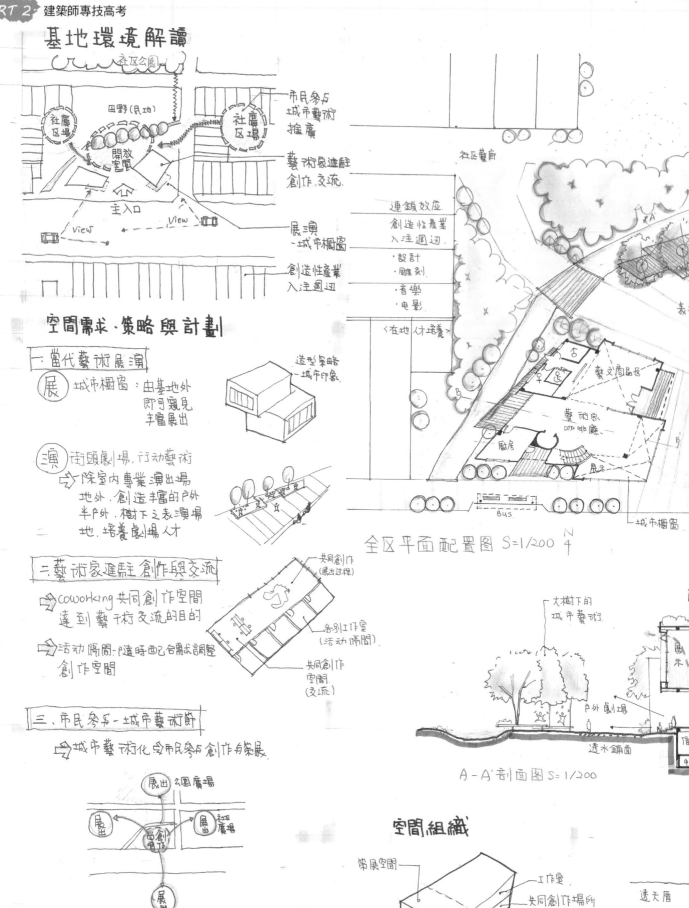

基地環境解讀

社區公園

田野(民地)

社區區場

社區區場

開放空間

主入口

view　view

市民參與城市藝術推廣

藝術家進駐創作.交流.

展演-城市櫥窗

創造性產業入注週邊

空間需求·策略與計劃

一、當代藝術展演

展 城市櫥窗：由基地外即可窺見豐富展出

造型策略-城市印象.

演 街頭劇場.行動藝術

➡ 除室內專業演出場地外.創造豐富的戶外半戶外.樹下之表演場地.培養劇場人才

二、藝術家進駐創作與交流

➡ coworking共同創作空間達到藝術交流的目的

➡ 活动隔間：隨時配合需求調整創作空間

共同創作 (展出過程)

各別工作室 (活动隔間)

共同創作空間 (交流)

三、市民參与-城市藝術節

➡ 城市藝術化与市民參与創作为策展.

展出/園區廣場

展出　展出

創工　社區廣場

展出

➡ 城市「藝」工：志工服務.

　　➡ 藝術導覽.社區文化導覽

　　➡ 活动策畫.藝術推展

　　➡ 培養在地人才.

社區藝術

連鎖效应

創造性產業入注週边.

· 設計
· 雕刻
· 音樂
· 电影

〈在地人才培養〉

藝文商品區

藝術家咖啡廳

廚房

展示

BUS

城市櫥窗

表演

全区平面配置图 S=1/200 N↗

大樹下的城市藝術

戶外劇場

透水鋪面

A-A'剖面图 S=1/200

空間組織

策展空間

工作室

共同創作場所

工作室

策展

图書資訊室 (2F)
咖啡 (1F)
藝文商品 (1F)

劇場空間 (2F)
大廳.志工導覽室 (1F)
多用途空間 (1F.B1)

透天厝
-F在地藝術工場

'B-B'剖面

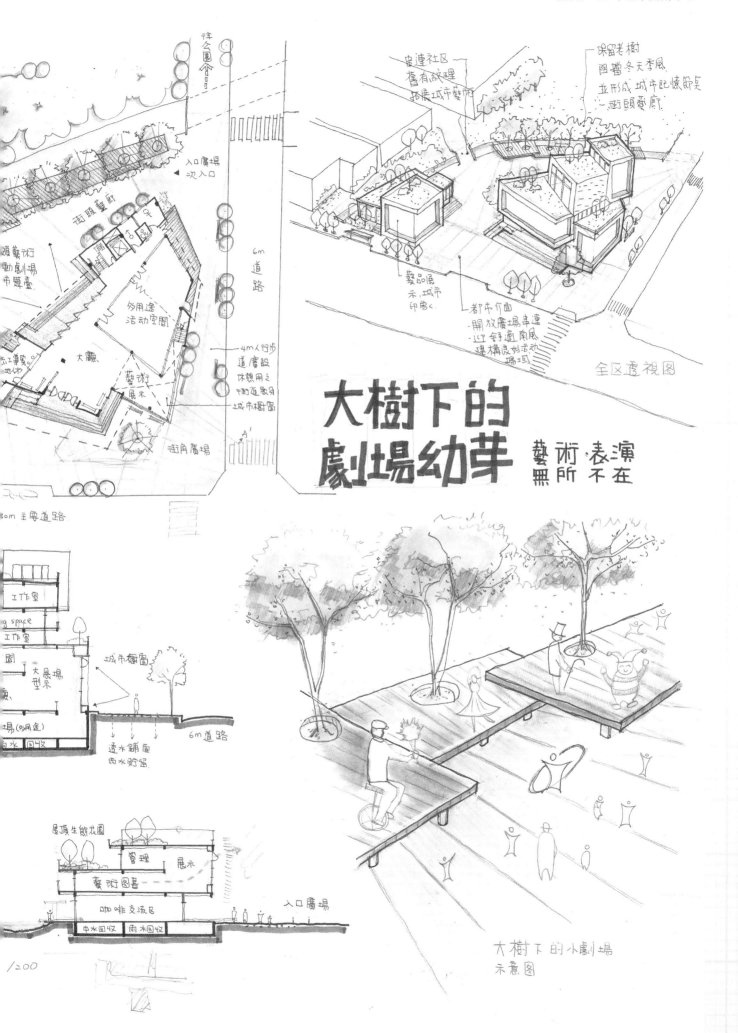

往公園

入口廣場
次入口

街頭藝術

道藝術
動劇場
市舞臺

多用途
活动室間

大廳

藝術
展示

6m
道路

4m人行步
道鋪設
街道家具
城市櫥窗

街角廣場

由連社區
舊有紋理
拓展城市藝廊

保留老樹
阻擋冬天季風
並形成城市記憶節点
一街頭藝廊

藝品展
示、城市
印刷<

都市介面
-開放廣場串連
-迎舒適南風
-建構良好活动
場域

全区透視图

大樹下的
劇場幼苗

藝術・表演
無所不在

工作室

g space
工作室

大展場
型示

城市櫥窗

6m道路

透水鋪面
雨水貯留

300m 主要道路

屋頂生態花園

管理   展示

藝術圖書

咖啡交流區

中水回收   雨水回收

入口廣場

1/200

大樹下的小劇場
示意图

九十一年專門職業及技術人員_{高等考試建築師、技師、不動產估價師、}考試試題　代號：80170　全一張
　　　　　　　　　　　　　呼吸治療師、心理師暨普通考試不動產經紀人 　　　　　　　　　　　　　（正面）

　等　　別：高等考試
　類　　科：建築師
　科　　目：建築計畫與設計
　考試時間：八小時　　　　　　　　　　　　　　座號：＿＿＿＿＿＿

※注意：㈠可以使用電子計算器，使用電子計算器計算之試題，需詳列解答過程。
　　　　㈡不必抄題，作答時請將試題題號及答案依照順序寫在試卷上，於本試題上作答者，不予計分。

一、題目：校園建築－圖書行政複合建築

二、計畫緣起

　　台灣中部某鎮之國小，有 500 餘學童規模。於逐年興建中已完成主要的教學與活動房舍。今擬籌建一建築物，能提供圖書與資訊相關的教育空間，並能提供教師研習及行政辦公的空間，而重新調整已有的空間資源，於校園中清理出一基地，做為興建此一複合型建築之用。

　　（參見基地概況圖說）

三、空間需求與設計原則

　㈠此校地在都市計畫中編定的使用強度為建蔽率 50%，容積率 150%。而針對本工程的籌建委員會決議，儘可能多留設戶外空間綠地，且使建築物高度不超過一般的四層樓高。量體能緊湊，但又親切。

　㈡為符合永續營建的基本原則，本工程鼓勵生態工法的設計與營造方式，儘量避免人工空調，避免地下室開挖。並應與周邊環境景觀配合，且能做出貢獻。更希望所創造的環境具有教育意義與功能。

　㈢空間需求簡述：

　　⑴圖書室（240 m²）：含藏書、影音圖片資料以及閱覽等空間。
　　⑵資訊室（180 m²）：提供不同班級之電腦教學及作業研習的空間。
　　⑶多用途空間（200 m²）：可舉辦各種學生、師生或家長參與的活動空間。
　　⑷教師辦公研究空間（150 m²）：可提供 12～15 位教師使用，並包含共用的空間，如休閒、儲藏資料等。
　　⑸行政區（150 m²）：包括校長室、會客室，以及 8～10 位職員辦公與檔案等空間。
　　⑹大小會議室：大型（100 m²），小型（40 m²），各以 1 間為原則。

（請接背面）

九十一年專門職業及技術人員高等考試建築師、技師、不動產估價師、呼吸治療師、心理師暨普通考試不動產經紀人考試試題　代號：80170　全一張（背面）

等　　別：高等考試
類　　科：建築師
科　　目：建築計畫與設計

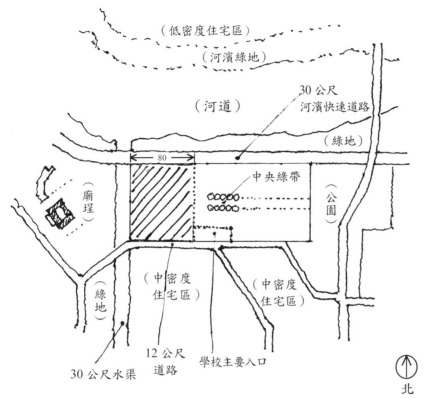

＜基地概況說明＞
㈠小學的校地為長方型 100 m × 240 m，北面有 30 m 河濱快速道路，南接住宅區，臨 12 m 社區道路。東邊與公園交界，西邊有 30 m 水渠通入河流，並與一廟宇相望。
㈡建築基地在校園西側，面積約 80 m × 100 m。
㈢校園主要入口在南邊。校園中有約 40m 寬的中央綠帶。

四、圖說要求
　㈠空間計畫分析：（40分）
　　　請對各項空間需求項目分別探討其細部的內容，並以平面（或）及剖面的圖面顯示。如單位空間之形式、尺寸、空間組合關係等。亦可繪製多種不同的有效安排方式。
　㈡建築及配置：（40分）
　　⑴請繪製總配置圖，含景觀之設計或構想。
　　⑵建築物的各層平面圖，以及必要的剖面圖及立面圖。
　㈢計畫與設計說明：（20分）
　　　請說明主要的設計構想或相關的設計決策知識。
　　　例如基地分析、法規討論、構造系統、能源策略、造型原則等。
　　各種圖說請自行選擇適當的比例尺，一般在 1/100 及 1/200，亦可有更大或較小的尺度，以清楚表達為原則。

建築計劃

基地環境解讀

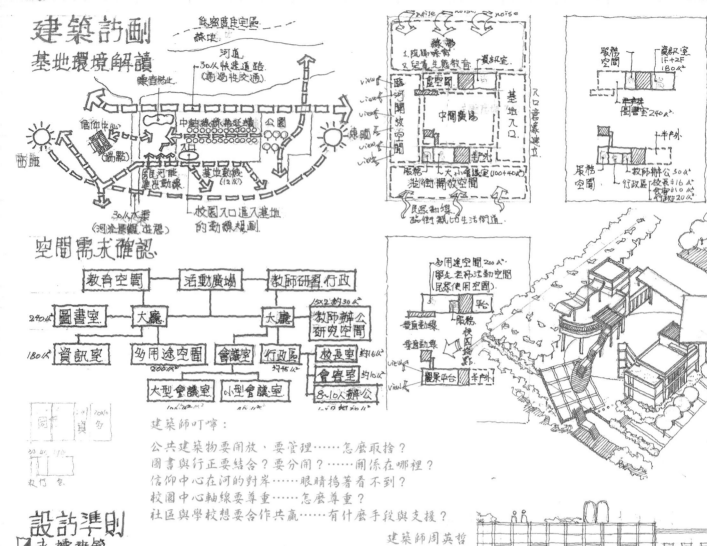

空間需求確認

| 教育空間 | 活動廣場 | 教師研習·行政 |

- 圖書室 240人
- 資訊室 180人
- 大廳
- 多用途空間 200人
- 大型會議室
- 小型會議室
- 會議室
- 行政區 約45人
- 大廳
- 教師辦公 研究空間 (5×2 約30人)
- 校長室 約16人
- 會客室 約10人
- 8-10人辦公

建築師叮嚀:

公共建築物要開放、要管理……怎麼取捨?

圖書與行政要結合?要分開?……關係在哪裡?

信仰中心在河的對岸……眼睛搗著看不到?

校園中心軸線要尊重……怎麼尊重?

社區與學校想要合作共贏……有什麼手段與支援?

建築師周英哲

半戶外空間遊戲表演場

中央活動廣場面向校園意象

設計準則

■ 永續建築

生態: 連結校園西側公園與中央綠帶,使生態鏈能延續.臨快速道路側、臨住宅區側綠化設計、基地綠化配置.基地地面採透水鋪面、滲透管加強保水.

節能: 建築通風設計、空調系統配置、太陽能光電設施利用

減廢: 簡樸室裝、鋼結構搭配乾式構造.減少基地開挖面積、使用乾式施工.使用省水設備、利用地下基礎貯留中水、雨水澆灌.設計雨污水分流、校園統一垃圾收集、廚餘堆肥.

健康: 生態建材使用、生態塗料、室內空氣淨化.

■ 人文環境

| 學生 | 教育關懷的投資 |

- 建築: 圖書館是知識的殿堂.
- 環境: 提供友善且永續的生活學習環境.

| 教職 | 啟蒙引導者 |

- 行政空間設於較上層掌握校園活動品質.

| 鎮民 | 志工、學習活動爭取 |

- 校園治安維護協助
- 志工照護、教育提供
- 社區學習、會議場所
- 鎮民日常聚會聯誼集會活動、運動的空間.

■ 空間品質建構

友善建築

- 留設較多戶外空間綠地.
- 建築物高度四層樓以下.
- 建築設計符合綠建築規範
- 生態工法的設計與營造
- 避免地下室開挖

友善環境

- 以植栽綠化配置戶外空間.
- 留設廣場提供學生平日學習活動與民眾假日使用.
- 臨近社區街道做適度退縮、創造生活尺度空間.
- 與週邊環境景觀配合、創造具有教育功能的活動空間.

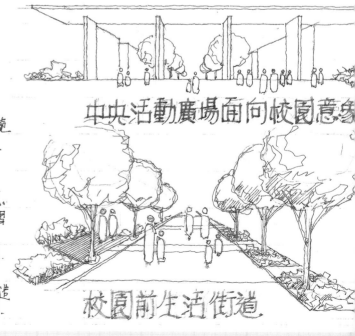

校園前生活街道

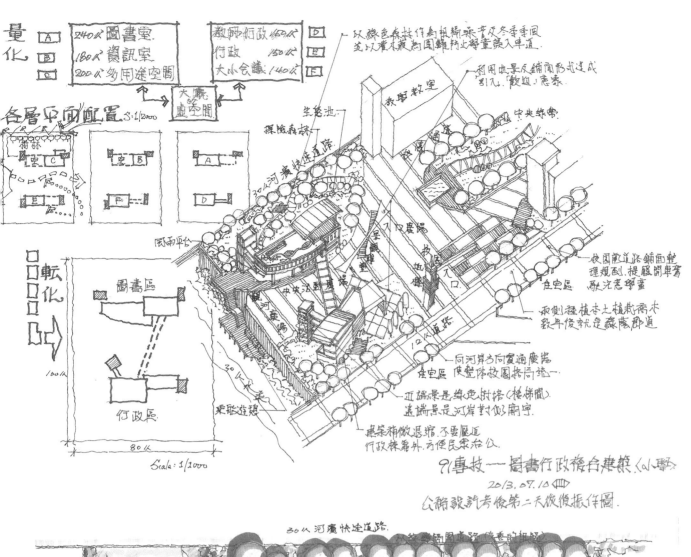

量化

A	240人 圖書室. 180人 資訊室 200人 多用途空間	教師行政 450人 行政 150人 大小会議 140人	D E F
B			
C			

各層平面配置 S:1/2000

轉化

Scale: 1/1000

以綠色農挫作為阻擋東北及冬季季風 並以叢林藏為圍籬阻止學童誤入車道

利用典景及鋪面形式達成 引入「數位」意象

校園動道路鋪面整 理規劃,提供開車等 駆浣意學童

兩側挺植本土植栽喬木 數年後就是蘇陰廊道

同河岸方向貫通慶場 住宅區 使整体校園格局同統一

近端景是綠色樹塔(楼梯間). 遠端景是河岸對倒廟守

東景稍微退縮,不要壓迫 行政棟靠外,方便民眾洽公

91專技─圖書行政複合建築〈小學〉
2013.07.10
公務設訊考像第二天候傻振作圖.

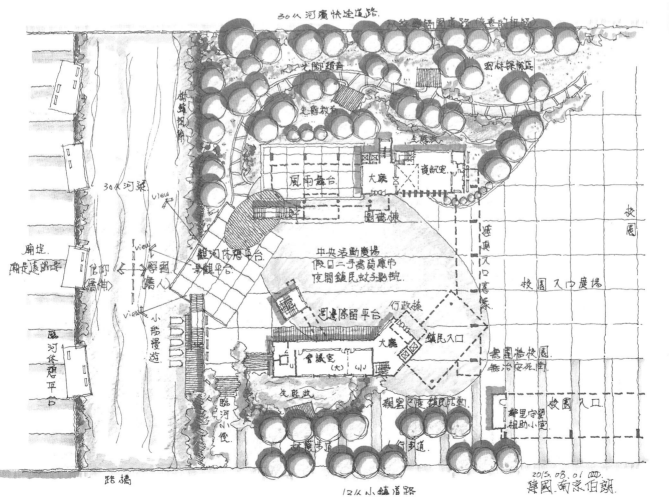

30人 河灘快速道路

30人河灘

廟堤
廟堤遠眺景

臨河休憩平台

踏橋

生態池

光腳踏青

生態教室

生態

風雨舞台

圖書棟

大廳

資訊室

觀河休憩平台 景觀平台

view

view

學習偉人

view

小船慢遊

view

中央活動慶場
假日二手高貨庫市
夜間鎮民蚊子影院

周邊停留平台

行政棟

大廳

鎮民入口

會議室(大)

生態池

親宓大陵 鎮民活動

校園

校園入口廣場

遮頂入口意象

無園牆校園
無治安死角

鄉里守望
相助小室

校園入口

行街道

12人 小鎮道路

2015.08.01
建國 南京伯朗.

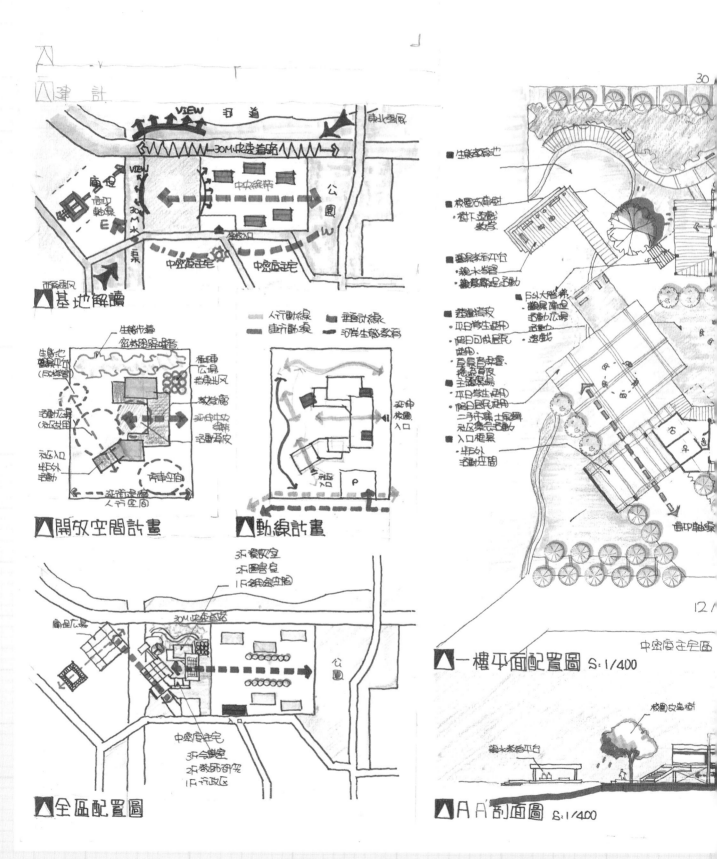

▲ 基地解讀

▲ 開放空間計畫

▲ 動線計畫

▲ 全區配置圖

▲ 一樓平面配置圖 S:1/400

▲ A A'剖面圖 S:1/400

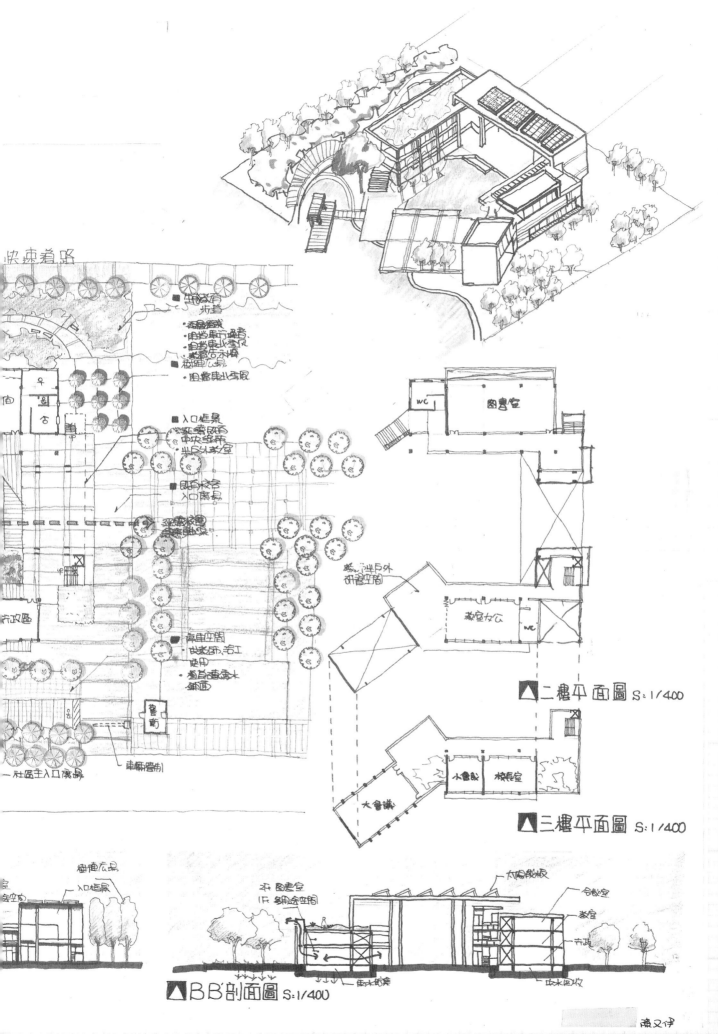

快速道路

▲二樓平面圖 S:1/400

▲三樓平面圖 S:1/400

▲BB'剖面圖 S:1/400

圖書室

WC

大會議

校長室

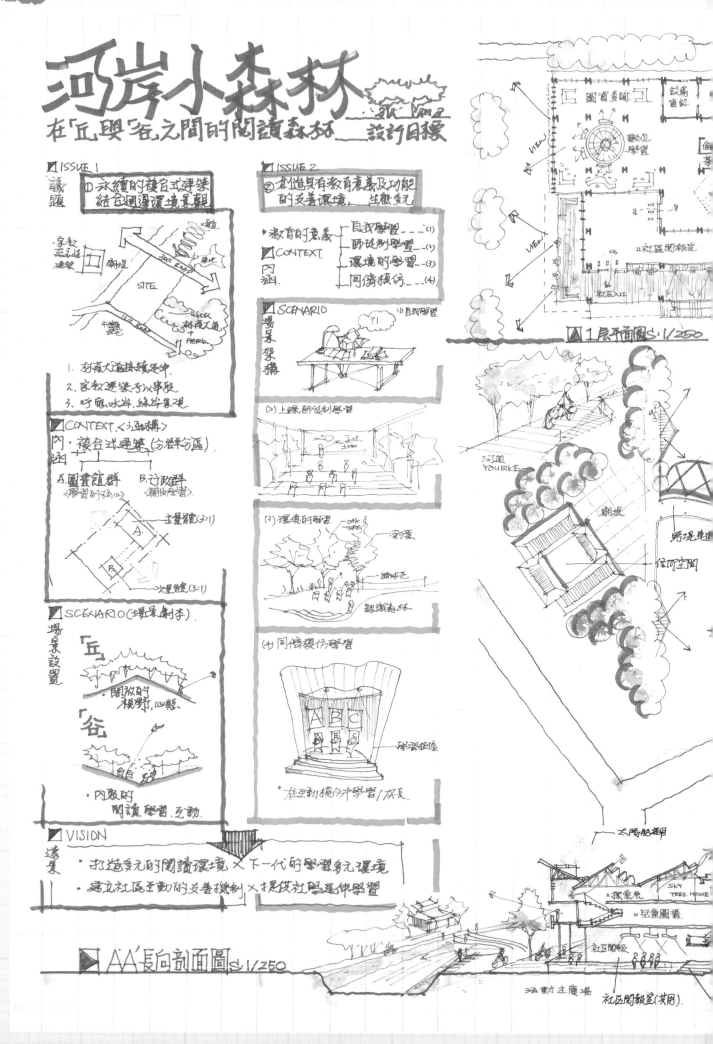

河岸小森林

在「丘」與「谷」之間的閱讀森林 — 設計目標

ISSUE 1
議題
① 永續的複合式建築
結合週邊環境景觀

ISSUE 2
② 創造具有教育意義及功能
的友善環境，生態多元

· 教育的意義 — 自我學習 ···(1)
CONTEXT — 師徒制學習 ···(2)
內涵 — 環境的學習 ···(3)
— 同儕模仿 ···(4)

SITE

1. 孫商大道接續延伸
2. 家教遷築予以串聯
3. 呼應水岸、綠岸景觀

CONTEXT <完整操作>
內涵· 複合式建築 (分群分區)
A.圖書群組 B.行政群
(學習的核心) (輔助角色)

主量體(3-1)
A.
B.
次量體(3-1)

SCENARIO (場景劇本)
場景設置
「丘」
· 開放的視覺、心態
「谷」
· 內聚的閱讀、聆聽、互動

SCENARIO
場景架構 (1)自我學習

(2)上課師徒制學習

(3)環境的學習

(4)同儕模仿學習
在互動模仿中學習/成長

VISION
遠景
· 打造多元的閱讀環境 × 下一代的學習多元環境
· 建立社區互動的友善機制 × 提供社區延伸學習

AA'長向剖面圖 S:1/250

1層平面圖 S:1/250

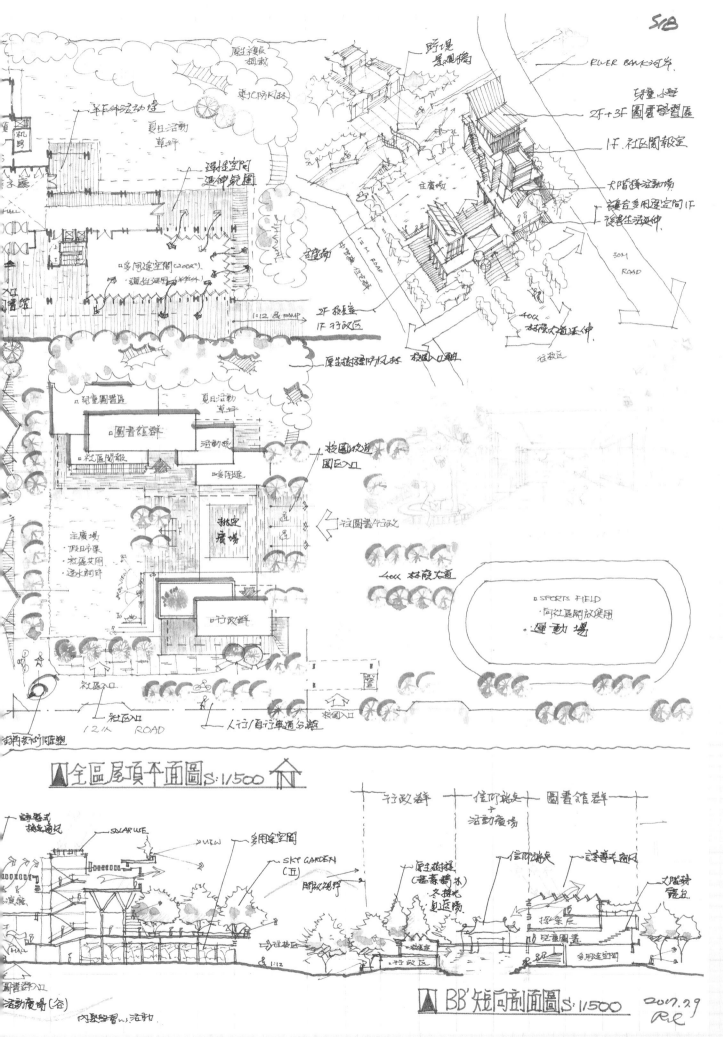

全區屋頂平面圖 S：1/500

BB' 短向剖面圖 S：1/500

2017.29

九十年專門職業及技術人員高等考試 建築師、技師 不動產估價師 考試試題　　高：01-7　　全一張（正面）

類　　科：建築師

科　　目：建築計畫與設計

考試時間：八小時　　　　　　　　　　　　座號：＿＿＿＿＿＿＿

※注意：㈠本試題可以使用電子計算器。

　　　　㈡不必抄題，作答時請將試題題號及答案依照順序寫在試卷上，於本試題上作答者不予計分。

一、題目：鎮民活動中心計畫與設計

二、計畫緣起與目的：台灣南部某鎮為提昇鎮民生活品質，擬將該鎮公共設施用地一筆（建蔽率40％，容積率240％，土地面積3600平方米）興建鎮民活動中心，周圍環境如圖所示。經鎮民參與公聽會討論該活動中心所扮演之功能，結果為此活動中心除了應簡化該中心行政功能，並應強化鎮民諮詢公共事務與活動之面對面服務。**最重要的是該鎮民活動中心應提供適當之空間供民眾與公部門舉辦活動，活動內容包含不同規模各類型活動集會；定期與不定期舉辦政、經、文、教等講座；定期與不定期之才藝聚會觀摩；短期技能培訓等相關空間需求。**

三、建築計畫與設計原則：

　　㈠建築計畫部分應依鎮民活動中心所扮演之功能提出空間需求，空間需求應包含空間名稱、面積或容納人數、間數及空間屬性（空間屬性意指活動與空間之對應關係、設計時之注意重點、該空間之特殊需求等特性）。

　　㈡建築設計部分應依所提之建築計畫部分進行設計，並應考量機能、造型、管理、防災等要素。

　　㈢建築設計應充分考量綠建築設計理念。

　　㈣建築設計需符合現行建築法及相關法規。

四、圖說需求：

　　㈠建築計畫部分(請列表說明)。（30分）

　　㈡設計構想(含綠建築部分)及相關法規檢討。（20分）

　　㈢地面層平面配置圖(比例尺為二百分之一)。（20分）

　　㈣各層平面圖(比例尺為二百分之一)。（10分）

　　㈤主要剖面圖(比例尺為二百分之一)。（10分）

　　㈥主要立面圖(比例尺為二百分之一)或透視圖。（10分）。

（請接背面）

九十年專門職業及技術人員高等考試建築師、技師、考試試題　　高：01-7　　全一張
不動產估價師　　　　　　　　　　　　　　　　　　　　　（背面）
　　類　　科：建築師
　　科　　目：建築計畫與設計

五、基地詳圖

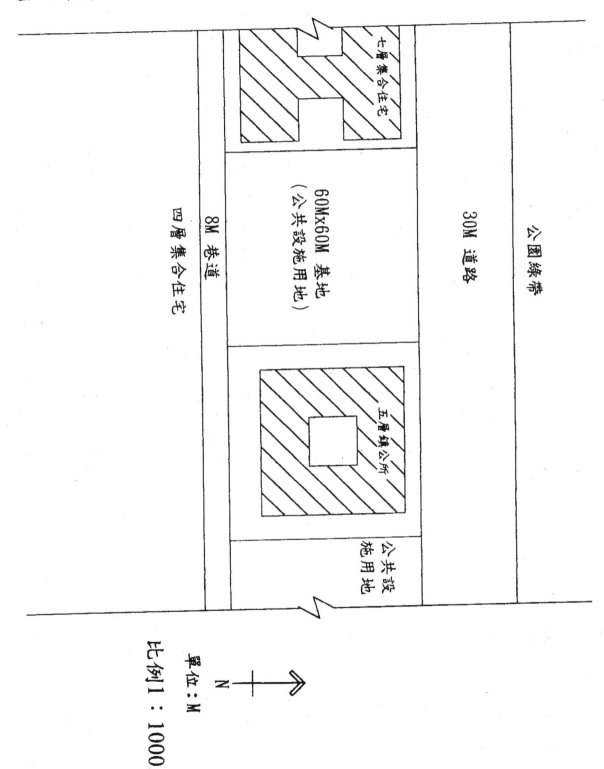

鎮心

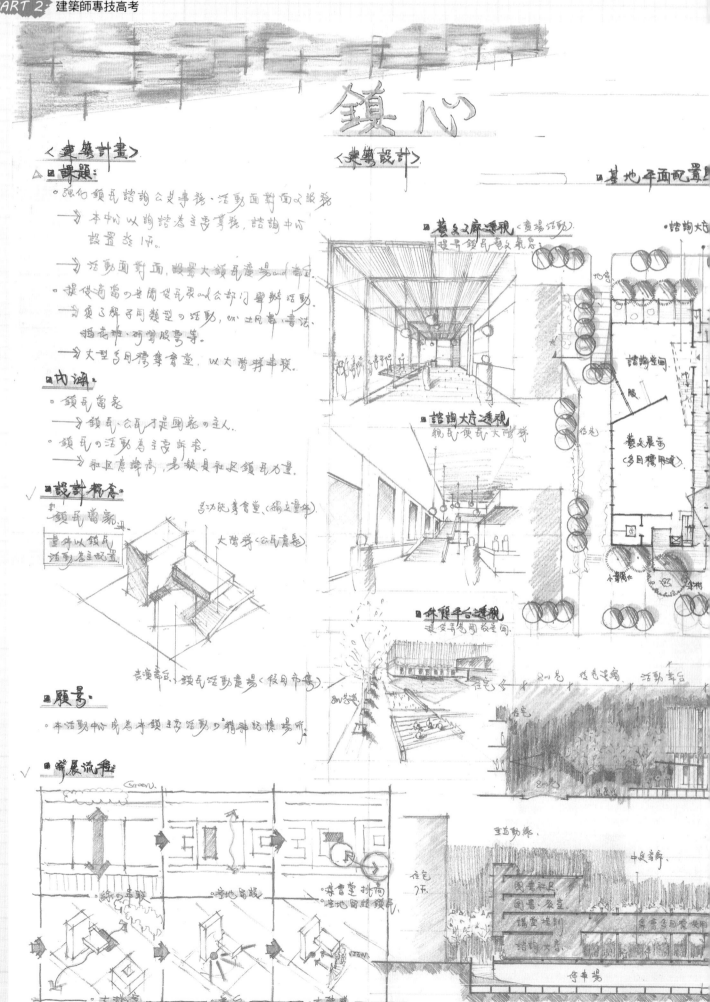

〈建築計畫〉

〈建築設計〉

△ ■ 課題：

· 強化鎮民諮詢公共事務·活動面對面之服務
 → 本中以諮詢為主要業務，諮詢中心設置於1F.
 → 活動面對面，服務大鎮民廣場and都市
· 提供適當の空間供鎮民and公部門舉辦活動.
 → 要了解不同類型の活動，以 土風舞、書法、插花班、研習服務等.
 → 大型多用途集會堂，以大階梯串聯.

■ 內涵：

· 鎮民當家
 → 鎮民、公民才是國家の主人.
· 鎮民の活動為主要訴求.
 → 示區意識高，易促使和足鎮民力量.

✓ ■ 設計概念
 ■ 鎮民當家
 [量體以鎮民活動者為配置]
 → 多功能集會堂（獨立量體）
 → 大階梯（公民廣場）

 → 表演舞台、鎮民活動廣場（假日市集）

■ 願景

· 本活動中心成為本鎮主要活動の精神記憶場所.

✓ ■ 發展流程

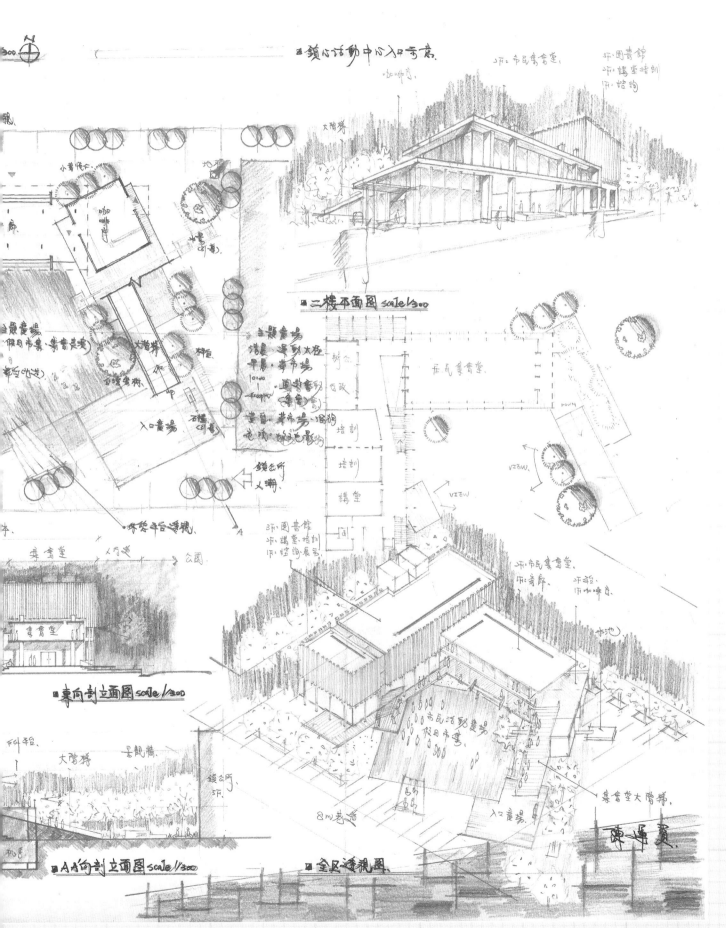

■鎮心活動中心入口亭高.

■二樓平面圖 scale 1/300

■東向剖立面圖 scale 1/300

■A A 向剖立面圖 scale 1/300

■全民透視圖.

建築師檢覆 - 設計

建築　　　計畫　　　設計

· 92 專技檢覈二（建築）- 市民會館

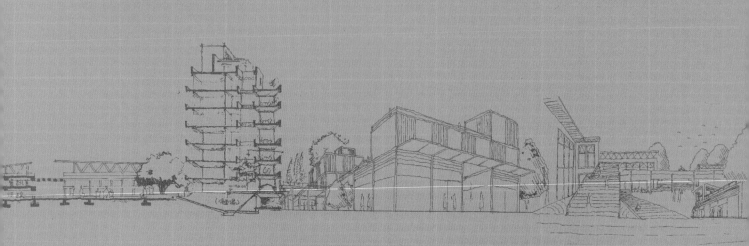

PART

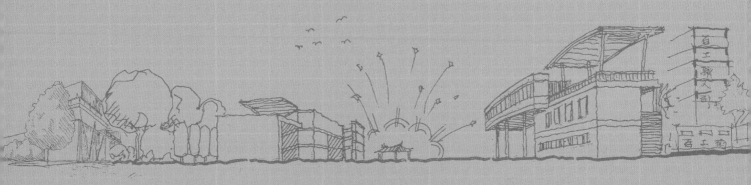

九十二年專門職業及技術人員 律師、會計師、建築師、技師、社會工作師、土地登記專業代理人 檢覈筆試試題　代號：30340　全一張（正面）

類　　科：建築師
科　　目：建築設計
考試時間：八小時
座號：＿＿＿＿＿＿＿

※注意：㈠不必抄題，作答時請將試題題號及答案依照順序寫在試卷上，於本試題上作答者，不予計分。
　　　　㈡可以使用電子計算器，但需詳列解答過程。

一、題目：市民會館

二、簡述：台灣南部某都市中心區為歷史較悠久的行政分區，擬興建一市民會館供該區居民舉辦相關活動並供日常使用，同時展示該區豐厚的歷史圖像及文物，以強化區民之共同意識，並做為全市之記憶網絡與社群脈絡之一環。

三、空間需求（相關設施如樓梯、廁所、機電等，自行設定）：
㈠大廳（約 320 m²）：包括查詢櫃台、公共電話、等候座椅，以及咖啡茶點服務。
㈡展示：包括固定的文物圖像之展出（約 180 m²），以及一般性的定期展出（約 300 m²），　另外包括儲藏、備展及小型討論與資料導覽等相關空間。
㈢集會與多用途空間（約 400 m²），附有設備、儲藏及放映室。
㈣閱覽與資訊（約 400 m²），含 20 座的網絡資訊站。
㈤行政管理（約 400 m²），含主管辦公室、會客室、員工 5 人之辦公室、小型會議室、　檔案、儲藏及休息等空間。
㈥戶外應有活動廣場、休憩空間，儘量提供綠覆面積。
㈦提供少量的汽車停車，較多機車及自行車之停車。

四、基地概況：（圖在背面）
㈠本基地主要為甲、乙、丙三條都市道路劃分而成。
㈡緊鄰街廓皆為住商混合的歷史聚落，建築多為 3 至 4 層樓的透天厝。南邊臨一機關用地。
㈢臨 20 m 道路之建築線應退縮 6 m，其他退縮 4 m。
㈣本基地建蔽率 50%，容積率 120%。

（請接背面）

九十二年專門職業及技術人員 律師、會計師、建築師、技師社會工作師、土地登記專業代理人 檢覈筆試試題　代號：30340　全一張（背面）

類　　科：建築師
科　　目：建築設計

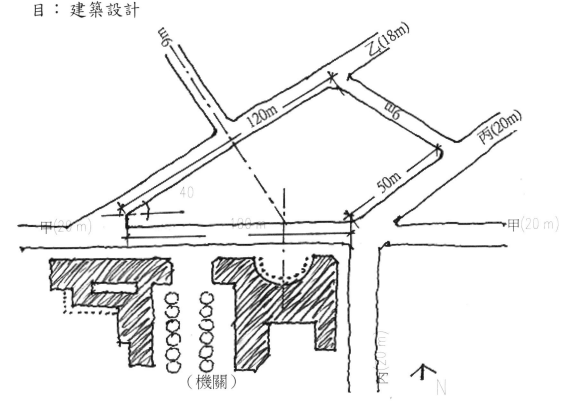

（機關）

五、圖說要求：
　　(一)總配置圖，含景觀設計（20分）
　　(二)各層平面圖，含家具佈置（40分）
　　(三)主要立面與剖面圖（20分）
　　(四)設計觀念或構想說明：如基地分析、法規討論、構造系統、生態工法、造型原則、空間意圖、能源策略等。（20分）
　　各項圖說請自行選擇適當的比例尺，一般以 1/100 及 1/200 為主，以表達清楚為原則。

課題

南部都市中心	→ 南台灣生活型態
歷史悠久城市	→ 歷史保存、呈現
展現城市需求	→ 城市特色展現
記憶網絡、社群服務	→ 記憶都市紋理

- 鄰里關係緊密　爺孫帶孫
- 呼應歷史脈絡、延續產業
- 中南部農牧生活特色展現
- 都市過去 v.s. 現在 v.s. 未來

策略

置入鄰里活動	→ 樹下歇腳亭、爺孫遊憩場	→ 鄰里公園活動
保留歷史聚落紋理	→ 天際線呼應、空間垂景呼應	→ 空間尺度延續
中南部農庄特色置入	→ 地方農牧市集、活動集會場所	→ 城市廣場
城市計畫論述	→ 城市歷史館、城市願景館	→ 南台灣城市館

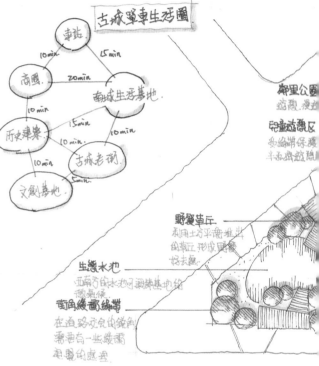

古城單車生活圈

車站 — 10min — 南城生活基地 — 15min
商圈 — 20min
歷史聚落 — 15min — 古城老街
文創基地 — 5min

基地分析

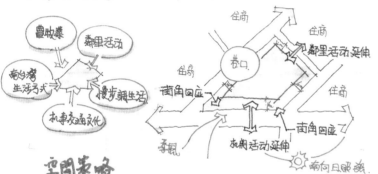

農牧業　鄰里活動
南台灣生活方式
散步親生活
机車交通文化

住商　住商
巷口　鄰里活動延伸
南角回應
承風
机關活動延伸
南向日照風

空間策略

- 城市館 ⇒ 市民會館 + 城市願景館
  鄰里公園 ⇒ 兒童遊憩、居民休憩
  机關廣場 ⇒ 跨年活動等聚會
  活動廣場
  ⇒ 農夫市集、里民活動

鄰里公園
活動廣場　城市館
机關廣場

| B2F：停車 |
| B1F：停車、文物倉庫 |
| 1F：大廳、開放空間 |
| 2F：集會、行政 |
| 3F：閱覽、資訊 |
| 4F：展示 |
| 5~6F：瞭望台 |

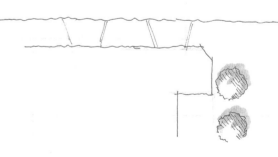

營運策略

城市館：平日：具有常態展、城市願景規劃
　　　　假日：成為社區里民聚會場所、社區教室等

活動廣場：平日：供地方居民使用、學生放課後會在此聚集、滑板
　　　　　假日：會有周遭農夫產地直銷的農夫市集

鄰里公園：平日：供周遭居民休憩、散步等活動
　　　　　假日：會有都市綠地、野餐活動、放風箏等

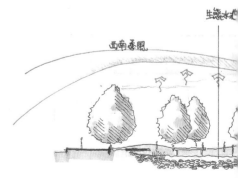

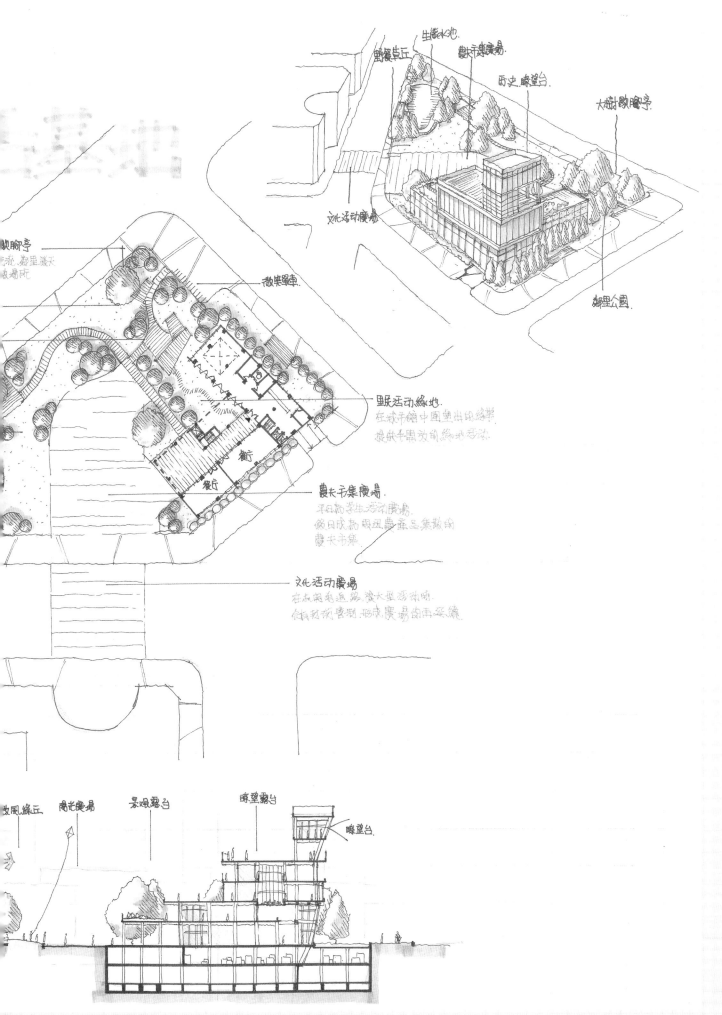

基地週遭環境分析

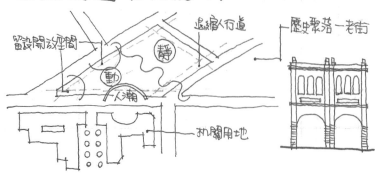

留設開放空間 / 退縮人行道 / 歷史聚落一老街 / 靜 / 動 / 人潮 / 機關用地

建築計劃及設計構想

■ 歷史活動傳承、居民的生活記憶 — 社區共享時光會館

課題 ▶
· 強化社區意識
· 展示歷史圖像文物
· 提供居民舉辦活動
· 成為社區記憶之環

手法 ▶▶
· 歷史生活導覽
· 時光車站體驗
· 手做懷舊小吃
· 在地市集推廣
· 歷史舞台劇
· 地方古蹟介紹

核心計劃 ▶▶▶
社區共享時光會館

居民 / 社區共享 / 歷史 / 活動

空間落實
· 歷史生活展示區

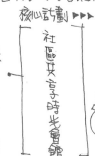

· 時光車站體驗區

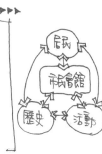

· 手做懷舊小吃 — 炸麻糬

· 在地食品市集推廣
· 歷史舞台劇場
· 地方古蹟介紹

量體配置及空間定性

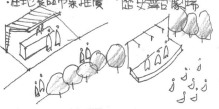

2F:時光車站體驗區
1F:在地食品市集
街角廣場
市民廣場
人行道 / 機關 / 老街茶舍
2F:時光車站體驗區
1F:手作小吃區
停車區
3F:閱覽室
2F:多功能空間、演講廳 歷史生活展示區
1F:大廳、咖啡廳

社區共

▲ 時光車站體驗區

在地食品
行道樹
街角退縮
1:12 人
主入口

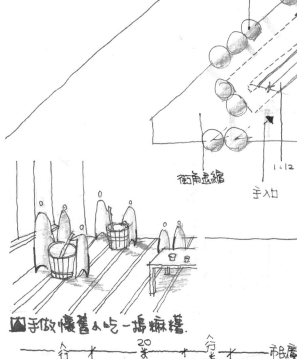

▲ 手做懷舊小吃 — 炸麻糬

行道 / 20米道路 / 行道 / 市民廣場
植栽計劃
照明計劃
在地食品市集
時光車站體

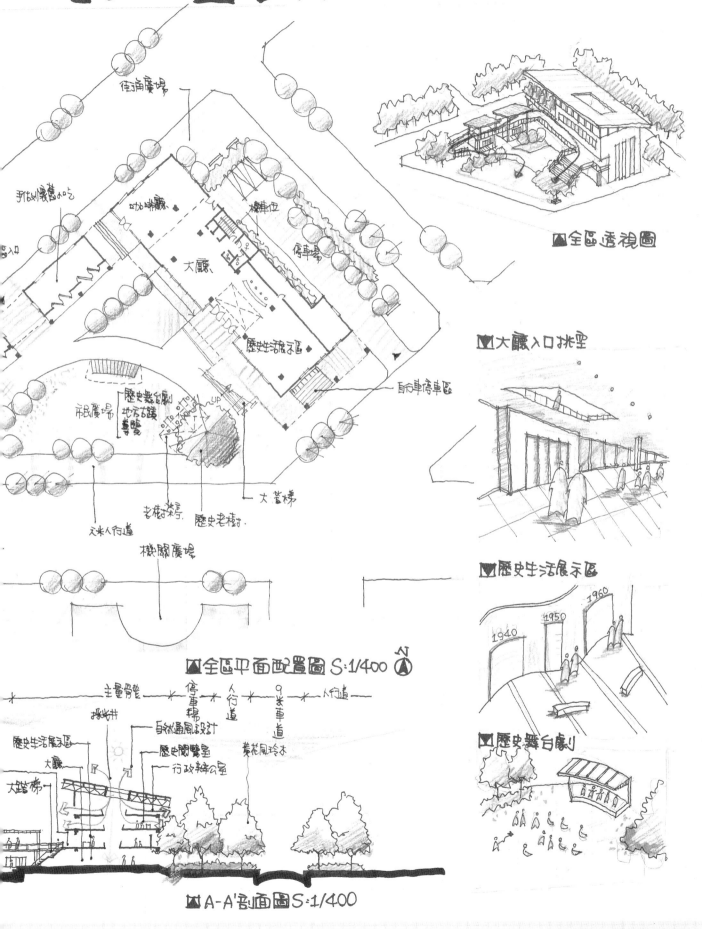

舊時光會館　歷史活動傳承　居民的生活記憶

全區透視圖

大廳入口挑空

歷史生活展示區

1940　1950　1960

歷史舞台劇

街角廣場

扒花剁舊小吃

咖啡廳

機車位

大廳

停車場

歷史生活展示區

市民廣場

歷史舞台劇地方古蹟專覽

UP

自行車停車區

老花計程停

歷史老樹

大階梯

文米人行道

機關廣場

全區平面配置圖 S:1/400

主量體　停車場　人行道　9米車道　人行道

採光井

歷史生活展示區

大廳

大階梯

自然通風設計

歷史閱覽室

行政辦公室

黃花風玲木

A-A'剖面圖 S:1/400

作品提供／李偉甄建築師

☒ 課題回應

	舊市區	居民
問題/困境	1. 有文化特色，但因都市老舊，難以凸顯議題，推展都市特色。 2. 因缺乏工作機會至青年人口外移。	1. 舊社區缺乏公設規劃，居民缺乏可以休閒交誼的區域。 2. 人口老化，青年人口外流。
策略	順應這都市紋理，於舊軸線上整合老街及社區，並由市民會館(本次設計)做為連結兩者的角色，帶動老街發展，並提升遊客、居民瞭解當地歷史脈絡，結合文創，創造工作機會。

舊城文創計劃

- → 老街活化再生
  - → 吸引遊客，創造工作機會
- 祇會館
  - → 政府與歷史工作室的溝通平台
  - → 老街、社區、文創結合
  - → 創造居民休閒的都市角落
  - → 歷史文物、文創展示
- 社區
  - → 部份開放，做市民
- 老街
- 祇會館
- 社區
- 基軸線
- 社區(模擬)

☒ 基地回應

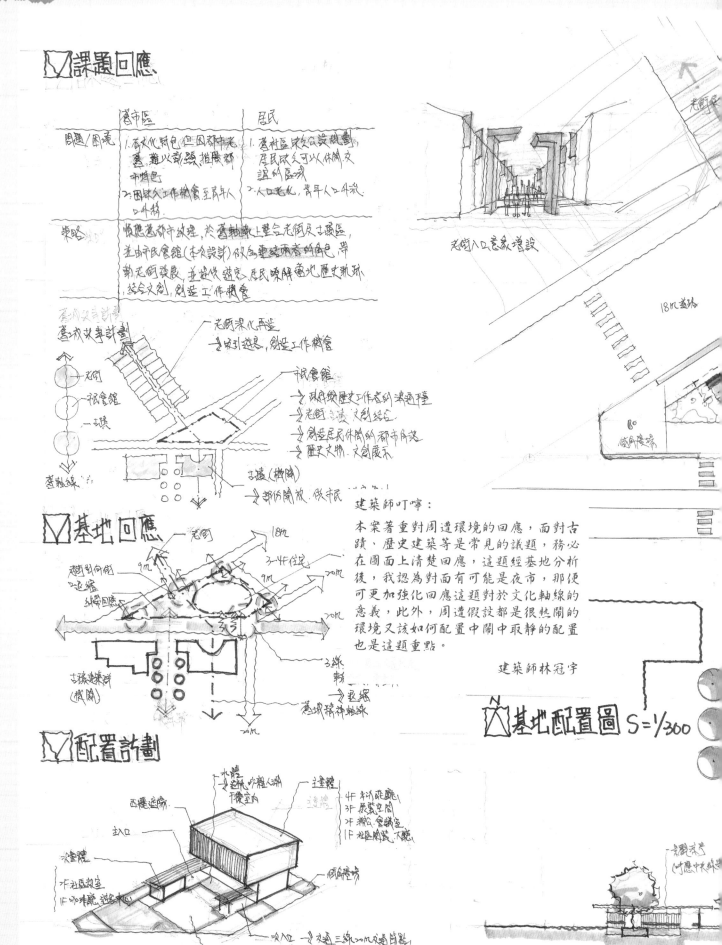

- 老街
- 18M
- 9M
- 3~4F住宅
- 20M
- 20M
- 20M
- 3線軸
- 針對向側退縮
- 針對斜向側退縮回應
- 古蹟建築群(模擬)
- 退縮
- 基地精神軸線

☒ 配置計劃

- 水體
  - → 建築似難人潮
  - → 環境塑造
- 主量體
- 副量體
- 4F 多功能廳
- 3F 展覽空間
- 2F 辦公、會議室
- 1F 社區閱覽、書廊
- 西側遊憩場
- 主入口
- 副量體
  - 2F社區教室
  - 1F咖啡廳、遊客中心
- 副入口
  - → 交通 三線20M及通阻點，
  - 於此再設置入口，增加便捷性
- 主廣場
- → 老街、社區
- 志勤舉行文慶場

老街入口意象增設

18M道路

(商)停車廣場

建築師叮嚀：

本案著重對周遭環境的回應，面對古蹟、歷史建築等是常見的議題，務必在圖面上清楚回應，這題經基地分析後，我認為對面有可能是夜市，那便可更加強化回應這題對於文化軸線的意義，此外，周遭假設都是很熱鬧的環境又該如何配置中鬧中取靜的配置也是這題重點。

建築師林冠宇

☒ 基地配置圖 S=1/300

☒ 剖面圖 S=1/300

- 針對東岸(呼應中林塔)

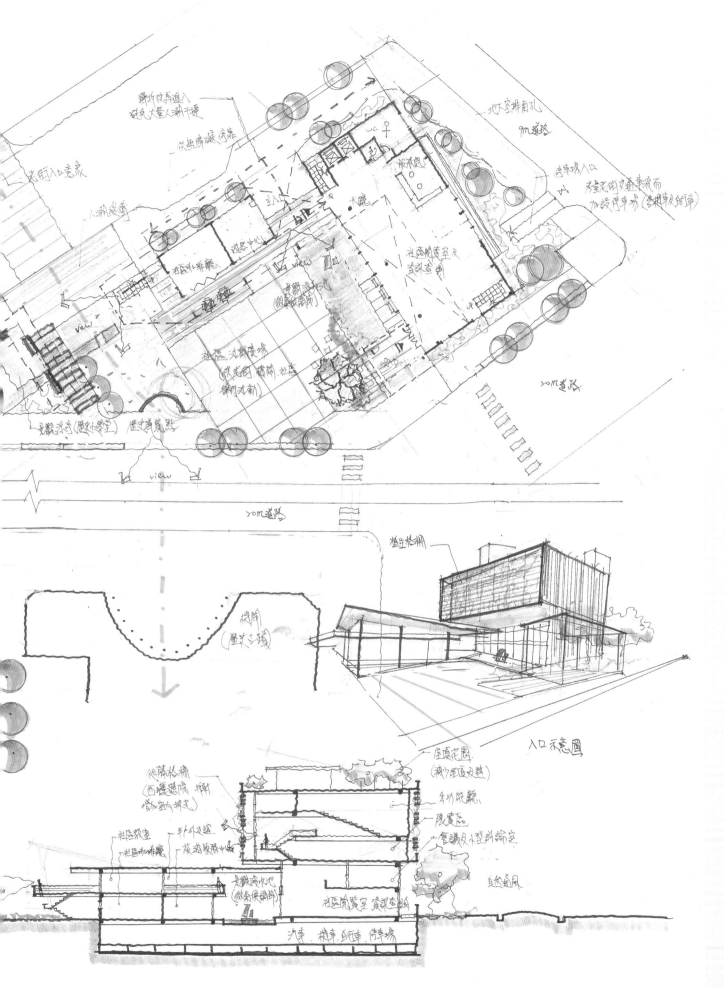

入口示意圖

林冠宇

社區代誌作伙來！

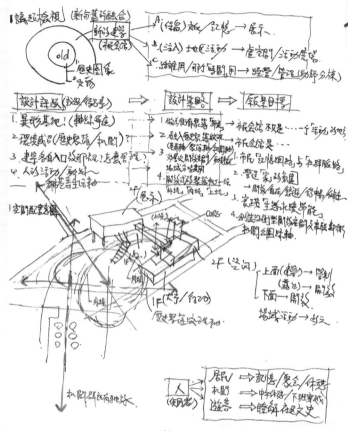

議題檢視（新與舊的融合）

新的建築（社區館）
- A.（保留）故事／記憶 → 展示
- B.（注入）地區活動 → 虛空間／活動廣場
- C.給誰用／那時間用 → 經營／管理（動靜分棟）

old → 歷史圖象／文物

設計策略（設計／經多準）⇒ **設計策略** ⇒ **版景目標**

1. 異形基地（軸線導向）
2. 環境成因（歷史聚落／街廓）？
3. 建築各自入口設定／建意義理
4. 人的活動／動線 → 歷巷生活軸

1. 做為街廓景點 → 社區館不是……一個「活動的場所」
2. 融入歷史聚落紋理 → 社區館是……
3. 為社區服務／串聯場域 → 市民「記憶迴路」與「社群服務」
4. 創性設計型開發空間文串聯街廓 → 串聯綠帶軸

空間配置圖

- 管理「家的氛圍」
  - → 開放／自在／悠遊／舒暢／休憩
  - 實踐 生活永續界態

2F（管問）上面（戶學）→ 管制／開放
1F（大字／行為）下面 → 開放
歷史聚落空間軸　場域活動 → 多元

人（使用者）
- 居民 → 記憶／聚會／休憩
- 機關 → 中午休憩／下班課後
- 遊客 → 瞭解在地人文史

異形基地 → 配置策略擇（選擇）

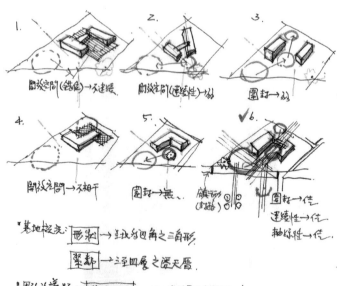

1. 開放空間（錯層）→ 不連續
2. 開放空間（連續性）→ 好
3. 圍封 → 好
4. 開放空間 → 不相干
5. 圍封 → 無
6. ✓ 開放 → 佳／連續性 → 佳／軸線性 → 佳

基地挑戰
- 形狀 → 主要為四角之三角形
- 聚落 → 三至四層之歷天厝

思考的議題（基地挑戰分析）
- 傳統社區 → 位在「歷史聚落」中
- 機關誘滋 → 具有都市設計軸線的暗示（軸線綠帶、凹弧狀的廊道），假設有一座歷史性建築物
- 道路死巷 → 運用都市設計策略

題議重視的

一、強化居民之共同意識 ⇒ 彰顯「都市紋理」
- → 1. 市中心廣場圍封
- → 2. 地標突顯
- → 3. 軸線端景
- → 4. 綠帶延續

二、提供 綠覆面積 → 經營開發空間、綠地公園、大型活動廣場

三、都市設計的思考
1. 分區 → 動態／靜態分區管理
2. 動線 → 人行步道／自行車／服務動線／防救災動線
3. 軸線 → 主要軸線／次要軸線／景觀軸／歷史軸線
4. 開放空間 → 沿街型開發空間／入口廣場／主要核心廣場／街角廣場（次要廣場）
5. 天際線 → 建築物量体／屋突層設計／城鄉天際線
6. 鄰里街廓 → 社區公園／巷弄空間
7. 視覺、眺望 → 都市視覺焦点／入口意象
8. 場所精神 → 認同感、歸屬感、群聚感、指認感

空間關係（需求）架構

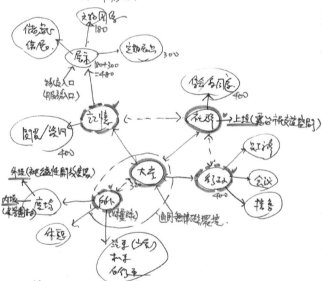

服務空間估算（大約在總樓地板面積的15~20%）
- 需求空間 = 320+400+400+400+480 = 2000 m²
- 總樓地板面積 = 2000÷0.85 = 2353 m²
- 服務空間 = 2353-2000 = 353 m²（插插／廁所／机電……）
- 建=50%、容積率=120%。

圖A剖面圖. S: 1/400

圖二層平面圖 S: 1/400

圖市民會館總配置圖（1樓+景觀平面圖）. S: 1/400

建築計畫

一、市民會館
二、題述：㊀南部某市中心
㊁歷史悠久
㊂舉辦活動，日常使用
㊃展示豐厚文物
㊄強化居民共同意識
㊅全市記憶網絡與社群脈絡一環

生態景觀貯集池。生態。
蘊藏自然生態的大寶庫，讓人們
隨時可以親近大自然，而替直材
想棲，小動物安心棲息，人為開發
與生態育維護，取得平衡

舊廊

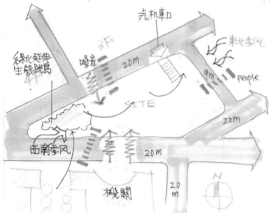

基地分析及策略

1F 閱覽兼資訊
2F 展示、行政、office
3F 集會多多用途
RF 屋頂花園

固定展示 1F
屋頂花園 RF

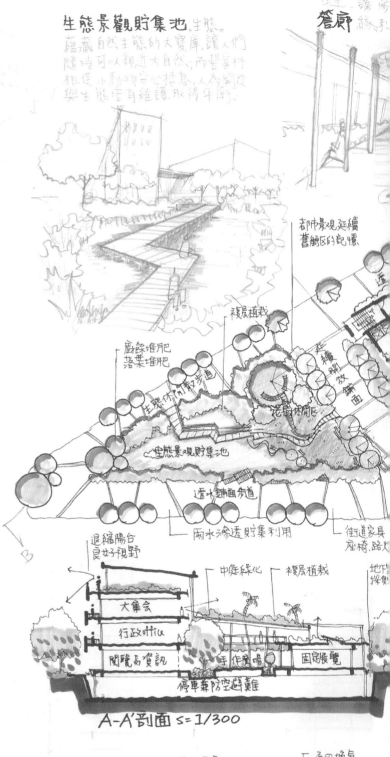

都市景觀延續
舊鐵區的記憶

複層植栽

廚餘堆肥
落葉堆肥

花架木能

生態景觀貯集池

透水鋪面步道

雨水滲透貯集利用

街道家具
座椅、路火

量體及動線分析

退縮陽台
良好視野

中庭綠化   複層植栽

地下層
採光側

大集會

行政office

閱覽易資訊

手作廣場   固定展覽

停車兼防空避難

A-A'剖面 S=1/300

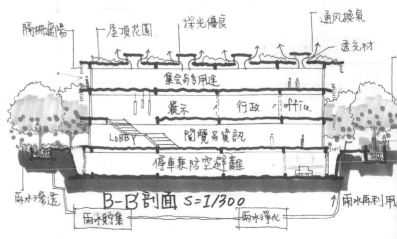

閘柵遮陽   屋頂花園   採光優良   通風換氣

透光材

集會多多用途

展示   行政   office

LOBBY   閱覽易資訊

停車兼防空避難

雨水滲透   B-B'剖面 S=1/300   雨水再利用

雨水貯集   雨水淨化

綠建築及設計概念構想

文心 展示 大廳

中庭半戶外廣場

汽机車道
考量机車U B 比較多

延續對街樹栽
整體規劃景觀

廚餘堆肥
預記10年後
產生誘鳥誘媒
豐富物種

閱覽與資訊

cafe

手作廣場

中庭花園

固定展覽

阻隔噪音

假日市集

市民廣場

入口廣場

停車彎

友善退縮
安全考量

區 配置圖 S=1/300

採光 大樣示意

樹脂防水泥
保護層
RC結構
H:300×200×8×12

植生袋草包
保排水板
PU隔熱
RC
H:150×400×8×12

朝南太陽能板

複層植栽
台灣欒樹
馬櫻丹
地被草

屋頂綠化
防水考量

水資源
雨中水利用
貝行集滲透過濾
基地保水

平日太極
市民假日市集

廣場入口

停車安全考量

良好通風換氣

公共藝術
市民美學
融入生活

創造基地的景觀
做氣候調整
減緩噪音

綠‧聚市民廣場

生態‧健康‧大家一起做伙來!!! Green PLAZA

作品提供／莊雲竹建築師

■ 設計目標

· 提昇社區居民互助、互動、互利 (社區營造)
· 社區綠生態延伸串聯 (綠色網絡)
· 社區自覺力 (通透邊界)
· 歷史建物活化再利用 (空間記憶)
· 友善環境 (無障礙設施、空間)

■ 設計策略

→社區營造策略:
· 人 → 人力培育/活動發布/遊中學精神
· 文 → 在地自明性/地方認同感/文化維護
· 地 → 宜居環境/社區自覺力/凝聚力
· 產 → 跨域合作/產業連結/產業在地化
· 景 → 永續維護/涵養地方歷史、自然

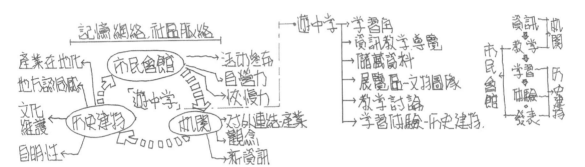

■ 設計手法與概念

記憶網絡、社區脈絡

遊中學 → 學習角
→ 資訊教學導覽
→ 儲藏資料
→ 展覽區 - 文物圖像
→ 教學討論
→ 學習體驗 - 歷史建物

資訊 → 機關
教學 → 學習體驗
市民會館 → 學習體驗/發表 → 歷史建物

產業在地化
地方認同感
文化維護
自明性

市民會館
遊中學
歷史建物
機關
→ 活動發布
→ 自覺力
→ 恢慢力
→ 對外連結產業
→ 觀念
→ 新資訊

■ 環境景觀分析

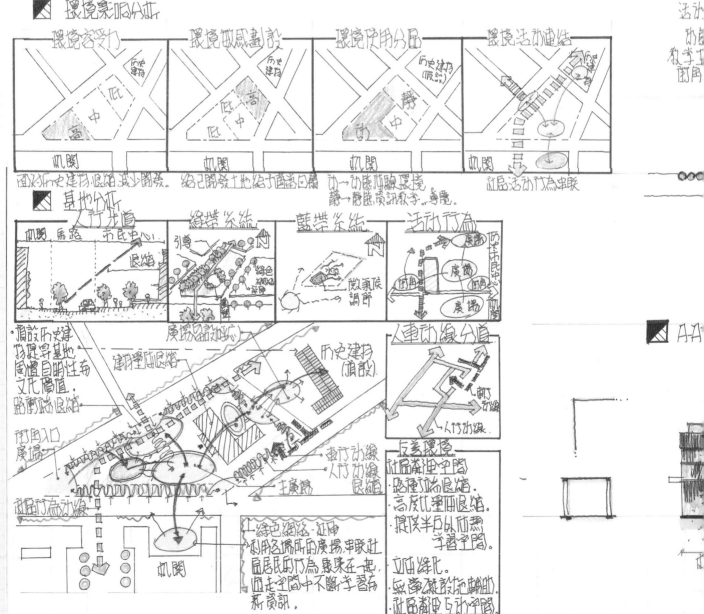

環境容受力　環境敏感畫設　環境使用分區　環境活動連結
機關　機關　機關　機關

因為歷史建物退縮減少開發　給已開發土地給予適當回饋　動→動態體驗環境　社區活動行為串聯
靜→靜態資訊教學、導覽

■ 基地分析

行步道　綠帶系統　藍帶系統　活動行為
機關 馬路 市民中心　引導　微氣候調節　歷史市民中心
退縮　綠色網絡延伸　　廣場 機關

人車動線分道
歷史建物 (須設)　人行動
人行動線

· 增設歷史建物提昇基地居住自明性與文化價值
· 路衝退縮
· 行車入口廣場

歷史建物退縮　歷史建物 (須設)
建築退縮　車行動線
人行動線
退縮
主廣場

友善環境
· 社區鄰里連空間
· 路衝街廓退縮
· 高度化量體退縮
· 提供半戶外休憩學習空間
· 立面綠化
· 無障礙設施輔助
· 社區鄰里互動空間

社區行為動線
機關

· 綠色網絡延伸
· 利用各場所的廣場串聯社區居民的行為聚集在一起
· 遊走空間中不斷學習新資訊

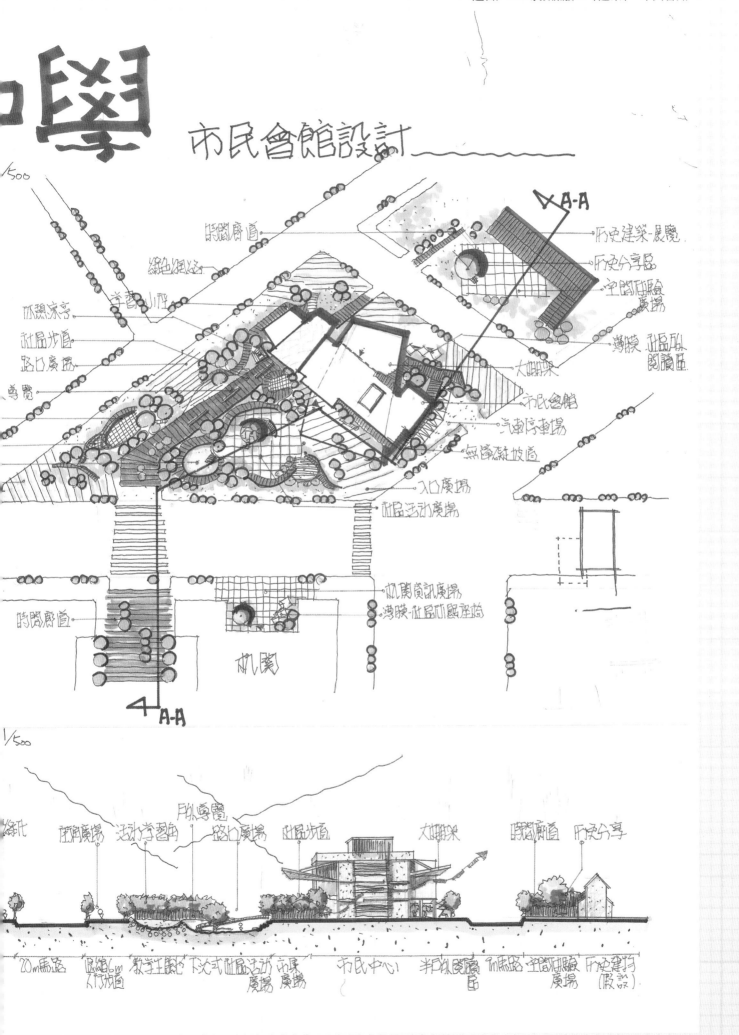

市民會館設計

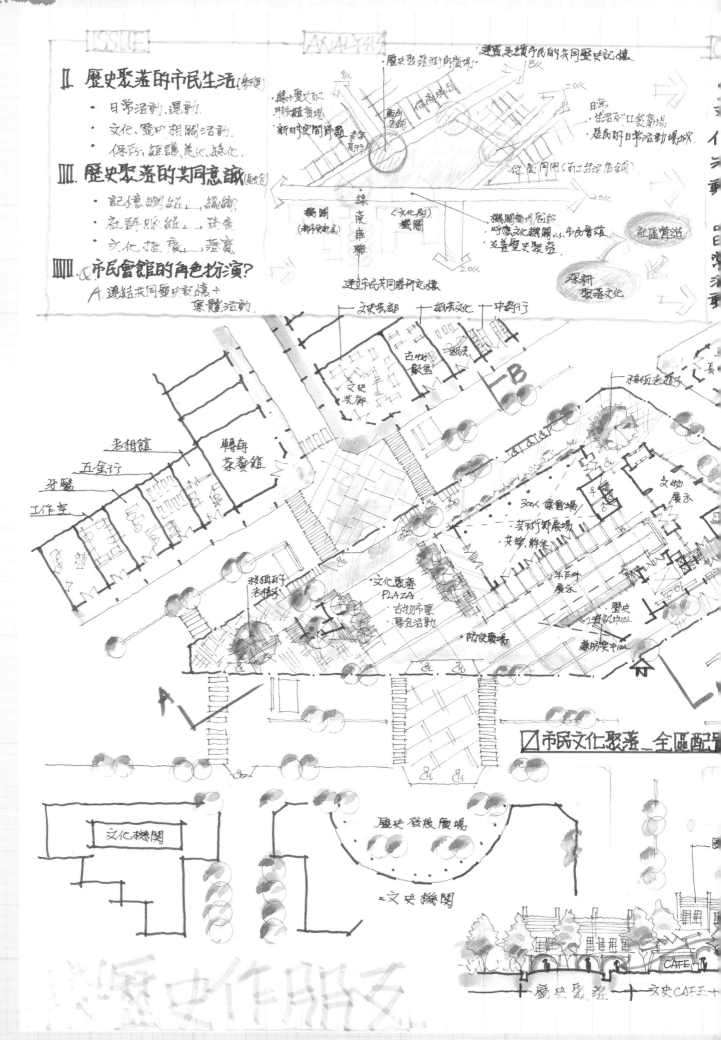

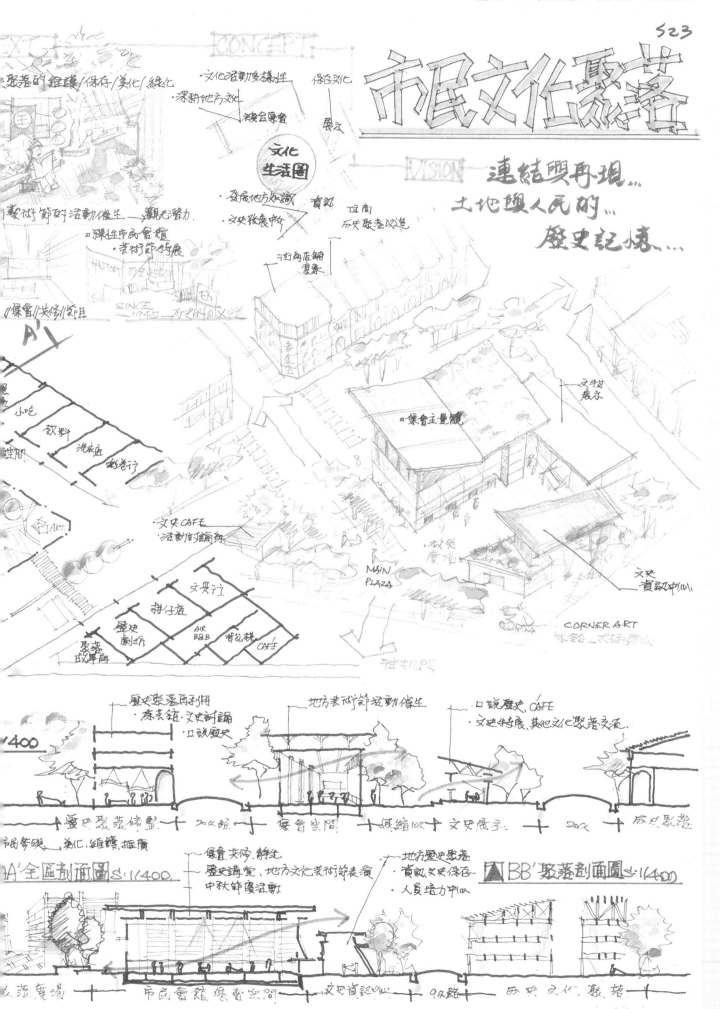

市民文化聚落

S23

VISION
連結與再現…
土地與人民的…
歷史記憶…

文物展示

□集會主量體

MAIN
PLAZA

文史資訊中心

CORNER ART

文史CAFE
活動引導商店

文貝行

AIR B&B

CAFE

A' 全區剖面圖 S:1/400

BB' 聚落剖面圖 S:1/400

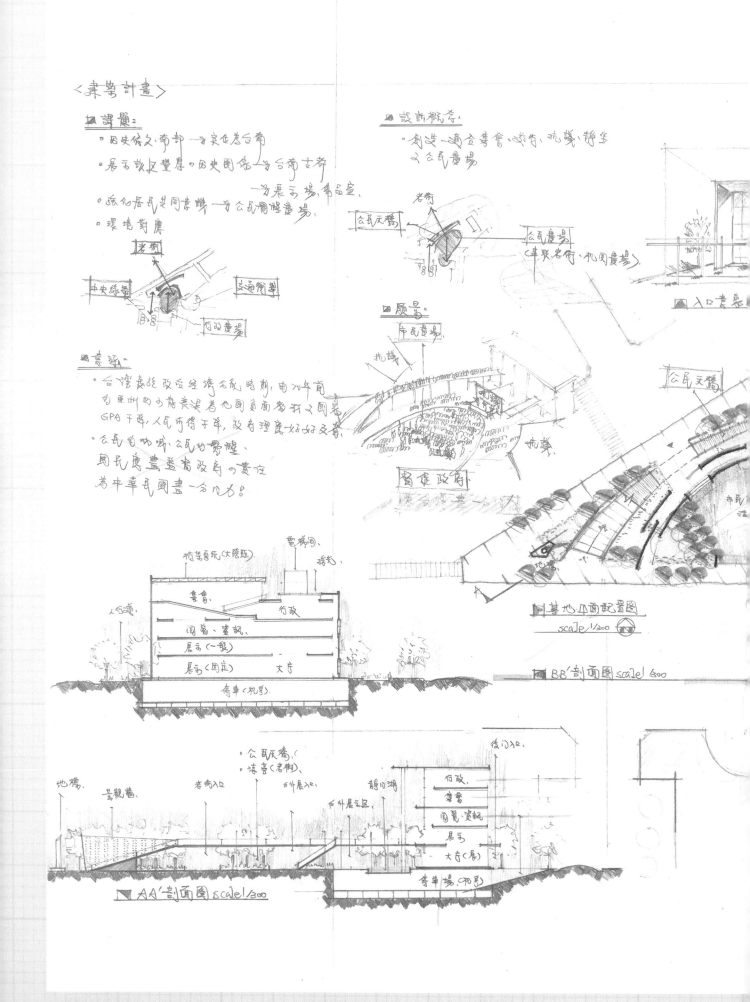

〈建築計畫〉

Ⅰ 議題：
- 因史偹久，南部 → 定位為台南
- 展示該地豐厚の歷史圍絡 → 台南古都
                                    → 為展示場、商品室
- 強化居民共同意識 → 為公民覺醒廣場
- 環境背景

Ⅱ 意義：
- 台灣處於政治經濟名亂時期，由70年前為亞洲四小龍衰退為他國負面教材之國家，GPA下降，人民所得下降，政府理度好好反省
- 公民自助喊，公民的覺醒，國民應盡為省政府の責任為中華民國盡一分心力？

Ⅲ 設計概念：
- 創造一適合集會、遊行、抗議、靜坐之公民廣場

Ⅳ 願景：

公民天橋

公民廣場
（串聯老街、机園廣場）

入口意象

基地平面配置圖 scale 1/200

BB'剖面圖 scale 1/200

剖面圖：
集會
行政
閱讀、資訊
展示（一般）
展示（固定）　大庁
停車（机房）

AA'剖面圖 scale 1/300
地標　景觀牆　老街入口　戶外展示區　靜心湖
公民天橋、涼亭（老樹）
後门入口
行政　集會　閱覽、資訊　展示　大庁（展）
停車場（机房）

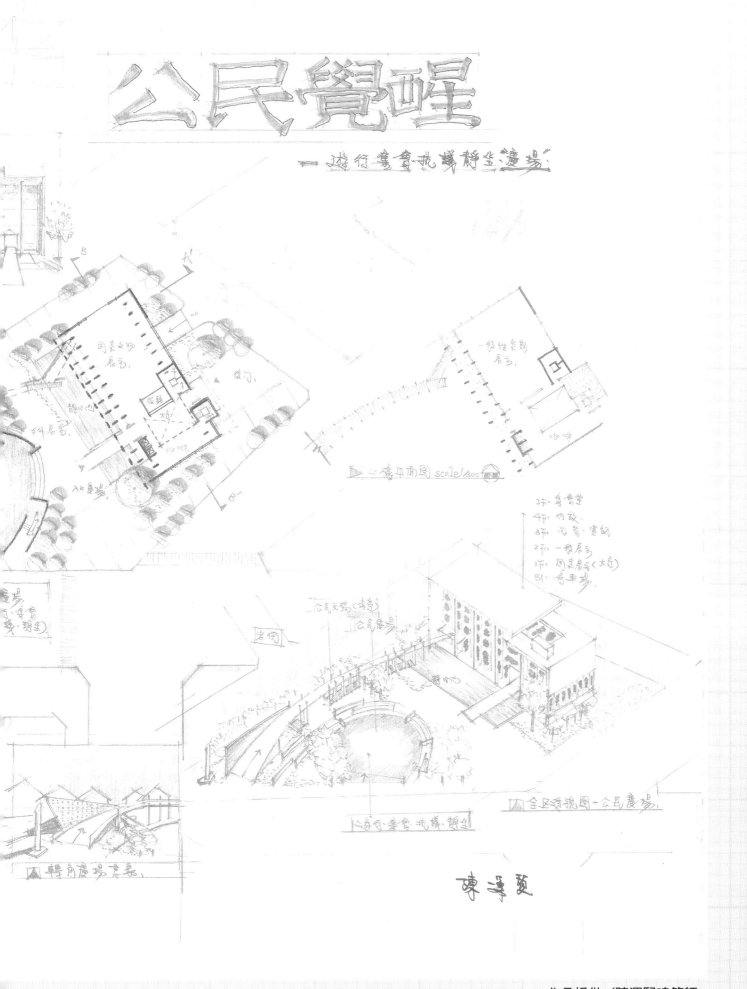

高考公務二級

建築　　　計畫　　　設計

· 107 建築 - 傳統市場改造設計
· 105 建築 - 社區生活服務中心
· 103 建築 - 城市文化與創新基地
· 102 建築 - 大學創新育成中心
· 100 建築 - 台灣某處林間緩坡地上的小型養生休閒中心

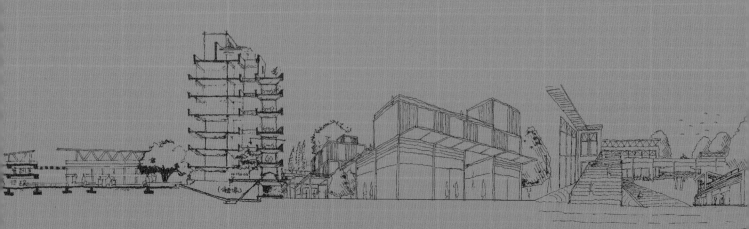

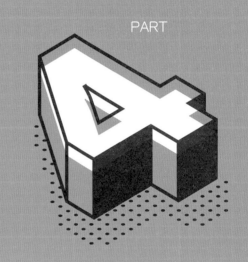

PART

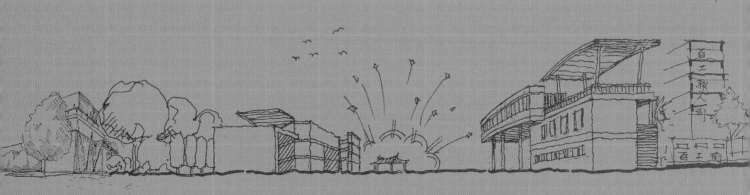

代號：22960
頁次：3-1

107年公務人員高等考試一級暨二級考試試題

等　　別：高考二級
類　　科：建築工程
科　　目：建築設計（著重建築規劃與設計概念）
考試時間：6小時　　　　　　　　　　　　　　　　座號：＿＿＿＿＿＿

※注意：㈠可以使用電子計算器。
　　　　㈡不必抄題，作答時請將試題題號及答案依照順序寫在試卷上，於本試題上作答者，不予計分。
　　　　㈢本科目除專門名詞或數理公式外，應使用本國文字作答。

一、題目：傳統市場改造設計

二、背景：

長久以來，都市中的傳統市場擔負著滿足市民生活中「食」的需求之重要角色。由於對都市人來說，「食」一天都不能或缺；同時對於攤商來說，市場也是不可中斷的經濟命脈，因此要進行市場環境改善一直是很難執行的任務。

然而，隨著時代的變遷，國民生活型態有所改變，市民對於市場的需求也有所變化。首先，雙薪家庭或是工作時間不規則的人口增加，導致能進出市場的時間各不相同；還有工作繁忙的現代人也希望生鮮食材的處理可以更簡便，減少料理備餐的時間，或甚至對於熟食的需求比過去更為提高等。此外，現在國人對於安全健康餐食的期待也日益提高。因此，現今市民對於市場的需求更為多樣化，要求也更高。

同時，由於前述傳統市場不易改變，經過多年的時間，多數市場已經出現建築老舊、衛生條件不佳等問題，也急需有所改善。

但是，從不同的角度來看，傳統市場仍有其獨特的魅力。購買者可以親身接觸生鮮食材，感受買方與賣方之間的緊密互動關係；或是市場空間內充滿活力的叫賣聲，熟食攤飄來的香氣，都曾留給造訪者美好的回憶，希望這些特色也能繼續留存。

因此，為了希望市場能提供不同族群之使用，滿足現代市民的新需求，甚至吸引更多訪客進入，必須對既有的傳統市場進行改造規劃與設計，以興建既具有在地特色，又能提供舒適、安心、清潔採買空間的新型態市場。

三、目標：

在既有住宅社區中，有一小型傳統市場，希望經過規劃設計，新建為既能保存傳統市場魅力，又能達到前述現代人各種需求的空間。同時，新建的過程如何能盡量減低周邊居民的不便，以及對於攤商經濟上的影響，也是本規劃是否能成功的關鍵。市場改造的目標是透過適當的空間規劃，除了讓原有攤商能繼續經營之外，同時引入新的販售機制，滿足新的需求，並且使市場在不同時間點也能充分被使用，延續周邊商業區的活動，亦能與住宅區保持密切的關係。

四、基地說明

如附圖所示，本基地為坐落於都市既有商業區與住宅區中之傳統市場，傳統市場為單層建築，目前已呈現老舊不敷使用之狀態。預定改造興建之市場建蔽率不超過 50%，容積率不超過 240%。基地南北兩側為 6 公尺道路，西側為 19 公尺道路。基地長 45 公尺，寬 35 公尺。市場東側為公園用地，必要時可與相關單位協商作為臨時使用場地，新建完成後的市場也希望與公園共同成為都市中吸引人造訪和停留的空間。

五、建築計畫及空間需求

（一）研擬改造新建過程之方案與經營管理方式

由下述各項分析，進行相關建築計畫：

1. 服務對象描述，包括既有攤商與周邊市民
2. 導入新的販售機制
3. 對攤商與新進駐單位之要求
4. 一天之中，早、中、晚之市場空間使用方式
5. 改造新建過程之因應計畫
6. 其他應考慮之事項

（二）所需空間

依據前述計畫所確立之服務功能與營運方式，所需的空間可能包括：

1. 既有攤商及其行政管理空間；
2. 熟食攤位或小型餐坊；
3. 第三部門經營之空間；
4. 健康飲食教室或舉辦講座之空間；
5. 其他服務設施及有利於達成前述目標之空間。

六、請依據上述所列建築計畫及空間需求，詳細規劃提出具體之**改造新建過程因應計畫**與完成後之**營運方式**，同時**列表說明各所需空間之特質、適當之空間量、位置與必要之附屬空間**，以及**配置構想**，並可以藉由各種簡圖（Diagram）說明設計構想。（40 分）

七、提出設計方案，圖面要求如下：（60 分）（比例尺可自訂標明，以能清楚表達設計構想為原則）

（一）配置圖
（二）各層平面圖
（三）各向立面圖
（四）重要剖面圖
（五）開放空間與景觀設計
（六）其他能表達主要構想的各式圖面（空間關係圖、透視圖、斜角透視圖等均不限）

代號：22960
頁次：3-3

附圖

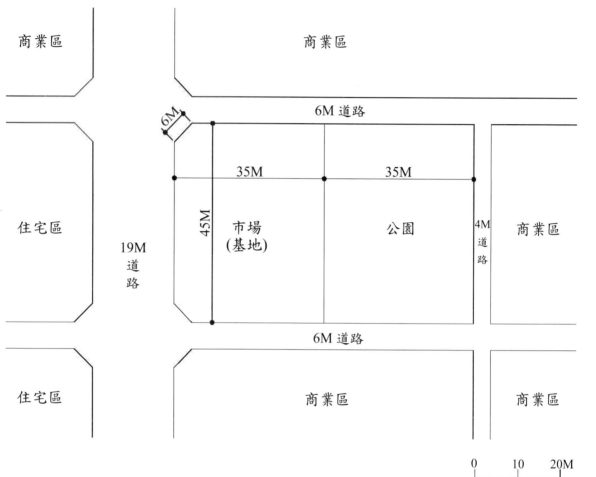

商業區

商業區

6M 道路

6M

35M   35M

住宅區

19M 道路

45M

市場 (基地)

公園

4M 道路

商業區

6M 道路

住宅區

商業區

商業區

北

0   10   20M

基地探索與回應

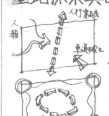

- **動線劃畫**
- 於交通影响小處車道
- 不同機能入口分區

- **開放空間**
- 於底層設開放空間
- 街角廣場串聯公益

- **使用強度計劃**
- 西側為公眾性大
- 東側為鄰里使用

物理環境分析與對策

- **建築採能對策**
- 設短邊於西側 且於開口處設置遮陽

- **日照通風健康對策**
- 建築深度小於14M， 且於非西側增加開窗

- **友善都市環境對策**
- 於季風主風處設城市 風廊，其植栽配合

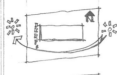

課題設計

課題內涵

A. 使用機能共用
- 增加基地使用類型
- 傳統市場+圖書館 + 托幼
- 活化使用空間
DAY / NIGHT

B. 友善你我他地坪
- 人才再活化
- 讓所有人使用容易

C. 我們可以有更多的互動!
- 增加不同族群交流
- ROOM 中方 ROOM
- 型塑設區的地域場 所精神

花園方舟飛行計劃

對策願景
- 洗衣咖啡廳
- co-working共享辦公室
- 文創市集
- 職人商店
- 喘息空間
- 社區托幼
- 青銀共養
- 底層抬高規劃共用客廳 共用廚房，讓交流機會 增加，實現垂直院落

設計說明

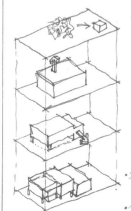

- 保留既有立面材料
- 鄰近3-5F既有建築 街屋缺少公共設施
- 設計60%建蔽率且 提供最大的底層開 放空間、開放廣場
- 不同機能動線分開
- 保留立面料於新 建築擇適當處回復

空間定性定量

基地面積3100M²
最大建蔽率60%，設計60%⇒1860M²
容積率360%，設計290%⇒9000M²⇒5~L F.

2250M² 圖書館 &托幼
2250M² 市場 &多功能辦公

集合住宅 4500M²

集合住宅 1F 860M²
4F
5F 4000M²
8F

市場&
托幼
圖書館
多功能

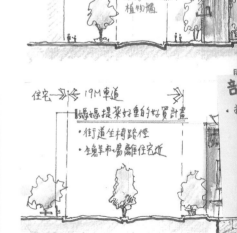

餐點白

真譜書店
婆媽來站購
社區長者提
點上班族買菜

19M車道

商業區 ←6M車道→
立面材料計劃
- 格柵
- 教學認識草 植物牆

住宅 ←19M車道→
媽媽提菜好重的好買計畫
- 街道生椅路徑
- 全鳥菜市場離住宅近

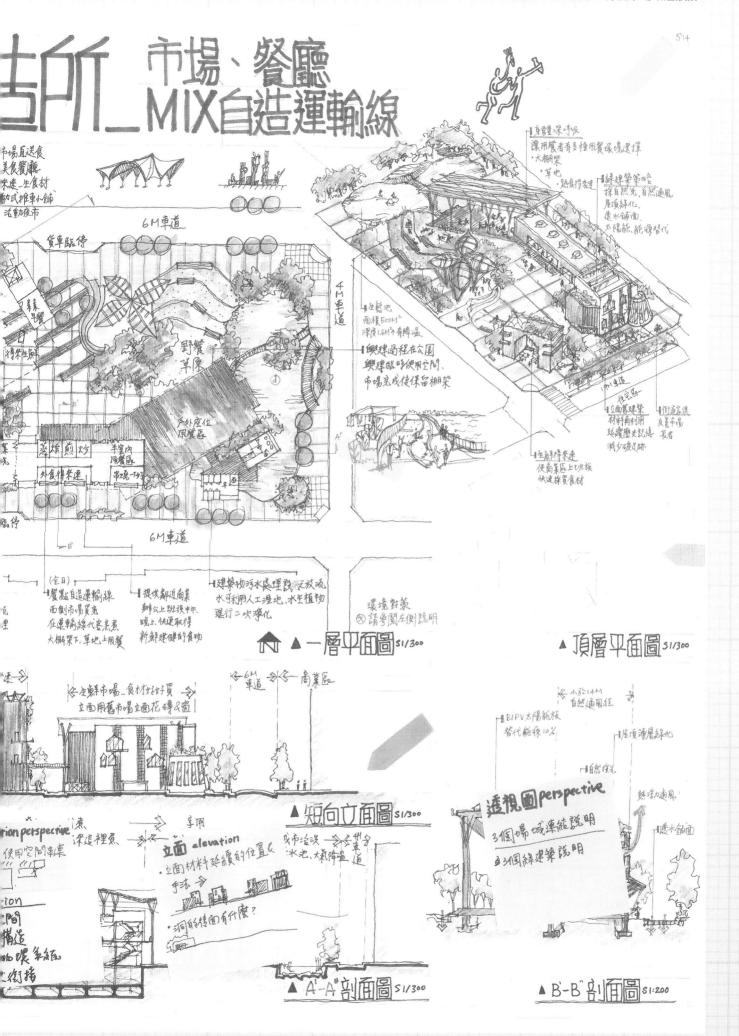

市場、餐廳
MIX自造運輸線

▲ 一層平面圖 S1/300

▲ 頂層平面圖 S1/300

▲ 短向立面圖 S1/300

透視圖 perspective

▲ A'-A" 剖面圖 S1/300

▲ B-B" 剖面圖 S1:200

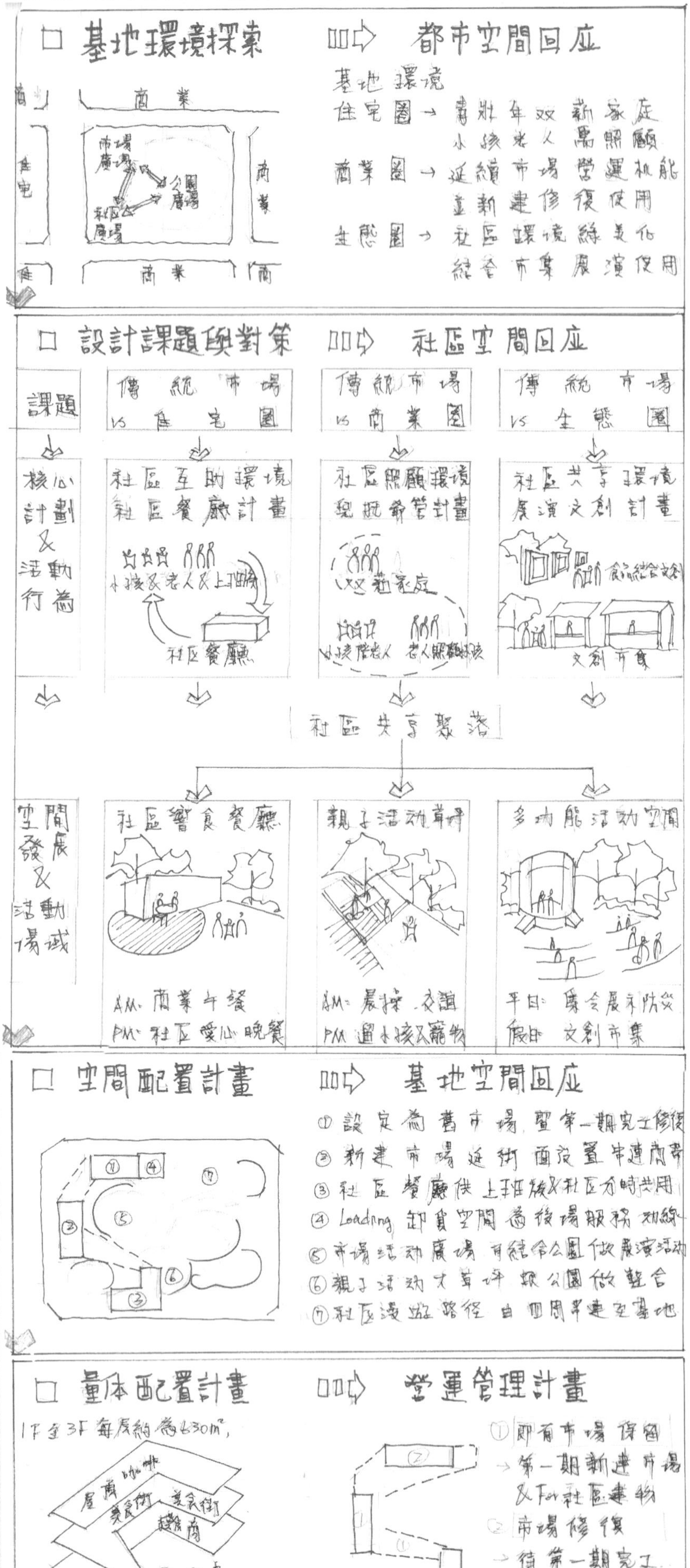
□ 基地環境探索 ⇨ 都市空間回應
基地環境
住宅圈 → 青壯年雙薪家庭 小孩老人需照顧
商業圈 → 延續市場營運機能 重新建修復使用
生態圈 → 社區環境綠美化 結合市集展演使用
□ 設計課題與對策 ⇨ 社區空間回應
課題
傳統市場 vs 住宅圈
傳統市場 vs 商業圈
傳統市場 vs 生態圈
核心計劃 & 活動行為
社區互助環境 社區餐廳計畫
社區照顧環境 兒托幼管計畫
社區共享環境 展演文創計畫
社區餐廳
文創市集
社區共享聚落
空間發展 & 活動場域
社區饗食餐廳
親子活動草坪
多功能活動空間
AM: 商業午餐
PM: 社區愛心晚餐
平日: 集会展示防災
假日: 文創市集
□ 空間配置計畫 ⇨ 基地空間回應
① 設定為舊市場 留第一期完工修復
② 新建市場 延街面設置 串連商業
③ 社區餐廳供上班族&社區分時共用
④ Loading 卸貨空間 為後場服務動線
⑤ 市場活動廣場 有結合公園做展演活動
⑥ 親子活動大草坪 與公園做整合
⑦ 社區遊戲路徑 由四周串連至基地
□ 量体配置計畫 ⇨ 營運管理計畫
1F至3F 每層約為630m²
屋頂咖啡
美食街
For 社區
For 市場
結構放大設計
考量後續增建
① 即有市場保留
→ 第一期新建市場 & For 社區建物
② 市場修復
→ 待第一期完工 搬遷修復
③ 公園介面整合
→ 待一、二期完工後整合

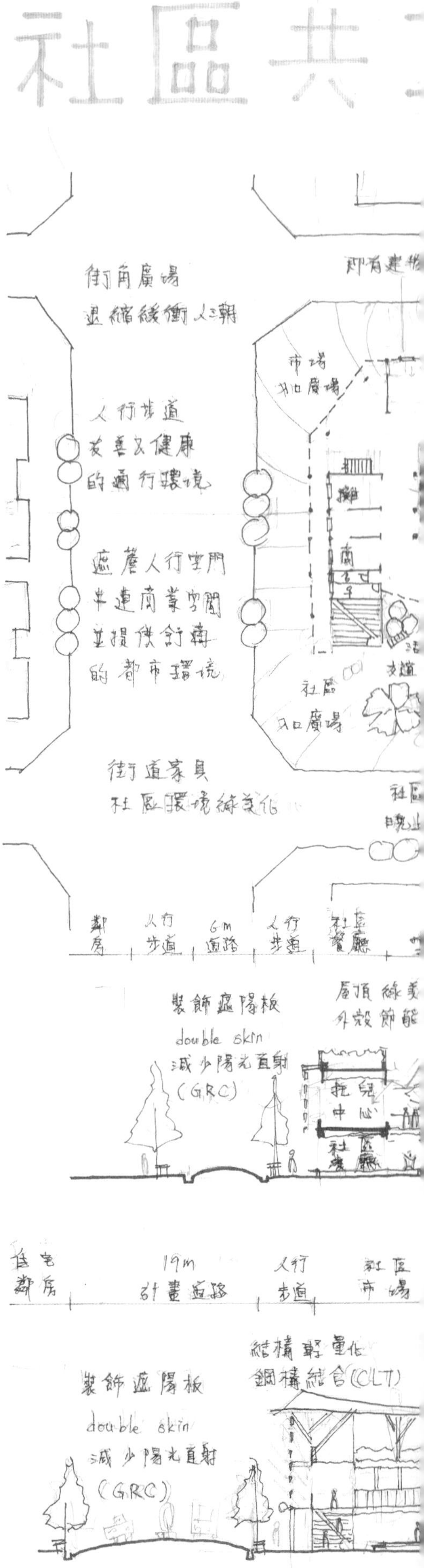
社區共
街角廣場
退縮後街人潮
市場 加廣場
人行步道
友善&健康的通行環境
遮簷人行空間
串連商業空間
並提供舒適的都市環境
社區 加廣場
街道家具
社區環境綠美化
鄰房
人行步道
6m 道路
人行步道
社區餐廳
裝飾遮陽板
double skin
減少陽光直射
(GRC)
屋頂綠美化
托兒中心
社區餐廳
住宅 鄰房
19m 計畫道路
人行步道
社區市場
結構輕量化
鋼構結合(CLT)
裝飾遮陽板
double skin
減少陽光直射
(GRC)

聚落

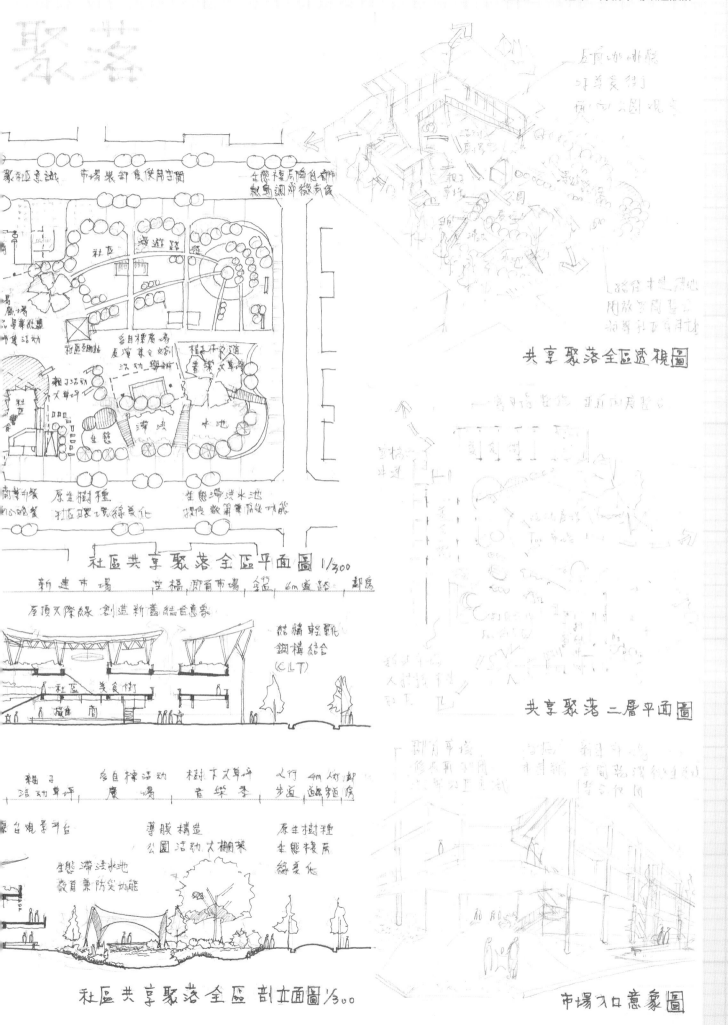

社區共享聚落全區平面圖 1/300

社區共享聚落全區剖立面圖 1/300

共享聚落全區透視圖

共享聚落二層平面圖

市場入口意象圖

105年公務人員高等考試一級暨二級考試試題　代號：22360

等　　別：高考二級
類　　科：建築工程
科　　目：建築設計（著重建築規劃與設計概念）
考試時間：6小時　　　　　　　　　　　　座號：＿＿＿＿＿＿＿＿

※注意：㈠可以使用電子計算器。
　　　　㈡不必抄題，作答時請將試題題號及答案依照順序寫在試卷上，於本試題上作答者，不予計分。

一、題目：社區生活服務中心

二、背景：

隨著近年國內已邁向高齡化社會，同時有小孩的家庭，大多雙親都是上班族，加上單親家庭也為數不少；因此在都市住宅社區中，高齡者與兒童的照顧是很重要的課題。長久以來，國人的家庭觀念上，銀髮族與兒童的照顧責任，多落在必須工作維持家計的青壯年家人身上。然而在都市社區中，鄰里關係無法像鄉村般密切，因此社區中擔任經濟重擔的青壯年族群，常常必須在職場與家庭照顧中奔波而筋疲力盡。另一方面，由於社會快速的變化，中年失業者也比以往增加，同時住宅社區中退休後仍然能貢獻心力的人，也需要有適合他們能夠服務的機會，以保持他們可以與社會連結。因此，無論對中央政府或地方縣市來說，在住宅社區中設置這樣可促成社區互助的生活服務中心，提供社區居民必要的協助，照顧銀髮族與兒童，減輕青壯年族群壓力，而能兼顧工作與家庭生活；同時結合社區的人力，就近整合與充分發揮，都是刻不容緩的工作。

三、目標：

在老舊社區中，有一小規模的機關用地，規劃作為提供上述需求，具有複合功能之社區生活服務中心。本社區生活服務中心之規劃設計，必須先分析可能之營運方式、服務的族群、服務工作的內容等相關事項；目標是在都市住宅社區中，規劃適當的空間，作為充分活化社區之人力資源，同時提供協助居民在照顧銀髮族與兒童上必要之服務，減輕上班族在兼顧工作與家庭照顧上的負擔，使社區成為「老有所終，壯有所用，幼有所長」之理想生活環境。

四、基地說明：

如附圖所示，基地為位在都市老舊街區中，街廓西北角一小規模之機關用地。基地緊鄰既有歷史路徑與都市計畫已開闢道路，建蔽率50%，容積率240%。周邊以住宅區為主，基地南鄰國小用地，斜對角有市場與行政中心，北側為15公尺道路，西側為10公尺道路，南側有6公尺巷道，東側為斜向之3.6公尺寬歷史路徑。基地呈梯形，長邊45公尺，短邊30公尺，寬25公尺。

（請接第二頁）

105年公務人員高等考試一級暨二級考試試題　代號：22360　　

等　　　別：高考二級

類　　　科：建築工程

科　　　目：建築設計（著重建築規劃與設計概念）

五、建築計畫及空間需求：

　　㈠營運方式規劃

　　　　由下述各項分析，進行相關建築計畫：

　　　　1.服務對象之分析與描述。

　　　　2.導入營運單位之規劃：分析可能之營運或進駐單位。

　　　　3.對受委託或進駐單位之要求。

　　　　4.必要之服務機能分析。

　　　　5.其他必要之考慮事項。

　　㈡所需空間說明

　　　　依據前述之服務機能與營運方式，確認所需之空間，可包括：

　　　　1.醫療與照護諮詢空間。

　　　　2.舉辦照護或育兒講座之空間。

　　　　3.托老與托幼設施。

　　　　4.社區廚房，提供社區共食與行動不便者之送餐服務。

　　　　5.社工及社福團體辦公室，提供在宅老人、婦幼等社區服務，包括整合社區人力，
　　　　　進行社區探望等。

　　　　6.其他服務設施及對達成目標有助益之空間。

六、請依據上述所列建築計畫及空間需求，詳細規劃提出可能之營運方式，同時列表說
　　明各所需空間之特質、適當之空間量、位置與必要之附屬空間，以及量體配置之計
　　畫，並藉由各種簡圖（Diagram）說明設計構想。（40分）

七、提出設計方案，圖面要求如下：（60分）（比例尺可自訂標明，以能清楚表達設計構
　　想為原則）

　　㈠配置圖。

　　㈡各層平面圖。

　　㈢各向立面圖。

　　㈣重要剖面圖。

　　㈤開放空間及景觀設計。

　　㈥其他能表達主要構想的各式圖面。（空間關係圖、透視圖、斜角透視圖等均不限）

（請接第三頁）

105年公務人員高等考試一級暨二級考試試題　代號：22360

等　　別：高考二級

類　　科：建築工程

科　　目：建築設計（著重建築規劃與設計概念）

附圖

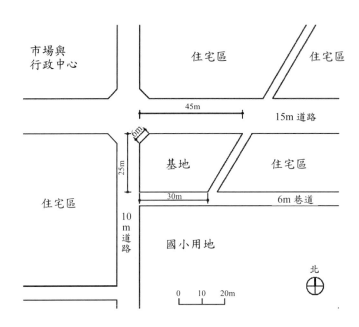

築橋 — 社區生活服務中心

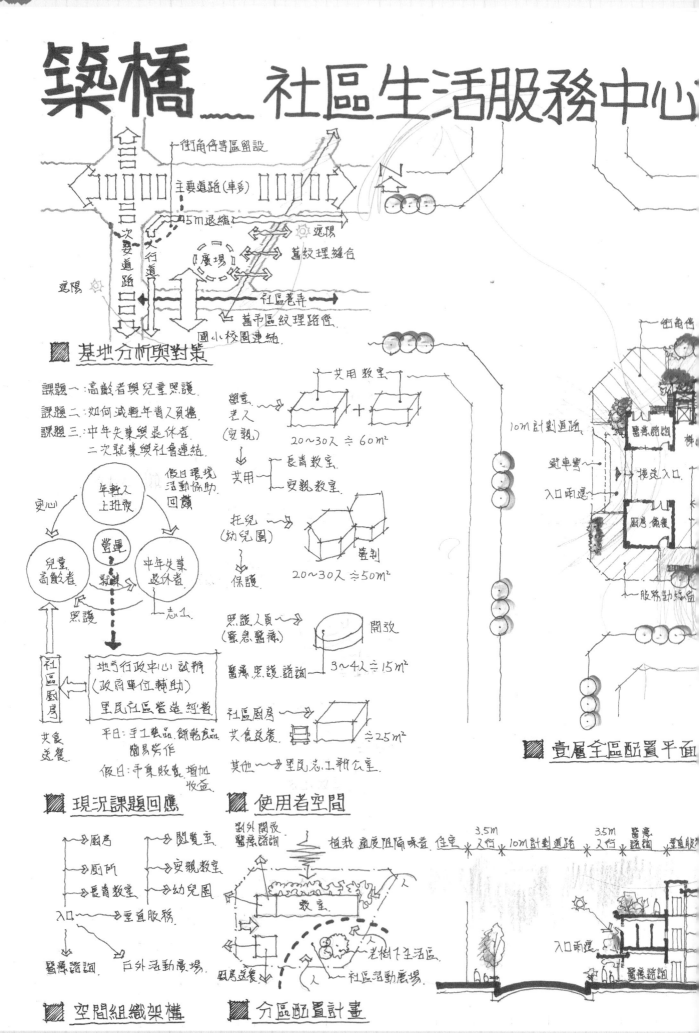

街角停等區留設
主要道路(車多)
次要道路
人行道
廣場
15m退縮
舊紋理縫合
遮陽
社區巷弄
遮陽
舊市區紋理路徑
國小校園連結

■ 基地分析與對策

課題一:高齡者與兒童照護
課題二:如何減輕年青人負擔
課題三:中年失業與退休者
　　　二次就業與社會連結

共用教室
塑造
老人(安親)　20～30人 ÷ 60m²

共用 — 長青教室
　　　安親教室

托兒(幼兒園)　塑造
20～30人 ÷ 50m²
保護

年輕人上班族
管理
就業
兒童高齡者
中年失業退休者
凝心
假日環境活動協助回饋
照護
志工

照護人員(緊急醫療)　開放
醫療照護諮詢　3～4人 ÷ 15m²

社區廚房
地方行政中心試辦(政府單位輔助)
里民社區營造經營
社區廚房
共食送餐 ÷ 25m²

平日:手工藝品,餅乾食品,簡易勞作
假日:平集販賣,增加收益

其他 — 里民志工辦公室

共食送餐

10m計劃道路
電車彎
入口雨遮
接送入口
廚房備餐
服務動線區

醫療諮詢
街角停

■ 壹層全區配置平面

■ 現況課題回應　　■ 使用者空間

→廚房　　→閱覽室
→廁所　　→安親教室
→長青教室　→幼兒園
入口　　→垂直服務
醫療諮詢　戶外活動廣場

對外開放醫療諮詢
植栽 高度阻隔噪音
教室
老樹下生活區
廚房送餐
社區活動廣場

3.5m人行　10m計劃道路　3.5m人行　醫療諮詢　垂直服務
住室
入口雨遮
醫療諮詢

■ 空間組織架構　　■ 分區配置計畫

連結世代橋樑

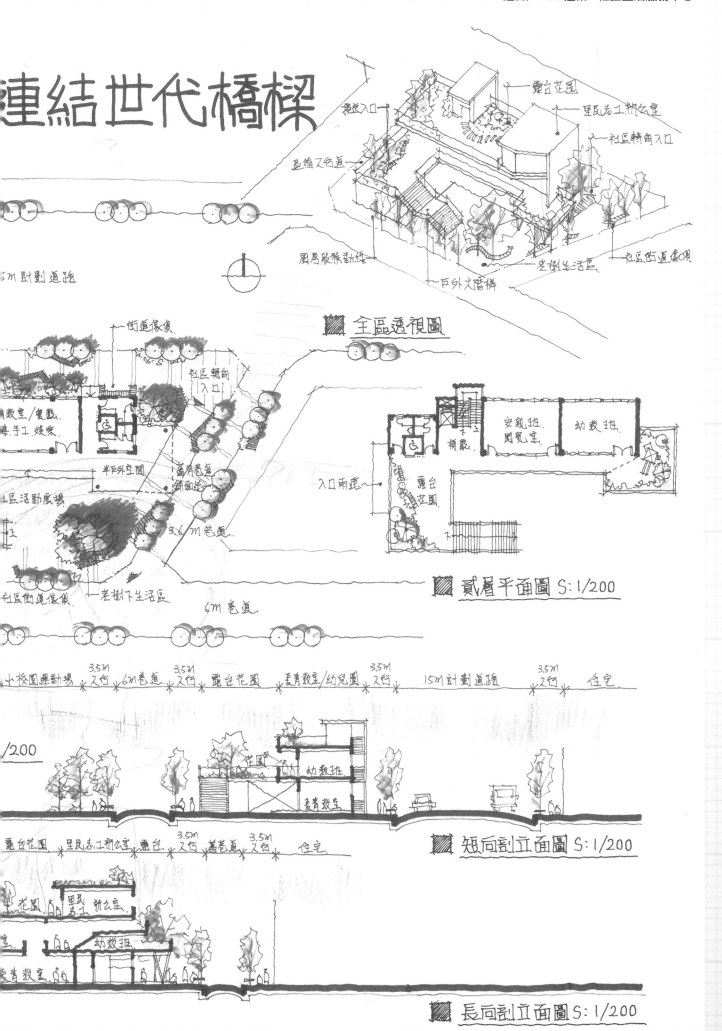

里鄰入口

靈立花園

里民志工辦公室

社區轉角入口

區域人行道

鄰居服務動線

老樹生活區

社區街道傢俱

戶外大階梯

全區透視圖

街道傢俱

社區轉角入口

教室／實驗
手工 娛樂

半戶外空間

區活動廣場

區域巷道
鋼構架

3.6M 巷道

社區街道傢俱

老樹下生活區

6M 巷道

入口雨遮

樓梯

安親班
閱覽室

幼教班

靈台花園

貳層平面圖 S:1/200

學校園運動場 3.5M 人行 6M巷道 3.5M 人行 靈台花園 長青教室/幼兒園 3.5M 人行 15M 計劃道路 3.5M 人行 住宅

/200

花園

幼教班

長青教室

短向剖立面圖 S:1/200

靈台花園 里民志工辦公室 靈台 3.5M 人行 舊巷道 3.5M 人行 住宅

花園 里民志工辦公室

幼教班

長青教室

長向剖立面圖 S:1/200

口建築計劃與設計策略

課題▶

- 都市社區中的鄰里互動
- 老人及銀髮族的照護.
- 失業人口的上升
- 青壯年的生活經濟負擔.
- 退休者社區服務

核心計劃▶▶

社區生活服務中心

⇕

互助共享生活圈

策略▶▶▶

- ▼知識、食物、空間的分享.
- 非營利青年團體的社區照護服務
- 壯年失業人口提供專長並輔導就業.
- 銀髮族的社區園藝交流
- 兒童下課與社區老人的互動共學.
- 社區醫療及育兒講座.

口基地週遭環境分析

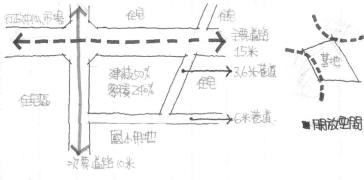

口基地配置策略

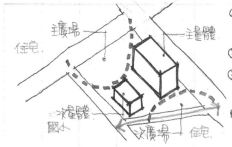

①開放空間留設.
主廣場串連市場與國小
②次廣場兒童通學巷活動
③主量體近主要道路.
方便進入
④次量體老幼社區
活動,近國小及住宅.

口空間概要及定性計劃

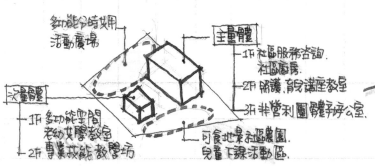

口空間構想落實

- 農園體驗活動區
- 兒童帶動唱教室
- 社區...
- 角落知識傳遞
- 社區廚房
- 社區KTV
- 醫療諮詢區

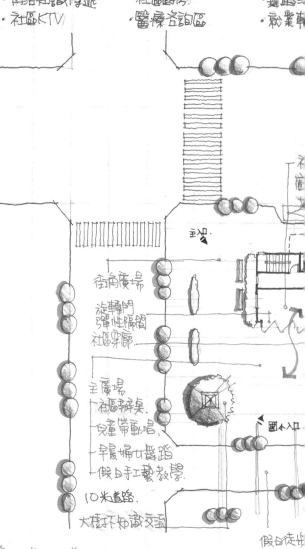

- 街角廣場
- 旋轉門
- 彈性隔間
- 社區穿廊
- 主廣場
- 社區餐桌
- 兒童帶動唱
- 早晨場太極拳
- 假日手工藝教學
- 10米道路
- 大樹下知識交流
- 假日...

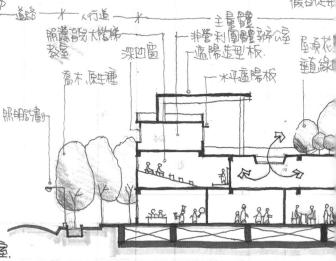

口剖面圖 S=1/200

全齡共享村落

知識.食物.空間.的共享

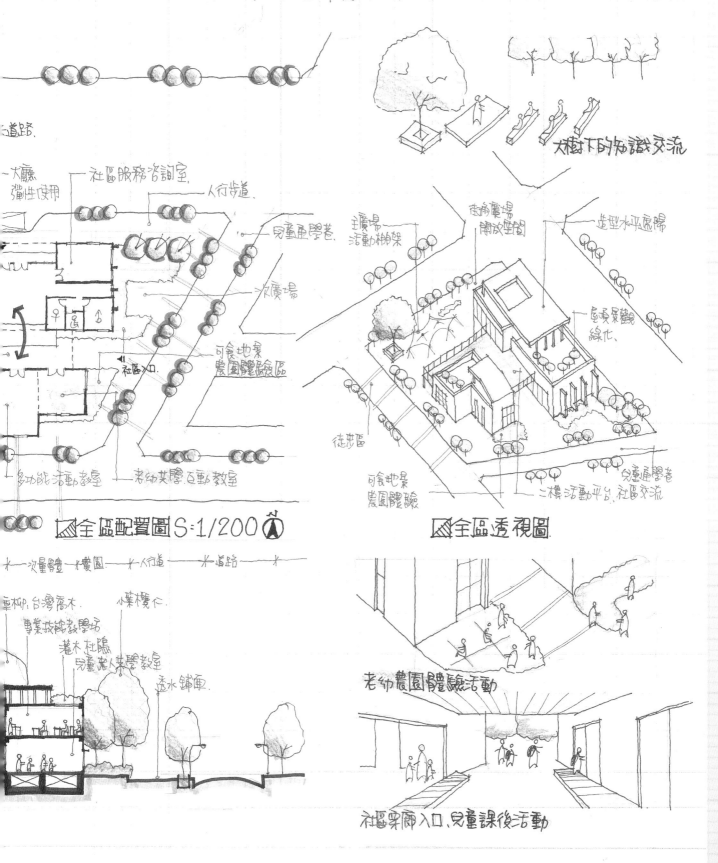

大樹下的知識交流

大廳 彈性使用
社區服務咨詢室
人行步道
兒童通學巷
廣場.活動棚架
次廣場
可食地景 農園體驗食區
社區入口
多功能活動教室
老幼共學.互動教室

▷全區配置圖 S:1/200

街角廣場開放空間
造型水平遮陽
屋頂農機綠化
徒步區
可食地景 農園體驗
二樓活動平台 社區交流
兒童通學巷

▷全區透視圖

次量體 農園 人行道 道路
垂柳.台灣喬木
專業技能教學坊
灌木杜鵑
兒童老人共學教室
小葉欖仁
透水鋪面

老幼農園體驗活動

社區長廊入口.兒童課後活動

作品提供／李偉甄建築師

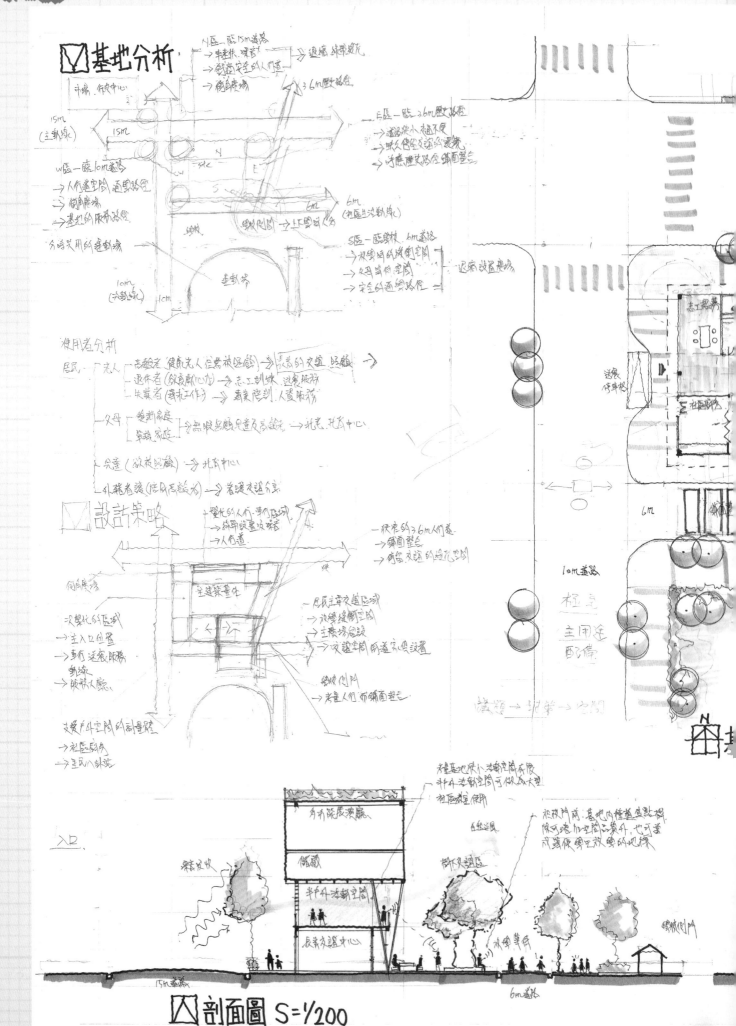

☒ 基地分析

☒ 設計策略

☒ 剖面圖 S=1/200

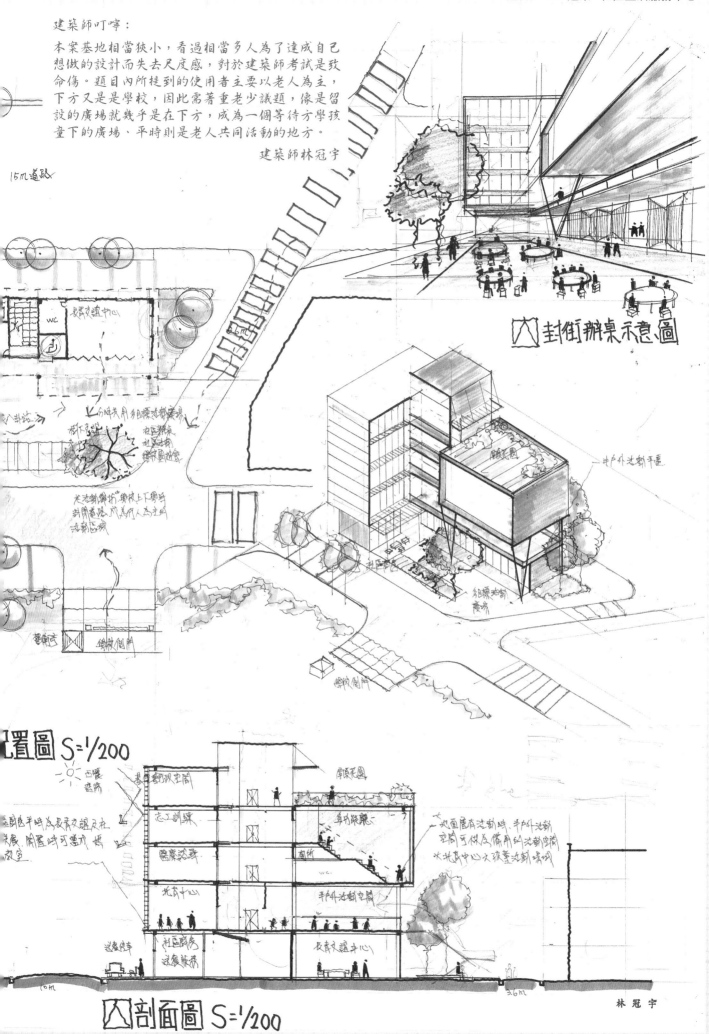

建築師叮嚀：

本案基地相當狹小，看過相當多人為了達成自己
想做的設計而失去尺度感，對於建築師考試是致
命傷。題目內所提到的使用者主要以老人為主，
下方又是學校，因此需著重老少議題，像是留
設的廣場就幾乎是在下方，成為一個等待方學孩
童下的廣場，平時則是老人共同活動的地方。

建築師林冠宇

15m道路

內 封街辦桌示意圖

置圖 S=1/200

內 剖面圖 S=1/200

林冠宇

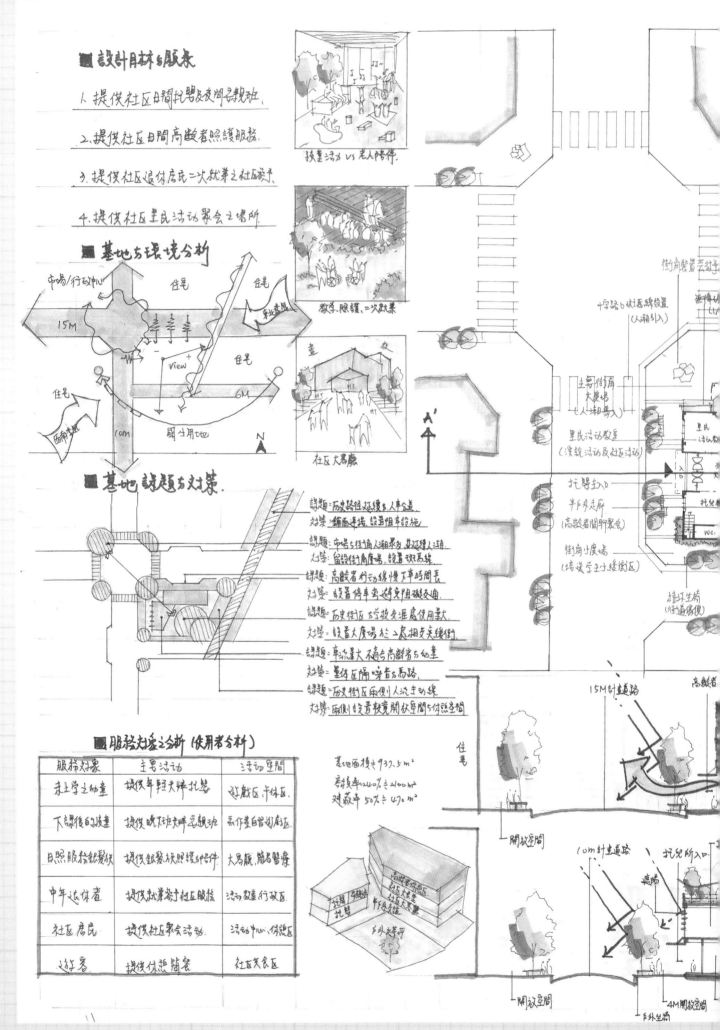

■ 設計目標與願景

1. 提供社區日間托嬰及夜間兒童親班.

2. 提供社區日間高齡者照護服務.

3. 提供社區退休居民二次就業之社區教育.

4. 提供社區里民活動聚會之場所

■ 基地方環境分析

市場/行政中心　住宅　住宅

15M

住宅　View　住宅

西南季風　6M

10m　國小用地　N

孩童活力 vs 老人陪伴.

教學、照護、二次就業

畫　農

社區大客廳

■ 基地課題方對策.

課題：歷史路徑延續為人車分道
對策：鋪面連接, 設置阻車設施

課題：市場方街角人潮聚多, 並延續人潮
對策：留設街角廣場, 設置玻璃幕

課題：高齡者行動緩慢下車時間長
對策：設置停車彎, 避免阻礙交通

課題：歷史街區方學校走廊處使用量大
對策：設置大廣場於二層拐支線街

課題：車流量大 不適合高齡者方幼童
對策：量體區隔噪音方馬路

課題：歷史街區兩側人流較多線
對策：兩側設置較寬開放空間方休憩空間

■ 服務對象之分析 (使用者分析)

服務對象	主要活動	主要活動空間
未上學之幼童	提供年輕夫婦托嬰	遊戲區、休休區
下課後的兒童	提供晚上班夫婦兒童班	作業自習教室區
日照服務銀髮族	提供銀髮族照護方陪伴	大客廳、簡易醫療
中年退休者	提供就業諮詢社區服務	活動教室行政區
社區居民	提供社區聚會活動	活動中心、休憩區
遊客	提供休憩簡餐	社區美食區

基地面積 935.5 m²
建蔽率 240% ≒ 2400 m²
綠蔽率 50% ≒ 470 m²

街角裝置芸術手

十字路口斑馬線設置
(人潮引入)

主要街屋大廣場
(人潮導入)

里民活動教室
(演說活動及社區活動)

托嬰主入口

半戶外走廊
(高齡者閒聊聚會)

街角小廣場
(接送學生方緩衝街區)

投幣扭蛋生椅
(街道家俱)

里民活動

托兒

WC.

15M計畫道路

住宅　高齡者

開放空間

10m計畫道路　托兒所入口

遮陽

開放空間

4M開放空間

戶外坐椅

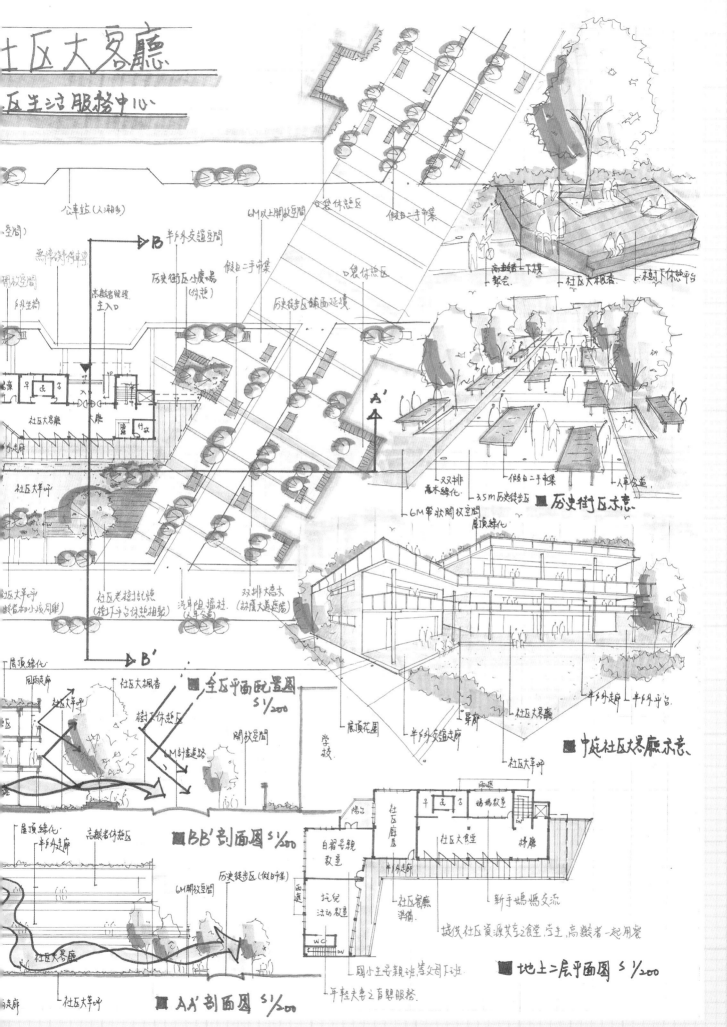

社區大客廳

區生活服務中心

公車站(人流多)

無障礙特殊停車

高齡者照護
主入口

半戶外交通空間

歷史街區小廣場(休憩)

假日二手市集

歷史徒步區鋪面延續

□居休憩區

□居休憩區

6M以上開放空間

假日二手市集

高齡者下棋
聚會

社區大根番

樹下休憩平台

社區大客廳

廳

行政

雙排高木綠化

假日二手市集

人車分道

■歷史街區示意

社區大草坪

6M帶狀開放空間
屋頂綠化

3.5M歷史徒步區

社區大草坪

社區老樹記憶(擺手品談題拍照)

汽車阻擋柱(車行區)

雙排大喬木(遮蔽大道廣場)

6M帶狀開放空間
屋頂綠化

屋頂綠化
半戶外走廊

社區大客廳

半戶外走廊

半戶外平台

■中庭社區大客廳示意

屋頂綠化
風雨廊

社區大楓者

越道平

樹下休憩區

6M計畫道路

開放空間

開放空間

學校

屋頂花園

半戶外交通走廊

社區大草坪

■全區平面配置圖 S 1/200

■BB'剖面圖 S 1/200

屋頂綠化
半戶外走廊
高齡者休憩區

歷史徒步區(假日平台)

6M開放空間

社區大客廳

社區大草坪

■AA'剖面圖 S 1/200

雨廳

陽台
社區廚房

媽媽教室

社區大食堂

樓廳

自習兒童親子教室

社區客廳準備

新手媽媽交流

托兒活動教室

WC

DN

國小主要親班等父母下班

提供社區資源共享之食堂,學生,高齡者一起用餐

年輕夫妻之育嬰服務

■地上二層平面圖 S 1/200

作品提供／張育愷建築師

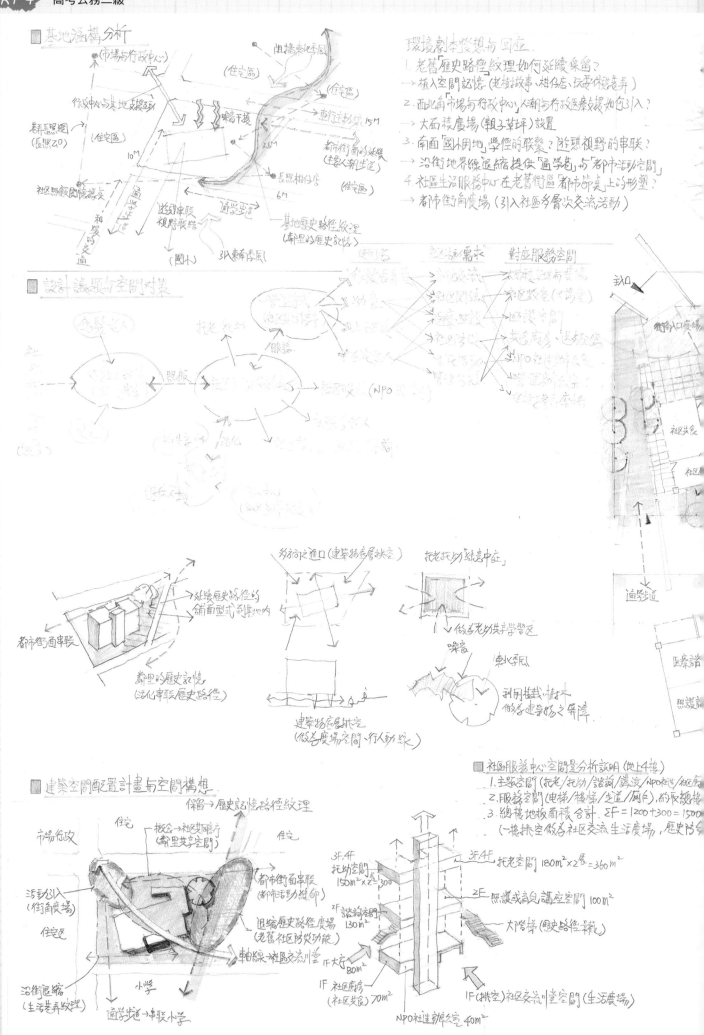

區客廳—揪你來逗陣.

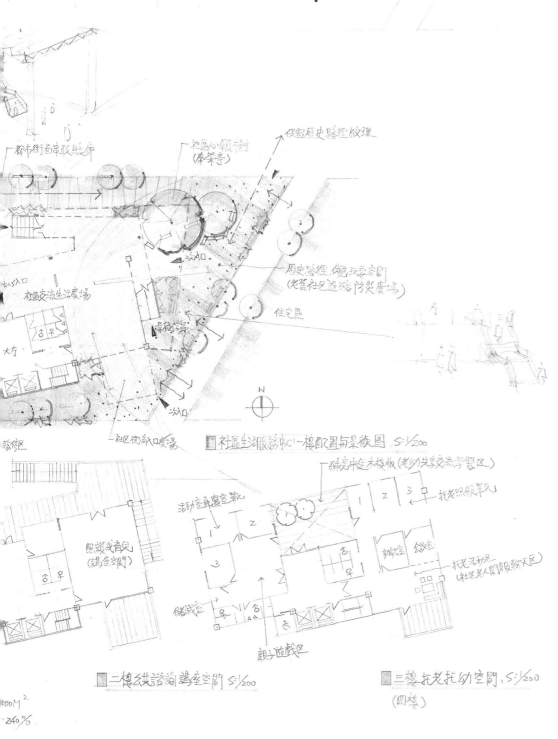

都市街面停駐綠廊

社區小領樹
(奉茶亭)

保留歷史路徑紋理

社區交流生活廣場

歷史路徑、微挑空間
(老舊社區綜合防災廣場)

住宅區

景觀梯

大庁

次入口

N

社區街角入口廣場

藝廊區

■社區生活服務中心一樓配置每景觀圖 S:1/200

綠定中庭木棧板(老幼共享交流學習區)

活動室真寢室戰   1   2   3   托老照顧單元

照護或育兒
(講室空間)

儲藏室

親子遊戲區

辦公 會議室

托老活動戶
(社區老人間報聊天區)

■二樓幼語諭講座空間 S:1/200

■三樓托老托幼空間 S:1/200
(四樓)

300M²

240%

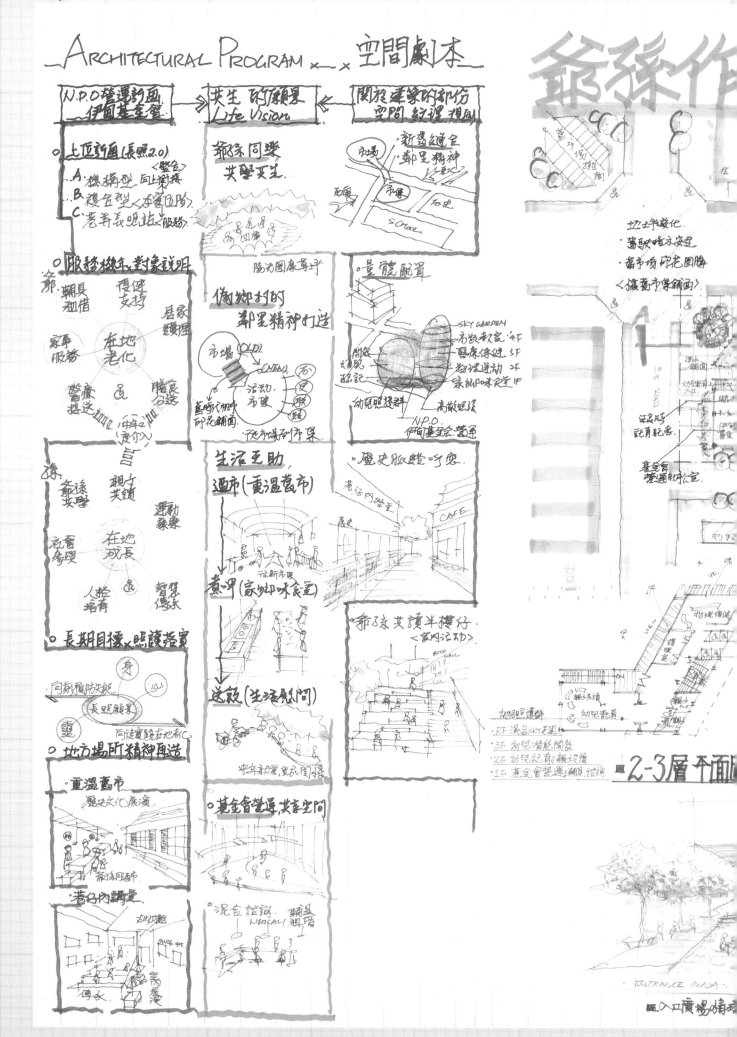

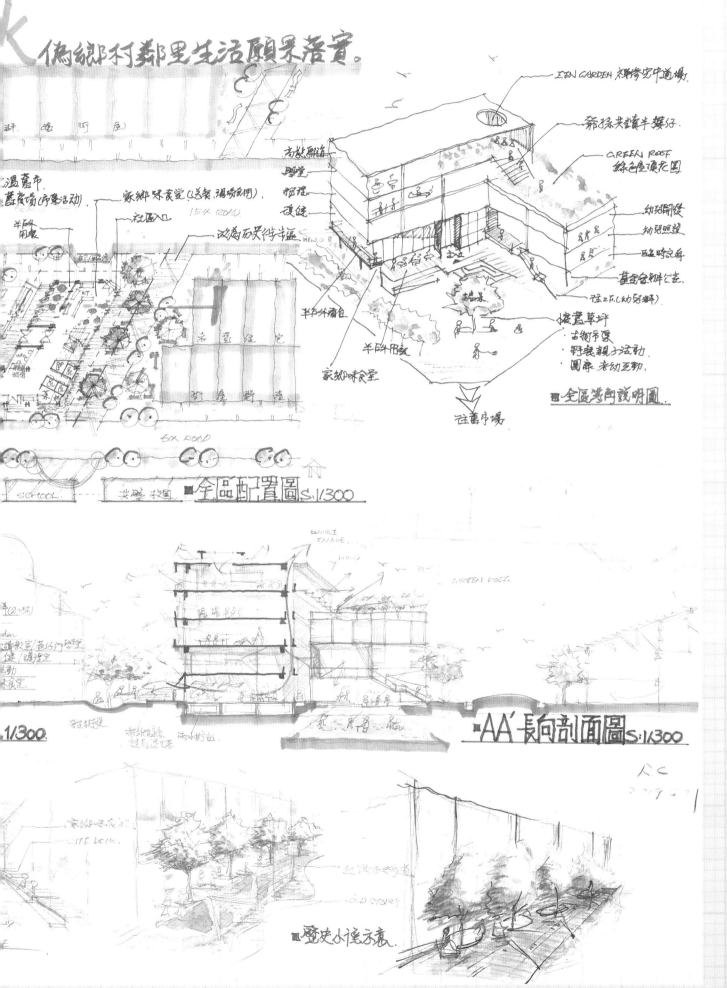

作品提供／陳軒緯建築師

基地環境解讀

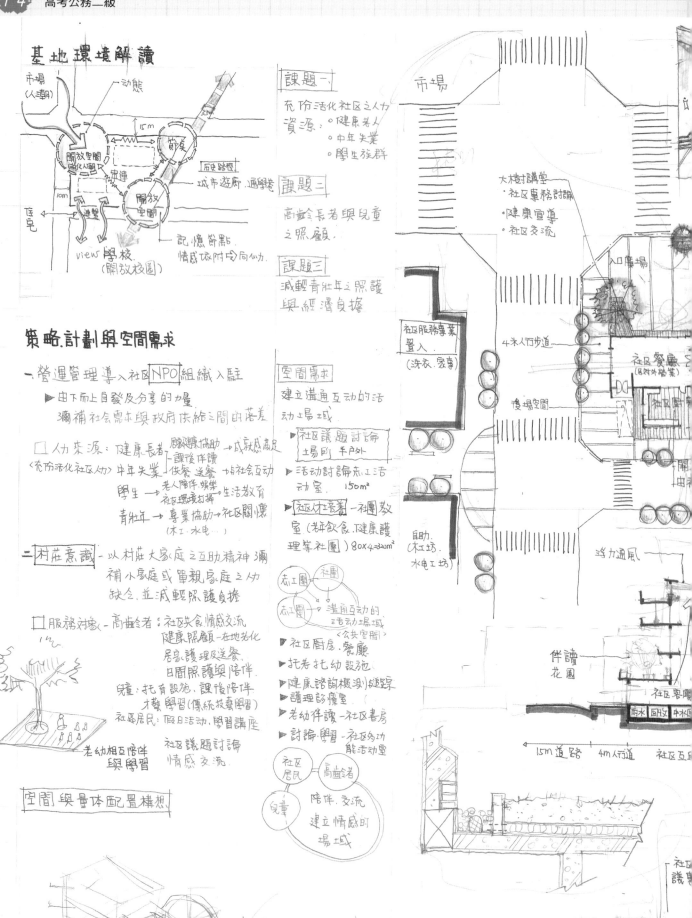

市場 (人潮)

動態

15m

開放空間 活化人潮

節點

10m

串連

連通

開放 空間

歷史路徑

城市遊廊·通學巷

記憶節點·情感依附內心向心力

view 學校 (開放校園)

課題一
充防活化社區之人力資源。○健康老人 ○中年失業 ○學生族群

課題二
高齡含長者與兒童之照顧

課題三
減輕青壯年之照護與經濟負擔

市場

大樹講堂
·社區事務討論
·健康宣導
·社區交流

入口廣場

社區服務專業置入 (洗衣·家事)

4米人行步道

廣場空間

社區餐廳 (B外半結構)

自助 (社工坊·水電工坊)

強力通風

伴讀花園

社區客廳

雨水 回收 中水

15m道路 4m人行道 社區互

策略.計劃與空間需求

一. 營運管理導入社區NPO組織入駐
▶ 由下而上自發及分享的力量 彌補社會需求與政府供給之間的落差

☐ 人力來源: 健康長者 → 廟務協助 → 成就感滿足 ← 課後伴讀
〈充防活化社區力〉中年失業 → 供餐·送餐 → 增加社會互動
學生 → 老人陪伴·娛樂·社區環境打掃 → 生活教育
青壯年 → 專業協助 → 社區關懷 (木工·水電...)

二. 村莊意識 → 以村莊大家庭之互助精神 彌補小家庭或單親家庭之力缺乏. 並減輕照護負擔

☐ 服務對象 → 高齡含者: 社區共食情感交流 健康照顧 在地老化 居家護理及送餐 日間照護與陪伴.
兒童: 托育設施·課後陪伴·才藝學習(傳統技藝學習)
社區居民: 假日活動·學習講座
老幼相互陪伴與學習   社區議題討論情感交流.

空間需求
建立滿用互動的活動場域

▶ 社區議題討論 土場的 半戶外
▶ 活動討論志工活動室   150m²
▶ 社區材主育養 -社團教室 (老年飲食·健康護理等社團) 80X4=320m²

志工團 社團
志工團 → 滿用互動的活動場域 〈公共空間〉

▶ 社區廚房·餐廳
▶ 托老托幼設施
▶ 健康諮詢(概測)追蹤
▶ 護理診療室
▶ 老幼伴讀 -社區書房
▶ 討論·學習 -社區教力能活動室

社區居民 高齡者 兒童
陪伴·交流 建立情感的場域

空間與量體配置構想

15m道路 4m人行道 社區互

大樹講堂

10m車道 4m人行道 社區交流

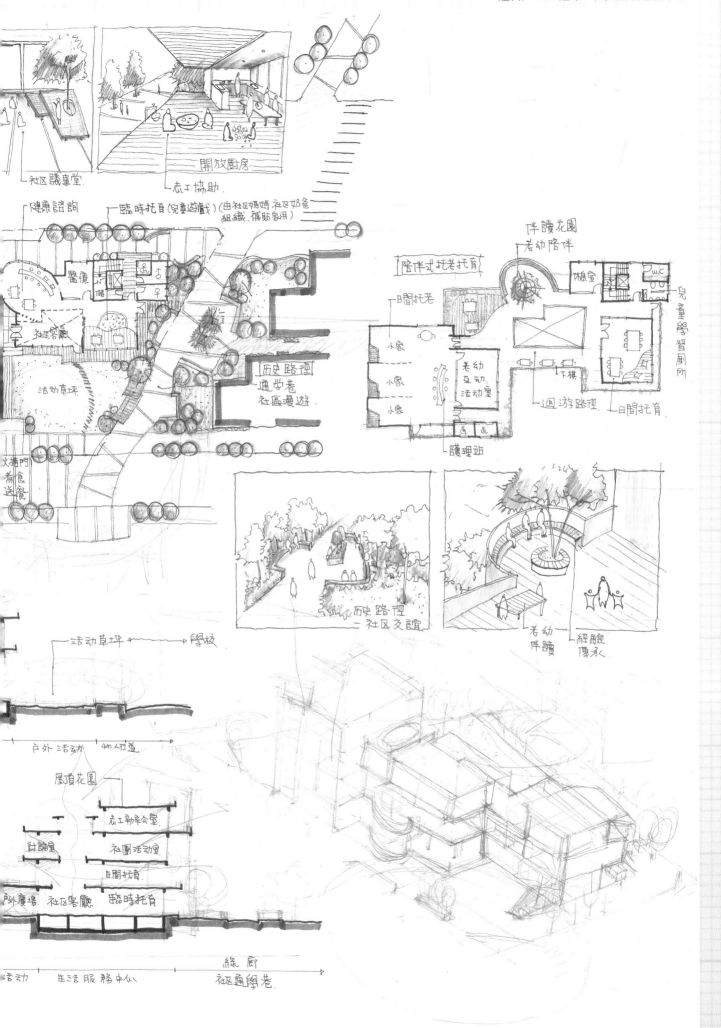

社區議事堂

開放廚房

志工協助

健康諮詢

臨時托育(兒童遊戲)(由社區媽媽.社區奶爸
組織.補貼家用)

伴讀花園
老幼陪伴

陪伴式托老托育

醫療

社區客廳

活動草坪

日間托老

小家

小家

小家

老幼
互动
活动室

護理站

下棋

日間托育

睡室

w.c

兒童學習廁所

週游路徑

歷史路徑
通學巷
社區漫遊

火捲門
煮食送餐

歷史路徑
社区交誼

老幼
伴讀

經驗
傳承

活动草坪 → 學校

戶外活动 4m人行道

屋頂花園

志工勤辛公室

社團活动室

日間托育

外廣場 社区客廳 臨時托育

議論室

綠廚

活动 生活服務中心 社区通學巷

103年公務人員高等考試一級暨二級考試試題　代號：22260　

等　　別：高考二級
類　　科：建築工程
科　　目：建築設計（著重建築規劃與設計概念）
考試時間：6小時　　　　　　　　　座號：＿＿＿＿＿＿＿＿

※注意：㈠可以使用電子計算器。
　　　　㈡不必抄題，作答時請將試題題號及答案依照順序寫在試卷上，於本試題上作答者，不予計分。

一、題目：城市文化與創新基地（Urban Culture and Creative Base）

二、背景：

近來世界興起了「自造者運動」（Maker Movement）的風潮，前 Wired 雜誌總編輯 Chris Anderson 宣稱這是「自造者時代的來臨」，尤其是 3D 列印技術的成熟與普及，對傳統的設計與製造產生了結構性的改變。英國《經濟學人》雜誌稱此波改變為「第三次工業革命」，美國總統歐巴馬更在 2014 年 6 月將「自造者展覽」（Maker Faire）引進白宮，參觀人數達百萬以上，帶動更多民間與業界的參與。影響所及，都市中紛紛興起各種「創意基地」或「創意園區」的建設，雖然大小不一，但都意圖聚集跨領域的創意人才共同工作，並結合創投資金與專業諮詢，盼使創意、創新、創業的能量得以充分整合、發揮。

三、目標：

在此脈絡下，某城市取得了一處閒置的公有宿舍區，規劃做為文化與創新基地，招募臺灣具潛力的文創業者進駐創作與創業。規劃的目標是促使這些跨領域的文創產業工作者與創業家、投資者可以在此處工作交流、發揮創意，從個人的自造（Making）、到共同工作（Co-working）與共同創造（Co-creating），將破敗的公家宿舍區改造為都市的創新聚落。

四、基地說明：

如附圖一所示，此宿舍區座落於都市中心區的商業地帶，東邊面 20 公尺的主要道路，跨過道路有一商業活絡的百貨公司。宿舍區內預計保留 30 餘個單位的宿舍建築，主要可以區分為 4 種建築類型，如附圖二所示，將作為 25 家「微型文創業者」以及 8 家中小型的文創公司進駐使用。本建築設計是為此區創造一個「公共界面」，內容詳以下「空間需求」。基地位於宿舍區的東北側，如附圖一中灰階方形所示，長約 41 公尺，寬約 29.3 公尺，內有大小榕樹各一。在基地與南邊宿舍群之間，有一家生鮮超市（2R）與一間郵局（4R）。

（請接第二頁）

103年公務人員高等考試一級暨二級考試試題　　代號：22260　

等　　別：高考二級

類　　科：建築工程

科　　目：建築設計（著重建築規劃與設計概念）

五、空間需求：

此創新基地之公共界面原則上需要以下幾類空間：

⑴數位工坊（內有高階 3D 印表機 4 台，CNC 1 台，雷射切割機 3 台）；

⑵木工坊（內有基本的木工設備）；

⑶共同工作（Co-working）與原型製造（Prototyping）空間；

⑷研習教室（2 間，舉辦各種創業諮詢與短期工作營使用）；

⑸展示空間（包含常設展與特展）；

⑹多功能表演空間（可供音樂、劇團、微電影、動畫放映使用）；

⑺咖啡及輕食館（供創新基地進駐者、訪客，以及城市參觀者與消費者使用，宜考
　　慮與數位工坊的鄰近關係如 FabCafe）；

⑻會議室（大、中、小各 1 間）；

⑼圖書與網路資訊室；

⑽策劃與營運管理中心辦公區（含執行長 1 人、經理 2 人）；

⑾其他有助於「城市文化與創新基地」運作與發展之空間。

六、依據上述空間需求，提出進一步的空間計畫書與設計構想，可以藉由各種簡圖
　　（Diagram）說明。（30 分）

七、提出設計方案，圖面要求如下：（70 分）（比例尺可自訂，以能清楚表達設計構想
　　為原則）

　　㈠配置圖

　　㈡各層平面圖

　　㈢各向立面圖

　　㈣重要剖面圖

　　㈤其他能表達主要構想的各式圖面（空間關係圖、透視圖、斜角透視等均不限）

（請接第三頁）

103年公務人員高等考試一級暨二級考試試題　　代號：22260

等　　別：高考二級
類　　科：建築工程
科　　目：建築設計（著重建築規劃與設計概念）

附圖一

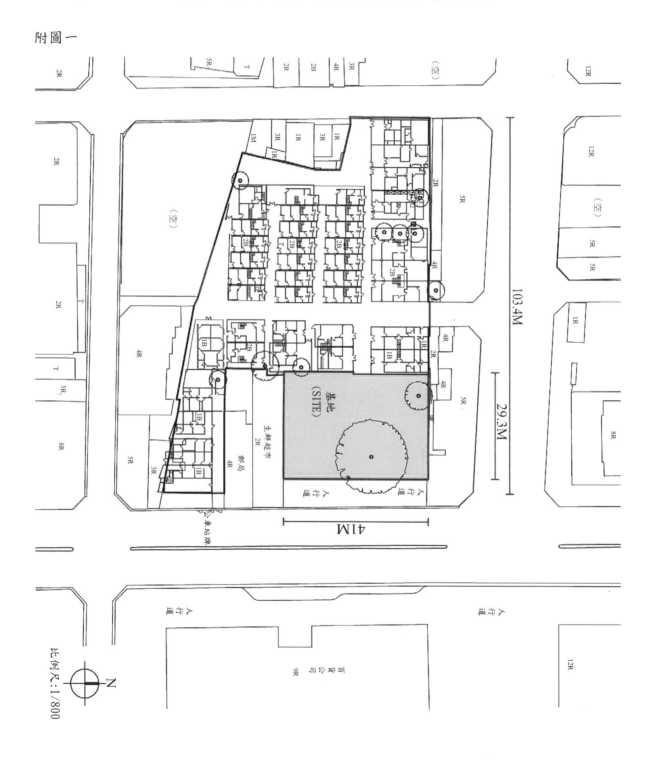

（請接第四頁）

103年公務人員高等考試一級暨二級考試試題　　代號：22260　　

等　　　別：高考二級
類　　　科：建築工程
科　　　目：建築設計（著重建築規劃與設計概念）

附圖二

TYPE 01
雙拼 磚木日式建築

TYPE 02
連棟 磚木日式建築

TYPE 03
雙拼 加強磚造樓房

TYPE 04
連棟 加強磚造樓房

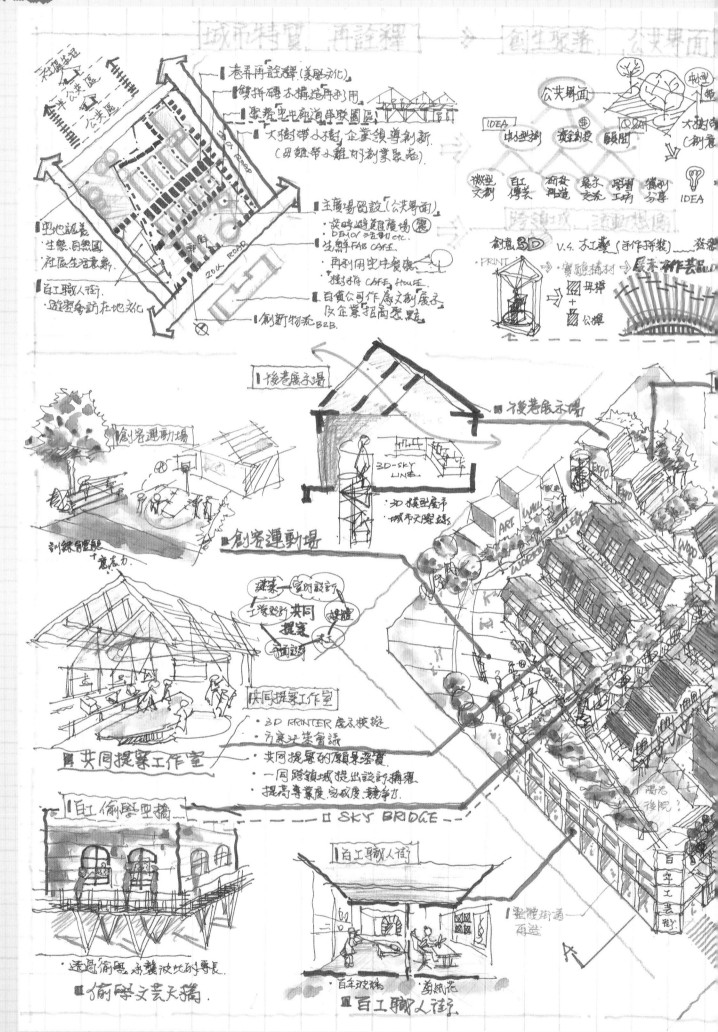

《建築計畫》

□ 架構系統

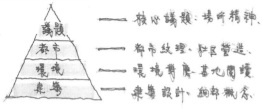

議題 ── 核心議題：場所精神。
都市 ── 都市紋理、社區營造。
環境 ── 環境對應、基地閱讀
建築 ── 建築設計、細部職務。

□ 核心議題、場所精神。

‧目標：創造者運動 ── 工作支援、學習創意

‧期程：

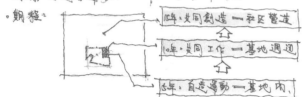

15年‧共同創造 ── 社區營造
10年‧共同工作 ── 基地週邊
6年‧自造運動 ── 基地內。

□ 都市紋理‧社區營造

舊城市軸線‧舊城市街廓

建物配置對應舊城市紋理。

社區營造

目標	內涵	準則
造人	新舊傳承	舊宿舍注入新機能
造文	創新特色	2D→3D 技術
造地	因地制宜	二樓老樹→退讓
造產	商業契机	自力更生、不補助
造景	保存立面	立面元素續留轉化

□ 環境對應‧基地閱讀

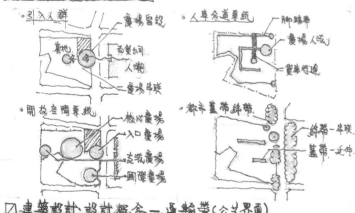

‧引入人群 ── 廣場留設 百貨公司、人潮、廣場串聯

‧人車分道系統 ── 腳踏帶、廣場人流、貨車行進

‧開放空間系統 ── 核心廣場、入口廣場、支流廣場、國際廣場

‧都市藍帶綠帶 ── 綠帶─串聯、藍帶─延伸

□ 建築設計 設計概念 ── 車輪帶（公共界面）

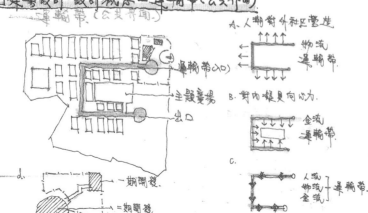

車輪帶（公共界面）

車輪帶（入口）
主題廣場
出口

A. 人潮對外社區營造 ── 物流運輸帶
B. 對內銷貨向心力 ── 金流運輸帶
C. ── 人流、物流、金流、運輸帶

d. ── 一期開發、二期開發

《建築設計》

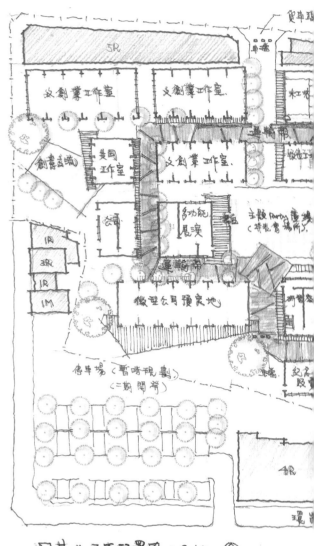

□ 基地平面配置圖 scale 1/400

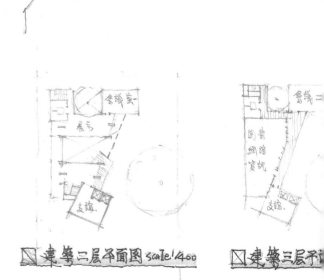

□ 建築二層平面圖 scale 1/400   □ 建築三層平...

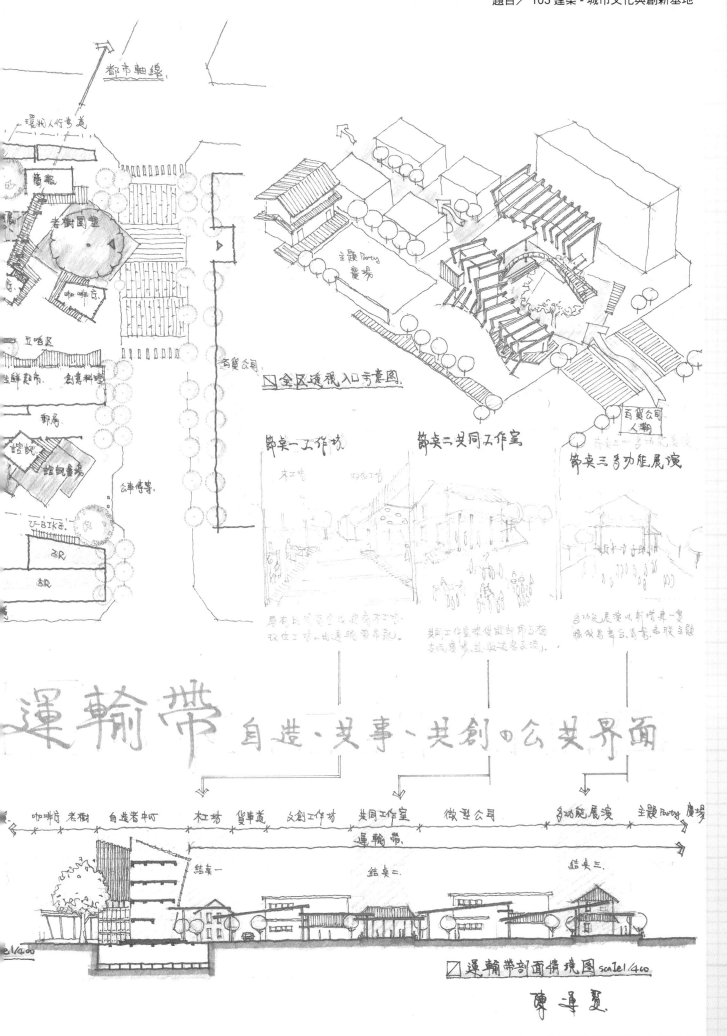

都市軸線.

環狀人行步道.

老樹圖塑

百貨公司

□全区透視入口亏意图.

節点一工作坊　　節点二共同工作室　　　　節点三多功能展演

多功能展演以新增東一夏牆做為事后,商品表現主題

運輸帶 自造·文事·共創□公文界面

咖啡店 老樹 自造者中心 杠坊 貨車道 文創工作坊 共同工作室 微型公司 多功能展演 主題Party廣場
運輸帶.

□運輸帶剖面情境图 scale 1/400

陳運賢.

102年公務人員高等考試一級暨二級考試試題　代號：21960

等　　別：二級考試
類　　科：建築工程
科　　目：建築設計（著重建築規劃與設計概念）
考試時間：6小時　　　　　　　　　　　座號：＿＿＿＿＿＿＿＿＿

※注意：㈠可以使用電子計算器。
　　　　㈡不必抄題，作答時請將試題題號及答案依照順序寫在試卷上，於本試題上作答者，不予計分。

一、題目：大學創新育成中心
二、背景：
　　大學校園是都市空間的一部分，其發展牽動周圍都市環境與經濟的改變。尤其是近年來，在各方積極推動「創意產業」（Creative Industries）的風潮下，大學紛紛設立「育成中心」（Incubator），期待建立更有效的、與產業及城市發展的合作模式。有一所極富盛名的綜合性大學預計在其校園的邊界角落規劃設置一個「創新育成中心」（Creative Incubator），企圖引進產業資源，發揮研發動能，輔導畢業生創業，擴大城市與大學的互動。
三、基地說明：
　　此「創新育成中心」坐落於此大學的人文社會學院校區之中，南側面臨主要道路往東約15分鐘可達高速公路交流道，西側對面街廓為鐵路用地，現正進行鐵路地下化工程，三年後地上物將全數拆除，成為此地區的交通轉運站，相關位置如附圖所示。基地呈L型位在西南角落，長約75公尺，寬約72公尺。
四、空間需求：
　　「創新育成中心」原則上需要以下幾類空間，
　　㈠創意產業業者進駐空間（約15-20個單位）；
　　㈡數位工坊（內有3D印表機4台，雷射切割機3台）；
　　㈢木工坊（內有基本的木工設備）；
　　㈣研習教室（2間，舉辦各種短期工作營使用）；
　　㈤會議室（大、中、小各1間）；
　　㈥咖啡及輕食館（供中心人員、人文社會學院師生、外來訪客交流使用，可考慮與數位工坊的鄰近關係如FabCafe）；
　　㈦展示空間（包含常設展與特展）；
　　㈧劇團表演空間（可供小劇團排練、表演）；
　　㈨圖書與網路資訊室；
　　㈩中心辦公區（含中心主任1人、執行長1人、經理3人、專員3人）；
　　㈩一其他有助於「創新育成中心」運作與發展之空間。
五、依據上述空間需求，提出進一步的空間計畫書與設計構想。（30分）
六、提出設計方案，圖面要求如下：（70分）（比例尺可自訂，以能清楚表達設計構想為原則）
　　㈠配置圖
　　㈡各層平面圖
　　㈢各向立面圖
　　㈣重要剖面圖
　　㈤其他能表達主要構想的各式圖面（透視圖、斜角透視等均不限）

（請接第二頁）

102年公務人員高等考試一級暨二級考試試題　代號：21960

等　　別：二級考試
類　　科：建築工程
科　　目：建築設計（著重建築規劃與設計概念）

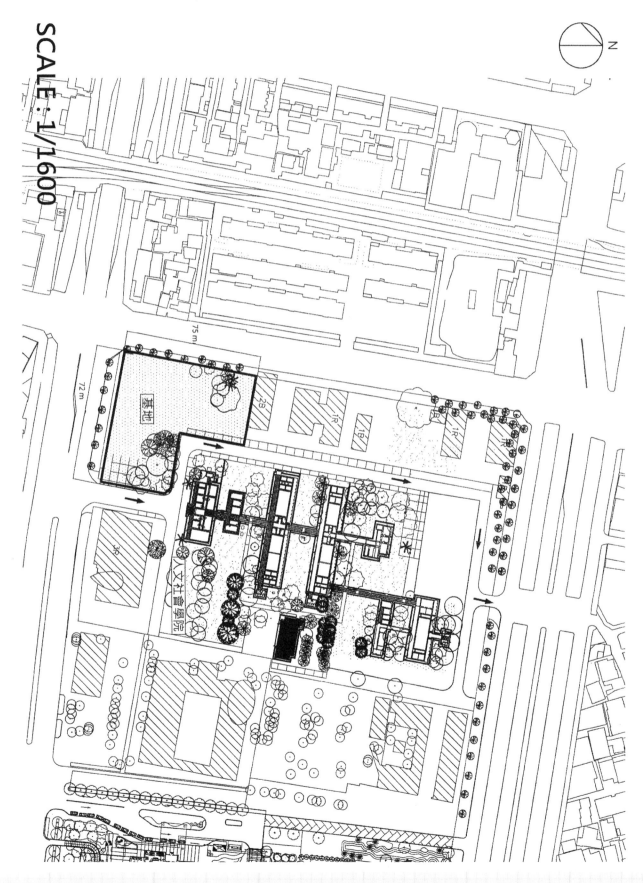

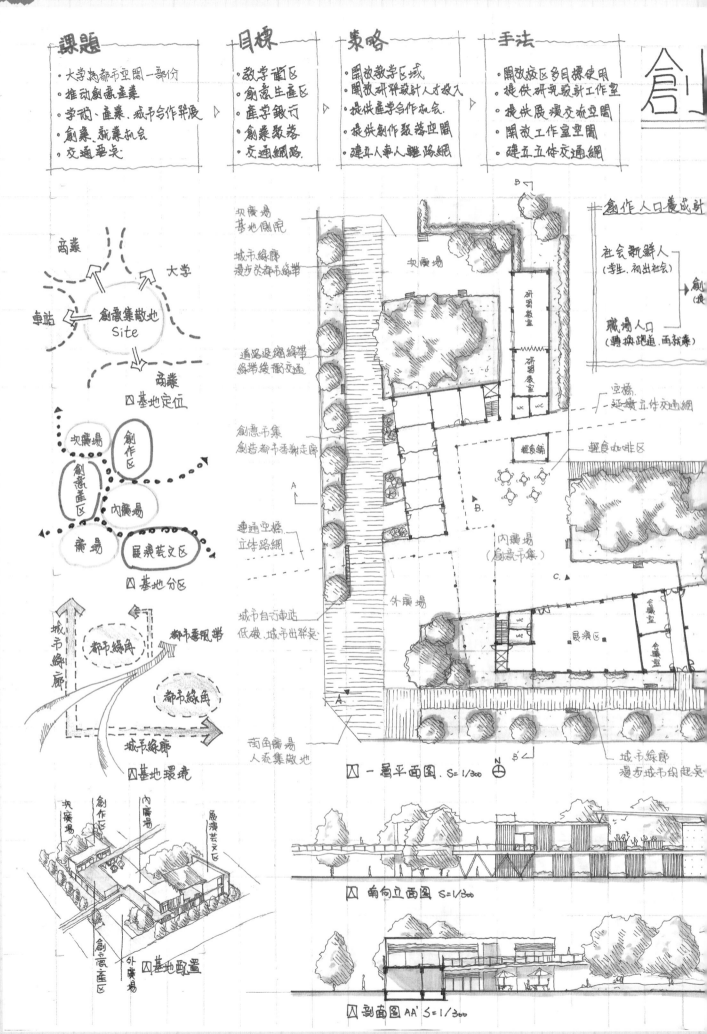

課題
・大学為都市空間一部份
・推动創意産業
・学術、産業、城市合作発展
・創業、就業机会
・交通要点

目標
・教学園区
・創意生産区
・産学銀行
・創業聚落
・交通網路

策略
・開放教学区域
・開放研発設計人才投入
・提供産学合作机会
・提供創作聚落空間
・建立人事人雕路網

手法
・開放校区多目標使用
・提供研究設計工作室
・提供展演交流空間
・開放工作室空間
・建立立体交通網

創

商業　大学
車站　創意集散地 Site
商業
図 基地定位

次廣場　創作区
創意産区　内廣場
廣場　展演芸文区
図 基地分区

城市綠廊　都市綠角　都市春風帯
都市綠角
城市綠廊
図 基地環境

次廣場　創作　内廣場　展演芸文区
創意産区　外廣場
図 基地配置

次廣場 基地側院
城市綠廊 漫歩於都市綠帯
道路退縮緑帯 緑帯緩衝交通
創意市集 創造都市春街走廊
連通平橋 立体路網
城市自行車站 低碳 城市世界美
南角廣場 人流集散地

創作人口養成計
社会新鮮人 (学生、初出社会) → 創
職場人口 (轉換跑道、再就業)

研習教室　研習教室 wc wc
空橋 延續立体交通網
輕食舗 輕食咖啡区
内廣場 (創意市集)
外廣場
wc wc 展演区 会議室 会議室
城市綠廊 漫歩城市角起美

図 一層平面図 S=1/300 N

図 南向立面図 S=1/300

図 剖面図 AA' S=1/300

意集散地 創新育成中心

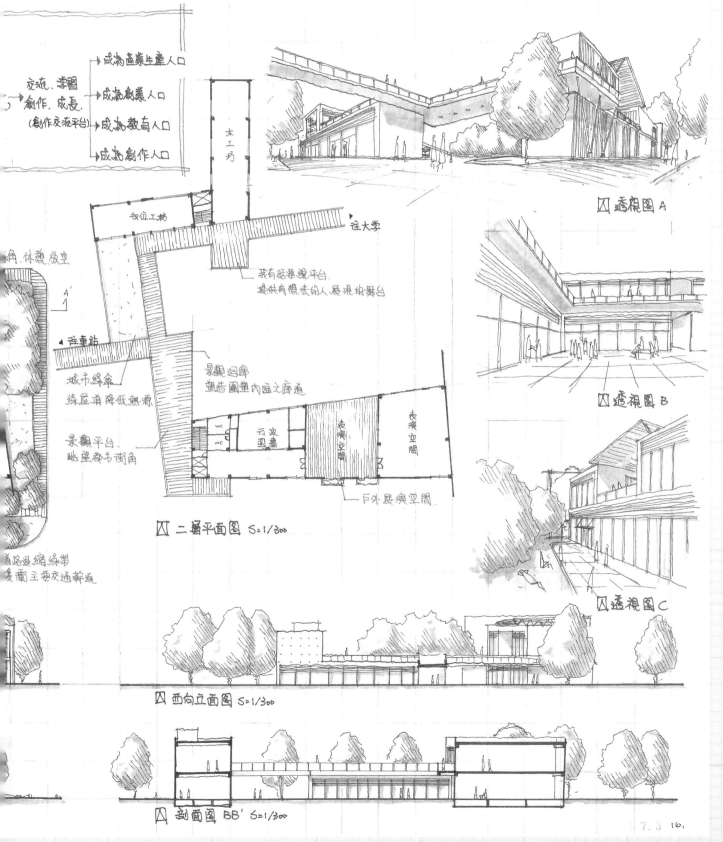

意集散地 創新育成中心

交流、學習
創作、成長.
(創作交流平台)

→ 成為產業生產人口
→ 成為創業人口
→ 成為教育人口
→ 成為創作人口

木工坊

數位工坊

往大學

我有話要說平台.
提供有想法的人展現的舞台

角.休憩.放空

A

往車站

城市綠傘
綠區降低熱源

景觀平台
眺望都市街角

景觀迴廊
塑造園區內區之廊道

行政圖書

表演空間

表演空間

戶外展演空間

圖 二層平面圖 S=1/300

道路退縮綠帶
後面主要交通幹道

圖 透視圖 A

圖 透視圖 B

圖 透視圖 C

圖 西向立面圖 S=1/300

圖 剖面圖 BB' S=1/300

作品提供／李伯毅建築師

100年公務人員高等考試一級暨二級考試試題 　代號：21960 　

等　　別：二級考試
類　　科：建築工程
科　　目：建築設計（著重建築規劃與設計概念）
考試時間：6小時　　　　　　　　　　　　　座號：＿＿＿＿＿＿＿

※注意：(一)可以使用電子計算器。
　　　　(二)不必抄題，作答時請將試題題號及答案依照順序寫在試卷上，於本試題上作答者，不予計分。

一、題目：臺灣某處林間緩坡地上的小型養生休閒中心

二、基地概況：

規劃基地範圍包括旱29、建27、田29-3三筆土地，詳見附圖之紅線範圍。

可建基地為一已經經過農業開墾與種植的林間空地，已經整為緩坡，在基地圖上可見紅色框線的建地部分較為平坦，其餘部分仍保持為柳杉樹林，可以當作是樹林包被的基地。可由基地現況相片粗略有所感受。基地東南角高處上方有一已經遷移的墳地遺址。基地在冬季東北季風來臨時尤其多雨、潮濕。基地東側為一 3 米左右鄉道，道路東側有山溝流過，基地位於十分安靜、清潔無污染的地區。

基地包含三筆土地，相關法令規定及基本數據說明如下：（僅供參考）

地段地號		旱29		建27	田29-3	
土地使用	山坡地保育利用	林業或農牧用地（旱地）	道路用地	丙種建地	農牧用地（田地）	水利用地（水圳）
土地面積	單位：平方公尺	7572.8308	223.3231	149.1193	365.2214	55.1824
		小計 = 7796.1539		149.1193	小計 = 420.4038	
		合計=8365.677 平方公尺				
		扣除道路及水圳面積，土地面積為 8087.1715 平方公尺				
建築開發	允許建築使用內容參考：〈非都市土地使用管制規則〉	農舍、交通設施（限道路使用）、生態體系及保護設施		鄉村住宅、農舍、鄉村教育設施、宗教建築	農舍、農業設施、水利用地須按現況或水利計畫使用	
	允許建築開發限度參考：〈非都市土地使用管制規則〉、〈山坡地保育利用條例〉、〈山坡地保育利用條例施行細則〉、〈建築技術規則第十三章山坡地建築〉	基地內坡度如果超過**40%**（五級坡）要造林保育，不宜耕作及建築；超過**30%**（四級坡）不宜耕作，必須進行地被性覆蓋的植栽；超過 **5%**（一級坡）需要進行水土保持工程；最好是低於**5%**（一級坡）才進行建築開發。		**建蔽率40%****容積率160%****需要私設通路連接到面前道路，方可建築，而通路寬度計算方式，長度<10 公尺者，寬度=2 公尺；長度 10~20 公尺，寬度=3 公尺；長度>20 公尺，寬度=5 公尺；如果基地內建築面積>1000 平方公尺，則寬度=6公尺	一般農舍建蔽率為10%，建築高度<10.5 公尺	

（請接第二頁）

100 年公務人員高等考試一級暨二級考試試題　　代號：21960　

等　　別：二級考試
類　　科：建築工程
科　　目：建築設計（著重建築規劃與設計概念）

三、業主要求：
1. 業主有意建築一處非商業用途的小型養生中心，使用者規模不大，最多能容納約 15 人靜坐調息、冥想練功、用餐、室內外可以進行與養生有關的休閒活動。靜坐與養生活動需要的是樸素、安靜、清潔、空氣新鮮、光線充足，讓人身心放鬆舒服的地方。
2. 必須考量男女更衣、如廁、盥洗等空間。
3. 能支持休閒養生活動的廚房。
4. 也可以納入小規模行政辦公與儲藏空間。
5. 出入廊道、門廳的設計是必須的。
6. 夜間留宿空間僅需考量兩間套房，若臨時有多人留宿需要，可以利用靜坐養生空間以地鋪解決。
7. 考量管理人員與服務人員之使用空間。
8. 基地本身不需考量停車與車輛出入問題，基地使用者可以使用基地外東南角附近的土地公廟前空地所提供的公共停車空間，步行數十公尺即可到達基地。
9. 業主不排除設計者可以採用熟悉的傳統建築或是地方的營造作法。
10. 業主尊重基地既有的地方感，也尊重設計者構想，若設計者認為必要，可以自行提出必要的假設，以文字說明清楚即可。（包括基地之利用）

四、請簡要說明設計構想。（10 分）

五、請研擬符合上述業主期望，並採節能減碳與綠建築原則的設計準則。（30 分）（以簡要圖解與文字表達）

六、應用前述自擬的設計準則，提出建築設計案。
建築設計圖面要求如下：（60 分）（比例尺可自訂，能清楚表達設計構想為要）
㈠整體構想圖
㈡配置圖兼一層平面圖
㈢各向立面圖
㈣重要剖面圖
㈤能表達主要構想的各式圖面（透視圖、斜角透視等均不限，能清楚表達設計意匠為原則）

（請接第三頁）

100 年公務人員高等考試一級暨二級考試試題

等　　別：二級考試
類　　科：建築工程
科　　目：建築設計（著重建築規劃與設計概念）

（請接第四頁）

100 年公務人員高等考試一級暨二級考試試題　　代號：21960　全四頁　第四頁

等　　別：二級考試

類　　科：建築工程

科　　目：建築設計（著重建築規劃與設計概念）

A 點基地現況一角

基地環境：

設計願景：
- 環境平衡
- 生態復育
- 休閒養生
- 有機農業
- 地方特色

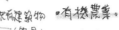

柳菇道

永續交通：
- 車行動線
- 步行動線

使用者分區：
- 柳杉林保護區 → 靜
- 低開發使用 → 中
- 高活動使用 → 動

■ 生態池
位於地勢較緩處，
提供洗滌、山區活動
集水使用。

■ 景觀涼亭
位於地勢最高處，
配合環山步道設置，
供山友休憩使用。

■ 養生禪修館
位於建地內，以簡易鋼架構
搭設，不破壞柳杉林環境，提供
遊客禪生、冥想、養生空間。

■ 香菇栽種場
地勢處於中間與
搭設，並利用休
達到環保再

使用者活動：

農產促銷活動	摘果趣	手作木工坊
不定時依產季舉辦銷售，期望達到「在地食材，在地料理」之目的。	透過園區內之果樹栽種，待採收時由遊客自行體驗採收樂趣。（小型果園）	利用傾倒之廢柳木回收再利用，由園區內師父教倒遊客製作簡易木製藝品。

柳杉之再利用：

柳杉木步道	香菇栽種	杉木建材使用
將傾倒之柳木製作成登山步道，並符合生態工法需求。	將腐朽之木材磨成「粉狀」，種植菇類食材。	利用杉木生長週期快之因素，將杉木製成傢俱、建築材料。

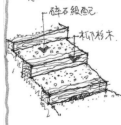

碎石級配　柳杉木

高山濕氣多雨之氣候適合菇類生長。

[傢俱]

[建築外牆]

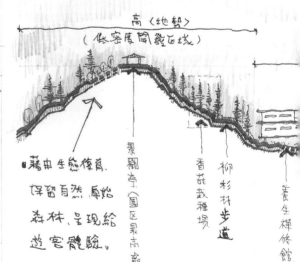

高〈地勢〉
（依密度開發匹線）

■ 藉由生態復育
保留自然原始
森林，呈現給
遊客體驗。

景觀亭（園區最高處）　香菇栽種場　柳杉林步道　養生禪修館

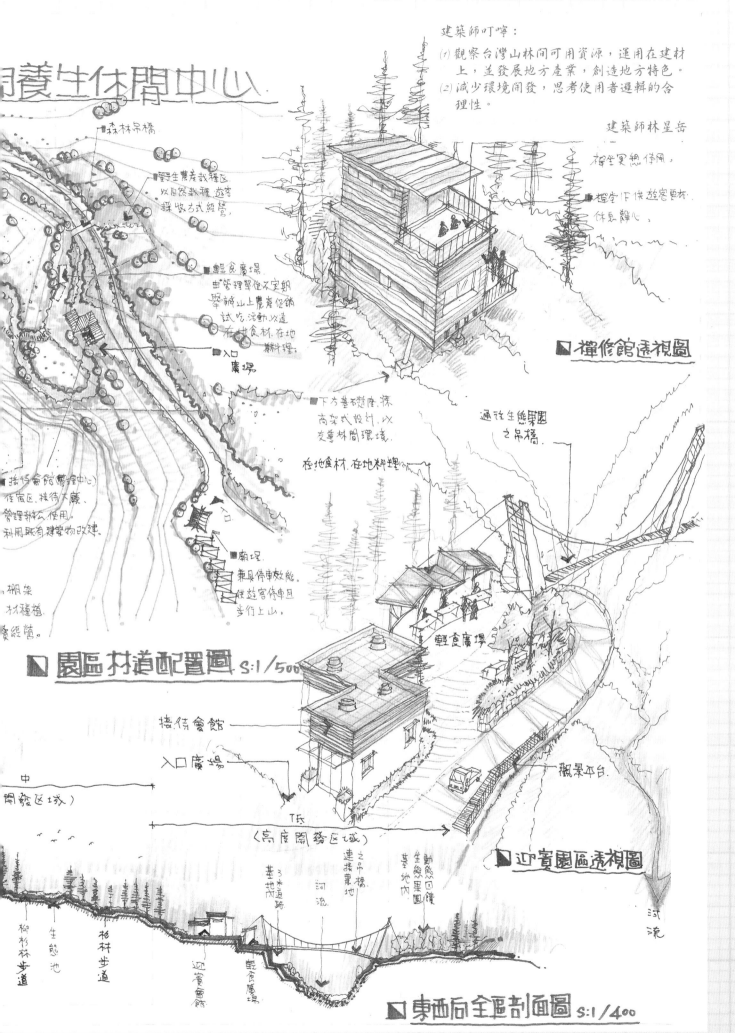

閒養生休閒中心

建築師叮嚀：
(1) 觀察台灣山林間可用資源，運用在建材上，並發展地方產業，創造地方特色。
(2) 減少環境開發，思考使用者邏輯的合理性。

建築師林星岳

■森林吊橋

■養生農產栽種區
以自然栽種 遊客
採收方式經營

■輕食廣場
由管理單位不定期
舉辦山上農產促銷
試吃活動，以達
在地食材 在地
料理。

■入口
廣場

下方基礎起造，採
高架式設計，以
養護林間環境。

在地食材 在地料理

通往生態果園
之吊橋

禪坐冥想休閒。

禪修館使遊客更能
休息靜心。

■禪修館透視圖

■接待會館管理中心
住宿區，接待大廳、
管理辦公使用。
利用既有建築物改建。

■廟埕
兼具停車效能。
快速客停車且
步行上山。

棚架
材種植
業經營。

輕食廣場

■園區木道配置圖 S:1/500

接待會館

入口廣場

觀景平台

■迎賓園區透視圖

中
開發區域)

(高度開發區域)

3米基地道路

河流

連接業地
基地內

動態回饋
生態果園
基地內

河流

柳杉林步道

生態池

杉林步道

迎賓會館

輕食廣場

■東西向全區剖面圖 S:1/400

沈潛於自然杉(山)光 而還璞歸真

- 以不改變環境的方式
  來呼應時序多變的自然
- 以沈潛的建築方式
  使身心靈安逸

小而隱

東北季風

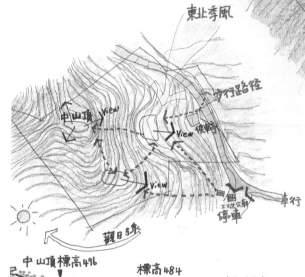

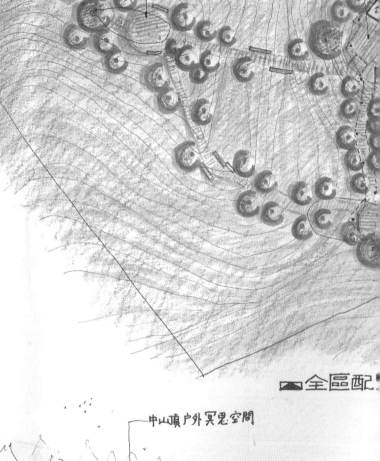

中山頂 view
步行路徑
view 停車場
view
觀日象 車行
停車
土地公廟

中山頂標高 496
標高 484
候車亭標高 478
鄉道
標高 490 遺址

戶外冥思空間

■ 全區配置

中山頂戶外冥思空間

■ 基地分析

光的滲入　風的流動
動
聯外
轉換　動
的領域　聯外
靜的環境

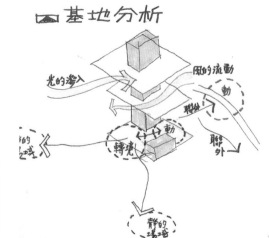

攻頂路徑
環保望木棧道

■ 設計構想　　■ 剖面圖

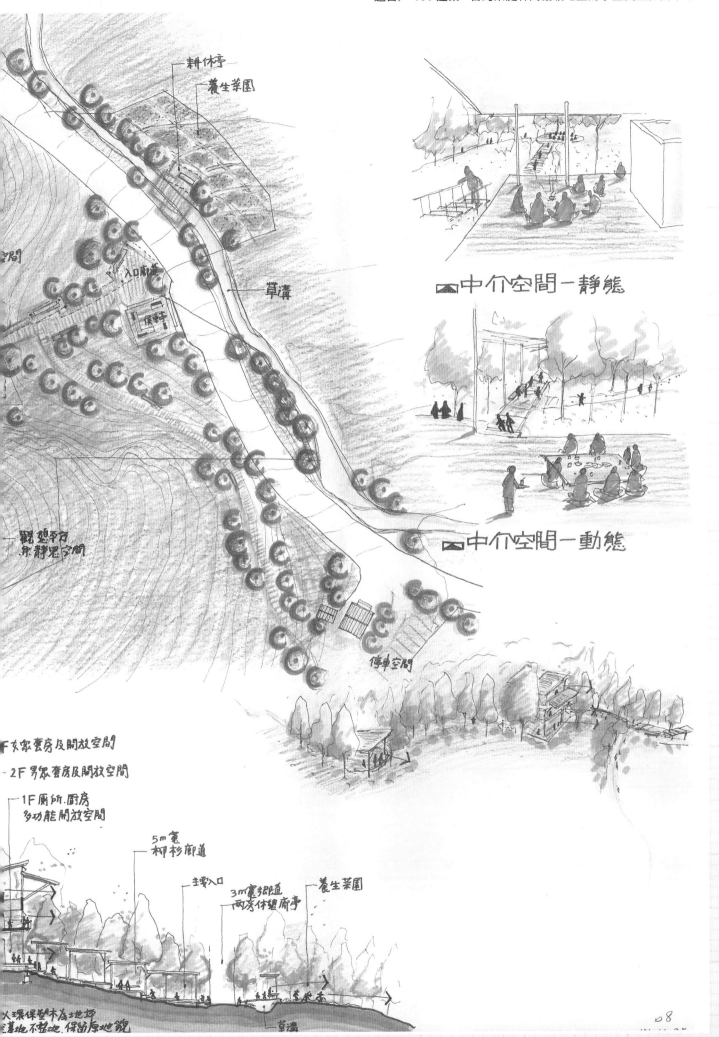

耕休亭

養生菜園

入口廊道

草溝

候轎亭

觀想平台
泉 靜思空間

停車空間

中介空間－靜態

中介空間－動態

F 女眾套房及開放空間

2F 男眾套房及開放空間

1F 廁所.廚房
多功能開放空間

5m寬
柳杉廊道

主要入口

3m寬步道
雨旁休憩廊亭

養生菜園

火環保整木為地坪
護地.不整地. 保留原地貌

草溝

作品提供／施秀娥建築師

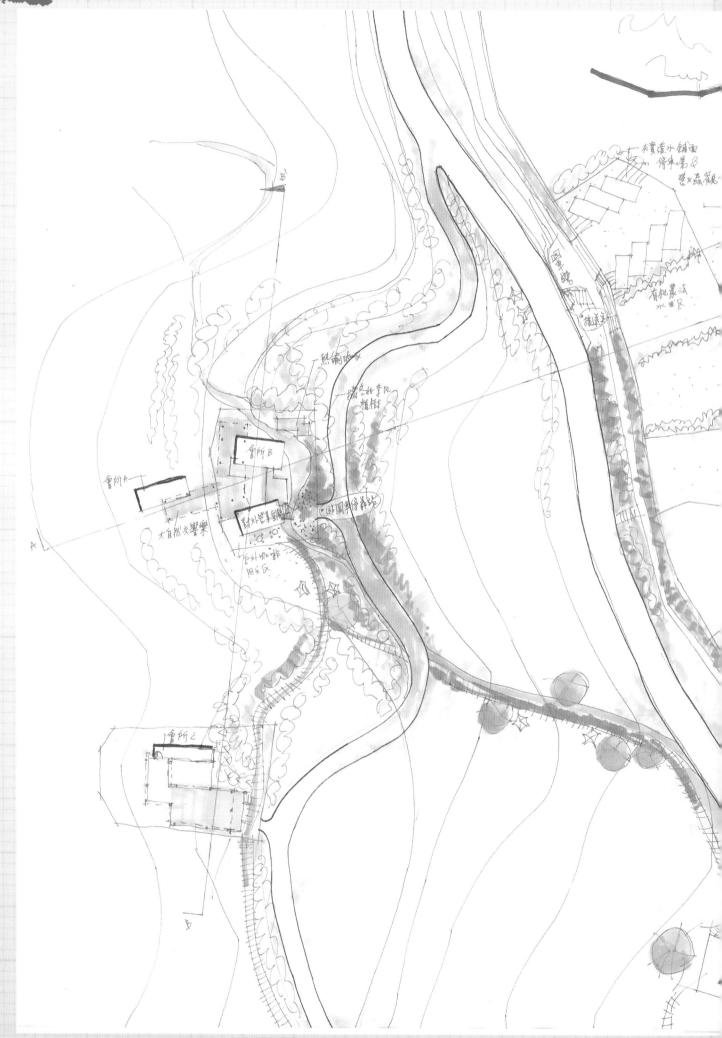

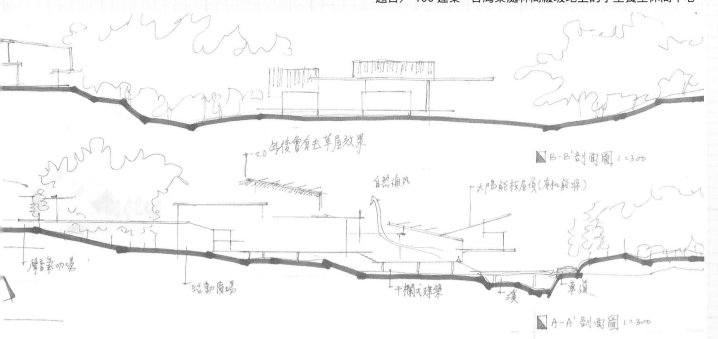

年後會有去草屋效果

自然通風

太陽能板屋頂(有弧能板)

■ B-B'剖面圖 1:300

瑜能咖場

活動廣場

干欄式建築

溪

車道

■ A-A' 剖面圖 1:300

吸收天地五行之氣－小型養生村

■ 設計對策與概念說明

• 交通動線規劃

私人車輛均停在
田29-3之停車場

步行到接送區

短程小巴接送到
養生村

■ 園區內動線

不私

半開放

■ 氣候設計

踏冬北季風

在雨季時活動在
迴廊之下

建築架高避免潮濕

引入自然風

• 設計概念:

運用地型地貌使身體感受自然
的音光熱氣水

農作& 熱瑜珈

音

土地公廟

願景

	時間	內容
建築	1-5	5年內園區內設置完成
社區	6-10	使社區內適合年長者使用,且開始重量年齡老使用者.
人文	11-	多層年齡者健康的居住

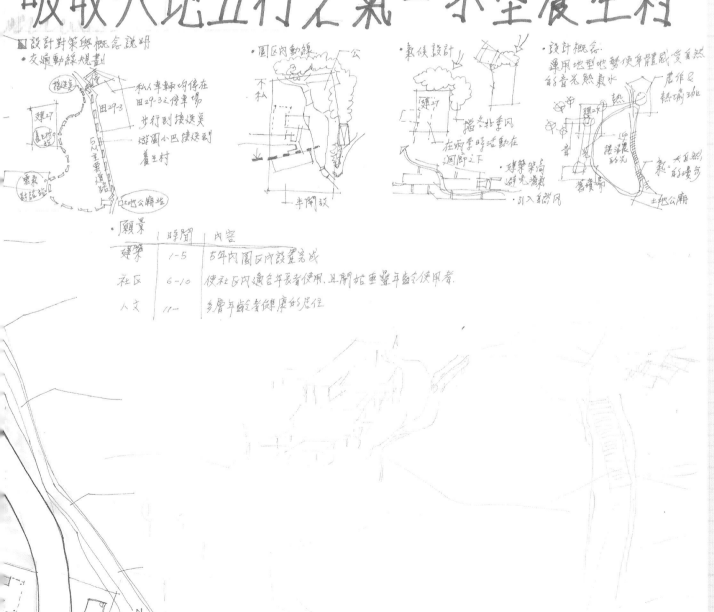

■ 整體構想圖·配置圖 1:300

■ 整體透視圖

作品提供／廖文瑜建築師

作品集建築師介紹

王裕程建築師

- 服務單位：三大聯合建築師事務所
- 聯繫方式：手機 0935321415
  LINE：chadwang0725
  EMAIL：chadwang0725@gmail.com

想要對考生說的話：
設定目標，只要一步一步前進，不要放棄，必定會達到。

吳明家建築師

- 服務單位：吳明家建築師事務所
- 聯繫方式：手機：0919-269-560
  LINE：minggawu
  EMAIL：mcwu.arch@msa.hinet.net

想要對考生說的話：
考試是一個艱辛的過程，要不斷的大量練習與堅持，我認為心態跟目標很重要，定下來就去做，壓縮自己做到最好，既然決定付出就要有收穫，絕不要有半斤八兩的心態；在考試期間，我常常對自己說的一句話就是：「努力不一定會過，不努力一定不會過。」，這句話送給所有正在努力往建築師道路邁進的大家，加油！一起往前衝吧！

李偉甄建築師

- EMAIL：peggy1991719@hotmail.com

想要對考生說的話
活動帶入空間，空間置入活動；作為建築師，我們將個人的觀察，轉換為空間形式。

周英哲建築師

- 服務單位：周英哲建築師事務所
- 聯繫方式：手機 0937322849
  LINE：greatpig0805
  Email：pig0805.chou@gmail.com

想要對考生說的話：
做設計很有趣，也很艱辛。自視甚高而眼高手低的人很多，但要有精彩而成熟的設計，要堅持蹲馬步、沉潛下功夫。
「你必須很努力，才能看起來毫不費力。」不要迷惑於表相，堅持思考、批判、練習、持續累積實力，過程不會只是過程，會是你的豐碩的成果。

林文凱建築師

- 服務單位：林文凱建築師事務所
  （建築・室設・旅創）
- 聯繫方式 :LINE：kaikenlin1979
  EMAIL：delos_ken@kimo.com

想要對考生說的話：
先對話再擬定計畫，最後才做設計。
雖然設計有 N 個答案，但在不清楚要解決什麼問題之前，千萬不要一廂情願的埋入自以為是的創意發想世界。

林冠宇建築師

- 服務單位：王山頌建築師事務所
- 聯繫方式：
  EMAIL:spartaucslin896@gmail.com

想要對考生說的話：
準備建築師考試是需要長期抗戰的，本人也是經過四年的時間準備，畫過 50 幾張圖，才逐漸了解設計考的重點，因次除了外面的各種補習課程外，最好能組一個讀書會彼此督促，互相討論圖面及觀點，這樣才會進步的快喔！最後當畫工到達一個程度後，要多留意時事、多閱讀及多看電影才會有新的想法住入圖面，切勿閉門造車。

張育愷建築師

- 服務單位：金以容 林弘壹 朱弘楠 建築師事務所
- 聯繫方式：LINE：collbernie

想要對考生說的話：
建築計畫的邏輯性很重要，是要引導讀圖者順著自己的建築計畫的思路及分析，了解整個案子設計的脈絡。
不管是都市設計、建築設計還是景觀設計，在圖面上的每一筆一劃都是有其原因，都是經過縝密的建築計畫所延續。
在快速設計的過程中，要不斷的反思設計原因及延續建築計畫的脈絡，才能讓本身的設計更有立足點，更能讓讀圖者的認同。

張勝朝建築師

- 服務單位：
  富泰集團董事長 / 台北市開業建築師
  台灣大學碩士 / 淡江大學建築學士
  / 中華民國危老重建協會創會理事長
  / 中華都市更新全國總會顧問
- 專業：
  / 建地買賣、整合
  / 道路地容積移轉買賣、專業服務
  / 建設、營造、設計、危老重建一條龍服務
- 聯繫方式：
  手機：0910-195333

想要對考生說的話：
準備考試過程很辛苦而且是一生中建築學習最幸
福時光
建築行旅及看展覽是很好給考生極佳的學習模式
◎建築行旅
考場上要能勝出，探討議題要能「廣」且「深」
「地域性風土樣貌」與「地域性紋理」探討
要能展現出來，讓你建築計畫獲得高分
/ 在地風土
/ 環境紋理
/ 巷弄串連
/ 人文聚集留白空間廣場
（建築計畫、景觀樣貌、歷史紋理……）
宜蘭是很好學習考試場域，黃聲遠建築師很多的
在地案例，基地大小與環境氛圍與考試很像
很值得去走走旅行、推敲每一個作品學習

◎看建築展覽
看展是考試學習捷徑
/ 學習建築計畫
/ 學習設計發想
/ 學習表現手法
/ 學習環境處理
/ 學習文字說明

莊雲竹建築師

- 服務單位：建築師事務所 / 中國文化大學海青
  班講師—景觀室內設計科講師
- 聯繫方式：
  MAIL：yyyyyyyun@gmail.com(7 個 y)

想要對考生說的話：
了解自己，建立信心，了解考試，各個擊破。
從建築計畫面的思考著手，多參考紀錄他人的計
畫流程內容，並建立自己的一套 SOP 計畫擬定
方式，寫出吸引人的故事，將計畫套用使每個人
有更好的環境生活。
最後提醒案例分析的重要性，多臨摹自己還不擅
長的圖說，重複重複再重複的練習，才能熟能生
巧的延伸發展。
撐過去就是你的，祝大家金榜題名，加油。

許哲瑋建築師

- 服務單位：利嘉建築師事務所
- EMAIL：lemelj04@gmail.com

想要對考生說的話：
準備想法（計畫）很重要，作業抄多了就會整理
出自己的一套東西，準備好了就剩下怎麼落實
（畫出來）了，堅持下去最後就會是你的！

陳永益建築師

- 服務單位：晨曦設計工作室
- 聯繫方式：sogoeric2001@gmail.com

想要對考生說的話：
「努力考試」是為了早點不用考試

陳宗佑建築師

- 服務單位：大陸建設專案一部
- 聯繫方式：手機：0921988139
  EMAIL：jon720810@yahoo.com.tw

想要對考生說的話：
設計的過程，是一場自我進化的思辨，愈惱人的
愈會是決勝關鍵！！

作品集建築師介紹

陳玠妤建築師

- 服務單位：陳玠妤建築師事務所
- 聯繫方式：手機：0937-248-330
  LINE：bebechen0102
  EMAIL：jieyuchen0102@gmail.com

想要對考生說的話：

面對設計：

做好設計前學會過生活，對面不同課題由使用者、活動出發，讓設計豐富具想像力使圖面豐富，如此更易脫盈而出。

面對考試：

發現問題而後誠實面對問題、提出自我觀點解決問題，面對其他科目也亦如此，縱使過程辛苦，但請相信自己、永不放棄！

陳禹秀建築師

- 服務單位：群建築師事務所
- 聯繫方式：show006100@gmail.com

想要對考生說的話：

考試的過程很痛苦，認真面對的話時間就會過得很快，而且收穫也會很多！

陳軒緯建築師

- 服務單位：澄涵國際／夢不落教育事業股份有限公司
- 聯繫方式手機：0939825121
  LINE：rian.chen
  EMAIL：rianchen13@gmail.com

想要對考生說的話：

念念不忘，必有迴響。

曾逸仙建築師

- 服務單位：曾逸仙建築師事務所
- 聯繫方式 :tsengih.arch@gmail.com

想要對考生說的話：

對於考試而言，除了勤於練習外，需要多加思考，更要讀懂題目，回應題目上的需求，創造加一及留白的空間，且呼應周遭環境，將自己置身於該環境中，從情境中營造場景及氛圍，感覺對了，目標就近了。加油！

黃國華建築師

- 服務單位：群域建築師事務所
- 聯繫方式：手機：0939-611-398
  EMAIL：peterdog19@gmail.com.tw

想要對考生說的話：

藉由建築師考試，重新認識建築，主動學習享受學習，考試只是其中的一道關卡，未來的路還很長，大家加油！

廖文瑜建築師

- 服務單位：九典聯合建築師事務所
  擅長使用創意設計建築，融合在地人文、材料與科技結合，並使用 BIM 執行專案，有效控管時間與成本
- 聯繫方式：EMAIL：sofia0328@gmail.com

想要對考生說的話：

建築專業是一段冗長的訓練過程，廣泛而專精的持續累積還得要看得夠多、經歷的夠多，考試只是個測驗這些累積的關卡。累積、累積在累積，時間到了自然就過了。

潘駿銘建築師

- 服務單位：吳旗清建築師事務所
- 聯繫方式：
  EMAIL：Q1632412410@hotmail.com

想要對考生說的話：

實務學習以及考試準備並進，可有效提高準備效率，預先讓自己成為建築師調整好心態，當有一天真正成為建築師的時候，將不負國家授予你這張執照所應有的專業表現以及社會責任，共勉之。

賴宏亮建築師

- 服務單位：劉漢卿建築師事務所
- 聯繫方式：手機：0935941331

想要對考生說的話：

建議考生隨時保持準備考試的動力及執行力，在以及格為前題下儘量去蒐集提升自我考試能力的資料，還有必須思考如何讓自己及格的方式。對於及格的圖說，我的理解是一張具備掌握好各種比例的表現法、圖紙要滿且豐富、解題解對（沒犯大錯）等三個原則。另外建議各考生去臨摹圖說是要從練習中學習如何畫好一張圖，之後疊加各次臨摹的心得與經驗，整合出一套繪圖邏輯，最終思考如何超越現有程度的方式。

謝文魁建築師

- 服務單位：建設公司／建築設計顧問
- 聯繫方式：E-Mail：kt88.tw@gmail.com

想要對考生說的話：

建築設計一是個很簡單又蠻複雜的事情，完全端看您是如何進行這件事情，現在建築設計已經不是天才的專利，可經由多方見學並找對教練進行學習設計。當您已到達形而上的心境時，您就會發覺，建築設計是一件很簡單的事情！

羅央新建築師

- 服務單位：大聖建築師事務所
  連續兩年大小設計考試及格
  106 年大設計 80 分
- 聯繫方式：Line ID：0937110239

想要對考生說的話：

山不在高，有仙則名；水不在深，有龍則靈
圖不在美，可閱則優；圖不在多，對圖則過
不會透視絕對可以過關及拿高分
建築計畫是因為
建築設計是所以
背面像大師正面如畫詩

譚之琳建築師

- 服務單位：榮工工程／喆禾裝修工程公司／
  元成資訊（BIM）
- 聯繫方式：
  個人 EMAIL：arin0925@hotmail.com
  喆禾 EMAIL：yuga@mail2000.com.tw
  元成 EAMIL；ycii@anyday.com.tw

想要對考生說的話：

瘋狂的畫吧～像手快斷掉一樣
用力地思考吧～像腦袋快燒掉一樣
慌慌的不安吧～像心臟快跳出來一樣
放肆的大笑吧～像成績公布一樣
自由的追夢吧～像雛鳥離巢一樣
祝福每個考生都能找到屬於自己的天空～
Arin Tan

陳又伊建築師

- 服務單位：桃園市政府
- 聯繫方式：EMAIL：yuichen@hotmail.com.tw

"NEVERLAND Kindergarten"

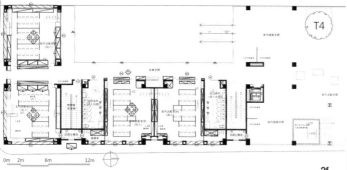

T4

0m 2m 6m 12m

2f

Sidewalk Furniture - Sidewalk Book Shelf

0m 2m 6m 12m

雨跡小溪　紫雨藍花　五感花園

祈福牌坊

四季青楓　塗鴉角落　衍俱書櫃　共享樹園　節氣角落

and the road creates a safe boundary, making the area a playground for children.

Sense of sights : Creating wishing arch with the color changing Green Maple.

Sense of smells : Scented Jasmine orange surrounding the site, muiltiply children's growing experiences

Sense of touches : During rain season grassed waterways provide collecting experience with multiple species

Sense of hearing : Scented Jasmine orange draw in birds and insects, giving children melody of the nature

Formosan Ash　　Green Maple　　Jacaranda mimosifolia

Sidewalk Furniture

Elevation setback area, set a landscape book shelf, making the sidewalk a stop by area for learning and playing. Encourage community to donate second handed books to the shelves also build children's habit of learning at anytime at any places.

Program、Design Concept and Ideas – Tree House

樹屋上視圖　樹屋正向立面圖　樹屋右向立面圖　樹屋左向立面圖

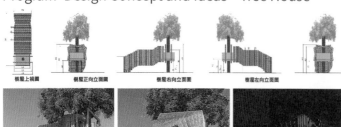

Wishing Arch

At the entrance of the Kindergarten set a community paint-wishing arch. Wishing good growthe and encourage children have confidence, enjoy observing the environment and be kind to one another.

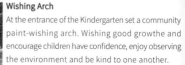

"敢夢、追夢、築夢 的一場流動盛宴"

Creating a dream Neverland for life is a movable feast.

夢不落
幼兒園

NEVERLAND

一群懷抱夢想的建築師打造的「NEVERLAND 夢不落幼兒園」，希望能夠在孩子心中埋下一個夢想的種子，在未來面對生活與環境真實的考驗時，能不忘初衷地保有孩同時代，勇於造夢、追夢、築夢的純真自我。

Having organic interactions, to inspire, learn and love each others. By naming 「NEVERLAND Kindergarten」, we hope to plant a seed of dreams inside our new generations, in the future when the tasks of our crucial life come, they can still remember the one who once create, chase and built their dreams.

來到三層樓，是大班的孩子們已經準備展翅飛翔之際，悠遊在藍天白雲及盡情探索學習的天空中。

Finally during their last year at the third floor of Neverland ; they will gain enough height, up to the sky. And are now ready to fly.

"天空教室"
Sky Patheon Studio

啟發於羅馬萬神殿的天窗設計，盼孩子體會在浩瀚的自然法則與知識面前，懷抱好奇探索。

"在都會裡學習擁抱自然"
Study Fields for Sensory Enhancement

鼠尾草
Medicinal Sage

生態小探遊

雨水草溝

於戶外遊戲區設置生態草溝，雨季來臨時可產生的一條捕捉雨落痕跡的小河流，兩側以春不老、七里香來產生景觀的連續性，同時讓孩童體驗採收鼠尾草泡茶益生的樂趣。

By the creation of the Eco grassed waterway, it found a temporarily river for the children to experience the surroundings and the living creatures.

"雨跡小溪"
Rain trail stream

觸覺教育的體現
Sense of touches

輕觸大地 與自然同遊

繪本劇場除了是存放繪本的故事屋，也是讓孩子們在這演出的劇場。在這裡，希望孩子能透過繪本閱讀、玩樂與學習外，也可透過表演繪本中的故事，學習與其人的溝通與合作。

Theater room are not only for keeping picture books, but children can also perform here. Besides, learning through going through the picture books, by performing them, they can learn to work as a group and practice their social skills.

"空中學院之樹"
Sky Teatro Performance

"繪本劇場"
Coloring story theater

延伸學習邊界 開拓孩子視野

二樓的階梯劇場希望能培育孩子的閱讀及學院氣息，讓孩子在知識的大樹中成長，結合樹屋空間，培育孩子的閱讀角落。

To grow is to learn, they climb the steps arriving at the second floor : the knowledge they had already acquired allows them to see further. they are now on the top of the trees.

樹屋左向立面圖   樹屋背向立面圖

透過社區的居民捐贈二手書籍，隨時隨地都能寓教於樂，隨手拾起一本舊繪本，為孩童帶來新的想像視野。

Educations are in the fun, kids can pick up any of the second handed book, and start learning anytime.

"街俱書櫥"
Sidewalk furniture

"共享農園"
Sharing plants corner

希望小朋友在過程中學習認養植栽的責任感，認識自然的過程中，學會保護且尊重滋養我們的大地之母。

Children can learn about responsibility, protect the mother nature during taking care of the plants.

"親子露營之夜"
Camping Night

當夕陽落時下，白天的遊戲空間成為露營的場地，晚間的活動便開始了，大朋友小朋友共同編織更多美好難忘的回憶。

Daytime playground transform into a camping area after sunset, the night is young, everyone creating unforgettable memories.

獨家贊助：夢不落教育事業執行董事 - 陳軒緯建築師

445

大圖會作品集-A
建築師考試－建築計畫及建築設計題解

編 著 者：陳運賢

作品提供：林星岳、南榮華、李柏毅、陳軒緯
　　　　　吳明家、林文凱、施秀娥、張勝朝
　　　　　陳偉志、詹和昇、廖文瑜、劉家佑
　　　　　羅央新、譚之琳、林惠儀、李偉甄
　　　　　王志揚、林冠宇、陳宗佑、周英哲
　　　　　陳又伊、李政瑩、林詩恬、許哲瑋
　　　　　張育愷、陳永益、謝文魁、黃俊毅
　　　　　郭子文、陳俊霖、莊雲竹、張繼賢
　　　　　陳玠妤、王裕程、黃國華、潘駿銘
　　　　　賴宏亮、林彥興、曾逸仙、陳禹秀

出 版 者：陳運賢
地　　址：100臺北市中正區林森南路122號
電　　話：02-23582823
電子信箱：Karchdrawing@gmail.com
初版一刷：2023年1月
定　　價：新台幣2800元
I S B N ：978-626-01-0930-1

印刷承製：中茂分色製版印刷股份有限公司
地　　址：新北市中和區立德街26巷17弄5號3樓
電　　話：02-22252627
傳　　真：02-22252446

國家圖書館出版品預行編目(CIP) 資料

大圖會作品集. A, 建築師考試 - 建築計畫及建築設計題解 / 陳運賢 編著. -- 臺北市：陳運賢,
2023.01　面；　公分
ISBN 978-626-01-0930-1 (精裝) 1.CST: 建築工程 2.CST: 設計　　441.3　111021953